U0812032

自然资源综合评价理论方法与实践

麻战洪　蔡玉梅　文　宁　邢旭东　张建新
项广鑫　谈　超　李亚涛　张　林　张伟娜　著
唐　铁　孟　超　秦雅静　赵清林　翁　进
刘　敏　曾　凯　张钰浛　王劲刚　王　楠

地质出版社
·北　京·

内容提要

本书在文献研究基础上，系统构建了自然资源综合评价的理论框架与方法论体系，创新性地提出了一个围绕自然资源禀赋、利用效益、生态功能与保护、改善生活品质、环境影响、治理水平6维及其总体的综合评价体系，并通过长沙市等典型地区的实证案例，详细展示了从数据收集与处理、关键指标筛选、综合指标合成与权重分配，到最终评价结果的生成与解析的全过程，彰显了评价体系的科学性、实用性及可操作性，为自然资源管理提供了一套科学、系统、可量化的综合评价工具。

本书是自然资源领域研究人员的必备参考书，也是政府决策者及关心自然资源可持续利用的社会各界人士的重要参考资料。它以其独特的视角、深入的分析，引领读者深入理解自然资源综合评价的精髓，共同探索自然资源科学管理与可持续利用的新路径。

图书在版编目（CIP）数据

自然资源综合评价理论方法与实践／麻战洪等著
. --北京 ：地质出版社，2024. 8.
ISBN 978-7-116-13882-7

Ⅰ. ①自… Ⅱ. ①麻… Ⅲ. ①自然资源-评价 Ⅳ.
①P962

中国国家版本馆 CIP 数据核字（2023）第 221064 号

ZIRAN ZIYUAN ZONGHE PINGJIA LILUN FANGFA YU SHIJIAN

责任编辑：孙彦琪
责任校对：关风云
出版发行：地质出版社
社址邮编：北京市海淀区学院路 31 号，100083
电　　话：（010）66554512（邮购部）；（010）66554624（编辑室）
网　　址：https：//www. gph. clmpg. com
印　　刷：北京盛通印刷股份有限公司
开　　本：889mm×1194mm 1/16
印　　张：15. 5
字　　数：476 千字
版　　次：2024 年 8 月北京第 1 版
印　　次：2024 年 8 月北京第 1 次印刷
审 图 号：GS 京（2023）2272 号
定　　价：120. 00 元
书　　号：ISBN 978-7-116-13882-7

序

自然资源是人类社会生存和发展的基础，对其合理开发、利用与保护一直是各国关注的重要议题。面对日益紧张的资源压力和环境挑战，科学评估自然资源的状况和价值显得尤为迫切。《自然资源综合评价理论方法与实践》是湖南省国土资源规划院课题组在“自然资源调查监测数据评价指标体系和技术指南研究”的基础上，经过深入思考和探索，编写而成的一本重要论著。

自然资源部于2020年1月发布了《自然资源调查监测体系构建总体方案》，明确要求建立科学的自然资源评价指标，进行综合分析和系统评价，为自然资源保护与合理开发利用提供决策参考。这也促使自然资源部调查监测司组织开展了“自然资源调查监测数据评价指标体系和技术指南研究”，其中湖南省国土资源规划院在《自然资源调查监测数据评价技术指南（试点版）》的基础上做出了更进一步的研究工作，扩展了综合评价的维度与层次，并在湖南省长沙市等地进行了实证与应用示范。

本书在厘清了概念内涵的基础上，系统总结了过去与自然资源综合评价相关的研究与实践进展，同时，基于自然资源调查监测数据的综合评价工作流程，构建了六个维度及其总体的综合评价框架，涵盖自然资源禀赋、利用效益、生态功能与保护、改善生活品质、环境影响和治理水平等方面，为自然资源的综合评价提供了有力的方法支撑。值得一提的是，本书不仅在理论与方法上具有创新性，还进行了大量的实证与应用示范，以湖南省长沙市等地的数据为例，深入展示了综合评价方法的实际应用。这些案例不仅丰富了理论方法的实践基础，更使本书的内容既系统又实用，能够为自然资源综合评价工作及相关领域的研究提供宝贵的方法参考。

本书的完成得益于诸多贤才的倾力投入，囊括了实践经验和科学理论，将自然资源综合评价的方法论与实践相结合。在当前自然资源领域对综合评价研究较少的情况下，本书的推出弥补了这方面的空白，为自然资源管理政策制定和实施提供了重要的支撑。

《自然资源综合评价理论方法与实践》是湖南省国土资源规划院课题组辛勤努力的成果，为我们理解和评估自然资源的综合状况提供了新的思路和方法，为推动自然资源的可持续利用与管理做出了积极的贡献。相信这本图文并茂、资料翔实、分析客观的佳作将为广大自然资源的研究者、管理者和决策者提供有益的参考和借鉴，也必将在自然资源评价领域展现出重要的学术价值和实践意义。

衷心希望此书能够为读者带来自然资源综合评价全面而深入的认识，激发更多的学生和学者参与到自然资源综合评价研究中来，共同为实现美丽中国和可持续发展贡献力量。

傅伯杰

2023 年 7 月

前　言

新时代新征程新使命，党的二十大报告提出“必须牢固树立和践行绿水青山就是金山银山的理念，站在人与自然和谐共生的高度谋划发展”。自然资源是人类生产生活的物质基础，科学认识其禀赋与约束，正确评价自然资源开发利用保护管理状态，是自然资源主管部门履行国家职责、落实党的方针政策之必然。

2020年1月，自然资源部发布了《自然资源调查监测体系构建总体方案》，要求“统计汇总自然资源调查监测数据，建立科学的自然资源评价指标，开展综合分析和系统评价，为科学决策和严格管理提供依据”，提出了基于自然资源调查监测数据，建立科学实用的自然资源评价方法体系的工作目标。在此背景下，自然资源部调查监测司组织中国国土勘测规划院率湖南省国土资源规划院等单位，在前期“自然资源调查监测数据评价指标体系”等相关研究基础上，于2021年下半年启动了“自然资源调查监测数据评价技术指南”研究工作，并在长沙、上海、重庆和沈阳等城市同步开展指标体系初步验证试验。项目组多次召开专家研讨会，对指标体系的基本思路和框架、指标设置等进行研讨，反复修改指标体系方案；先后征求了中国地质调查局水环部，国家基础地理信息中心，中国测绘科学研究院，自然资源部国土卫星遥感应用中心，中国自然资源经济研究院，浙江、广东、甘肃、浙江、湖南、四川、山东七省相关单位，调查监测司内部各处室，中国国土勘测规划院土地规划所、规划评审中心、数据中心、土地评价处、城镇低效用地处等单位和部门的专家意见，于2022年9月提交了《自然资源调查监测数据评价技术指南（试点版）》（下文简称“试点版”）。

一般而言，综合评价是从可以衡量的单一指标无法涵盖多维概念的综合指标出发，对一系列观察到的事实得出具定量标识的总体认识。由于解释综合指标往往比确定许多单独指标的共同趋势更容易，当今世界综合指标及综合评价的研究取得了惊人的发展，许多自然环境与社会经济结合的大型综合指标被联合国等国际组织广泛采用，这些综合指标越来越被认为是政策分析和公共沟通的有效工具，提供了对环境、经济、社会或技术发展等领域各级研究对象的复杂问题的简单比较，因此受到广泛欢迎，从而也推动了方法学上的进步。

目前，对自然资源的综合评价研究甚少。以往的自然资源评价主要是单项资源的评价，主要针对具体某类资源的数量、质量（包括相关资源的限制性因素）、分布及潜力进行类型划分，分等评级，并建立一套评价方法和评价指标体系，进而提出一系列开发方向和克服限制性因素的方案，由于该类评价一般针对性和适用性较强，地方自然资源管理人员、规划者和开发者较容易接受。目前我们对区域自然资源进行的综合评价是针对一定地域中由多种自然资源的数量、质量及其开发利用保护的整体状况构成的，以一个或由多个维度组成的指标体系进行的总体的、多维的评价，为区域资源的禀赋与保护利用状况提供定量的度量，以实现相对合理有效的总体概括。

尽管自然资源“综合思想”古已有之，如中国传统文化中的“五行学说”，先秦时期老子的“道生一，一生二，二生三，三生万物”思想等，但由于缺乏有效方法的支持，一直没有形成系统完善、可操作的自然资源综合评价方法体系。在具体实践中，存有种种疑惑，如什么是自然资源综合评价，不同种类的自然资源禀赋可否综合，如何才能实现既科学又实用的综合等。一些研究者认为自然资源综合评价只是多种自然资源单项评价结果放在一起的综合表达；或担心因综合指标结构不当而被误解，引发误导性的政策信息，仅将研究停留在要素构建概念模型上。

有鉴于此，“自然资源调查监测数据评价技术指南研究”课题组的主要成员，围绕自然资源综合监管基本框架，边研究指南，边思考探索，进一步深入研究综合评价的理论方法与技术，总结自然资源综合评价方法实证和示例，著述成章，及时付梓，以回应自然资源管理的实际需求及实质性批评。

在本书中，我们将自然资源综合评价置于方法论聚光灯下，首先在厘定概念内涵基础上，对过去的自然资源评价领域的研究进展进行了系统的梳理与总结，详细阐述了有关自然资源的、一般性的、单项的、综合的评价理论与方法研究现状、工作借鉴、存在问题和发展趋势；紧接着按照理论基础、路线方针、评价基础、指标体系构建、综合指标合成方法、加权方法、成果应用与表达等方面，构建了综合评价的理论方法与技术体系，其中特别关注综合指标的合成与加权，这是最容易出现争议的地方，也是充满希望的未来所在；最后，从自然资源禀赋、利用效益、生态功能与保护、改善生活品质、环境影响、治理水平6个维度及其总体进行自然资源综合评价方法构建，并以湖南省长沙市等自然资源调查监测数据为例，进行方法实证与应用示范。

总之，本书旨在为自然资源综合评价工作及自然资源领域的学者和实践者提供方法参考。

本书是在麻战洪、邢旭东、张建新、项广鑫、谈超、张林等完成的“自然资源调查监测数据评价技术指南（试点版）研究”基础上完成。书稿著述具体分工为：麻战洪负责目标任务制定及前言、结语；蔡玉梅负责框架架构；邢旭东负责，王楠参与内涵界定、文献综述部分；文宁、张建新负责，张伟娜、唐铁、孟超参与理论方法及实践研究部分；项广鑫、李亚涛负责，刘敏、曾凯、王劲刚参与试点研究、发展趋势及分区研究部分；谈超、张林负责，赵清林、秦雅静、翁进参与实证分析实施计算；张钰浛负责文稿修饰与美工设计。书稿由麻战洪、蔡玉梅、文宁、张建新统稿。

本书出版得到了湖南省重点领域研发计划项目“智慧湖南国土空间规划关键技术研究与示范（2019SK2101）”“湖南省科技创新平台与人才计划项目（2017TP1029）”及自然资源部南方丘陵区自然资源监测监管重点实验室的资助。在“试点版”研究编制过程中，承自然资源部调查监测司何超英等专家学者精雕细琢、大笔斧正；本书承中国科学院院士、著名自然地理学家、景观生态学家、中国科学院生态环境研究中心傅伯杰研究员作序，谨此向他们表示诚挚感谢。

作　者

2023 年 4 月 30 日

目　录

1　内涵界定与文献综述 …… (1)
1.1　内涵界定 …… (1)
1.1.1　自然资源禀赋 …… (1)
1.1.2　自然资源利用 …… (3)
1.1.3　自然资源综合评价 …… (4)
1.2　文献综述 …… (6)
1.2.1　研究现状 …… (6)
1.2.2　发展趋势 …… (40)
1.2.3　自然资源管理工作重点分析 …… (44)
1.2.4　国际组织相关工作启示 …… (46)
2　理论方法与评价技术 …… (54)
2.1　理论方法基础 …… (54)
2.1.1　自然资源综合评价理论方法基本特征 …… (54)
2.1.2　三理结合的方法论 …… (55)
2.2　路线方针 …… (57)
2.2.1　评价框架 …… (57)
2.2.2　技术路线 …… (61)
2.2.3　评价流程 …… (63)
2.3　评价基础 …… (70)
2.3.1　评价对象 …… (70)
2.3.2　评价尺度 …… (71)
2.3.3　评价单元 …… (72)
2.3.4　数据处理 …… (73)
2.4　指标体系构建 …… (83)
2.4.1　基本思路 …… (83)
2.4.2　初构指标全集 …… (89)
2.4.3　指标定量筛选 …… (90)
2.4.4　层次结构优化 …… (97)
2.4.5　不确定性与敏感性分析 …… (98)
2.4.6　自然资源综合评价指标体系 …… (102)
2.4.7　自然资源综合评价指标值计算及其评价标准确定 …… (108)
2.5　综合指标合成方法 …… (110)
2.5.1　基本原则与方法概况 …… (110)

2.5.2 加法合成法 …… (117)
2.5.3 乘法合成法及幂平均法 …… (118)
2.5.4 主成分/因子分析法 …… (122)
2.5.5 非补偿性多标准方法（MCA） …… (129)
2.6 加权方法 …… (131)
2.6.1 综合指标加权的方法论框架 …… (131)
2.6.2 基于主成分或因子分析（PCA/FA）的权重 …… (141)
2.6.3 基于KMO值的权重方法 …… (145)
2.6.4 数据包络分析（DEA）与BOD法 …… (149)
2.6.5 UCM法（未观测成分模型） …… (152)
2.6.6 BAP法 …… (153)
2.6.7 层次分析（AHP） …… (154)
2.6.8 联合分析（CA）和公众意见法（民意调查） …… (156)
2.6.9 不同加权方法的比较 …… (156)
2.7 成果应用与表达 …… (160)
2.7.1 应用分析 …… (160)
2.7.2 展示与传播 …… (166)
3 自然资源综合评价实践 …… (169)
3.1 自然资源禀赋综合评价 …… (169)
3.1.1 自然资源数量综合评价 …… (169)
3.1.2 自然资源质量综合评价 …… (169)
3.1.3 自然资源禀赋综合评价 …… (170)
3.1.4 自然资源底线安全评价 …… (174)
3.1.5 自然资源禀赋与底线安全评价标准与等级划分 …… (176)
3.1.6 自然资源禀赋实证分析：以长沙为例 …… (178)
3.2 自然资源保护利用综合评价 …… (184)
3.2.1 自然资源利用效益综合评价 …… (184)
3.2.2 自然资源生态功能与保护综合评价 …… (185)
3.2.3 自然资源改善生活品质综合评价 …… (191)
3.2.4 自然资源利用环境影响综合评价 …… (191)
3.2.5 自然资源治理水平评价 …… (194)
3.2.6 自然资源保护利用总体综合评价 …… (195)
3.2.7 自然资源保护利用综合评价标准与等级划分 …… (195)
3.2.8 自然资源保护利用综合评价实证分析 …… (198)
3.3 自然资源总体综合评价 …… (205)
3.3.1 自然资源保护利用与禀赋的耦合协调性 …… (205)
3.3.2 相对于禀赋的自然资源保护利用 …… (208)
3.3.3 基于基础指标给定标准的自然资源综合评价 …… (210)

3.3.4 基于6维排名的自然资源综合评价…… (211)
3.3.5 自然资源综合评价加权指数 CEWI …… (211)
3.3.6 自然资源综合评价结果分析 …… (214)
3.4 自然资源综合评价分区 …… (218)
3.4.1 自然资源综合评价分区的思路与原则…… (218)
3.4.2 自然资源综合评价分区方法 …… (219)
3.4.3 我国自然资源综合评价初步分区 …… (220)
3.4.4 不同区的自然资源综合评价 …… (220)
结　　语 …… (224)
主要参考文献及资料 …… (225)
附录：缩略词表 …… (232)

1 内涵界定与文献综述

1.1 内涵界定

1.1.1 自然资源禀赋

1.1.1.1 自然资源与禀赋

资源是一个国家或地区的人力、物力、财力的总称。狭义的资源仅指自然资源。自然资源，从字面上理解，是天然资源，是自然界赋予人类的有利用价值的自然物和自然条件。

实际上，对自然资源的定义和分类，总是以对自然的认识为基础，且与技术和经济密切相关。如联合国环境规划署（United Nations Environment Programme，UNEP）对自然资源的定义：自然资源是指在一定时间、地点条件下能生产经济价值，以提高人类当前和将来福利的自然环境因素和条件。作为自然资源管理工作基础的概念内涵，对“自然资源”及其“禀赋”等术语的定义，需围绕满足自然资源管理目标，在实用的框架下科学定义之。

据《自然资源价格评估通则》（TD/T 1061—2021）定义，自然资源（Natural Resources）指天然存在、有使用价值、可提高人类当前和未来福利的自然环境因素的总和。从管理角度，自然资源概念一般包括了土地、矿产、森林、草原、水、湿地、海域海岛等资源类型。从物权角度，自然资源是法定的、有空间边界或者有载体、可明确产权的天然生成物（林坚，2022）。

自然资源部2020年发布的《自然资源调查监测体系构建总体方案》，从山水林田湖草生命共同体理念出发，以立体空间位置为纽带，提出了“自然资源分层分类模型”：地下资源层，主要指矿产资源及城市地下空间资源；第一层是地表基质层，包括岩石、土壤、沙和砾等基础物质；第二层是地表覆盖层，分为作物、林木、草、水等若干覆盖类型；第三层是管理层，是在地表覆盖层上叠加各类日常管理与实际利用的界线和管控类型等。据该模型的“立体空间分类（分层）”范式，其“地下资源层”还应包括地质构造稳定性条件等地质资源；“水”不仅限于覆盖层，还可归为基质层，尤其是地下水；“管理层”不应表述为叠加在地表覆盖层上，而是叠加在其他各层之上，等等。

就“禀赋”而言，迄今人们多从经济角度研究资源禀赋，少见对自然资源禀赋本身的研究。文献搜索未见“自然资源禀赋”之科学定义，仅“百度百科”之“自然资源禀赋论”条目下有“由于各国的地理位置、气候条件、自然资源蕴藏等方面的不同所导致的各国专门从事不同部门产品生产的格局”一说，显然其并非本书所求。

据《辞海》，“禀”的本义为给予谷物，基本释义有领受、承受，赋予、给予及对上报告等；“赋”，旧指田地税，动词本义为征敛税收；“禀赋”，指人所具有的智力、体魄等素质与天赋。引申之，可将“资源禀赋”理解为区域天然具有的生产生活资源环境条件，该“资源禀赋”即“自然资源禀赋”，它包含了自然资源的数量与质量两方面。

综上可见，目前自然资源完善的理论方法体系尚未形成，其内涵仍需界定，研究方法仍需系统整体的设计，需要继续寻找科学的认知与方法。

围绕满足为自然资源保护利用决策提供参考的工作目标，以调查监测实测数据为支撑，按照

“连续、稳定、转换、创新”的要求，在上述自然资源分层分类模型基础上，参考前述对“自然资源禀赋论”的描述，本书定义：

自然资源禀赋（Endowment of Natural Resources），指由地质条件、地理位置、气候条件、自然蕴藏等因素决定的，各类天然存在并有利用价值的人类生活、生产及生态等环境要素总和。其中自然蕴藏的生活、生产及生态要素即本书所指的自然资源。

本书将自然资源评价对象限于土地、森林、草原、水、湿地等资源类型。

1.1.1.2　禀赋之数量与质量

自然资源禀赋由数量和质量两方面构成。就数量而言，资源数量的多少最终取决于资源的自然供给。所谓资源的自然供给是指自然资源以其自然固有的属性供给人类使用，以满足人类社会生产和生活的需要。自然供给的数量是固定不变的，它规定了一个国家或地区实现其经济增长和社会进步所需自然资源基础的极限。但是自然供给这个概念也并不是一成不变的。由于人们认识水平的限制、技术水平的不足以及经济能力的有限，很多在当前条件下不能投入使用的自然资源在将来的某个时候可能会因为一些限制因素的变化而进入到人类的经济社会系统中来，从而使得自然资源供给存量发生改变。但是就某一特定阶段来说，我们仍然可以假定资源的自然供给是一个不变的量。

就质量层面而言，其衡量尺度则比较复杂。同一自然资源，不同的用途有不同的质，对质的抽象方面（如美学方面）理解更是因人而异。质和量这两个概念的区别在于：量通常只有一种衡量尺度（如面积），但质则可以有多种衡量尺度，这些不同的属性影响着自然资源的使用价值，如化学成分、物理结构、美学属性等。矿物质往往用化学成分来衡量储备自然资源的质量（如矿石的品位和煤炭的灰粉），其评价标准比较单一。但就一般情况而言，在自然资源利用中，由于自然资源具多宜性特点，自然资源质量的评价并没有一个统一的标准，故有研究者（律严励等，2019）认为，对自然资源质量只给出一般性的定义，即自然资源对某种用途的适宜性大小。

由于自然资源的形成受气候、水文、生物、地质、地貌等地带性或非地带性因素的制约，因此，资源禀赋通常表现为空间上的相对增强或减弱、集中或分散以及有规律的组合和质量演替等现象，这也是自然资源禀赋具有很强的空间地域性特征的一个重要原因，由此也导出了描述自然资源禀赋空间地域特征常用的一个术语——格局。据《现代汉语词典》的解释，格局是指结构和格式。因此，本书定义自然资源的“格局”是空间上由各种自然资源的相对分布构成的关系总和。格局，决定了一个区域自然资源质量总体的好坏，格局应属自然资源质量范畴，而不宜将其与质量并列。

1.1.1.3　禀赋之潜力

与自然资源禀赋概念密切相关的另一术语是“自然资源潜力”。

潜力的基本释义是潜在的尚未发挥出来的力量。迄今在自然资源领域，亦未见“自然资源潜力”术语之科学定义，许多人对它的理解各不相同。一些研究者将包含社会资源禀赋和经济资源禀赋在内的广义禀赋称为潜力禀赋（苏腾等，2015）；一部分人仅仅把自然资源包括在内；另一些人则认为自然资源潜力的组成中包括了所有的自然因素，即既包括自然资源，也包括自然条件（Л. И. 塔捷沃索娃等，1988）。

由于自然资源不仅包括利用对象和生产资料，还可能包括生活环境，即某种资源对于一种活动可能是生产资料，对另一种活动可能是环境条件。并且，自然资源利用对人类社会生活质量、生产效率、生态环境有很大影响，环境因素亦为社会经济活动的对象，从自然资源的潜在多功能性及人类对资源需求的多样性出发，便有自然资源的经济、社会和生态等多种类的潜力，这与需要解决的问题或评价工作实践的目标有关。原则上可以单独对任何类型单一的自然资源潜力进行评估，也可以对资源组合综合潜力以及性质各异的资源全面潜力进行评价，其中包括对整个区域的评价总体潜力（Н. Ц 巴尔谢干等，1987）。

从“光温生产潜力”的内涵来理解自然资源潜力。光温生产潜力是指由当地太阳辐射和温度所确定的作物产量的上限。那么，自然资源潜力可理解为在当前各种自然资源组合状态下通过恰当（最佳）利用可以发挥出来的最大力量，它包括自然资源目前已开发利用的、未被利用的以及处于各种保护状态下的那部分潜在自然财富的总和。

由此可见，自然资源潜力与自然资源禀赋的概念相近。可以认为，自然资源潜力是自然资源禀赋的另一种表述。只是潜力，更关注总体和未被利用部分；禀赋，则更关注已被利用部分。在自然资源评价工作实践中，可以从目前未被利用，但在将来因技术进步可能开发利用的那部分自然资源中，进行自然资源潜力估算。

1.1.2 自然资源利用

自然资源以其特有的方式为人类提供着诸多产品和服务，是人类生存和发展的基础。自然资源利用是指把各种自然资源，如土地、森林、矿产、水资源等吸收到社会生产过程中来。然而，自然资源是否能被科学利用受到各种各样因素的影响，其主要且最基本的因素是自然资源禀赋。

由于自然资源的有限性，自然资源禀赋决定了可供人类利用的自然资源条件及其限度，如何合理地配置和利用有限的自然资源是人类社会永恒的问题。因此，自然资源的利用与保护是一个问题的两个方面，无论从理论上还是社会实践上，均是不可分割的整体，认识不应受自然资源管理业务条块分割的局限。

科学的或可持续的自然资源利用，可从以下方面理解其内涵（律严励等，2019）：

1）自然资源的利用必须以满足社会经济发展需求为前提。人类只有通过利用方式的改变来实现自然资源的科学利用，协调社会经济发展与自然资源及生态环境保护之间的矛盾。

2）自然资源利用是指自然资源的开发、利用、保护、治理全过程。合理的开发利用就是寻求和选择自然资源的最佳利用目标和途径，以发挥自然资源的优势和最大结构功能；而所谓“治理”是要采取综合措施，以改造那些不利的自然资源条件，使之由不利条件变为有利条件；所谓“保护”是要保护自然资源及其环境中原先有利于生产和生活的状态。

3）自然资源生态质量的保持和提高是自然资源能被科学利用的重要体现，意味着在自然资源管理中加重对生态环境质量的关注和考虑。

4）在一定的社会、经济、技术条件下，自然资源的科学利用意味着对一定自然资源数量的要求，必须在一定的经济、社会和技术水平上保证一定自然资源数量，以满足生产、生活及生态的需要。

5）自然资源利用是一个动态与综合的概念。动态的概念体现在随着社会的历史变化，自然资源利用的内涵及其方式也呈动态变化。将自然资源的开发利用放在整个社会经济发展的宏观背景下，就会发现自然资源的开发利用所产生的利益是多方面的，因此研究“效益”问题是研究自然资源利用的重要内容之一。从深层次上来看，自然资源科学利用所追求的目标主要表现为经济利益与生态利益、目前利益与长远利益、局部利益与全局利益的辩证统一。为了实现自然资源的科学利用，必须对经济、社会、生态、技术等因素进行综合分析评价，保持其中有利于自然资源科学利用的部分，对不利的部分则通过变革来实现有利的转化。

因此，本书定义广义的自然资源利用（Utilization of Natural Resources），指对自然界中一切能被人类利用的物质和能量的开发、利用与保护，包括对土地资源、矿产资源、水资源、海洋资源以及气候资源等的利用。

自然资源作为最为基本的生存和生产要素，具备不同的资源、资本和资产属性。资源属性表现为为社会经济发展提供物质基础和空间载体，是其自然资源禀赋的功能属性，将土地、森林、水资源、矿产等吸收到社会生产过程中来，是自然资源功能属性的利用。资产属性派生于资源属性，表现为产权关系与经济属性；资本属性又派生于资产属性，表现为流通功能与增值属性（严金明等，2018）。自然资源管理是以自然功能属性为利用基础，以产权关系与经济属性为管理导向，以流通功能与增值属性为民生保障的资源、资产、资本一体化自然资源利用管理体系，自然资源管理中的诸项业务均可列入自然资源利用管理范畴。

1.1.3　自然资源综合评价

1.1.3.1　自然资源综合评价内涵

自然资源调查包含监测，一般不含评价，虽然实际工作中调查有时可包含监测与评价，但此“评价”更多是对自然资源调查数据的属性直观评判，不属于本书综合评价语境下的评价。本书的评价是聚焦于自然资源管理目标，回应《自然资源调查监测体系构建总体方案》之“综合分析自然资源、生态环境与区域高质量发展整体情况”“评价各类自然资源基本状况与保护开发利用程度，评价自然资源要素之间、人类生存发展与自然资源之间、区域之间、经济社会与区域发展之间的协调关系，为自然资源保护与合理开发利用提供决策参考”需求，进行的系统性、综合性、科学性评判。

由于自然资源禀赋是自然资源功能利用的本底和基础；自然资源利用包含了开发、利用与保护，是为状态；利用过程和结果（状态）产生的压力会影响自然资源功能。从自然资源部“两统一”职责履行出发，按系统观念，以“安全、创新、绿色、协调、开放、共享”为指导，针对自然资源禀赋与利用，聚焦不同自然资源要素之间、自然资源利用与经济社会发展、生态环境保护之间关系，按“自然资源禀赋—保护利用状态—生态环境影响—治理政策响应”全过程，系统构建科学、简明、可操作的自然资源综合评价方法体系，以规范开展综合评价工作，服务于自然资源管理的研究目标。因此定义：

自然资源综合评价（Comprehensive Evaluation of Natural Resources）是以自然资源调查、评价、监测数据为基础，服务于自然资源统一调查评价监测制度构建和自然资源精细化管理，围绕自然资源开发利用保护管理目标进行的综合性分析，是对一定自然资源禀赋下自然资源开发利用保护管理各个方面及总体的优劣状况评价。

自然资源综合评价是在自然资源禀赋，自然资源的生产、生活和生态功能评价，及自然资源利用产生的问题和环境影响评价，以及资源治理水平的基础上，按照《自然资源部关于印发〈自然资源调查监测体系构建总体方案〉的通知》和《自然资源调查监测数据分析评价工作方案》要求，以统一国土空间用途管制与生态修复、统一调查评价监测，及自然资源管理服务为目标，基于自然资源调查监测评价数据，对自然资源时空分布特征、开发利用和保护状况及与经济社会发展、环境的协调程度等各个方面进行的总体的综合评价分析评定。

1.1.3.2　自然资源综合评价系统的基本特征

从系统科学的方法论出发，自然资源综合评价中的自然资源利用与自然资源禀赋既相互独立，又密不可分，并通过一定的联系机制融合成为一个有机的整体，即自然资源禀赋与自然资源利用复合系统。自然资源利用系统是以自然资源禀赋系统为基础的社会经济生态复合系统，其基本特征与自然资源利用及自然资源禀赋系统的基本特征有相互联系的一面，如整体性、层次性、多重性等，但是自然资源综合评价系统毕竟不是自然资源利用系统或自然资源禀赋系统，它有自己独特的属性。概括起来，自然资源综合评价系统的基本特征可以从以下几个方面来认识。

（1）整体性、系统性

自然资源综合评价系统的整体性表现在其各子系统、各要素之间是相互联系、相互依赖、相互作用而形成的一个有机整体。与禀赋不同的是，自然资源利用是一个有人参与的子系统，这就决定了自然资源综合评价系统所表现的整体性与自然资源禀赋系统的整体性有着本质的区别。随着生产的发展和技术的进步，自然资源利用不断深入。自然资源一旦成为人类利用的对象，人与自然资源禀赋就不再是彼此分离的了，通过一定的经济技术措施开发利用自然资源，又通过一定的保护和管理措施，保护自然资源，因此人与自然资源的关系日趋密切，从而首先形成自然资源利用系统，进而有自然资源综合评价系统。恩格斯（1878）说“人本身是自然界的产物，是在他们的环境中并且和这个环境一起发展起来的”，人类从自然资源禀赋感知，进入自然资源利用系统内部，构成自然资源综合评价系统，不是简单的关系递进，而是一次次质的飞跃，形成了自然资源综合评价系统认识论上的整体性，方法论上的综合性。

自然资源综合评价体系的系统性是指它的结构及属性要素、技术要素是一个层次分明既相互联系，又互为条件的整体，不同的属性要素处于维度的不同层级，具有一定的秩序结构，指标层与指标层之间、同层级要素指标之间具有清晰的逻辑关系。其中的单个指标仅能反映评价对象的某个侧面，只有将指标进行综合才能反映整体的情况。

（2）层次性、多重性

自然资源综合评价系统的目标具有层次性、多重性。首先，自然资源种类复杂多样，山水林田湖草沙等各类自然资源共同构成了这个自然资源系统；其次，每一类自然资源都不是孤立存在的，如土地资源是由土壤、水、动物、植物、气候等资源构成的自然综合系统；最后，每一类自然资源又由许多亚类组成，亚类还可细分为种、亚种、科等，如生物资源，从生物圈到生态系统，再到群落，直至物种，就是一个层次分明的系统。因此，自然资源表现出明显的层次性。显然，以自然资源多样性和层次性为基础的自然资源利用及自然资源综合评价都是以自然资源的系统性为条件的。

自然资源综合评价目标的多重性，是由于自然资源利用系统在一定的投入下，要产出一定社会经济产品，如建设用地资源的利用要“产出”城市、工业等各种产品，以满足社会的生活需要、经济的生产需要；农业自然资源利用要产出粮食等农产品，以满足人类生存的需要；此外，人类为了长久持续健康舒适地生活、生产，在自然资源利用产出社会经济产品的同时，还要保护自然资源，保持生态平衡，满足生态的需要，这就是由自然资源利用多样性导致的自然资源综合评价系统的多重性。要实现自然资源综合评价系统的多重性目标，显然要把开发利用自然资源与合理分配和保护自然资源统一起来，据自然资源禀赋特征，综合性分析评价协调开发、利用与保护目标，以实现自然资源精细化管理目标。

（3）耦合性、协同性

耦合性（Coupling）是指系统的子系统间相互关联、相互依赖的状态。山水林田湖草沙是客观存在的，有它们各自的生长演化规律，构成自然资源禀赋整体的演变过程就是禀赋要素间的耦合过程；自然资源利用的社会经济系统也有着自身的运行规律，两个系统发生联系耦合也是客观的，是具有必然性的。由自然资源利用导致的自然资源数量质量变化、生态环境系统演变可以从自然资源利用与禀赋间或禀赋要素间的耦合变化与效应来描述。自然资源综合评价就是要在实现自然资源禀赋与利用全要素调查监测数据融合的基础上，探究自然资源利用与禀赋的变化与响应机制，揭示系统动态耦合规律，发现存在的问题，预测未来状态，为自然资源管理决策提供科学建议。

协同性（Cooperativity）是指系统的有序状态，这种状态是系统的子系统间协同进化的结果。

所谓协同进化（Co-evolution），原指一个物种的某一特性由于回应另一物种的某一特性而进化，而后者的该特性也同样由于回应前者的特性而进化的过程，这一概念应用于生物与环境、社会经济与自然的相互作用研究中是指其相互依存、相互调节、相互维系、相互制约和相互促进的关系。对于自然资源综合评价复合系统中的自然资源利用与自然资源禀赋两个子系统，需要将两者结合起来，各要素协同作用，才能够保证复合系统的有序发展。

这种协同性首先表现为自然资源利用系统发展与自然资源禀赋系统的自然增长之间的相互作用。自然资源利用系统的增长要以自然资源禀赋系统的增长为基础，要不断地同自然资源禀赋系统进行物质、能量、信息的交换才能实现。当自然资源利用系统增长超过了自然资源禀赋系统的自然增长所允许的范围时，就要受到自然资源禀赋系统的制约，从而限制自然资源利用系统的社会经济增长，这样就使两者始终保持着平衡的关系，使两者的目标一致起来。自然资源利用系统的协同性是要通过人的有目的的活动来实现，但人们必须首先认识自然资源综合评价系统的协同关系。

（4）动态性、适应性

构成自然资源利用与自然资源禀赋复合系统的利用与禀赋两子系统的各要素，本身总是在发展变化着的，这就决定了自然资源利用与自然资源禀赋复合系统本身也在不断地发展变化，这就是自然资源综合评价系统的动态性。自然资源禀赋系统的发展变化受自然节律的影响，自然资源利用系统变化的根本原因在于生产方式的矛盾运动，利用与禀赋两者间相互联系、相互影响，形成复合系统的动态变化呈现原始型、掠夺型和协调型关系三大阶段。其高级阶段的协调型自然资源利用系统表现为通过管理及科技手段，自然资源利用与自然资源禀赋相结合，形成物能间的高效转换，高产、优质、低耗、多品种、多层次互相协同进化发展的新关系，使得系统的各要素合理组合、利用的社会、经济、生态综合效益协调发展。自然资源综合评价就是围绕自然资源利用与自然资源禀赋的效率、平衡关系，动态评价其满足和谐发展的状况水平和发展趋势。

适应性（Adaptation）原指生物体与环境表现相适合的现象，泛指系统对条件变化做出调整的一种自我发展能力。自然资源综合评价的核心是评价资源开发利用与社会经济、生态环境之间的协调性与稳定性，其关键就是自然资源系统的适应性评价。自然资源为区域发展提供物质基础，决定着区域发展的方向与潜力。自然资源综合评价就是要评价区域的资源禀赋对未来发展的稳定保障程度及其发展过程中的弹性（弹性的基本含义是指一种变量对另一种变量的微小百分比变化所做的反应），可以从多个维度上进行度量，如功能上的可伸缩性，地理上的可扩展性，容量上（例如环境容量）的可伸缩性，管理上的可伸缩性。

1.2 文献综述

1.2.1 研究现状

目前自然资源评价研究主要关注各类自然资源的数量、质量及其效益的专项评价，较少有其综合性评价。

1.2.1.1 自然资源禀赋评价

1.2.1.1.1 自然资源数量评价

（1）自然资源丰裕度

自然资源数量评价是指对其总体数量丰富程度的度量。自然资源丰裕度是各种自然资源组合的总体丰裕度，可由若干类资源的丰裕度组成。区域自然资源总数量可用自然资源丰裕度表征。

由于自然资源种类繁多、属性各异，因此，不同自然资源组合很难比较。自然资源的总量测度难度大是目前世界公认的，尚没有一种精确度量自然资源丰裕度的方法，从方法论上讲，需要合理的方法学或合理的核算框架。

本书将目前文献所见的自然资源丰裕度计算方法归纳为如下四种：

A. 替代法

用一些替代指标来估计自然资源丰裕度，如用资源型产品出口占 GDP（Gross Domestic Product）的比重（Sachs et al.，1995）、能源产出量（杜凯等，2009）、能源工业产值占工业总产值的比重（齐中英等，2008）、采掘业总产值占工业总产值的比例（李天籽，2007）、一次能源生产和消费占比（徐康宁等，2005）、初级部门就业占总就业人数比例（Gylfason et al.，2000）、采掘业投入水平（徐康宁等，2006）、采掘业从业人员占从业人员总数比（李强等，2013）、采掘业职工收入占比（丁菊红等，2007）等代替自然资源丰裕度。

B. 多要素综合汇总法

郑长德（2006）用森林蓄积量、矿产资源潜在价值、湿地面积及水资源总量的资源组合、资源综合优势以及人均资源占有优势来综合表达自然资源丰裕度。郑长德（2006）认为，我国西部地区自然资源富集，仅仅是一种潜在的优势，而非现实的经济优势，富集的自然资源要转变为经济优势，使其对区域经济发展产生推动作用，要依赖于自然资源的产权结构、富集地区的区位条件、开采成本和自然资源就地转化的技术与市场条件。对于自然资源、区位、开发成本与区域经济发展的统计描述，郑长德（2006）基于各省（市、区）耕地资源、矿产资源、森林资源、湿地资源和水资源数据构造了 3 个参数：以区域内上述 5 种资源占全国的比重的几何平均值代表自然资源综合优势度；以区域内上述 5 种资源人均占有量与全国人均占有量比值的几何平均值代表人均自然资源拥有量优势度；用“标准差（σ）”表示区域资源组合指数，σ 越大表明组合状况差，配套能力弱，σ 越小，说明组合状况好，有利于地区综合发展。文章还计算了我国各地区的区位指数（吸引度、通达度、潜势度的平均值）和区域发展成本指数（为了支持区域发展目标必须进行的基础设施建设所花费的成本），得出结论：所考察的自然资源丰裕度与人均 GDP 呈负相关关系，而 GDP 增长率和自然资源丰裕度的关系不显著，甚至不具有统计意义；区位关系对该地区的经济增长和经济发展水平都有显著的影响；区域开发成本是某一地区经济发展过程中必须考虑和正视的一个制约因素，我国西部地区，山高谷深，落差大，自然条件恶劣，社会发育程度较低，区域开发成本高，即使自然资源禀赋好，也无法实现把潜在的资源优势转化为现实的经济优势和经济发展的推动力。

赵凯（2014）提出了一种测算区域完全自然资源丰裕度的方法：同时考虑各类资源的人均、地均及区域占比，以区域内各种自然资源标准化处理后的平均值及标准差，即将区域内各种自然资源分别按照地均、人均及相对量 3 个指标标准化后数据组成 1 个数据集合；分别计算其平均值及标准差；区域的完全自然资源丰裕度指数以平均值除以标准差计算。赵凯（2014）对 31 个省（市、区）2011 年的草原面积、森林面积、农用地、水资源总量、石油、天然气、煤炭及铁矿等 13 种矿产资源进行了实证分析，得到排名前 5 位的省区分别是四川、内蒙古、甘肃、广西和河北，排名最后 5 位（第 27 至第 31 名）的省（市、区）分别是江苏、宁夏、天津、上海和北京。并据等距法将自然资源禀赋划分为富集区、适中区、贫乏区和匮乏区四大类型。从其评价结果来看，这种方法有一定可取之处。

张宁亭（2016）采用人均一次能源指标来度量自然资源丰裕度：主要依据全国 1994—2014 年能源生产、消费总量以及四种能源资源所占比重，分别计算其平均数，将其作为煤炭、石油、天然气权重（得出一次能源生产和消费的比重为：煤炭 73%，石油 15.8%，天然气 3%），自然资源丰裕度是各省（市、区）煤炭、石油、天然气的基础储量占全国基础储量的比重的加权综合。

姚毓春等（2014）采用了生态足迹指标表达自然资源丰裕度。

C. 实物型核算法

实物型核算是分门别类地对各种自然资源进行核算。这是我国官方采用的方式，如中共中央、国务院发布的《生态文明体制改革总体方案》提出，要探索编制自然资源资产负债表，明确要求采用实物型核算方式。

D. 货币化核算

货币化核算是将资源的开发利用价值及各种生态服务的价值换算为货币，其优点是能够将诸多自然资源统一于货币的单一量纲，从而能够使人们简单明快地比较不同国家或一国不同时期间的自然资源状况。如世界银行以自然资源租金总额占 GDP 的比重指标（Total natural resources rents,% of GDP）来衡量国家和地区的自然资源丰裕度，Collier et al.（2004）则从世界价格中减去各种成本（其中包括提取、洗选、冶炼、运输以及资源的正常收益等）的资源净收益来表征。

从资源价值核算实践上来讲，自然资源部 2021 年颁发的《自然资源价格评估通则》（TD/T 1061—2021），为资源价值换算提供了技术保障。这部通用型标准涉及了建设用地、耕地、园地、林地、草地、矿业权、矿产资源、湿地、海域和无居民海岛 10 种具体资源。它以通用性、规范性的语言表述为 5 条主要技术路径：交易实例比较修正路径、预期收益贴现还原路径、整体价值剥离显化路径、重置成本模拟分析路径、价格或费用标准修正调整路径，并枚举了各条技术路径下所包括的技术方法。同时，对于尚处于探索、试点研究的内容进行了灵活处理，如关于自然资源生态价值评估，通则中仅规定了原理性方法和公式，为进一步深化研究预留充分空间。

（2）“资源诅咒”假说

A. 假说内容及实证研究

关于资源禀赋有一个著名的经济学假说：“资源诅咒”（Resource Curse），大意是说，丰裕的自然资源可能是经济发展的诅咒而不是祝福，多数自然资源丰富的国家比那些资源稀缺的国家经济增长得更慢。这是美国经济学家 Auty 于 1993 年对自然资源的开发利用与经济发展间关系进行分析后提出的。

实际上“资源诅咒”多指与矿业相关的经济社会问题。Murshed（2002）和 Isham（2002）发现，煤炭石油等“点资源”比土地森林等“散资源”更容易陷入“资源诅咒”的陷阱，政府较易从资源寻租中产生腐败，阻碍经济增长。Alexeev et al.（2009）研究表明，当自然资源以人均概念来衡量时，从长期来看，一些自然资源诸如石油和矿产品等会对经济增长发挥正向、积极的作用；“资源诅咒”现象只在转型的经济体中有所表现。

Ding et al.（2005）认为“资源诅咒”可能是指标选取不合理造成的，以往的研究中没有很好地区分“资源禀赋”（Resource Endowment）和“资源依赖”（Resource Dependence），混淆了“自然资源依赖”和“自然资源禀赋”的概念，他们的研究结论是：前者与经济增长的关系呈现出明显的负相关，后者恰恰相反。

Erwin（2004）认为若自然丰裕的度量指标不考虑流量和存量的差异是不恰当的，一个地区的出口物品不仅包括如煤之类的资源，还包括与耕地、牧场之类资源有关的食物、农产品等。他们的研究发现，前者与经济呈负相关关系，后者与经济没有显著相关性。

张菲菲等（2007）认为以集中型资源来衡量对自然资源禀赋不能很好度量，而以集中型（矿产、能源）和扩散型（森林、水、耕地）5 种资源来分别衡量自然资源丰裕度：集中型资源的度量采用资源绝对丰裕度指数 PRAI；扩散型资源采用相对资源丰裕度指数 DRAI，计算公式分别为：$PRAI = r_i/R \cdot 100\%$ 和 $DRAI = (r_i/p_i)/(R/P) \cdot 100\%$，式中：$r_i$ 为 i 资源量，R 为该资源全国总量，p_i 和 P 分别为 i 地和全国人口数量。研究得出我国各个省份中的资源丰裕度与经济发展水平呈负相关的结论。

刘长生等（2009）首先将自然资源对经济增长所产生的影响区分为直接效应和间接效应，并以此为基础来构建理论模型，从理论上分析了自然资源对经济增长所产生直接效应、间接效应、总效应大小，以及不同因素对区域经济增长差异的相对影响；然后以 30 个省（市、区）的面板数据进行了实证检验，实证研究结果显示：自然资源禀赋在中国经济增长中既存在正面的直接效应也存在负面的间接效应，且负面效应总体上大于正面效应，但在不同省份存在较大的地区差异性；其负面效应主要通过降低投资、受教育水平、技术创新、对外开放度、法治水平而间接阻碍经济增长。中国不同省（市、区）自然资源禀赋差异能够在一定程度上解释经济增长所存在的地区差异性，但不是经济增长所存在的区域差异性的主要原因。

李强等（2017）分析综述了资源禀赋对经济增长质量的影响，认为已有相关研究对于资源禀赋经济效用的分析主要分为两类：一类是将资源禀赋单纯地视为“福音”或是“诅咒”，无论是从整体还是分段来看，我国资源富集地区的自然资源均有利于该区域的经济增长；另一类则是认为资源禀赋对于经济增长质量具有异质性，自然资源是一把“双刃剑”，对于资源生产地区而言，自然资源开发会通过“荷兰病”、制度弱化、对资本积累和人力资本的挤出效应等传导机制阻碍地区经济增长，因而自然资源是“诅咒”；对于资源消费地区而言，资源消费有利于促进地区经济增长，自然资源是“福音”，等等。总体上，国内外有关经济增长质量的测度及其影响因素的分析，当前学界主要采取单指标和多指标两种方法，其中单指标法主要以全要素生产率来表示，多指标法则综合了经济、制度、社会、环境等多方因素构建指标体系。与此同时，国内学者越来越认同资源禀赋对于地区经济增长具有异质性，认为资源对于地区经济发展的效用主要取决于复杂的外部因素。李强等（2017）认为，国内较少有研究将其纳入经济增长质量的分析中，相关研究指标体系亦有待完善，同时有关资源禀赋与经济增长质量关系的研究中，影响资源禀赋经济效用的外部因素分析偏重理论化，缺少实证检验支持。李强等（2017）将“资源与环境指标”（以能源强度、大气污染程度、污水污染程度、大气治理程度和污水治理程度，分别对应地区生产总值能耗指标值、工业废气排放总量、工业废水排放总量、废气治理设施数和废水治理设施数）及“经济结构、科技与创新、民生、对外开放”等 5 方面（二级指标值）共 23 个基础指标，采用主成分分析法确定各指标体系的权重，以反映各基础指标对经济增长质量贡献的大小，测度经济增长质量。研究基于全国 30 个省（市、区）2000—2014 年的面板数据，实证认为，资源禀赋对于经济增长质量的影响为正，说明资源禀赋对于地区经济发展具有明显的助推作用，是区域经济发展的“福音”；但不是单纯的线性影响关系，而是一种“倒 U”型的非线性影响关系。

何雄浪等（2017）以新古典经济增长理论为基础，建立了包含自然资源要素的经济增长模型，同时也将制度因素纳入生产函数中，并且考虑制度的变迁过程，由此从理论上来探讨“资源福音”与“资源诅咒”的悖论问题，认为当制度质量高于某值时，丰裕的自然资源对经济增长而言是“福音”，反之则是“诅咒”。在理论分析的基础上，通过面板和空间计量分析，得出的实证结论主要有：“资源诅咒”命题在中国省域层面上是成立的，低质量的市场分配资源制度和产权制度遏制了自然资源促进经济发展的潜在优势，引起“资源诅咒”效应的产生，而市场开放度的提高能缓解“资源诅咒”效应；自然资源的空间集聚与经济增长之间存在着负向空间相关关系，资源越富集的地区“资源诅咒”效应越严重；自然资源禀赋会影响制度的质量，在因果循环机制的作用下，制度质量越低导致“资源诅咒”效应越严重。其中自然资源丰裕度采用自然资源开发行业工业产值占工业总产值的比重来度量。

B. 关于资源诅咒的传导机制

谢继文（2010）通过文献梳理，总结资源诅咒的传导机制主要有如下 7 种：

a. 中心外围论

这一论点是将世界各国分为两大类，一类是西方高度工业化国家，出口工业品或高附加值产品，进口原材料或初级产品，占有技术进步所带来的几乎全部利益；另一类是没有实现工业化或畸形工业化的国家，常常出口单一的原材料。前者处于世界体系的中心，后者处于外围。中心与外围进行着严重不平等的交换，中心以损害外围的发展为代价获得发展。

b. 贸易条件恶化论

资源出口使本国贸易条件恶化。

c. 经济类型论

默尔斯迪（Murshed）将资源经济类型划分为点源型经济（Point-Source Economies）和散源型经济（Diffuse-Source Economies）。前者是指国家的经济产业集中在石油、矿产等少数几个资源型领域，后者是指国家的经济结构呈现出多元化的特征。石油、矿产等点资源（或集中性资源）往往会导致集中型的生产和收益模式，而农业耕地等散资源（或分散性资源）的收益则遍布全国。因此相对于散源型经济而言，点源型经济更容易出现寻租等非生产性活动。

d. 荷兰病效应

20 世纪 50 年代末 60 年代初，荷兰北海一带发现储量极为丰富的天然气资源，在大量出口天然气获得巨大财富的同时，荷兰盾大幅度升值导致荷兰其他工业特别是传统的机械制造与出口工业逐步萎缩，不断失去国际竞争力，出现了所谓反工业化（Deindustrialization）现象。后来人们把这种因富致祸的现象称为荷兰病。

e. 挤出效应

丰裕的自然资源挤出了某些对经济增长具有重要驱动作用的因素，从而导致资源富集，经济体失去了长期增长的动力。而这些重要的因素主要体现在教育、投资和创新方面。

f. 政治机制

丰裕的自然资源容易引发战争或冲突，影响政治程序和政治取向，并使资源丰裕的经济体偏离民主体制而采取独裁体制，从而导致资源诅咒。对此有三论：

资源冲突论，丰裕的自然资源是武装冲突的导火索之一。

政治动机论，资源丰富会提高权力的价值，为了获得政治利益往往会过度开采资源，导致资源在代际之间以及各部门之间的配置失当，经济增长由此停滞。

独裁体制论，矿产资源降低了民主化的程度导致出现独裁体制。

g. 制度机制

丰裕的自然资源会通过引发腐败、寻租等途径弱化制度质量，进而阻碍经济增长。

C. 本书观点

对于许多国家而言，“资源诅咒”这一命题是成立的。自然资源在经济分析中可以看作生产活动所必需的资本，向人类提供了他们所需的产品和服务。不考虑其他因素的影响，资源禀赋好，必然有利于当地经济社会发展的实现，反之亦然。这一点对于发展中国家和地区来说更是如此，因为其资本和技术相对稀缺，从而使自然资源成为经济发展的主要物质基础，资源禀赋的好坏与组合状况在很大进度上也就决定了当地经济发展的选择余地。

我国整体上是一个自然资源相对贫乏的国家，中西部欠发达地区在能源、矿产、土地等自然资源方面似乎具有明显优势，却并未见转为经济优势，反而出现得更多的是产业结构畸形、生态环境恶化等现象，似与“资源诅咒”如出一辙。

究其原因，在于自然资源丰裕度计算方法不正确！或者说，自然资源禀赋内涵定义错误。对于自然资源的核心概念理解不正确，没有考虑质量因素，指标的选取存在问题，指标间的数学关系错误，不能正确完整地度量自然资源禀赋水平。设想，如果对西部广阔的“土地”按生态环境质量或生态经济价值打一个折扣；对自然资源不局限在单一的能源矿产上，而是在多样性配套上，对我国的评价结果很可能与“资源诅咒”假说大相径庭。

本书认为，类似如前文所述的多要素综合汇总法可以借鉴，但需完整度量多种自然资源组合来恰当表达质量影响。

1.2.1.1.2　自然资源质量评价

所谓自然资源质量评价，一般认为是按照一定的评价原则或依据，从科学角度对区域自然资源的可开发利用属性进行定量或定性的评定和估价，其目的是从整体上提示自然资源的优势与劣势，开发利用潜力的大小，限制性及其限制强度，并提出开发利用和治理保护的建议，为充分发挥自然资源的多种功能和综合效益提供科学依据。

国内外在水、土地、森林、草原等资源质量评价方面起步较早，目前基本形成各自较为成熟完善的理论、技术方法和评价模型，形成了一套较为完善而科学的评价标准体系。这种评价的针对性和适用性强，具有广泛的应用价值。通过大量的研究与工作实践，至今为止，取得的各种单项评价成果数不胜数，毋容赘述。

自然资源质量综合评价是在单项质量评价为基础上，采用某种方法进行综合，以揭示区域自然资源的整体性质和功能，为自然资源的综合开发利用服务。区域自然资源的整体质量可根据在一定社会经济技术条件下，自然资源能被人类开发利用所创造出的财富和价值进行定量或定性的评估。如包浩生等（1993）认为自然资源质量综合评价是“对某一地区各种自然资源或其整体在一定社会经济技术条件下能被人类开发利用所创造出的财富多少、价值高低，做出定性或定量的科学评估。通过自然资源质量评价，可以在一定程度上揭示地区内或地区间自然资源优势及优势程度。为自然资源的合理开发和生产力布局提供科学依据，由于不同自然资源种类的质量内涵和标准不一致，所以应首先开展各分项自然资源的质量评价，然后在此基础上运用定性与定量相结合的方法，再对地区自然资源质量进行全面评价”。整体质量综合评价的理论基础在于自然资源在一个地域内具有整体性的特点，同一地域的气候资源、水资源、土地资源、森林资源、草地资源等是成为系统存在的，是相互制约、相互联系的整体，其中任何一种资源的变化都会影响其他资源，如森林资源的破坏会影响地表径流，引起水土流失，并影响对气候的调节等。所以衡量某一地域的自然资源质量应分析其整体组合状况。组合适宜，质量就高；反之则使质量受到影响。

由于各单项资源的功能、性质和评价标准有所差异，特别是可更新资源与不可更新资源之间，所以至今对自然资源质量的综合评价尚未形成一套完整的评价体系。因此，目前鲜有自然资源质量综合评价成果面世，罕见区域自然资源整体质量评价研究文献报道。下面两类研究可作为整体质量评价研究的代表：

（1）水土资源质量综合评价

在20世纪90年代后，人们开始重视将区域水与土地资源作为自然资源的统一组合体开展评价，互相约束互为背景，从经济与资源环境协调发展的视角，选取评价指标进行综合质量评价。研究方法和评价指标体系渐趋完善，系统动力学理论、神经网络理论、投影寻踪聚类方法等新理论和新方法都被开始应用在水土资源综合质量评估领域。在多指标综合赋权方面，常用的方法主要有专家评判法、层次分析法、复相关系数法、变异系数法、主成分分析法、熵值法等主观和客观赋权方法。但是，总结国内外以往水土资源研究成果，多是基于流域或盆地的大尺度质量评价，而在县市级以下行政尺度或更小的自然尺度细观评价小区域的水土资源质量的成果基本很少（王滨，2012）。

（2）自然资源高质量发展综合评价

周璞等（2020）定义自然资源高质量发展的内涵主要体现在：以新发展理念为重要指引，

以推进形成绿色生产和生活方式为主攻方向，以支撑国民经济与社会高质量发展为总体目标，持续推进自然资源供给体系质量提升、效率增长、结构升级、布局优化、保障安全等过程。文章认为自然资源高质量发展的过程是自然资源开发利用保护方式、供给结构、质量效益等发生系统性转变的过程，也是重点解决发展不平衡不充分等突出问题的过程，需重点考虑6个方面。一是质效优先，提高自然资源供给质量和效率，提升要素生产率；二是创新发展，增加新供给、拓展新空间、激发新活力；三是协调发展，保障自然资源合理公平配置；四是绿色发展；五是开放发展，充分利用“两种资源、两个市场”；六是共享发展，建立自然资源共建共治共享模式。也是构建自然资源领域高质量发展绩效评价指标体系的重要依据。文章围绕“质量-效率-动力”改革要求，构建了包括“综合质效、创新发展、协调发展、绿色发展、开放发展、共享发展”6个维度共27项的指标体系。其中反映综合质量效益的指标5项分别体现了兼顾粮食安全与节约集约用地原则、森林及生态平衡状况、草原生态环境质量、生态文明建设成效、海岸带生态安全。其对于自然资源质量综合测度有重要参考意义，尤其是其指标体系（表1.1）。

表1.1 自然资源高质量发展综合绩效评价指标建议

准则	序号	指标	定义	属性
综合质效	1	耕地保有量完成率	某一地区实际耕地保有量与规划下达的耕地保有量指标的比值	绝对值（正向）
	2	森林覆盖率变化率	某一区域森林面积占土地总面积的比率变化率。年均降雨量在400 mm及以上区域计算森林覆盖率年度变化率	变化率（正向）
	3	草原综合植被盖度变化率	某一区域草原植被占土地面积的比率变化率。年均降雨量在400 mm以下计算草原综合植被盖度年度变化率	变化率（正向）
综合质效	4	单位面积生态服务价值变化率	某一区域单位面积的生态系统服务价值年度变化率。生态学系统服务价值指人们从自然系统获得的生态收益，主要计算涵养水源、保育土壤、固碳释氧、积累营养物质、净化大气环境等5项内容	变化率（正向）
	5	自然岸线保有率	某一区域大陆自然岸线保有量占大陆海岸线总长度的百分比	绝对值（正向）
创新发展	6	自然资源领域科研经费增长率	某一区域内自然资源领域科研经费投入的年增长率	变化率（正向）
	7	自然资源科技创新平台基地建设数量	某一区域内国家级科技创新平台、新增部级科技创新平台数量	绝对值（正向）
	8	自然资源领域标准规范发布数量	某一区域内发布的自然资源领域地方标准以及具有国家、区域影响力的行业标准（针对全国可包括国标、行标）	绝对值（正向）
协调发展	9	国土开发强度变异系数	某一区域各地市国土开发强度的标准差与平均值之比	绝对值（负向）
	10	矿产资源储采协调指数	采用区位商指数计算某一区域矿产资源开采（产值）与储量（潜在价值）是否协调	绝对值（越接近1越好）
	11	矿业结构协调指数	采用区位商指数计算某一区域矿产资源采掘业（产值）与下游冶炼加工业（产值）是否协调	绝对值（越接近1越好）
绿色发展	12	单位GDP建设用地面积下降率	某一地区该年度单位GDP建设用地使用面积较上年度的下降比率	变化率（正向）

续表

准则	序号	指标	定义	属性
绿色发展	13	城镇用地增长弹性系数	一定时期内某一地区城镇建设用地增长率与同时期城镇人口增长率的比值	绝对值（负向）
	14	矿产资源产出率提高率	某一地区该年度主要矿产资源产出率较上年度的提升比率。矿产资源产出率是指主要矿产资源实物量的单位投入所产出的经济量，计算公式为地区生产总值（GDP）与主要矿产资源消费量的比值	变化率（正向）
	15	绿色矿山比例	一个国家或地区达到绿色矿山建设标准的矿山数量占辖区内矿山总数的百分比	绝对值（正向）
	16	土地退化治理率	某一地区年度内治理沙化、荒漠化、盐碱化、水土流失等面积占地区土地退化总面积的百分比	绝对值（正向）
	17	矿山生态环境恢复治理率	某一区域矿山恢复重建区面积占被破坏的生态系统区域总面积的比例	绝对值（正向）
	18	湿地保护率	某一地区列入湿地公园、湿地保护小区、水源保护区等保护区范围的湿地面积占本区域湿地总面积的比例	绝对值（正向）
	19	自然保护地比重变化率	某一区域自然保护地面积占土地总面积比率的年度变化率	变化率（正向）
	20	海洋自然保护区面积比例	某一海域纳入自然保护区的面积占海域面积的百分比	绝对值（正向）
开放发展	21	“一带一路”合作投资金额增长率	某一区域与共建“一带一路”国家农业、矿业投资合作的金额增长率	变化率（正向）
	22	外商矿业投资变化率	某一区域内外商投资我国矿业发展的资金年变化率	变化率（正向）
	23	谷物、矿产品进出口贸易量变化率	某一区域进出口谷物、矿产品等货物量的年度变化率	变化率（正向）
	24	国际合作平台数量	某一区域内土地、矿产、地质、海洋、测绘等领域合作论坛、实验室、交易中心等平台建设数量	绝对值（正向）
共享发展	25	自然资源开发收益分配比例	某一区域内自然资源出让收益中上交中央政府的收益额所占比重	绝对值（负向）
	26	基础设施用地增长率	某一地区该年度交通运输、水利设施、公共管理与公共服务等基础设施用地规模较上年度用地规模的增长率	变化率（正向）
	27	地质灾害与海洋灾害防治经费投入增加率	某一区域内地质灾害和海洋灾害防治投入经费较上年度的增加率	变化率（正向）

（据周璞等，2020）

1.2.1.1.3 自然资源禀赋综合评价

（1）自然资源禀赋评价研究

目前关于包含自然资源数量与质量的综合评价研究，即本书定义的自然资源禀赋评价，主要见有综合表示（评价）法和资产评估法。

A. 资源地域组合类型综合表示法

黄静等（1994）认为自然资源是在特定的地质地理历史过程中发育的，地质地理环境在资源发育过程中产生着历史性的分异作用，因此资源在一定的地域中具有多样性和综合性，资源的种类、资源的数量、资源赋存的质量（品位）存在着明显的差异，在一定的地域中资源之间又存在着相关性。人类目前开发自然资源的生产力水平是有限的，加上人类对自然资源的需求是具体的，因而，人类对资源开发具有偏重性，如何从自然资源的多样性、综合性中满足人类开发的偏重性，这正是自然资源综合评价的出发点。基于此，作者的评价思路是：①明确地域的地理环境和地质条件，了解地域中资源的种类、数量、质量（品位）和分布情况，然后对资源组合进行分类，把该地域中的资源组合分成若干类型；②确定评价的项目和指标，建立资源组合评分坐标，使资源组合的现象直观化；③对自然资源组合类型进行定量分析，然后再对每一资源组合类型用模糊聚类和层次法分析，以获得资源开发的序列和开发时所需要的强度表；④指出该地域中每一资源组合类型的开发方式、开发程序及开发中所注意的问题。资源分类是将地域中的资源界定到一定范围中去，将资源类型基本一致的界线作为资源综合开发体的类型界线，据土地（面状）、河流（线状）、矿产（点状）、城市（点状）、交通线（线状）的空间组合关系，可得该5类资源的20种组合形式。以矿产资源的储量规模、品位、种类，土地资源的面积规模、适宜性，生物资源的优势种群、多样性，水资源的水量、水质、变差系数，气候资源的年辐射、年平均温、年降水，地质地貌的地质条件、地势、高差，分别赋予不同分值和权重。反映地域自然资源组合多级质量等级的综合评价结果以一个由带上、下标的多字母组合式表示，即多因素命名法：第一个字母表示资源组合适宜类别（上标表示资源组合适宜性）；其后用两个或两个以上与单种资源对应的字母表示，适宜程度用上标1~10表示，限制性程度用下标（弱1~强10）表示。

黄静等（1994）的自然资源综合评价研究思路正是本书定义的自然资源禀赋评价内涵，其评价原则亦正确无疑，具有一定的参考价值，但因其具体操作过于简单化及一些方法细节交代不全，使得其“以字母符号组合表示的”综合评价方法引用者寥寥。

王荣成（1999）对东北区41个行政区域的水资源、能源资源、矿产资源、土地资源、耕地资源、森林资源等指标加以分析。其方法是以上述各种自然资源相对上一级区域的占比，并与社会（各种人均数）、经济（各种产值产量数）指标进行加权平均计算区域的资源总指数。结果将东北区域划分为5种不同资源要素地域组合类型区域，包括以沈阳为核心的辽宁中南部地区，以长春-吉林-哈尔滨为核心的东北中北部地区，以大连-丹东-营口为核心的南部沿海地区，东北边境地区，东北中西部地区，这种基于综合优势度且以社会经济权重修正的方法具有较高参考价值。

鲍荣华等（2006）按照代表性、重要性、可获得性及可量化性原则，选择了如下8项指标衡量矿产资源的国际竞争力：①资源数量比例（储量占世界总储量的比重）；②储量静态保证年限；③储量替代率（当年新增储量/当年消耗储量）；④产量占世界总产量的百分比；⑤生产集中度（前几位生产矿山产量/全国总产量）；⑥矿产资源采、选、冶回收率；⑦进口或出口依赖度；⑧国际市场价格增减速率，仅仅对铁矿和钨矿进行了测算，表明矿产资源种类繁多，以一指数综合难度大。

南箔等（2010）将自然资源按土地、水、矿产、气候、生物、旅游6类分别从数量、质量（自然或经济特性）等方面以69个指标、75个基础指标，采用优、劣势资源相结合，构建评价指标体系进行自然资源地域组合综合评价。优势资源是指在一定地域上储量、质量在全国或地区内占较大优势或者开发利用条件较好，开发利用成本较低，开发后能带来较大的经济效益的资源；劣势资源是指储量质量不佳或者开发利用条件不佳，开发利用成本较高，开发利用不能带来相应经济收益的资源。以此优劣势相结合的评价分析，确定出一地域的主导资源与辅助资源和限制资源，可为区域工农业发展、产业结构的建立提供依据，有一定参考价值。

B. 自然资源资产评估

以自然资源资产负债表对自然资源进行数量化评估，可阐明资源的有效持有量，回答自然资源曾经有多少、一段时间内收支多少和现在还剩多少等问题。姚霖等（2017）认为，自然资源资产负债表是遵循资产负债表的逻辑范式，以计量自然资源资产及其开发过程中的资源环境损益为核算理念，能够客观、全面、系统地反映特定时空内自然资源资产的数量与质量、存量与流量的信息系统。强调资源的有价性，无论是实物价值量，还是生态服务功能价值，都是货币化表示，可以进行直观的数量评估和直接的量化管理。通过编制自然资源资产负债表，度量区域在某一时期内发展经济所耗用的自然资源资产、生态环境破坏程度的状况，它包含资产量、消耗量、损害程度、结余量等各种项目的综合列表，就是把自然资源资产进行量化，通过存量、消耗、结余进行衡量，可据以考核管理者在发展区域经济时对资源和生态环境的破坏状况或修复程度。

自然资源资产是在自然资源价值和生态服务价值这两个概念的基础上发展起来的，是两者的结合与统一。自然资源资产应包括一切能为人类提供服务和福利的自然资源和生态环境，其形式有直接使用价值、间接使用价值及非使用价值。直接使用价值系为人类直接提供的生活和生产原料的直接价值，如矿产、动物、植物、水资源等的价值。间接使用价值是指对环境和生命维持系统的调节功能，如营养循环、净化大气等产生的价值。这部分在以往被人们认为是可以“免费”使用的，实际上，生态系统的间接价值远远大于可以作为买卖价值的直接使用价值。生态系统的服务价值包括了产品价值、维持生态系统稳定及满足人类社会发展和文化生活的价值等，如净化空气、净化水体、调节气候和休憩娱乐等价值。

“负债”原本为经济术语，意指企业背负的债务。从环境会计角度，“负债”是指在政府开发利用自然资源过程中，对社会和自然环境造成影响而采取的或被要求采取的措施的成本，即环境成本。因此，在自然资源资产负债表评估中，负债通常是以治理环境污染和恢复生态服务功能的成本来量化，并且应包括所有未来会导致利益流失的事项。然而，选取不同的指标、不同的资本化方法会导致不同的环境成本确认结果。

截至2023年底，自然资源资产负债表编制尚无国际先例，联合国的综合环境与经济核算体系（The System of Environmental Economic Accounting，简称SEEA）作为一种国际自然资源与环境核算统计标准，在包括中国在内许多国家的实践中推广应用。构建自然资源资产负债表理论框架，主要以该体系（SEEA—2012）及国民账户体系（SNA—2008）、国家与企业资产负债表、DPSIR框架模型等作为理论基础，利用会计学中的资产负债表工具反映生态责任主体在某一时间点的自然资源静态存量情况，显示某一时间上自然资源资产的“家底”和结构，以及一定时间内的自然资产存量的变化。2015年国务院关于印发《编制自然资源资产负债表试点方案的通知》（国办发〔2015〕82号）（试点地区为内蒙古自治区呼伦贝尔市、浙江省湖州市、湖南省娄底市、贵州省赤水市、陕西省延安市），标志着中国自然资源资产负债表编制正式开始实物表编制试点。当前，中国自然资源资产负债表编制尚在探索试编阶段，在原型设计、负债核算与资产价值化等关键技术方面亟待突破，从分类到综合、从实物到价值、从理论到实践，实现编制技术的标准化、规范化与计算机化（周婷，2018）。

从会计学角度，自然资源基本特征可分为自然资源资产、自然资源负债和自然资源净资产三大类会计要素，而自然资源资产的核算又是制表的关键和难点，其可分为实物量和价值量两部分。其中，实物量核算已有较为成熟的统计体系，一般根据生态系统的生物物理过程，采用模型模拟或单位面积/蓄积量的价值量等方法进行估值，但实物量计量不利于不同资源在地区间和类别间的横向对比，不利于编制主体在宏观层面的汇总分析。周婷（2018）基于自然资源资产负债评估，按照资源（和环境）的大类逐步落实评估体系的要素层、要素和具体的量化方法，展示了自然资源质量的定量评估体系的构建过程，并以深圳罗湖区为例，详细示范了如何运用提出的方法体系对区域现状进行评估，并对区域实践进行指导，具有重要参考价值。

目前无论是国际还是国内，自然资源资产负债表的编制都处在一个探索阶段。既面临理论上的困难，比如自然资源、生态环境价值如何与政治经济学中的劳动价值论相协调；也存在方法上的困难，比如怎样获得满足可持续发展的包容性财富的量化基准；还有自然资源涵盖范围的局限，比如随着人类太空活动的日趋频繁，美国已提出如何衡量太空资产的新问题。此外，还面临数据缺失问题、估值问题、自然资源资产负债表的国际可比性问题等（这些在国家资产负债表的编制中都有体现）。这些意味着该领域的研究还需要在实践中获得进一步的拓展（张晓晶等，2018）。

（2）自然资源潜力评价

A. 单类资源及自然生产潜力评价

杨定国等（1993）通过分别对农业、水能、旅游和矿产资源利用现状数据的简单分析，定性评价三峡地区的自然资源开发潜力。陈国阶（1993）通过分别对各种自然资源的主要相关产品产量占全国总量比重或产值在全国排位，定性评价四川省的自然资源开发潜力。

陈斌飞等（1995）从南方红镶丘陵区 619 个县市可再生资源结构分析入手，通过 Weaver 组合指数计算与之相应的土地开发经济评价，用 GIS 技术，揭示土地现状利用的组合类型与经营特征；经对光、温、水、土、生等自然资源几个主要生产力指标的数值分析与区域对比，评估了区域自然生产潜力、耕地粮食生产、生物产品贡献等方面在全国的战略地位，潜力优势，开发效益；最后结合农村十大产业经济的现今演变特征与今后发展趋势，提出与新型产业体系相对应的自然资源协调开发方略。其中 Weaver 组合指数计算公式为：

$$P = \min_{1 \leqslant i < m}\left[\phi_i \mid P_i = \sum_{j=1}^{i}\left(\frac{100}{i} - A_i\right)^2 + \sum_{j=1+2}^{m} A_j^2\right]$$

式中：m 为实际农业用地类型地数目；i 为假设分布的主要农业用地类型的数目；A_j 为各类农业用地类型占农业用地面积的百分比值；P 为对应最佳近似分布。

万东铖等（2002）通过定性分析认为我国西部地区拥有相对丰富的人均量自然资源，开发潜力巨大，通过可再生资源的控制开挖速度及开采量、不可再生资源的资源替代和提高资源利用率，使每种定量资源对经济的贡献达到最大化。

张勃等（2001）着重计算分析了黑河流域的光合潜力、光温潜力和光温水土潜力的分布变化规律。计算结果认为目前实际的生产力远未达到农业自然生产潜力；中游地区的高位冷凉型绿洲增产潜力最大，是最具有发展潜力的区域；光、热、水、土资源的空间组合错位限制了农业自然生产潜力的进一步发挥。对作物气候适宜性的分异规律的认识有助于农作物的合理布局，为绿洲农业资源的优化配置和农业结构调整提供了依据。

李同升等（2008）运用 SWOT 分析法，根据西伯利亚、俄罗斯及其国外资料，对西伯利亚的能源、矿产资源、森林资源、水资源和水能资源的开发现状进行分析，从开发面临的优势与劣势，机遇和挑战等方面对西伯利亚的自然资源开发潜力进行探讨，认为西伯利亚自然资源极其丰富，开发潜力巨大，在俄罗斯乃至更高层次的区域中具有明显的竞争优势。

其采用的 SWOT 分析，也称态势分析，是将与研究对象密切相关的各种主要内部优势、劣势和外部的机会和威胁等，通过调查列举出来，并依照矩阵形式排列，然后用系统分析的思想，把各种因素相互匹配起来加以分析，从中得出一系列相应的结论，而结论通常带有一定的决策性。运用这种方法，可以对研究对象所处的情景进行全面、系统、准确的研究，从而根据研究结果制定相应的发展战略、计划以及对策等。其中 S（Strengths）是优势、W（Weaknesses）是劣势、O（Opportunities）是机会、T（Threats）是威胁。按照企业竞争战略的完整概念，战略应是一个企业“能够做的”（即组织的强项和弱项）和“可能做的”（即环境的机会和威胁）之间的有机组合。

B. 自然资源潜力的经济及相关评价

由于自然资源潜力包括社会潜力、经济潜力和生态潜力。自然资源潜力评价既要经济评价，又要社会和生态评价，进行多种评价协调时，会产生方法上的困难，为了获得整体评价，必须建立多标准检验评定的方法体系。

Л. И. 塔捷沃索娃等（1988）认为，自然资源的社会潜力反映自然资源对于社会生活环境的有利程度潜力，可以利用定向发展指标作为说明自然资源的社会价值指标，这种指标是反映满足区域居民对资源的社会需要（资源的数量和质量），如游憩资源的保障程度、人类生活的自然环境质量等。经济潜力评价首先是用来确定在物质生产中直接被利用的自然资源（如土地、森林、矿产、水资源）的价值。自然资源组合及其单个组分的经济评价表示由其开发产生的国民经济效益。这类评价可以提高社会生产发展、配置的效益和自然利用水平。同时，也应当看到经济评价的局限性，例如，难以从经济上评价自然资源在如国家公园（特种动植物、独特自然综合体与景观的保护）及游憩方面的利用。一般来说，在经济评价中反映不出自然环境破坏的非可逆性因素。在评价自然利用对象时，人们通常是以全部资源或其个别种类的整个经济再生性为出发点的。但是，在使用如土地、水、森林这样的资源的情况下，在一定的区域内自然综合体与被人类改造的区域之间的相互关系会发生变化，而自然景观的显著缩小则有使自然系统的基本性质（自调节和已形成的动态平衡）遭到破坏的危险。因此，对自然资源的经济评价应当补充以非经济的生态潜力分析，这首先涉及具有地方性质的资源。当开垦程度、森林覆盖率、水资源等接近于临界水平时，必须对有生态价值的新资源的使用量实行严格的生态学限制（对各种等级层次水平的区域而言）。当评价自然资源满足居民生活需要时，人口分布格局影响极大。例如，一方面大城市郊区的旅游资源被强度开发，另一方面由于保护城郊地带景观、环保森林等的需要人口分布格局又限制资源的开发。

Л. И. 塔捷沃索娃等（1988）认为，自然资源利用的动态性是复杂的自然-社会经济过程的结果。社会需要与生产力之间的相互作用，引起所消耗的资源数量不断增大，资源要素亦在不断变更中，并导致对自然资源潜力的价值不断进行再评价。这表现为把新的资源要素吸引到传统的经济部门中，建立自然资源要素的新的利用形式。因此自然资源潜力大小可由技术进步、资源需求的增长、资源再生和恢复的能力的变化、价格水平的变化、矿产勘探程度的提高等因素的影响而发生改变。按照通用的标准指标，自然资源潜力的大小可以说明一定时期的利用技术水平，或在经济上对这种利用有效的资源量，例如总地质储量。

评价自然资源潜力的经济价值，必须把自然资源利用的经济评价与以价值形式量度自然资源潜力区分开。后者是用来查明不同区的资源基础和比较各区自然资源的丰度的。苏联科学院地理研究所（Л. И. 塔捷沃索娃等，1988）曾经制定了量度自然资源总量的方法，在计算时选用了物质生产资源，对这种资源的清查是根据国家统计文件在全国范围内进行的，各区自然资源的价值比较是根据初级产品的价格进行，初级产品的产量根据经过技术和经济论证的年平均开采量确定（初级产品的年产量是按主要资源利用方式选取的）。这种量度自然资源潜力方法的主要缺点同现行价格构成体系的消极面有关，即自然开发产品（煤、石油、天然气，农产品）的价格随生产区和地带而不同。由此可知，以不同的尺度（价格）来量度的表示自然资源潜力大小的货币-价值指标是无法进行对比的。为了获得资源数量的货币等价物，必须建立自然开发产品的统一价格体系。

在进行区域自然资源潜力的经济评价时，基本要求是最大限度地增加生态经济财富的生产，而不是从自然资源的开发中得到最高的经济效率。这取决于区域自然资源全要素和自然资源潜力的整体性质，因为任何自然资源都有不同等级的自然要素系统。从自然系统中取用具有经济意义的组分，使其转入利用的过程，可能影响到系统中具有重要生态环境保护意义的其他要素。例如，在利用农用地时，“森林-空气-水-土壤-动物界”类型的全部组分之间的内在联系会遭到破坏。因此，不仅必须对多目标利用的自然对象的开发价值进行经济评价，而且必须对其生态环境保护价值进行评价。从这个观点来看，Л. И. 塔捷沃索娃等（1988）将全部自然资源分为3类：

第1类：只是资源的自然要素，如矿产。使它们参加生产，需要一定的劳动耗费。这类自然因素的评价是与确定它们的开发价值相联系的。

第2类：包括同时是自然资源和环境因素的大多数自然组分，它们的评价由开发价值和环境保护价值组成。这一点对于像森林生物群落这样的对象，尤为重要。林业用地的重要环保功能是产生其环保价值的必要的但不完全的条件。林地的环保价值对缺少森林的经济区具有的意义多在这些区内由于森林的环境再生功能被破坏，在国民经济中需要补充的劳动耗费。

第3类：作为环境的重要对象的自然组分（从质量评价看的生物圈的水和空气，区域的土地状况等），它们是人类生产和生活的重要自然条件，并具有经济价值，只是需要劳动耗费来保护它们和使之再生。

区域自然资源潜力的总（经济）评价是复杂的程序，首先要求按等级层次建立对自然资源进行分要素评价的系统（一定区域内单种具体资源评价的实际意义在于它们被用来选择资源利用的最佳形式和方式）；其次，分析一下确定单项自然资源的开发价值和环保价值的方法。对于自然资源的开发价值的评价有两种根本不同的方法。第一种方法系基于自然资源评价的劳动耗费概念，其根据是价值形成的来源只可能是投入资源的经济开发和改良、形成利用某种资源的可能性的直接劳动耗费。但是，这样的经济评价是有条件的和不充分的，因为在这种评价中没有考虑到资源的有限性，然而正是该有限性引起了资源评价的问题。此外，这样的评价没有揭示由自然因素造成并对社会劳动生产率有极大影响的资源的区域差异。按劳动耗费概念进行的自然资源评价不可能用来确定自然资源潜力的价值，因为资源储量表现的价值形式（按照投入的劳动的耗费量）和实物形式的差别，这种评价不容许考虑资源的整个储量。

第二种方法系基于级差地租的概念。级差地租形成的根源在于自然资源质量的较高劳动生产率。来自自然资源开发的级差地租是反映资源的各种自然特性和社会经济因素的变量，级差地租值的变动与自然资源利用性质变化、资源数量和需求量之间比例关系的变化（这取决于社会发展的趋势）、资源开发方式的变化有关，应当从众多可能的数值中采用资源开发的最大可能级差地租（在一定的封闭耗费水平下）作为自然资源的远景经济评价。为了计算级差地租，需要预先使有关区域自然利用方式最佳化。在没有资料进行最佳化计算的情况下，一些作者建议利用“影子”级差地租。

确定具有重要环境调节意义的自然对象的“不能计量的”效益的经济评价的基本方法是补偿费用法，这个方法的实质在于确定用人工方法获得相应生态效益费用。例如，森林作为水量平衡调节体的作用，可以按照建设调节河川径流的水利工程等的费用来评价。这个方法带有假定性质，评价是根据在没有研究的自然利用对象的情况下产生的假定费用进行的。最有发展前途的是利用补偿费用指标来拟定对资源开发价值指标的专门校正系数。例如，对于森林的环境保护价值的经济评价，可以利用关于恢复生物群落的“费用法”。李周（2022）提出一种通过查明资源开发价值降低的程度来确定自然对象的环保价值的方法。这就是必须承担资源开发价值降低的损失，以便使地域的一定地段的生物地理群落（首先是森林生物地理群落）处于非常接近于自然的状态。这与上述分类中的一、二类森林关系最大，因为必须限制它们的经济开发，以便获得一定的环保效益，即最终必须在满足国民经济对森林开发产品的需要方面支付补充的劳动耗费。自然的环境组分的经济评价还可能按照防止大气污染的费用（按照大气洁净的“保护价值”）来对城市和工业带的自净能力进行经济评价。

对整个区域的自然资源潜力的经济评价，首先是按几种可能的利用形式对区域内每一个自然资源要素进行评价；其次，再转向对作为多功能自然综合体的整个潜力的评价。在开发区域的全部自然资源时，一方面，产生来自各自然资源潜力对象的相对位置和相互关系的效应，它表现为开发自然资源潜力各要素时耗费减低；另一方面，自然资源潜力各个不同组分的开发具有矛盾的成分。例如，一种资源的开发可使另一种资源遭受直接的损害（例如，开采矿产资源需要占用农业用地）。开发自然资源照例会影响环境的状态：降低自然资源的环保功能，污染水域和空气域等。这样，自然资源经济评价的两个组成部分，开发评价和环保评价，便具有不同的方向性。因此，在确定自然资源潜力的开发价值时，应当以社会-生态标准作为界限（污染物的最大容许浓度，自然综合体的最大容许负荷等）。

关于由自然资源潜力的整体性产生的它的特性的评价，现在还研究得很少，还需要进行专门的区域研究。对于区域自然资源潜力的综合经济评价，最好是利用自然资源地域组合开发的最优化模型。总之，为区域自然资源利用管理而进行自然资源潜力评价时，应当以自然资源潜力既包括一定地域的自然资源，也包括该地域的环境条件的广义概念为出发点，这使我们能够最充分地估计既与自然资源开发利用又与它们的保护和再生有关的地域差异，区域自然资源潜力的整体性导致其评价组成中划分出开发利用评价和生态环境保护评价两部分的必要性。Л. И. 塔捷沃索娃等（1988）之观点，本书深以为然，至今依然有参考价值。

1.2.1.2 自然资源利用及综合评价

1.2.1.2.1 与社会经济效益有关的评价

为了人与自然和谐可持续发展，人类必须要维持好自然资源的生态资产储备。然而如前所述自然资源利用系统动态性经历的原始型、掠夺型阶段（吴宝华等，2002），我国较长一段时期处于以自然资源高消耗、低效益支撑经济高速发展状态，自然资源利用配置更多倾向于生产建设，生态系统失衡、资源环境承载能力趋近极限（杨壮壮等，2020；邓红蒂等，2020）的问题日益凸显，自然资源开发与保护之间的结构性冲突与治理性矛盾日益加剧，以自然资源要素投入及其消耗扩张推动开发建设的发展模式日见难以为继。

在党的十八大以前，有关自然资源评价的理论研究和实践探索虽可在区域经济评价中见到，但更多的研究是针对某方面应用的。前者如王令超（1990）运用主成分分析法（Principal Components Analysis，PCA），将区域自然资源作为一个开放系统，以区域间的对比关系作为评价基础，选取多个评价指标，刻画出资源的自然、经济属性，进行综合分析和评价；仇方道等（2003）将自然资源分为工业、农业、旅游三类主导型资源，在构建综合评价指标体系的基础上，应用层次分析法赋权评价；以及资源利用绩效方面的评价。

资源利用的绩效评价以梅国平等（2008）的研究较有代表性，其研究方法具有参考价值。他们对中国科学院可持续发展战略研究组（2006）提出的综合表征节约型社会的资源环境绩效指数（Resource and Environmental Performance Index，REPI）进行改进，提出了资源绩效指数（Resource Performance Index，RPI）。REPI 核心是通过资源利用、污染物排放强度来综合反映社会的节约水平，资源节约指数定义是区域资源消耗或污染物排放占全国的份额与对应的该国 GDP 占世界的份额之比，而整个区域的节约指数则是各类别资源节约指数的加权平均。梅国平等（2008）认为，仅仅用 GDP 来反映系统的产出是不完备的，也就是说看资源利用的绩效不能仅仅看 GDP 的情况，诸如社会进步、人民生活水平的提高等都应该纳入其中；把污染物排放和自然资源的消耗放到一起不是很恰当，应该说污染物排放和 GDP 等都是人类利用各种自然资源创造出来的产品，只不过有些对人类社会的发展起到了推动促进作用，而有些是在其生产过程中产生的不利于社会进步发展的有害产品，因此评价一个国家或地区利用自然资源的效率的高低要看该国家或地区单位资源的消耗所能创造出的有益产品和有害产品数量大小。基于此计算资源绩效指数（RPI）：

$$\Omega_k = \lambda \sum_{i=1}^{n} \sum_{j=1}^{m_1} W_{ij} \frac{\frac{y_j}{Y_j}}{\frac{x_i}{X_i}} - (1-\lambda) \sum_{i=1}^{n} \sum_{j=1}^{m_2} \gamma_{ij} \frac{\frac{z_j}{Z_j}}{\frac{x_i}{X_i}}$$

$$RPI_k = \frac{\Omega_k - \min_k(\Omega_k)}{\max_k(\Omega_k) - \min_k(\Omega_k)}$$

式中：RPI_k表示第 k 个区的资源绩效指数；x_i、y_i、z_i 分别表示该区第 i 类资源、有益产品、有害产品数量，X、Y、Z 分别表示该区资源、有益产品、有害产品的总量；$0 \leqslant \lambda \leqslant 1$，反映了在资源绩效评价中决策人对有益产品与有害产品重要性的偏爱程度；W_{ij} 为第 i 种资源消耗对第 j 种有益产品的权重；γ_{ij} 为第 i 种资源对第 j 种有害产品的权重。$(y/Y)/(x/X)$ 的意义是该区单位份额的资源消耗所产生的有益产品的份额，其数值反映了该区生产效率的高低，数值越大生产效率越高；$(z/Z)/(x/X)$ 的意义是该区单位份额的资源消耗所产生的有害产品的份额，其数值反映环保效率的高低，数值越小环保效率越高。

该指数同样是一种相对效率，其值大小不仅能够反映一个国家或地区资源利用程度，而且能够反映国家、地区之间的相对差距。数值越大说明该国家或地区利用资源的绩效越高，即用尽可能少的资源创造了尽可能多的有益产品和尽可能少的有害产品。梅国平等（2008）选取了我国 2005 年 30 个省（市、区）的能源消耗总量、建设用地（对土地资源的占用）、固定资产投资（间接表达对矿产资源消耗）、水消耗量作为自然资源消耗指标，选取 GDP、居民年消费支出作为有益产出表征指标，“三废”（废气、废水、固体废物）排放量作为有害产出表征指标，对自然资源利用的绩效进行了综合评价，结果为北京、上海、广东、浙江、天津、海南、山东、江苏等的资源绩效指数排在全国前列。北京、上海、广东、浙江等排在前列；而辽宁、内蒙古、宁夏、贵州、山西等排名靠后。

针对某方面专项评价应用，如农业自然资源综合评价。邱士可等（2019）的研究较有代表性，其研究方法亦具有参考价值。邱士可等（2019）以地理国情普查数据为基础，从资源禀赋（地貌类型面积占比、坡度、土壤状况、土壤垦殖率、河网密度、地表径流量、热量、降水）、资源分布（林草灌湿地面积、自然地块聚集度，耕地面积、人均耕地面积、耕地地块聚集度）、资源利用（耕地压力指数、综合资源承载力、超富载力）等 3 个维度 8 个方面 16 个因子，采取加权平均法构建综合评价指数，权重的计算采用层次分析法确定，据表 1.2 对指标进行分级赋值或归一化处理，将农业自然资源综合评价分为极差、差、中、良、优五级。评估认为河南省黄淮平原地表自然资源综合评价良优等级占 83.19%，空间上呈南北差异明显、中部交错分布的格局。

表 1.2　农业自然资源综合评价指标分等赋值

指标	极差（赋值 1）	差（赋值 2）	中（赋值 3）	良（赋值 4）	优（赋值 5）
地貌类型	低河漫滩、花岗岩山地	古河漫滩、侵蚀剥蚀山地丘陵、高河漫滩	侵蚀的黄土台塬地、山地丘陵、决口扇、洼地、古河道	台地、高地	平原、阶地
坡度	>35°	25°~35°	15°~25°	6°~15°	0°~6°
土壤类型	红粘土、新积土、风沙土、石质土、粗骨土、盐土	褐土性土、粘盘黄棕壤、中性紫色土、盐化潮土、碱化潮土、石灰质砂姜黑土、碱土、潜育型水稻土壤	石灰性褐土、黄棕黄褐土、白浆化、棕壤性土	石灰性褐土、黄棕壤、黄褐土、白浆化黄棕壤、棕壤性土、灌淤潮土、湿潮土、砂姜黑土、漂洗型水稻土	褐土、草甸沼泽土、灰潮土

续表

指标	极差 （赋值 1）	差 （赋值 2）	中 （赋值 3）	良 （赋值 4）	优 （赋值 5）
土壤垦殖率/%	<0.3	0.3~0.54	0.54~0.64	0.64~0.7	0.7~0.78
河网密度/（km·km^{-2}）	<0.5	0.5~1	1~1.5	1.5~2	2~2.7
自然地块面积/km^2	<100	100~200	200~300	300~400	>400
自然地块聚集度	60~65	65~72	72~77	77~82	>82
耕地面积/km^2	<400	400~600	600~800	800~1000	>1000
耕地地块聚集度	88.14~91	91~93	93~95	95~97	>97
人均耕地面积/km^2	0.76~1	1~1.3	1.3~1.6	1.6~1.9	1.9~2.7
地表径流进行归一化处理，值域（1，5）					
积温进行归一化处理，值域（1，5）					
降水进行归一化处理，值域（1，5）					

（据邱士可等，2019）

吴建新等（2011）利用多自主体系统构建了人群开采区域自然资源模型，考虑自主体的开采策略与区域自然状态间的双向关系，利用博弈论中的雪堆模型定义了自主体收益矩阵，考察了区域自然恢复系数、收益矩阵取值与投入比例等参数对最终仿真结果的影响，进行了环渤海等地区的地下水资源开发利用问题的案例研究，得出了对理解人群实际开采行为及制定相关政策具有启示意义的结论。

2012 年，党的十八大首次将生态文明建设作为“五位一体”总体布局重要部分；2015 年，中共中央、国务院印发《生态文明体制改革总体方案》，十八届五中全会提出“创新、协调、绿色、开放、共享”的新发展理念；2017 年 10 月，十九大报告再次指出，必须树立和践行绿水青山就是金山银山的理念（“绿水青山就是金山银山”也称“两山理论”，它是辩证统一论、生态系统论、顺应自然论、民生福祉论和综合治理论的有机结合，是人与自然和谐发展的马克思主义），坚持节约资源和保护环境的基本国策，像对待生命一样对待生态环境，统筹山水林田湖草系统治理，实行最严格的生态环境保护制度。至此“生态文明建设”真正从指导思想上成为许多民众文化意识的一部分，成为我国自然资源利用管理的宗旨，以优化自然资源利用为目标的生态文明体制以及以国土空间规划为基础，以统一用途管制为手段的国土空间开发保护制度的建立目标得以明确（周侃等，2019）。十八大以来，我国与生态文明建设有关的自然资源综合评价日渐增多，这一趋势也与世界趋势同步。

1.2.1.2.2　与可持续利用及生态环境有关的评价

（1）面向生态文明的自然资源综合评价体系

生态文明、美丽中国建设，对自然资源评价提出了新的更高要求。生态文明时代不同于工业化时代满足部门工程及规模需求的单项评价，而是部门行政、技术、工程与科学多维融合的新阶段。融合思维下构建生态文明背景下的综合评价是一项高层次的理论性与实践性紧密结合的科学工作，需尤其关注自然资源禀赋与利用分布的时空非均衡性，及其与区域经济社会及生态的相互关系，研究自然资源统筹新模式，科学认知自然资源利用与生态文明建设实践的逻辑关系，提出为经济社会高质量发展提供生态保障的自然资源综合评价技术体系。

李臻谛等（2011）按唯物辩证法，从生态文明的视角，构建自然资源综合评价的概念框架包含四方面内容，一是自然资源系统的适应性评价，认为它是自然资源综合评价的核心；二是自然资源的价值评估与自然资源核算体系；三是自然资源开发利用的环境影响评价；四自然资源开发利用的关联评价。认为自然资源的过分开发和利用都会招致其他自然资源的连锁反应，甚至影响到整个自然资源系统的平衡和稳定，不仅对环境产生影响，而且在不同类型的资源之间也相互影响，按照生态文明的要求，促进自然资源的可持续利用，必须以一种科学的、系统的综合评价体系来评价资源的利用价值，即在利用资源时要考虑经济效益、社会效益和生态效益，使它们三者相互协调，使自然资源产生最大的综合效益。

李树枝等（2013）以现有国土资源统计指标体系、各类评价标准为基础提出国土资源环境统计评价指标体系包括土地资源、矿产资源和地质环境 3 个主题 86 个指标，其中资源类指标体系按照“保障-供给-消费-效率”的逻辑进行设计，环境类指标体系借鉴“压力-状态-响应”模式进行设计，指标选取力求科学、简明、实用。

（2）自然资源利用中的生物多样性评价

在 2010 年世界《生物多样性公约》第十届缔约方大会上，据“X/2 决定”，大会通过了《2011—2020 年生物多样性战略计划》及其《爱知生物多样性目标》（Aichi Biodiversity Targets, Aichi-Target），在其 5 个战略目标下的 20 个纲要目标中，生物多样性价值评估、可持续生产和消费、生境丧失退化和破碎化、水域生态环境修复、农业水产养殖业林业可持续管理、污染物影响、外来入侵物种、气候变化、陆地与内陆水域及沿海与海洋保护区建设、具有特殊生态系统服务重要性区域、濒危物种灭绝的趋势、物种遗传多样性保护、生态系统服务恢复和保障 13 个纲要目标，均涉及自然资源的利用与保护。据戴蓉等（2017）的梳理结果，生物多样性价值评估、生物多样性主流化、污染对生物多样性的影响等关注点，目前缺乏相关的评估指标；生境丧失退化和破碎化、农林渔业对生物多样性的影响等关注点，暂未有足够的数据进行评估，需要建议进一步完善我国评估指标体，加快调整不利于生物多样性保护的政策。因此，如何在自然资源的利用与保护评价中科学设置生物多样性评价指标尚是一个问题。

（3）自然资源可持续利用评价

联合国可持续发展目标（Sustainable Development Goals, SDGs）是联合国在千年发展目标（Millennium Development Goals, MDGs）到期之后，于 2015 年提出的 17 个全球发展目标，旨在从 2015 年到 2030 年间，以综合方式彻底解决社会、经济和环境 3 个维度的发展问题，转向可持续发展道路。其中约有 7 个目标共 26 条内容涉及自然资源可持续发展问题（表 1.3）。

表 1.3 联合国可持续发展目标（SDGs）对应的自然资源评价主题

联合国可持续发展目标（SDGs）			对应自然资源评价主题
目标	目标主题	具体目标内容	
目标 2	零饥饿	2.4.1 生产性和可持续农业的农业面积比例	资源禀赋
		2.4.2 被列为濒临灭绝的地方品种的比例	生态功能
目标 6	清洁饮用水和环境卫生	6.3.2 环境水质良好的水体比例	资源禀赋
		6.4.1 用水效率随时间的变化	资源禀赋
		6.4.2 水资源压力水平：淡水抽取量占可用淡水资源的比例	高效利用
		6.5.1 水资源综合管理程度	治理状况
		6.5.2 具有水合作业务安排的跨界流域面积比例	治理状况
		6.6.1 与水相关的生态系统范围随时间的变化	资源禀赋
目标 8	体面工作和经济增长	8.4.2 国内物资消耗量、人均国内物资消耗量、人均国内生产总值物资消耗量	高效利用
目标 11	可持续城市和社区	11.1.1 居住在贫民窟、非正规住区或住房不足的城市人口比例	生产功能
		11.3.1 土地消耗率与人口增长率之比	生产功能

续表

联合国可持续发展目标（SDGs）			对应自然资源评价主题
目标	目标主题	具体目标内容	
目标 11	可持续城市和社区	11.5.2 与全球 GDP 相关的直接经济损失、关键基础设施的损坏和基本服务中断的次数，归因于灾害	生态功能
		11.7.1 按性别、年龄和残疾人分列的供所有人使用的公共开放空间的城市建成区平均比例	生产功能
		11.b.1 根据 2015—2030 年仙台减少灾害风险框架采纳和实施国家减少灾害风险战略的国家数量	环境影响
		11.b.2 根据国家减少灾害风险战略采纳和实施地方减少灾害风险战略的地方政府比例	环境影响
目标 12	负责任消费和生产	12.2.1 物质足迹、人均物质足迹和人均 GDP 物质足迹	高效利用
		12.2.2 国内物资消耗量、人均国内物资消耗量、人均国内生产总值物资消耗量	高效利用
目标 13	气候行动	13.1 加强各国抵御和适应气候相关的灾害和自然灾害的能力	环境影响
		13.2 将应对气候变化的举措纳入国家政策、战略和规划	环境影响
目标 15	陆地生物	15.1.1 森林面积占土地总面积的比例	资源禀赋
		15.1.2 保护区覆盖的陆地和淡水生物多样性重要地点的比例，按生态系统类型	资源禀赋
		15.2.1 可持续森林管理的进展	治理状况
		15.3.1 退化土地占土地总面积的比例	环境影响
		15.4.1 山区生物多样性重要场所保护区覆盖率	生态功能
		15.5.1 红色名录索引	生态功能
		15.6.1 已通过立法、行政和政策框架以确保公平和公平分享利益的国家数量	治理状况

注：SDGs 来源 https：//www.un.org/sustainabledevelopment/zh/sustainable-development-goals/。

马兰天（2018）对自然资源综合评价体系中可持续利用管理评价体系提出构思：首先自然资源可持续利用管理评价体系作为自然资源综合评价体系大框架中的重要组成部分，核心作用是引导自然资源的可持续利用。其次，建立可持续利用管理评价体系的基本目的在于寻求一组具有典型代表意义、能全面反映综合目标各方面要求的特征指标，这些指标及其组合能恰当地表达人们对该综合目标的定性、定量判断。最后，可持续利用管理评价体系建立的最终任务是通过分析被描述对象的系统结构和要素，建立综合目标与系统结构及其要素的对应关系，根据有关理论或实证分析，研究定量指标与评价准则及综合目标的相关程度。并提出，从自然资源可持续利用的指导思想出发，结合各地自然资源利用实际情况，尽量做到科学全面，简单易行，具体应遵循以下基本原则：①系统性原则，能够全面涵盖可持续发展战略目标的内涵，全面反映社会与经济发展、自然资源保护和利用水平、生态环境质量的各个方面，能较客观和真实地反映自然资源利用的持续状态及其涵盖系统之间的相互协调关系，同时还要避免指标之间的重叠，保障评价目标和评价指标能够联结成一个有机的整体；②科学性；③可操作性；④定性与定量相结合；⑤动态性与稳定性相结合的原则。自然资源的可持续利用既是目标也是一个过程，指标体系既要充分考虑到系统的动态性，综合反映自然资源可持续利用的现状特点和发展趋势，便于预测和管理，又要在一定时期内保持指标体系的相对稳定性，不宜变动过多。评价指标体系包含的主要指标有：

①社会指标，②经济指标，③农业指标，④生态环境指标。认为自然资源是人类社会生存与发展的基础，它既是生态环境系统的重要组成部分，又是人类经济活动中的关键生产要素。自然资源可持续利用评价体系涉及的内容纷繁庞杂，每一项指标都影响到生态环境和经济发展的平衡关系。文章对自然资源的可持续利用管理评价体系的构思，是为探索建立合理的自然资源综合评价体系，充分发挥自然资源的多种功能和综合效益提供科学思路。

黄山（2020）通过对 SDGs 的理论解读和对自然资源可持续利用的内涵分析，揭示出 SDGs 与自然资源可持续利用系统的耦合关系。在衔接 SDGs 与自然资源治理体系、差异化评价等思路的基础上，进一步分析了各项 SDGs 对不同自然资源要素可持续利用的内在要求与实现目标，构建了耦合 SDGs 各维度（横向上）和自然资源各要素（纵向上）的一体化评价框架。最后基于代表性和可操作性等原则，结合中国相关政策措施的本土化，选取了各要素目标的评价指标，并选择浙江省丽水市开展实证评价，对研究提出的评价方案进行了验证。

（4）不同层次的自然资源生态评价

当前管理者和学者实际上是围绕自然资源的 3 个基本问题开展一系列综合评价研究：自然资源是什么、自然资源在哪里、自然资源的使用价值何在，其深层次的问题就在于自然资源区域重要性与服务功能性。因此对自然资源进行的生态评价基本上可以从评价层次上分为：①自然资源本身的生态价值；②针对个体的特定价值（Burger，2008）；③针对大众的服务价值（Suškevičs et al.，2017）；④自然资源系统完整性价值（Ignatyeva et al.，2022），如表 1.4 所示。

表 1.4　与生态有关的自然资源评价层次

评价层次	定义	示例	评价主体
自然资源本身生态价值	单个资源对生态系统的价值	关键物种；营养角色；捕食者/猎物动力学；濒危和受威胁物种	自然资源受托人；环保主义者；监管机构
针对个体的特定价值	单个资源对个体或个体群体的价值	钓鱼；狩猎游戏；观鸟用的鸟；野生动物摄影；潜水员放置的鱼类和珊瑚；用于宗教或医疗目的的植物	渔猎机构；环保主义者；迎合娱乐人士的生意；部落委员会；科学家和社会科学家
针对大众的服务价值	对人类全体的服务价值	供给功能；支撑功能；容纳功能；抑制功能	监管机构；公共决策者；科学家
自然资源系统完整性价值	作为完整、功能良好的系统价值	老林；盐沼；热带森林；沙漠	生保相关部门；生态学家；非政府组织；科学家

自然资源本身的价值表征的是单个资源对于生态系统的结构与功能的直接作用价值；针对个人的特定资源价值则更多针对休闲主义者的娱乐价值以及商业价值，如树木对林业、鱼类和贝类对渔业、枫树对枫糖生产商；针对大众的资源服务价值则基于自然资源的功能属性对人类生产生活提供一系列的服务价值，在此继续细化为供给功能、支撑功能、容纳功能、抑制功能（樊杰，2019），其中，供给功能主要指自然资源对人类生产生活提供资源输入，包括水资源、能源资源等，支撑功能则表征为提供初级生产力、土壤形成与保护以及生物多样性等具体作用以保证生产生活活动的进行，容纳功能则强调资源具备的空间载体属性，抑制功能则表征为自然资源所产生的自然灾害对人类生产生活活动的负面影响；自然资源的系统完整性价值则更多立足于生态系统的结构与功能的完整性对区域环境的宏观驱动作用。

而当前研究多围绕时空尺度上的分布特征刻画评估自然资源所蕴含的人类福祉是否有改善或衰减，因此根据自然资源综合评价的目标，研究更多关注基于系统服务价值与完整性的自然资源评价的梳理归纳，即第三、第四层次上的研究。

1.2.1.2.3 自然资源承载力评价

本书作者等所著的《资源环境承载力评价理论与实践》，对资源环境承载力的内涵与发展、理论与实践问题、自然资源管理新形势下的目标与任务及国土空间开发适宜性“双评价”方法等进行了较多阐述，其文献研究的重要结论有：作为描述发展限制概念的资源环境承载力研究主题，首先是自然资源；世界范围内资源耗竭和环境恶化引发对资源环境承载力的思考；世界粮农组织（Food and Agriculture Organization of the United Nations，FAO）等国际组织的系列文件推动了世界各国与承载力评价的相关实践；土地资源承载力是其中较早开始且最为成熟的研究领域，至今仍普遍被认为是认识人口与食物关系和解决人口与资源环境矛盾的主要途径；水资源承载力研究的可操作性和实用性至今仍受到部分学者质疑；能够将区域环境系统和区域社会经济较好整合的环境承载力系统研究还很少见；单要素承载能力的片面性逐渐彰显引发资源环境综合承载能力的理论和方法研究，综合考量人口资源环境和发展之间的关系，建立研究模型，可为区域发展优选方案；为统一量纲，人们试图把不同物质折算成能量、货币或其他尺度，以求横向对比与综合计量，及“虚拟土地”“虚拟水”“虚拟能量”等方法推动了承载力研究的发展；综合承载力与资源、环境的关系可以两个Logistic 函数偶合；由于资源环境承载力研究是事关最大负荷、人类极限意义的科学命题及实践的政策议题，至今尚未完全成形统一的理论方法体系，评价结果的权威性和科学性多有争议，其对经济社会发展的指导作用尚未充分发挥，等等（曾毅等，2020）。

1.2.1.2.4 基于国土空间规划的自然资源综合评价

由于国土空间一般指国家主权与主权权利管辖下的地域空间，包括陆地、陆上水域、内水、领海、领空等，但从其提供的空间类别来看可以分为城市空间、农业空间、生态空间和其他空间四类，故有人认为国土空间是一个包括土地资源、水资源、矿产资源、生态环境、社会经济等不同主题的复杂地理空间（金贵等，2013）；国土空间地理实体是具有相同属性的有形对象集合（念沛豪等，2014）。林坚等（2018，2022）认为自然资源是有空间边界有载体的天然生成物；国土空间既是人类生产生活的场所，又是各类自然资源要素与生态环境的载体，具有两重属性：一是“区域型”，从治理责任的主体角度考察国土空间，体现人类对地表生存场所和环境的认知；二是“要素型”，从人类使用的客体角度考察国土空间，将其视为各类自然资源要素、生态环境及人类活动的载体。国土空间是各类自然资源的载体，后者依托前者呈现不同的立体分布形态。合理利用和保护国土空间等同于合理利用和保护各类自然资源的载体，是合理利用和保护各类自然资源的前置条件。

因此，本书认为，国土空间构成的物质基础是自然资源，如果从国土空间的物质形态及功能属性来看，其与自然资源的分类一致，从而可视国土空间为自然资源综合体，国土空间利用评价等同于自然资源利用评价。

（1）空间发展质量评价

郑雅（2019）将国土空间利用质量定义为：在一定地域范围内，人类遵循国土空间自然属性及其发展规律，对国土空间进行有目的性的建设、改造或保护等活动而产生的满足人和自然界发展需求能力的所有特性总和。国土空间利用质量是多种不同属性综合影响效应的体现，是国土空间的综合属性。郑在多准则决策理论指导下，构建了县域国土空间利用质量评价体系，综合运用层次分析法和熵值法获得各指标权重值，采用线性加权求和法对城镇、农业、生态空间利用质量综合集成求得国土空间利用质量评价值。同时以湖北省通城县作为研究对象，将该评价体系方法运用到实证中，揭示通城县国土空间利用特征和问题，并针对性提出提升策略。

周维思（2017）以武汉城市圈内按照县（市、区）行政边界划分的39个空间单元为研究对象，运用层次分析法（Analytic Hierarchy Processes，AHP）、熵值法和聚类分析法，通过构建指标体系框架，从内部特征入手，将城市群空间发展质量测度维度解构为空间结构绩效、空间经济绩效、空间设施绩效、空间环境绩效，并以此为基础，逐层分解，确定了10大要素层和23个指标层的测度指标体系，其中涉及自然资源的指标15个（建成区占市区面积比重、城市建设用地占市区面积比重、城市建设用地与建成区面积比、建设用地常住人口密度、地均第二产业产值、地均第三产业产值、每万人公路里程数、每万人高速里程数、每万人铁路里程数、人均道路面积、森林覆盖率、人均公园绿地面积、空气质量达标天数比例、人均耕地面积、单位GDP能源耗量），分别从总体评价和要素评价两个层次对武汉城市圈空间发展质量进行评价。其中，总体评价根据质量区域分异特征，总结出武汉城市圈空间发展质量呈现整体低水平化、核心边缘特征突出、区域分异特征鲜明等特点。要素评价则基于整体特征，分别从发展变化特征、内部差异特征、空间分布特征对城镇规模、关联强度、经济发展水平、生态建设水平等十大要素进行评价，总结出县域空间孕育不足、经济产业量质同构、公共设施水平低下、生态环境治理薄弱等问题制约了武汉城市圈空间发展质量提升。

（2）自然资源综合评价的规划实践

自然要素综合评价是识别国土空间自身特征的基础性工作，而在国土空间规划的新时期要求之下，自然资源综合评价可以为国土空间规划编制与管理提供认识基础与规划参考。当前在国土空间规划过程中自然资源综合评价的实践应用主要集中分布在以下几个方面：

A. 主体功能区规划中的实践

十九大报告中指明我国要扎实推进主体功能区建设，自然资源部2020年颁布的《省级国土空间规划编制指南》中强调了主体功能区在国土空间规划体系中体现国家发展规划战略、发挥上位规划定位的基础性地位，明确了主体功能区优化城镇化格局、农业生产格局、生态保护格局的作用，并明确主体功能区划规则：主体功能区划从自然维度、自然环境对不同人类活动的适宜程度以及地域功能的空间组织效应3个方面筛选出10个指标开展评价，其中涉及自然资源的指标项包含可利用土地资源、可利用水资源、环境容量、生态系统脆弱性、生态重要性、自然灾害危险性六大项（表1.5），依据短板效应开展主体功能的划定。根据其评价指标体系将其按照研究内容进行梳理。

表1.5　主体功能区规划中的自然资源评价指标体系

指标类型	指标	涉及内容
可利用土地资源	土地资源总量	自然资源的供给功能评价
	人均土地资源	
可利用水资源	水资源丰度	
	水资源潜力	
环境容量	大气	自然资源的容纳功能评价
	水	
生态系统脆弱性	沙漠化	自然资源的支撑功能评价
	土壤侵蚀	
	石漠化	
生态重要性	水源涵养	自然资源系统完整性评价
	防风固沙	
	土壤保持	
	生物多样性	
	特殊生态系统	

续表

指标类型	指标	涉及内容
自然灾害危险性	洪水	自然资源的抑制功能评价
	地质	
	地震	
	热带风暴潮	

B. 国土空间“双评价”中的实践

2019年《关于建立国土空间规划体系并监督实施的若干意见》明确要求，为了提高规划的科学性，需要在资源环境承载能力和国土空间开发适宜性评价（“双评价”）基础上，科学有序统筹布局生态、农业、城镇等功能空间，划定生态保护红线、永久基本农田、城镇开发边界等空间管控边界，奠定了“双评价”在国土空间规划编制中的基础性地位。2020年，《资源环境承载能力和国土空间开发适宜性评价技术指南（试行）》（以下简称《指南》）发布，标志着“双评价”作为一项政策工具开始在国土空间规划编制中应用推广。《指南》的总体技术路线是选取土地资源、水资源、海洋资源、环境、生态和灾害6类要素共39项指标，针对生态保护、农业生产、城镇建设三大功能指向和评价尺度，构建差异化的评价指标体系，确定三大功能指向的资源环境承载能力评价结果，以此为基础开展国土空间开发适宜性评价，确定三大功能下国土空间开发适宜程度，具体评价指标体系如表（表1.6）所示。

表1.6　《指南》中的自然资源评价指标体系

功能类别	资源环境承载能力评价						国土空间开发适应性评价
	土地资源	水资源	海洋资源	生态	环境	灾害	
生态保护	—	—	—	生态功能重要性 生态敏感性	—	—	生态功能重要性 生态敏感性
农业生产	坡度、高程、土壤质地	降水量、水资源总量	海洋初级生产力	盐渍化敏感性	农业生产气候和环境条件	气象灾害风险	地块连片度
城镇建设	坡度、高程、地形起伏度	降水量、水资源总量	岸线、水深	—	大气环境容量、水环境容量	地质灾害风险	地块集中度、综合优势度

（3）自然资源利用与禀赋耦合协调协同关系评价

文献搜索未见直接以自然资源利用和自然资源禀赋为对象，研究评价两者间的耦合协调关系或协同关系的文献，但可见禀赋与城镇、与农牧业、与生态、与可持续发展的耦合协调关系研究，按发表的时间顺序举例如下：

赵宏林等（2008）以快速城市化的上海市青浦区为对象，应用城市化与生态环境关联耦合模型，遴选出作用于生态环境的18项城市化指标和制约城市化的12项生态环境指标，计算关联度和耦合度及进行它们的时序规律分析，阐明城市化进程中的生态环境变化规律。

潘鑫（2012）以银川平原城镇区域为实证研究对象，以可持续发展思想和系统论为指导，用历史分析法、时空分析法、灰色关联分析法对银川平原三大自然资源（水、矿产、土地）的时空分布格局进行分析；以定性结合定量的方法，对资源开发利用与城镇区域发展的交互作用进行分析，一方面分析资源开发对城镇区域发展的促进与制约作用，另一方面分析城镇区域发展对资源开发的反馈作用，探讨了资源开发与城镇区域发展之间的耦合关系；从系统进化的两个维度——涨落与协同展开，建立指标体系，运用多元时空序列马尔可夫链模型计算资源系统与城镇区域发展系统各子系统变量的涨落趋势，又以主成分分析评价了资源系统与城镇区域发展系统的综合发展水平，以计算模糊数学隶属度来界定两个系统发展的协同指数；在此基础上对涨落趋势与协同分析的曲线进行比拟，从系统的不同尺度分析其耦合机理，为了进一步研究资源开发与城镇区域发展的关联耦合机理，论文又运用容量耦合系数模型对银川、石嘴山、吴忠三个地级市的时空关联耦合进行了分析。最后论文在总结关联耦合机理的基础上结合银川平原的发展现状提出资源开发与城镇区域发展的关联耦合机制，并建立优化措施，为银川平原城镇区域可持续发展提供依据和建议。

王新国等（2014）从经济建设的本质、各类自然资源参与经济建设的特征出发，对生态文明理念下的经济建设与生态文明建设协同发展下的自然资源循环利用等方面提出建议。

郭迪等（2019）为促进伊犁州农牧业经济与资源禀赋的协调发展，构建农牧业经济与资源禀赋系统综合评价指标体系，从多角度对伊犁州农牧业资源禀赋与农牧经济耦合关系及时空分敛特征进行探究。方法：通过引入耦合协调模型及 ArcGIS 空间分析软件测度资源禀赋与农牧业经济耦合协调值并进行空间显化；借助 GeoDA 分析软件对其耦合协调时空分敛状况进行分析。结果：①伊犁州农牧业经济与资源禀赋耦合协调水平整体较低但呈上升趋势；各地县耦合协调类型表现出三级梯次特征；②沙湾县、伊宁县等地区由于经济优势与资源丰富条件存在耦合协调水平溢出效应；③部分地区耦合协调水平空间分敛存在涟漪效应，如额敏县农牧业经济与资源禀赋耦合协调水平较高，但其邻近地区哈巴河县、托里县、和县和吉木乃县耦合协调水平较低；④部分地区耦合协调水平空间分敛存在规模效应，如沙湾县、乌苏市和新源县形成伊犁州东部农牧业规模效应。结论：伊犁州农牧业发展中，应重点强调发挥市场在促进资源禀赋合理利用和农牧业经济结构升级中的决定性作用，为实现两者的高度耦合创造良好的环境。

黄山（2020）面向 SDGs 的自然资源可持续利用评价，以通过提高自然资源利用效率、提高人类福祉、维持可再生能力，推动包含经济发展、社会繁荣和环境优质等内涵的 SDGs 实现为核心，根据 SDGs 的内涵结构和自然资源分类管理实践，构建了包括经济发展、社会繁荣、环境优质和治理高效共 4 个横向 SDGs 维度和土地、水、海洋、矿产、生物和气候共 6 个纵向自然资源要素，纵横耦合的一体化评价方案。该方案以国际化 SDGs 和本土化自然资源利用特征为核心，构建了合理指标体系、选择了适宜的评价尺度，全面反映区域各自然资源要素在不同维度上的 SDGs 水平。研究选择具有典型性和代表性的浙江省丽水市作为案例区，通过实证分析，提出评价方案在评价尺度和维度、指标体系和权重、计算方法和过程等方面具有的优势，认为：以乡镇行政区域作为评价基础单元能够提高评价结果的精准性，可较好展现自然资源利用 SDGs 的区域差异；各要素在不同维度上的指标选取具有代表性，并且逻辑关系清晰；计算过程可操作性强、计算结果可重复；自然资源各要素在经济、社会、环境、治理能力多维度上的评价可对区域自然资源可持续利用管理提供极具操作性的政策建议，推动实现区域可持续发展。

刘昌明（2021）认为水是自然界中最活跃、最关键的要素，是地球各圈层间、各自然要素间相互作用的主要桥梁和纽带，也是资源系统中联系各种资源的桥梁和纽带。他从生态水文学研究发展动态角度出发，提出了自然资源要素综合观测要加强水作用过程的观测研究；从生态平衡、生态环境、资源环境 3 个术语的科学内涵角度，阐明了生态、资源、环境观测-监测研究的本质。

闫军印等（2021）从自然资源的功能属性分析出发，在分析自然资源不同功能价值实现与经济社会不同文明形态协同发展演变特征和规律的同时，构建了生态文明背景下自然资源与生态文明建设新的协同耦合关系总体框架，并从实施主体对象定位、自然资源协同互动和政策措施协同互动三个层面，对生态文明建设目标导向下主体对象定位、资源协同互动、措施支撑保障“三位一体”式自然资源与生态文明建设深度耦合及协同共生关系进行了研究。

李思楠等（2021）认为从城镇、农业和生态功能组成整个国土空间功能系统，分析国土空间功能质量状况，揭示它们的耦合协调关系，是实现国土空间可持续发展的重要基础。为探究西南喀斯特地区国土空间功能的发展状况，分析其质量分布特征，李思楠等（2021）以西南喀斯特典型区广南县为例，基于城镇、农业和生态功能质量评价指标体系的构建，借助综合评价法和探索性空间数据分析法，对国土空间的功能质量与空间特征进行了评估，并利用耦合协调度模型分析了国土空间功能的耦合协调状况。研究发现：①城镇和农业功能质量以低值为主，生态功能质量以高值为主，综合功能的高低质量的数量结构较平均，不同功能质量的空间分布存在差异；②四种国土空间功能质量均具有正相关性，以“高-高”和“低-低”集聚为主，并呈地域分布差异；③喀斯特地区各类功能相互影响较大，低耦合区和高耦合区分布差异显著，在建设用地中耦合度最低；④喀斯特地区国土空间功能的耦合协调关系可分为轻度失调、濒临失调、勉强协调和轻度协调，它们的空间分布差异与综合功能质量相似，国土空间功能耦合协调区管控措施的提出可有效推动喀斯特地区国土空间的可持续发展，促进国土空间功能质量的提高。研究结果可为西南喀斯特地区国土空间的均衡发展和优化调控提供参考。

1.2.1.3 自然资源评价方法技术与标准现状

1.2.1.3.1 自然资源综合评价的理论方法技术现状

（1）概况

随着社会经济发展，人类利用自然资源的能力与强度不断提高，然而自然资源评价理论分布零散，核心理论相对缺位，相关理论也多关注于自然资源某一方面，缺乏一个囊括自然资源对象、结构、功能、价值等各个方面内容的系统的理论与方法体系框架，鲜见自然资源开发有度、利用有节、保护有效的伦理分析，缺乏系统完善的自然资源综合评价理论，难以对自然资源综合管理形成指导。

对于自然资源综合评价体系的研究，需要有一些相应的评价方法，其中定量化是自然资源综合评价无法回避的一个重要方面。由于自然资源综合评价涉及经济、社会、技术、人文、环境等诸多因素，涉及面广、内容复杂，复杂系统的分析方法自然就成为自然资源综合评价最为常用的方法，在长期发展的过程中，主要形成了指标体系法与多目标决策分析法（Ignatyeva et al.，2022）。

指标体系方法是一种应用较广的量化方法，可以方便地与其他方法结合使用，主要有单要素加权法、向量模法、模糊综合评价法、层次分析法等。其中应用较为广泛的是层次分析法，该方法的特点是在深入分析自然资源系统影响因素及其内在关系的基础上，利用较少的定量信息使自然资源综合评价过程数学化与结构化，但由于指标体系的科学验证非常困难，因而指导性与可操作性颇受争议。

用多目标决策分析法对自然资源进行综合评价时，将研究对象作为一个整体系统看待，通过数学规划的方法得到系统在一定背景下的最优状态。多目标决策分析通常是将选取能够反映自然资源系统本质的社会、经济、人文、环境等若干相互依存、相互制约的目标，通过数学模型求解同时满足多个目标整体最优的方案。但与指标体系法一样，多目标决策分析法也存在评价因子的选择问题。

考虑到自然资源综合评价信息总带有一定的不确定性、随机性与模糊性，加强定性与定量综合集成方法在自然资源综合评价中的应用，是其发展的主要方向，即从自然资源系统的特征出发寻求相应的评价方法，或找出新方法，或改进现有方法，或将多种方法进行综合集成，力求得到能科学客观地反映评价对象的结果。

总的来看，自然资源综合评价技术方法尚未成体系，但仍可对不同层次的自然资源评价研究方法进行归纳。

（2）自然资源本身的价值评价

针对自然资源自身的价值评价，即自然资源禀赋价值评价，方法主要围绕规模、质量、空间分布 3 个方面，针对矿产、能源、生物资源等具备直接经济价值的特定资源开展评价。自然资源价值评价在融合经济、环境、人文等多学科相关知识基础之上，通过对自然资源本身的分布和数量情况的预测、区域划分以及质量评价、环境评价等方法为本国资源供应需求、资源政策、环境及公共健康安全提供可靠的数据资料。

国内外学者就此开展了大量的研究，根据评价方法的性质可以归纳为两类：一是非空间评价模型，以数学模型为原型进行自然资源整体规模参数的预测估计；二是空间评价模型，通过借助空间地理信息将自然资源的具体分布模式与可能的潜力预测进行空间化的分配，具体其评价方法如表 1.7 所示。

表 1.7　自然资源本身的价值评价方法归纳

方法类别	方法模型	特点	应用
非空间评价模型	丰度估计法、体积估计法、德尔菲法主观概率法①	是资源评价早期阶段常用的评价方法，模型相对简单、灵活，数据依赖性较小，但并未对其空间分布位置及其出现概率和个数进行评价	矿产资源、地下水资源以及能源等
空间评价模型	回归分析法、反向传播（Back Propagation，BP）、径向基函数（Radical Basis Function，RBF）等前馈型神经网络②、信息量法③、秩相关分析④等	能够弥补非空间评价模型的不足，在一定概率范围内估计预测资源的规模与空间分布情况，但对于数据的要求较高，需要根据已知单元与预测，存在较大误差	矿产资源、生物资源、水资源以及能源等

资料来源：①据司子辉，2014；浦路平等，2011。②据徐晓斌等，2022；陶庆等，2022；常亮等，2022。③据周侯伯等，2021；王佳等，2015；浦路平等，2016。④据余鹏明等，2019。

（3）针对个体的特定价值

由于资源主体使用需求的差异性，针对个体的特定资源更多采用抽样调查的方法来估算特定资源对企业或者个体的直接经济价值，并基于投入产出、计量数理模型评价特定资源对地方区域净的间接经济价值，由于本身此类资源评价的特殊性与自然资源综合评价的普适性存在偏差，因此在此部分不进行相应梳理。

（4）针对大众的服务评价

对自然资源的大众服务评价实际上是立足于人类福祉视角探讨包含水、土、气、生物等自然系统内各个资源要素的复合作用下对人类生产生活发挥的功能属性，针对其作用机理，将其服务功能划分为供给功能、支撑功能、容纳功能、抑制功能（樊杰，2019）。

1）针对自然资源的供给功能，主要研究集中于水资源、土地资源以及生态领域，主要方法大部分是应用于不同评价体系环节，生态足迹法、承载力指数法、神经网络模型、净初级生产力、人地关系平衡模型、能值分析法、Logistic 模型、农业生态区域模型等其他学科的经典方法也与资源承载力评价结合（表 1.8），从而实现对自然资源供给能力及其机理过程的深入挖掘。

表 1.8　自然资源的供给功能评价方法归纳

方法类别	方法模型	应用
变量处理	灰色预测法①、集对分析法②、状态空间法③、全偏确定度④等	水资源、土地资源
指标降维	主成分分析法⑤、因子分析法、投影寻踪法⑥、聚类分析法⑦等	水资源、土地资源
指标赋权	熵值法、云模型、均方差法、CRITIC 客观权重赋值法等	水资源、土地资源
决策	模糊评价法⑧、多目标分析法、层次分析法、物元分析法、情景分析法、遗传算法、数据包络分析法、均方差决策法、偏最小二乘回归法、自回归模型等	水资源、土地资源、矿产资源
综合评价	TOPSIS 优劣解距离法、VIKOR 多准则妥协解排序法、CPM 突变级数法、可能-满意度、密切值法、偏离-份额法⑨	水资源、土地资源
	逐步订正法、农业生态区域法、Miami 模型、Thornthwaite Memorial 模型⑩	气候资源

资料来源：①据石丽忠等，2014；王福林，2013。②据王亨力等，2021；唐爱筑等，2021。③据杨莹等，2019；李岩等，2019；袁磊等，2019。④据金菊良等，2019。⑤据陈丽等，2021。⑥据王历等，2018；金菊良等，2021。⑦据郝小宇等，2019；臧聪敏等，2019。⑧据王正选等，2017。⑨据王正选等，2017；徐政华等，2021；刘国山等，2021；胡闽等，2021；杨亚锋等，2021；张建龙等，2009；任文晓等，2009。⑩据伊俊兰等，2021；李焱等，2021；文想成等，2021；徐雨晴等，2019；王小敏等，2014；杨海宽等，2013；余万军等，2007。

2）针对自然资源的支撑功能，从评价内容来看更多涉及对生态承载力的评价，其中生态承载力表征为生态系统的自我维持、自我调节能力、资源环境对社会经济活动强度的支撑能力以及可承载的具有一定生活水平的人口数量，而根据评价框架可以将其评价方法划分为综合评价法、产品周期评价法、耦合集成方法 3 种类型（表 1.9）。

表 1.9　自然资源的支撑功能评价方法归纳

方法类别	方法模型	特点
综合评价	“经济、社会、环境和机构”模型①	是至今应用最广泛、认同感最高和传播速度最快的评价指标体系，但指标体系过于庞大，所需数据量较大，且在一些区域无法打破行政界线的限制，其结果可靠性存在不足
	“压力-状态-响应”模型②	
	生态足迹模型③	数据来源于实际调查或统计数据，且具有明确的理论基础，数据源易获取、理论基础明确，计算过程相对简单，结果易验证，但生态足迹法只基于现状数据进行评价，评价结果只反映区域的现状，而不能对未来情景进行模拟和预测。此外，无法全面考虑与人类技术进步、社会全面发展等方面的影响
	状态空间法④	该方法在不同尺度、不同区域和不同领域的应用广泛。但该方法由体现不同状态承载力的分指标构成，最终结果能评价出其承载力空间点高于或低于综合生态承载力空间点的情况，而无法得到具体的生态承载力大小
	供需平衡法⑤	在思路方法上缺乏创新，且需要确定不同指标体系的权重，存在较强的主观性，此外按照此方法提供的思路，社会经济类指标的选取过于简单，且对人类消费情况没有过多体现，不足以体现人类活动以及生活质量、社会进步对区域生态承载力的影响

续表

方法类别	方法模型	特点
产品周期评价法	能值理论方法[⑥]	在生态承载力领域，由于能值理论能够将表征承载力的各个方面以统一的度量标准定量计算出结果，因而应用广泛。不足之处包括：较难提出系统可持续性的阈值，目前只是在不同空间尺度上进行横向比较及不同时期尺度上进行纵向比较，进而判断生态系统可持续性发展程度；无法判断所研究区域的资源是否属于可再生和非可再生资源
	生命周期方法[⑦]	生命周期理论是评价生态承载力的有效工具，可以评估生态系统对影响其平衡、稳定和协调发展的能力，但同时该模型需要在自然条件、生态系统综合和一定人口及经济规模下的载负能力进行评估，同时该模型是对自然条件和一定规模社会经济条件下生态系统的综合载负能力的评估
耦合集成方法	自然植被净第一性生产力评价法[⑧]	这些模型的估算结果只是在生产力角度对生态承载力进行评价，不能反映生态环境的变化以及人类各种社会经济活动对生态的影响
	系统动力学方法[⑨]	需要对各指标进行预测和模拟，所以对指标的选择、指标的预测模拟等提出了较高要求，如果各参变量出现误差或错误，则会导致最终结果的不合理。因此系统动力学方法适用于中短期发展变化问题的模拟预测

资料来源：①据叶辉等，2021；王颖等，2019。②据卢开东等，2022；马荣等，2021；石晓昕等，2021；张宗芳等，2022；黄晖等，2021。③据李志赟等，2022；张茹倩等，2022；李鹏辉等，2022。④据袁磊等，2019；孟玫等，2017；刘锦怡等，2017。⑤据张晨光等，2022；郑海霞等，2022；秦欢欢等，2022。⑥据卓拉等，2022；王慧亮等，2022。⑦据崔冠楠等，2022；胡彦勇等，2022。⑧据吴英迪等，2022；肖宜等，2021。⑨据秦欢欢等，2022；熊彬宇等，2021；王奕淇等，2021。

3）针对自然资源的容纳功能，国内外学者更多基于资源有限理论开展环境承载力的测度从而研判环境状态对人类活动的容纳能力，实际上是对环境维稳状态下的人类活动阈值进行刻画，在关注区域最大人口规模的同时还更加关注与经济规模匹配程度以及人类生产生活活动对环境资源的占用、破坏的耐受能力与同化能力。根据评价对象将其划分为水环境承载力、土壤环境承载力以及大气环境承载力 3 种类型，具体评价方法如表 1.10 所示。

表 1.10　自然资源的容纳功能评价方法归纳

应用	方法模型	特点
水环境承载力	多目标模型分析法[①]	承载对象详细界定，能够定量表征承载力约束条件。评价过程中权重的确定以主观判断为主，缺乏客观性，且模型求解存在一定难度
	综合评价法	依赖人为评价，无法解释指标之间关系
	人工神经网络模型法[①]	简单直观，无须考虑指标之间关系。需要大量训练数据，否则存在较大误差
	系统动力学法[②]	能够处理非线性关系、复杂反馈的系统问题，可操作性强。要求建模者对研究模型具有较高水平的认识，适合中短期发展模拟
	层次分析法	简单直观、可操作性强。依赖人为评价，无法解释指标之间关系
土壤环境承载力	综合评价法	操作简便、能定量描述土壤环境承载力。忽视了土壤环境承载力复杂系统特征、对后续决策性指导帮助不大
	系统动力学法[③]	适用于大尺度区域。研究对象停留在环境容量概念中缺少了对人类活动的考虑
大气环境承载力	承载力指数法[④]	操作简便、能定量描述大气环境承载力。忽视了大气环境承载力复杂系统特征、对后续决策性指导帮助不大
	环境容量法[⑤]	适用于大尺度区域。研究对象停留在环境容量概念中缺少了对人类活动的考虑

资料来源：①据陈丹等，2022。②据秦欢欢等，2022；王奕淇等，2021。③据熊彬宇等，2021。④据柴莹莹等，2021。⑤据孙杰等，2022；孟晓杰等，2021。

4）针对自然资源的抑制功能，具体表现为自然资源引致的灾害风险对人类系统造成的扰动。依据风险评估方法的不同，可以将其分为两类：①基于风险源汇的风险评价，此类评价更加关注风险源-汇关系的定量化测度，主要应用于特定区域范围内存在明确胁迫风险因子的风险评价，对其开展差异性的生态效应刻画；②基于格局的风险评价，此类评价不同于风险源汇的“识别风险源-测度风险受体-评价暴露度与危险性”评价框架，是在区域尺度上开展自然或人为因素干扰下的格局异质性以及与生态系统互馈机制的景观损失测度与表征（表 1. 11）。

表 1. 11　自然资源的抑制功能评价方法归纳

类型	评价对象	研究尺度	评价方法
特定生态风险源	非点源污染空间	流域①	基于风险源汇的评价方法
	水土流失	流域②	
	热岛效应	城市地域③	
景观格局生态风险源	土地利用	流域④	基于景观格局的评价方法
		城市地域⑤	
		矿区⑤	
		自然保护地⑥	

资料来源：①据孙丽蓉等，2022。②据杨蕴雪等，2021；刘海龙等，2021。③据甄江红等，2019。④据楚智等，2021；杨伶等，2021。⑤据郭彦君等，2022。⑥据卢江林等，2015。

（5）自然资源系统完整性评价

基于自然资源系统完整性评价是立足于自然资源要素所构成的完整生态系统视角下对生态系统整体特征的刻画，这其中就包括对生态系统服务价值的测度。当前生态系统服务价值评价方法主要划分为功能价值评价法和当量因子评价法两类，具体评价方法如表 1. 12 所示。

表 1. 12　自然资源系统完整性评价方法归纳

方法类别	方法模型	特点
功能价值评价法①	—	可以相对准确地评价要素的生态服务功能，然而计算过程较为复杂，通常应用于小范围尺度地域
当量因子评价法②	—	可以更加有效地应用于大范围的评价中
其他方法	InVEST 模型、ARIES 模型和 SolVES 模型③	能够满足自然系统评价动态性、客观性、准确性、综合性的需求

资料来源：①据杨美玲等，2011；江波等，2011。②据毛碧琦等，2017。③据毛碧琦等，2017；刘惠良等，2022。

1. 2. 1. 3. 2　评价标准现状

梳理分析我国与自然资源评价相关、已发布的技术标准，分析其对本自然资源综合评价目标有参考价值的指标或意义见表 1. 13。

表 1. 13　已发布自然资源评价相关标准梳理情况

发布部门	类型	标准号	标准名称	对本自然资源综合评价目标有参考价值的指标
发改部门	评估评价类	—	国家循环经济示范城市建设评价	（1）资源产出率 （2）能源产出率 （3）水资源产出率 （4）土地产出率

续表

发布部门	类型	标准号	标准名称	对本自然资源综合评价目标有参考价值的指标
发改部门	评估评价类		低碳城市评价指标体系	（1）经济低碳 （2）能源低碳 （3）设施低碳 （4）环境低碳：空气污染指数（API）低于100的天数比重 （5）社会低碳
自然资源部门	调查类	TD/T 1055—2019	第三次全国国土调查技术规程	可作为数据来源
		GQJCOI—2017	地理国情普查基本统计技术规程	可作为数据来源
	计算方法类	TD/T 1060—2021	自然资源分等定级通则	（1）耕地分等指标：生物多样性、土壤重金属污染状况 （2）园林分等指标：经济产出 （3）草地分等指标：年均降水量、草原综合植被盖度、草地退化、草地沙化、草地盐渍化、生物多样性
		GB/T 18507—2014	城镇土地分等定级规程	（1）城镇人口规模 （2）城镇二、三产业增加值
		GB/T 28590—2012	城市地下空间设施分类与代码	无可参考指标
	监测类	CH/T 9029—2019	基础性地理国情监测数据技术规定	可作为数据来源
	评估评价类	国土资源部令第61号	节约集约利用土地规定	原则性要求，可参考
		TD/T 1018—2008	建设用地节约集约利用评价规程	（1）区域用地状况评价指标：城乡建设用地人口密度、建设用地地均固定资产投资、建设用地地均地区生产总值、单位人口增长消耗新增城乡建设用地量、单位地区生产总值耗地下降率、单位地区生产总值增长消耗新增建设用地量、单位固定资产投资消耗新增建设用地量 （2）城市用地状况评价指标：单位用地工业总产值、基础设施完备度
		TD/T 1029—2010	开发区土地集约利用评价规程	与《建设用地节约集约利用评价规程》类似
		TD/T 1062—2021	社区生活圈规划技术指南	包括社区服务、就业引导、住房改善、日常出行、生态休闲、公共安全6方面内容。其中社区服务可细分为健康管理、为老服务、终身教育、文化活动、体育健身、商业服务、行政管理和其他（主要是市政设施）8类
		GB/T 35776—2017	智慧城市时空基础设施基本规定	无可参考指标
		GB/T 35775—2017	智慧城市时空基础设施评价指标体系	无可参考指标
		TD/T 1063—2021	国土空间规划城市体检评估规程	按安全、创新、协调、绿色、开放和共享6个维度，建立符合地方实际的指标体系，开展体检评估；推荐指标中有21项所列指标为国务院审批城市体检评估应附加的基本指标，即国务院审批城市基本指标为57项，部分指标具参考价值

续表

发布部门	类型	标准号	标准名称	对本自然资源综合评价目标有参考价值的指标
生态环境部门	监测类	HJ 1143—2020	生态保护红线监管技术规范 保护成效评估（试行）	（1）定性评估 对生态保护红线制度与落实指标开展定性评估并赋分 （2）定量评估 对生态保护红线面积比例、人类活动影响面积、生态修复面积比例、自然生态用地面积比例、海洋自然岸线保有率、植被覆盖指数、水源涵养能力、水土保持能力、防风固沙能力、洪水调蓄能力、重点生物物种种数保护率等指标开展定量评估并赋分
		HJ 1142—2020	生态保护红线监管技术规范 生态功能评价（试行）	可参考借鉴
		HJ 1141—2020	生态保护红线监管技术规范 生态状况监测（试行）	（1）面积不减少：生态保护红线基期面积、生态保护红线调增面积、生态保护红线调减面积 （2）性质不改变：自然生态用地面积、自然生态用地被占用面积 （3）功能不降低：生长季植被覆盖度 （4）生物多样性维护功能：重点生物物种种数
	评估评价类	HJ 25. 3—2019	建设用地土壤污染风险评估技术导则	地块风险评估工作内容包括危害识别、暴露评估、毒性评估、风险表征，以及土壤和地下水风险控制值的计算。
		HJ/T 6—1994	山岳型风景资源开发环境影响评价指标体系	可参考借鉴
		HJ/T 192—2006	生态环境状况评价技术规范（试行）	（1）生物丰度指数 （2）植被覆盖指数 （3）水网密度指数 （4）土地胁迫指数 （5）污染负荷指数
			中国生态环境状况公报 2018	（1）城市环境空气质量达标 （2）全国降水 pH 年均值 （3）年重要湖泊营养状态 （4）主要能源产品产量及增长速度
林草部门	调查类	林资发〔2016〕57 号	林地变更调查工作规则	可作为数据来源
		LY/T 2893—2017	林地变更调查技术规程	可作为数据来源
		LY/T 1438—1999	森林资源代码 森林调查	可参考借鉴
	计算方法类	LY/T 2988—2018	森林生态系统碳储量计量指南	可参考借鉴
		办造字〔2010〕84 号	碳汇造林技术规定（试行）	系碳汇造林工程的技术流程，没有提及评价指标，无参考意义
	监测类	LY/T 2253—2014	造林项目碳汇计量与监测指南	（1）项目碳汇量 （2）项目减排量
		2016 年 9 月	国家湿地公园生态监测技术指南	可参考并作为数据来源

续表

发布部门	类型	标准号	标准名称	对本自然资源综合评价目标有参考价值的指标
林草部门	评估评价类	LY/T 2244. 1—2014	自然保护区保护成效评估技术导则 第 1 部分：野生植物保护	（1）野生植物多样性 （2）珍稀濒危野生植物生存状况 （3）野生植物保护管理状况
		LY/T 2244. 2—2014	自然保护区保护成效评估技术导则 第 2 部分：植被保护	（1）植被覆盖状况 （2）保护性植被空间格局 （3）保护性植被长势 （4）保护性植被质量
		LY/T 2244. 3—2014	自然保护区保护成效评估技术导则 第 3 部分：景观保护	（1）景观类型及其面积变化 （2）保护性景观质量 （3）人工景观干扰程度
		LY/T 2794—2017	红树林湿地健康评价技术规程	（1）红树林湿地健康指数 （2）红树林湿地健康等级
		LY/T 3189—2020	国家公园资源调查与评价规范	可参考借鉴
		LY/T 2241—2014	森林生态系统生物多样性监测与评估规范	森林生态系统生物多样性
		LY/T 2899—2017	湿地生态系统服务评估规范	湿地生态系统服务指数（WI）
		LY/T 2902—2017	岩溶石漠生态系统服务评估规范	可参考借鉴，未说明评估结果判定方法
		LY/T 2897—2017	天然林保护工程生态效益评估数据获取方法	可参考借鉴，未说明评估结果判定方法
		LY/T 2894—2017	国有林场综合评价指标与方法	国有林场综合评价指数
		LY/T 2792—2017	戈壁生态系统服务评估规范	可参考借鉴，未说明评估结果判定方法
		LY/T 2735—2016	自然资源（森林）资产评价技术规范	（1）森林生态资产 （2）储存碳价值
		GB/T 37342—2019	国家森林城市评价指标	指标体系分地级及以上城市和县级城市两个尺度。可参考指标有（1）森林网络（2）森林健康（3）生态福利（4）生态文化
		GB / T 38582—2020	森林生态系统服务功能评估规范	（1）保育土壤（2）林木养分固持（3）涵养水源（4）固碳释氧（5）净化大气环境（6）森林防护（7）生物多样性（8）林木产品供给（9）森林康养
		LY/T 2994—2018	石漠化治理监测与评价规范	可参考借鉴
水利部门	调查类	SL 562—2011	水能资源调查评价导则	资源量计算应包括理论蕴藏量、技术可开发量、经济可开发量和已正开发量的计算，资源量分析指对水能资源开发利用程度进行量化分析
		SL 620—2013	水利统计基础数据采集规范	可参考借鉴
	计算方法类	SL 574—2012	水利统计主要指标分类及编码	可参考借鉴
	监测类	SL/T 572—2014	城市水文监测与分析评价技术导则	可参考借鉴

续表

发布部门	类型	标准号	标准名称	对本自然资源综合评价目标有参考价值的指标
水利部门	评估评价类	SL 602—2013	防洪风险评价导则	可参考借鉴
		SL 395—2007	地表水资源质量评价技术规程	可参考借鉴
		SL/Z 552—2012	用水指标评价导则	各类用水指标
		SL/T 238—1999	水资源评价导则	可参考借鉴
		SL/T 738—2016	水生态文明城市建设评价导则	（1）水生态评价：河流纵向连通性指数、水生生物完整性指数 （2）水环境评价：水功能区水质达标率 （3）水节约评价：万元工业增加值用水量相对值 （4）水监管评价：用水总量控制达标情况
		—	水资源公报	（1）地表水资源量 （2）地下水资源量 （3）水资源总量 （4）供水量 （5）用水量 （6）耗水量 （7）耗水率
住建部门	评估评价类	—	城市生态建设环境绩效评估导则	（1）土地利用：土地综合污染指数、已修复治理土地比例 （2）局地气象和大气质量：通风潜力指数、热岛比例指数、生态冷源面积比、空气质量达标天数 （3）生物多样性：乡土植物指数、鸟类物种数、生境破碎化指数、绿化覆盖率
		—	宜居城市科学评价标准	可参考借鉴
		—	国家生态园林城市分级考核标准	可参考借鉴

从表 1.13 来看，涉及自然资源、林草、水利、生态环境等部门的与自然资源调查、监测、评价相关专题性技术规定、规范共 57 部，自然资源综合评价一方面需要借鉴引用这些现行的法律法规，与之对接；另一方面，需要在此基础上进一步完善自然资源综合评价技术规范。

1.2.1.4　以往自然资源评价实践的启示

从以往自然资源分析评价的实践来看，目前综合评价尚存在诸多需要进一步研究的问题。

1.2.1.4.1　需要一个指标体系的顶层设计

由于自然资源综合分析评价指标体系涉及面广、指标量多，但是受基础数据限制，目前，我国自然资源评价方面尚缺乏统筹规划与顶层设计，现有评价既缺乏全国层面的资源统筹与平衡的概念设计，未能完备地归纳自然资源评价于物理、事理、人理三方面的建设；又缺乏基于全国不同区域及省市区县不同层级的评价体系制度设计，指标体系的系统性欠完善，各级指标间的隶属关系存在问题，同一类自然资源在范围、内容等方面存在重复和交叉，以及与调查结果存在矛盾的问题，导致评价结果与实际不一致，后续指标不可比，不同类型区域的综合评价结果规律不明朗，不能反映小尺度的自然资源管理现实需求，指标体系设计的问题导向不足。

因此，要将中央顶层设计与自然资源领域的具体实践相结合，既要考虑与其他相关领域职能部门工作的协同性，还要考虑理论与实践的对应性与有效度，按照生态文明建设的总体设计与组织领导，从自然资源“统一利用、统一保护、统一修复”及其利用的公平效率、开发伦理、市场建设等的“顶层”，进行全方位、全地域、全过程统筹，做成一套作为管理工作基础与创新协调绿色开放共享依据的自然资源“统一评价”的顶层设计。

这个自然资源数据综合分析框架和评价指标体系的顶层设计，需要进一步梳理现有调查监测指标及自然资源部的评价要求，充分考虑规范全国及各地的基于调查监测数据的分析评价工作的需要，准确把握目标导向和问题导向，结合战略选择与战略举措的目标任务及自然资源统筹管理现实需求，形成以问题导向和目标导向的框架体系。可将指标体系区分为全国适用的基础指标和基于不同自然资源系统特性的区域专项指标。在国家层面的顶层设计中，充分考虑自然资源调查监测综合分析指标体系与联合国可持续发展目标体系（SDGs）、生态文明、美丽中国等指标体系衔接。充分利用第三次国土调查成果，并考虑与耕地后备资源、耕地质量、生态红线划定、永久基本农田划定、土地整治等专项工作的现实衔接，有计划、有序地推进自然资源监测分析逐步深入实施。以系统工程的思想整体认识新时代自然资源利用保障体系，并基于 WSR 方法论（Gu et al.，2000），分别从物理、人理、事理方面，传承与融合结合，按“自上而下”原则，对自然资源综合评价体系进行要素拆解，分层研究各要素下的评价方向，作为全面系统的顶层设计，合理地提出基于 WSR 方法论的评价体系框架设计。

1.2.1.4.2 指标体系设计要以问题为导向

考虑到区域自然资源的差异性，指标本身应具备导向性。但实际上一些指标只是作为调查监测结果，如“耕地面积”“林地面积”这样的单项指标，对把握区域自然资源某方面精确现状、了解地区某种自然资源禀赋在自然资源利用下的变化有明确的指向意义，但要充分反映管理中的高层次评价需求，如对粮食安全、生态功能、不同政策功能区的区域发展等的综合性评价则力所不逮。

1.2.1.4.3 不同口径数据及指标内涵要统一

从单项指标来看，现行评价中的数据涉及部门较多、数据量大，存在部分数据与现行官方发布数据口径不一致，指标的内涵、算法未统一等问题。如随着城镇化推进，人口流动性较大，居住半年以上暂住人口数和流出人口数很难收集，户籍人口中农业人口和非农业人口统计口径，已经脱离实际。为了满足评价体系中数据的要求，只能采取多渠道收集数据，然后采取修正、剥离等方式获得相对合理的数据，数据来源的合法性和数据权威性难以保证。

1.2.1.4.4 加强指标与其目标的关联性

一些指标的名称与其内涵不统一，指标名称下的相关要素不全或不对应，指标与其目标的关联性有限，如自然资源数量评价下的相关指标要与土地利用现状分类或第三次国土调查中对应的地类关系不对应，如森林与林地、草原与草地、水资源与水域、农村人均住宅用地面积与农村人均宅基地面积等，概念混淆，以致难以准确表征评价目标。一些评价体系中，评价指标多处重复，且其赋值方法及其理想值确定方法随意多选，如最大值法、分位数法和类比法，不同方法结果迥异，使得指标理想设定过于灵活，评价结果严肃性不足。

1.2.1.4.5 指标选取宜删繁就简

自然资源综合分析评价体系宏大，评价指标似乎都是必选项，稍一不慎，便会指标冗余度过高，使评价体系陷于繁琐。目前考虑区域差异等因素的灵活性不够，不能依据对象的实际情况和需求进行选择，造成对评价区的特点及存在的问题表现不突出，针对性不强，也导致评价成果应用不广泛。

1.2.1.4.6 明确综合分析目标任务

综合分析环节是自然资源综合评价中最后也是最重要的环节，它是前面所有单指标评价结果的升华，是从现状到趋势各方面及其全部的总体综合。因为要求较为宏观，目标不够明确，导致禀赋与利用、状态与压力、绩效与响应不能有效结合，综合评价未能充分进行。

1.2.1.5 一般性综合评价理论方法著述借鉴

从公开出版的为数不多的综合评价理论方法专著来看，综合评价理论与方法的研究仍任重道远。

1.2.1.5.1 《综合评价理论与方法（第二版）》

《综合评价理论与方法（第二版）》（易平涛等，2019）是郭亚军团队继《综合评价理论与方法》（2002 年出版）、《综合评价理论、方法及应用》（2007 年出版）及《综合评价理论、方法及拓展》（2012 年出版）之后的更新，该书由五部分组成：①绪论篇，对综合评价概念、经典过程、研究进展的基本概述。②基础篇，分解评价经典过程，对指标体系构建、预处理方法选择、权重系数确定、信息集结方式选取等问题进行了详细介绍，其中第 2 章评价指标构建及预处理方法，含评价指标的构建及筛选、预处理方法及性质分析、兼顾异常值处理的分段无量纲化方法等；第 3 章指标权重的确定方法含基于功能驱动、差异驱动的赋权方法、具有综合集成特征的赋权法；第 4 章评价信息集结方法，含基于指标性能的、位置的、指标值分布的、指标相对发展的、兼顾“功能性”与“均衡性”的组合集结模式。③拓展篇，从特定的视角或需求出发，对动态综合评价、自主式综合评价、组合评价、群体评价、递阶结构评价以及评价敏感性等问题进行了探析，其中第 5 章动态综合评价方法含两种确定时序权重的方法、拉开档次评价法的拓展、体现激励控制的动态评价方法、基于时序算子的动态评价方法等；第 6 章自主式综合评价方法含自主式、客观自主式、主观自主式综合评价方法等；第 7 章组合评价方法含基于整体差异的客观组合评价方法、基于奇异值分解的多评价结论组合方法、意见分歧特征下多评价结论协商组合方法、双方冲突特征下多评价结论协商组合方法、协商组合评价模型的拓展等；第 8 章群体评价方法，含柔性协商视角的、情感过滤视角的、多阶段信息集结视角的群体评价方法等；第 9 章递阶结构的综合评价方法，含逐层拉开档次法、逐层序关系分析法；第 10 章综合评价方法与结论敏感性分析，含综合评价结论敏感性分析、线性无量纲化方法的敏感性分析、差异驱动型赋权法稳定性及差异凸显能力比较、几种信息集结算子的灵敏度分析。④前沿篇，对随机模拟聚合型的评价方法展开研究，为信息多源、方法多样的评价环境提供了统一的信息融合框架，作为应用示例，将这一理念及方法用于多方参与政府绩效评价问题中，其中第 11 章随机模拟视角的综合评价方法，含自主式综合评价的随机模拟求解算法、随机模拟型综合评价模式及其求解算法、一种新的可能性排序方法等；第 12 章泛综合评价模式、融合框架及求解算法，含泛结构信息融合框架、混合评价信息的随机转化方法、泛结构信息融合框架的求解、应用案例等；第 13 章泛综合评价应用：多方参与政府绩效评价，含多方参与政府绩效评价的基本模式、评价方法的构建、应用案例等。⑤总结篇，对已有成果做简要梳理，并对下一步研究进行了展望。

该书作者认为：评价是人类在面临决策前的自然思维过程，是人类最基本的思维方式之一。对于诸如气温、脉搏等简单的概念，人们通过单指标就能精准把握，而对于诸如能力、幸福感等抽象概念，若要准确了解，就必须对涉及概念的主要方面进行估测，并在大脑中以各自熟知的方式完成信息集成，以指导最终的选择。学术意义上的综合评价是人类大脑在面对抽象概念时思维过程外显化、科学化的表达，是为复杂问题的定位与跟进管理提供的“测量仪器”。既然化繁为简是大脑面对复杂问题的基本取向，那么“先分解后综合”就成为综合评价的基础逻辑。综合评价的过程是评价需求者或评价支持者价值的注入与体现。完成一项复杂问题的评价，必然会涉及构建指标体系、消除指标量纲、确定指标权重、汇集各项信息并最终排序比较等事项，而其中的每个环节都有多种方式可供选择，不同方式的组合就会产生不同的评价结论，结论之间甚至差别迥异。方法本身没有偏好，评价者的选择使方法成了价值导向的载体，因而评价结论就是价值判断的集中体现。当前，实践中最大的问题不是方法太多，而是评价者在选择方法时对于自己的需求以及需求如何借由方法进行表达没有引起足够的重视，也缺乏相关的支撑性知识，这是当前理论与实践工作上的一个重要问题。作者自述，围绕综合评价理论方向研究 30 余载，认为综合评价是一项看似不难、行之不易、做好至艰的研究内容，个别关键性的问题一直盘旋于顶迟迟未能得到完美的解答，这其中首当其冲的是“综合评价的合理性”问题，如何从科学角度给出一套完备的针对评价流程自身的评价规范，以确保评价过程及评价结论高度可信的问题。细想一下，该项工作十分不易，不仅要有巨量的成果梳理，更要有超越性的创新，纵尽数年之功，也未尝克成。所以，退而求其次，通常在评价的实践工作中，建议“方法用之恰当、结果令人满意、施行效果显著”作为评价工作的原则，但距离“王师北定中原日”终归还有一段很长的路程。

1.2.1.5.2 《现代综合评价方法与案例精选（第 4 版）》

杜栋等（2021）的《现代综合评价方法与案例精选（第 4 版）》主要介绍了几种比较流行的现代综合评价方法的理论和应用。内容包括：层次分析法、模糊综合评判法、数据包络分析法、人工神经网络评价法、灰色综合评价法及其在经济管理中的典型应用案例。其中关于人工神经网络评价法和灰色综合评价法的内容是首次比较系统地出现在此类著作之中。并且对几种综合评价方法的组合与集成做了讨论。修订版增加了一些新的智慧化综合评价方法简介，并对综合评价方法的研究与应用进展进行了讨论。附录提供了层次分析法、模糊综合评判法、灰色综合评价法的程序包。该书避开了某些深奥的数学背景，简明、系统地分析了几种方法的应用理论基础，拟在基本理论与实际应用之间建立起“桥梁”，书中汇集了典型应用案例，可供理论和实际工作者参考。

1.2.2 发展趋势

本小节采用知识图谱量化和文献计量分析等研究方法，以自然资源综合评价为主题，系统、辩证地对国内外相关研究进行文献计量分析与研究趋势研判，从而为自然资源综合评价工作的方法框架构建提供基础依据，并为丰富自然资源学科理论、促进自然资源综合评价体系完善提供参考和借鉴。

1.2.2.1 数据来源与研究方法

国际数据以科学引文索引（SCI）数据库 Web of Science（WOS）的核心数据库为检索平台，在高级检索中输入“TS = " natural resource * assessment" OR " natural resource * estimation" OR " natural resource * evaluation" ”进行检索，语种为“English”，文献类型设定为“Article”，检索年限为“全部年限（1900—2021 年）”，引文索引限定为“SCI-EXPANDED”“SS-CI”，并通过学科精炼，共检索出 1977 条结果。

国内数据以中国知网（CNKI）数据库为检索平台，以“自然资源评估”“自然资源评价”为主题进行检索，文献类型限定为“期刊”，文献来源类别限定为“核心期刊”“CSSCI”“CSCD”，检索年限为“不限年”至“2021 年”，共检索出 570 条结果。

通过人工筛选剔除了目录、访谈、征稿、通知等条件不符的文献，最终得到英文文献 1980 篇，中文文献 565 篇。CNKI 数据库相关文献最早从 1992 年开始，WOS 数据库相关文献从 2005 年开始，截止日期均为 2021 年 12 月 30 日。

本书采用 citespace 的聚类统计分析、关键词突现和时域分析、VOSviewer 的关键词共现网络分析对自然资源综合评价的相关国内外文献进行梳理分析。

1.2.2.2　结果与分析

1.2.2.2.1　国外研究热点演进特征分析

年度文献量的变化趋势可以反映某一领域的相对重要性和历年研究热度的情况。本书根据 2005—2021 年国外自然资源评价的年度发文量绘制发文趋势图（图 1.1）。

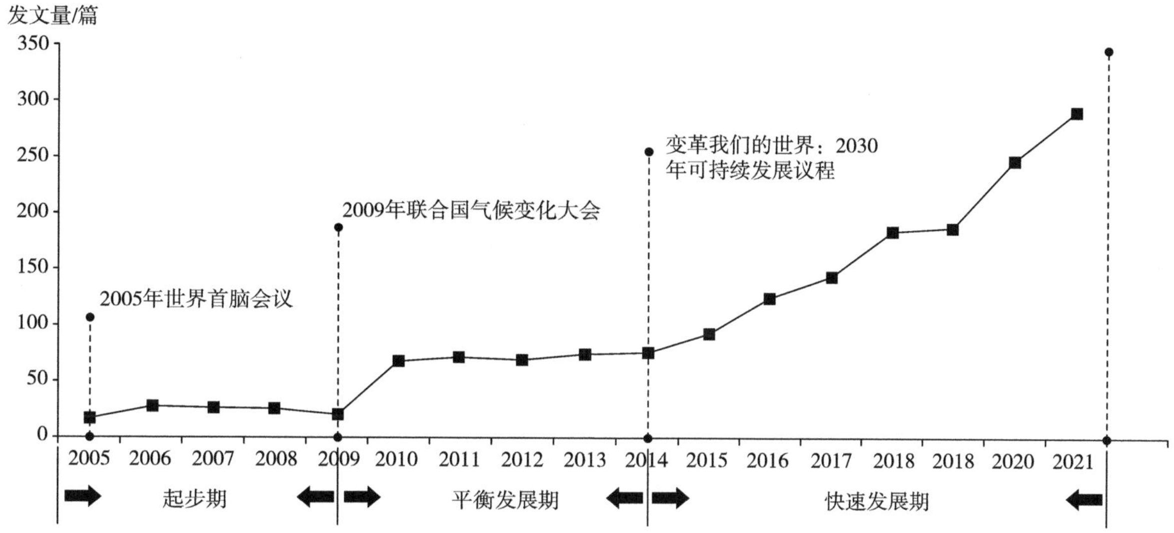

图 1.1　2005—2021 年国外自然资源评价不同时期发文量

图 1.1 将国际自然资源评价研究分为 3 个发展阶段，即 2005—2009 年的起步期：在 2005 年世界首脑会议中提倡消除贫困，改变不可持续的生产和消费模式，保护和管理经济和社会发展的自然资源基础，这些是可持续发展的首要目标，也是可持续发展的根本要求，因而在这期间围绕进入 21 世纪可持续发展语境下的自然资源高质量开发与保护是当时研究的热点。2010—2014 年的平稳发展期：这段时期发文量呈现较为平稳的上升状态，在联合国气候变化大会所提出的资源环境的恶劣状况之下，重点关注大气环境、水资源等单个自然资源类型的评估与管理模式的探索，试图从机构制度改革角度缓解气候变化压力。2015—2021 年为快速发展期，年均发表量总体呈上升趋势，热度逐渐显现，在此时段内国际学者更加集中于在人地协调与生态优先的语境下系统回答区域自然资源的多方面问题，具体包括对自然资源的集成综合评价与动态预测模拟等方面。

从时间线视图（图 1.2）可以展现聚类间的相互关系以及某一聚类中相关文献的历史跨度。自动聚类和自动标签后得到时间线突现视图，从出现时间和文献发展情况来看，聚类#7“21 世纪”出现时间最早，影响力随时间呈现逐渐衰减的趋势，最晚出现的则是聚类#0“社会化学习”，研究热点呈现以水资源等单个自然资源评价向人地协调语境下自然资源开发与保护的系统性治理与社会化学习转变的趋势。

关键词是作者提炼出来的重要部分，可以反映文章的核心观点和主要内容。本书采用 VOS-viewer 的关键词共现网络分析，时间段为 2005—2021 年，节点类型为关键词，关键词频次通过值为 30 时，共获得 4 个聚类。

从分布（图 1.3）上看；关键词多维发散，相互联系较紧密。梳理该领域高频、高中心性关键词发现“中国”“资源消耗”“资源产出”“资源承载能力”等关键词在该研究领域受到较多的关注，这也表征出当前国际自然资源评价的重点区域聚焦于中国，并基于投入产出视角探讨自然资源承载能力与管理机制。

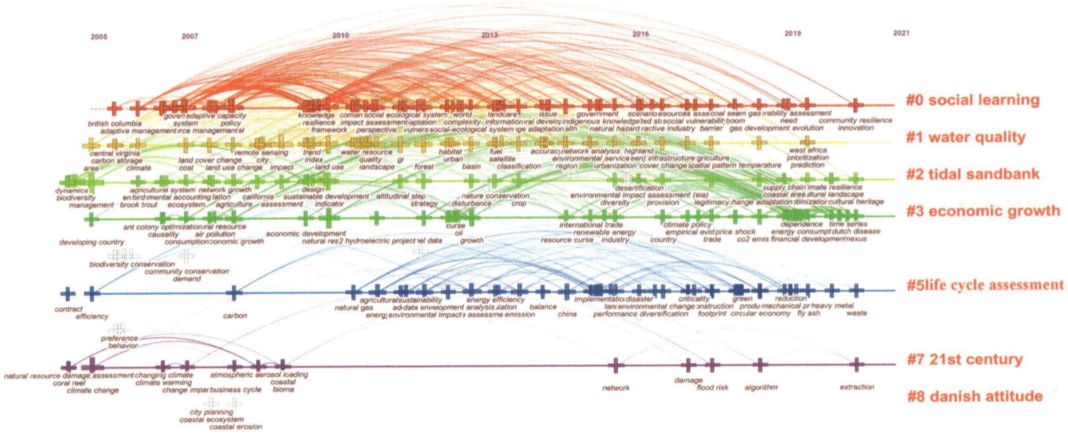

图 1.2　2005—2021 年国外自然资源评价时间线突现视图

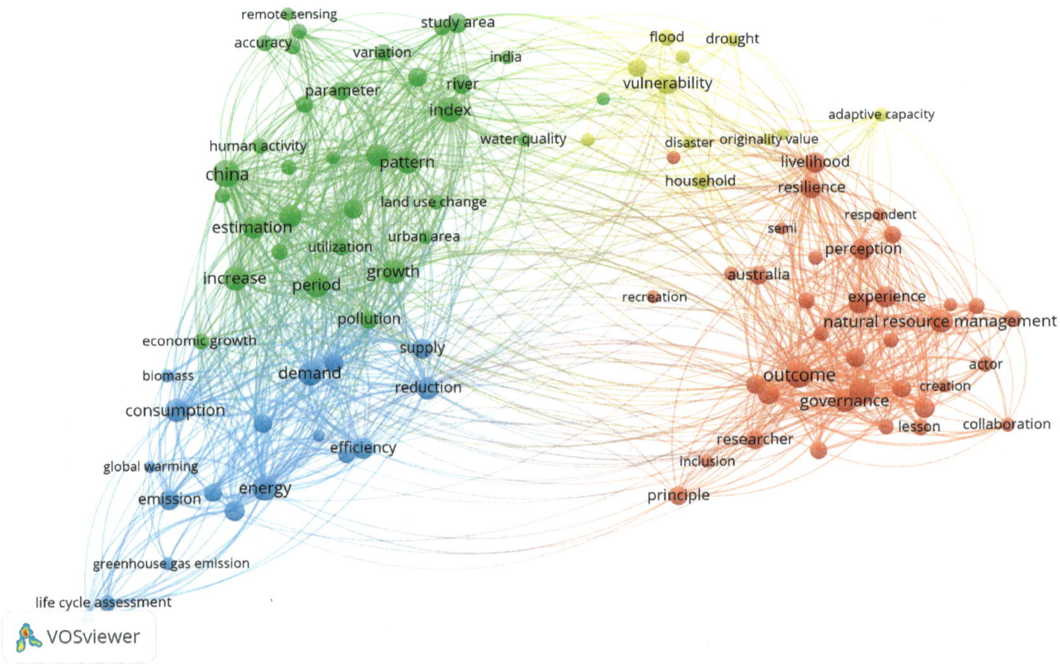

图 1.3　2005—2021 年国外自然资源评价关键词共现图

1.2.2.2.2　国内研究热点演进特征分析

本书根据 1992—2021 年国内自然资源评价的年度发文量绘制发文趋势图（图 1.4）。从图中可将国际自然资源评价研究分为 3 个发展阶段，即 1992—1998 年的平稳期：1992 年联合国环境与发展大会后，中国政府率先制定了《中国 21 世纪议程——中国 21 世纪人口、环境与发展白皮书》，为自然资源评价与管理奠定了思路基础，因而在此阶段以评价土、水等单个自然资源为主，从而回答多少土地、水等资源供养多少人口的问题，对于指导区域发展的作用有限。1999—2007 年为快速上升期：这段时期发文量呈现“M”型波动，但整体快速上升的状态，其中 2003 年提出关于印发《国土资源标准化管理办法》的通知一定程度上引致了基于多自然资源的综合资源环境承载力评价研究在理论与实践层面上的快速发展，并广泛应用于自然资源评估与配置、资源安全、树林保护等，从而弥补单资源评价对区域发展刻画不足的缺陷。2008 年至今为波动

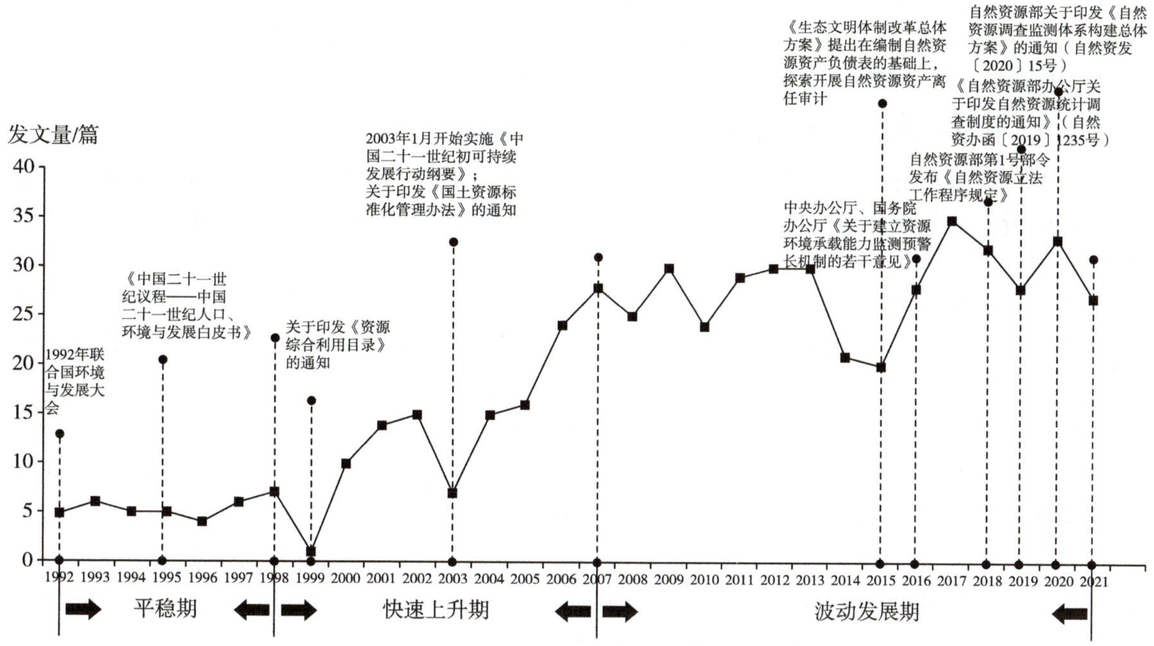

图 1.4 1992—2021 年国内自然资源评价不同时期发文量

发展期，在国家及相关部门对自然资源综合评价做出的政策指引之下，国内研究更偏向对于自然资源动态集成的系统化表征，从而在当前资源约束与开发需求矛盾加剧的背景下充分发挥其在国土空间规划管控、空间治理以及区域发展的支撑作用。

本书基于 citespace 中的关键词聚类分析（图 1.5）可以看出高频、高中心性关键词为“自然资源”“资源评价”“综合评价”“中国”等，且关键词多维发散性较强，这也表征出当前国内

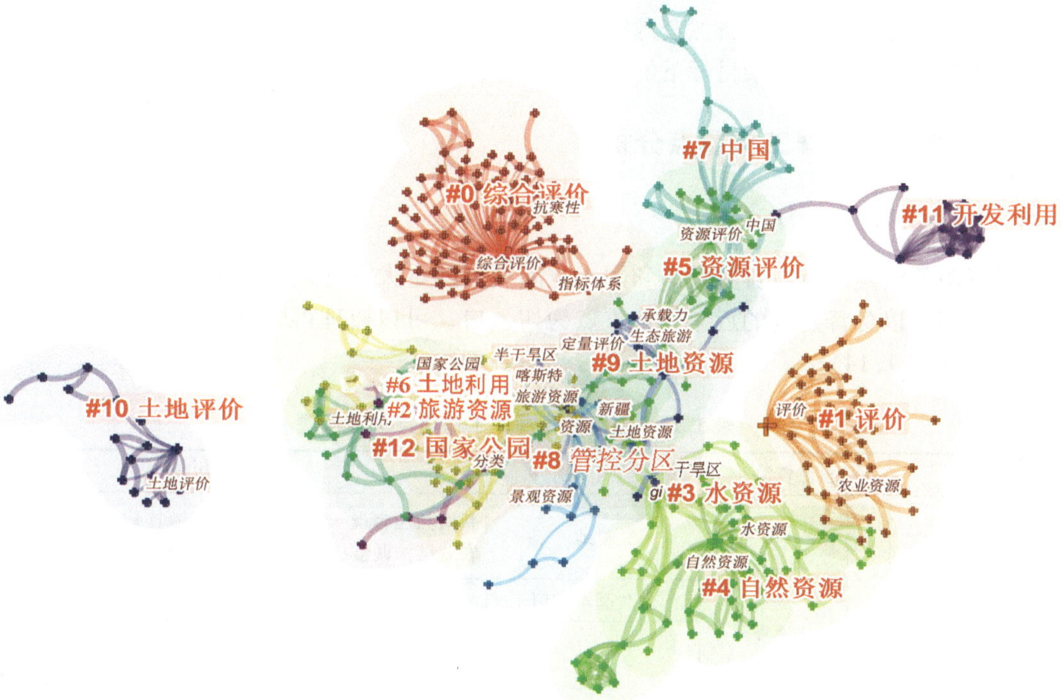

图 1.5 1992—2021 年国内自然资源评价关键词聚类图

自然资源评价的研究多集中于国家层面上自然资源评价框架的构建与机制探索，并在开发与保护协调的语境之下逐渐将研究对象由单一的水资源、土地资源评价转向自然资源的综合评价，以期为国土空间规划管控过程中的资源管理与配置提供一定的参考。

1.2.2.2.3 自然资源综合评价研究进展结论

以文献计量分析方法对 Web of Science 以及知网期刊库内的自然资源综合评价载文进行梳理刻画，回顾近三十年国内外自然资源综合评价研究的发展历程、研究热点以及相关进展，可得以下主要认识：

1）根据对国外相关文献的计量分析可知，2005—2021 年国际发文量呈现显著的稳步上升趋势，近 15 年的自然资源综合评价遵循“单要素-多要素-动态集成”的评价轨迹，并随着研究阶段的递进呈现显著梯队特征，应用研究也从回答“人口容量-区域发展单方面问题-人地协调下的区域发展系统问题与系统性治理、社会化学习转变”的方向演进。

2）以国内核心期刊载文文献及核心作者研究成果为支撑刻画 1992—2021 年国内自然资源综合评价演进热点可知：国内相关研究基本沿着“科学评价-机制探索-规划应用”的逻辑轨迹行进，而基于此对研究内容、方法与规划实践进行梳理可以看出，研究内容的层次递进性影响研究方法由单一的指标体系评价转向耦合集成下的复杂系统预测监控，并由此应用于国土空间规划管控与空间治理等方面，通过监控预警与模拟预测扩展其应用外延。

3）随着科学技术研究的深入与对自然资源边界认识的扩展，自然资源综合评价的研究日臻完善，但目前在以下几方面尚有优化拓展的空间：①学科交叉下的新挑战，在当前复杂人地关系系统与区域发展的需求内核语境下，自然资源综合评价研究已经融合了生态学、管理学、经济学等学科的经典理论与方法，并对与化解资源约束与需求扩张下的人地矛盾具有重要价值，因此未来应继续以地理学思维为锚点，引入社会学以及心理学等相关理论与研究方法，从而探索不同层面不同尺度上的自然资源评价范式；②综合评价下的新任务：当前针对自然资源综合评价的研究成果依旧存在指标冲突、指引乏力的问题，并在关注静态机械性评价的同时，强调自然资源的流动性，有必要构建科学合理的自然资源综合动态评价指标体系，从而更为精确地反映自然资源系统整体系统在动态过程、复杂目标下的集成动态特征。

1.2.3 自然资源管理工作重点分析

1.2.3.1 基于督察工作重点

自然资源督察是重点对自然资源和国土空间规划的重大方针政策、决策部署及法律法规执行情况进行督察。以各督察局的近年督查重点为切入口，可以梳理得到自然资源管理工作重点关注问题如下表（表 1.14）。

表 1.14 自然资源管理工作重点关注问题

重点任务	自然资源		监测类别	监测内容
落实最严格的耕地保护制度情况	农业	耕地资源	耕地	新增利用情况（土地整治、增减挂钩、工矿废弃地复垦、农业结构调整、其他活动）灾害损毁面积、生态退耕面积
			永久基本农田	利用情况
			耕地（包括永久基本农田）	变为林地、园地、草地等其他类型农用地及农业设施建设用地等情况（包括绿化造林，建设绿色通道，种植果树、茶树、人工草皮，挖湖造景，修建乡村道路，建设种植设施、畜禽养殖设施、水产养殖设施，撂荒等情况）

续表

重点任务	自然资源		监测类别	监测内容
落实最严格的节约用地制度等土地开发利用与管理情况	城镇	人工建（构）筑物	建设用地图斑范围外	新增建设图斑（占用农用地、占用未利用地）
			建设用地图斑范围内	建设拆除情况
		城市要素	城市空间布局和形态	在国土空间规划“一张图”实施监督系统中的变化情况
			规划实施	
			基本公共服务	
			市政公用设施建设	
			综合交通运输网络建设	
			环境治理	
			应急救灾	
			历史文化保护	
涉及自然资源开发利用、生态保护重大问题，落实自然资源开发利用中的生态保护修复等职责情况	生态保护修复	林草资源	园地、林地、草地	图斑变化情况
			园地、林地、草地图斑以外区域（建设用地、未利用地）上	林草覆盖及变化情况
				造林绿化
			草地	草原开垦损毁
				荒漠化石漠化防治
			自然保护地、红树林	保护修复
		湿地资源	湿地	被围垦、建设占用情况
			湿地上的地表附着物	变化情况
		水资源	地表水体	分布范围、季节变化
			水域	开发利用保护情况
			水域丰枯范围	变化情况
			冰川及常年积雪	分布范围及变化
		海岛海岸带	海岛	图斑位置、类型、面积和分布等现状及变化情况
			岸线	位置、类型和长度等现状及变化情况
			地表	覆盖类型、面积和分布等现状及变化情况
			地貌	特征等现状以及变化情况
			海岸带	类型、岸线位置和长度等现状及变化情况
			潮间带	类型、面积和分布等现状及变化情况
			滨海湿地	类型、面积和分布等现状及变化情况
		生态系统结构	基质	生态保护红线
			斑块	人工建设干扰引起的生态斑块阻隔
			廊道	生态廊道的断裂程度
		生态服务功能	碳汇	碳平衡分担率
		生态保护修复	环境	大气环境
				水环境
				土壤环境（土壤污染程度、某土壤污染物污染指数）
				热环境
			物种	珍稀濒危保护动、植物
				生物多样性维护

续表

重点任务	自然资源		监测类别	监测内容
土地管理情况	行政管理	土地结构情况	土地利用结构	土地供应率、土地建成率、工业用地率、综合容积率、建筑密度工业用地综合容积率、工业用地建筑系数
		土地管理情况	项目审批管理	违法建设（批而未供、批而未征、征而未用、未批先建、未供即用）
			地籍权属管理	

从上表可以看出，自然资源管理工作重点关注问题为：落实最严格的耕地保护制度和最严格的节约用地制度等土地开发利用与管理情况，落实自然资源开发利用中的生态保护修复、矿产资源保护及开发利用监管等职责情况，实施国土空间规划情况（重点是落实生态保护红线、永久基本农田、城镇开发边界等重要控制线情况）。

1.2.3.2 基于行政需求

从自然资源部组建以来，总书记、主管副总理、部长等关于自然资源工作公开讲话的词频分析（图 1.6）表明，耕地、保护、自然资源、生态、空间规划、修复、用地、建设等关键词，反映出行政需求、领导关注重点为：自然资源的空间规划、耕地保护、生态保护修复、建设用地等。

图 1.6 有关自然资源工作讲话的词频分析

1.2.4 国际组织相关工作启示

1.2.4.1 OECD 的 PSR 模型

1.2.4.1.1 PSR 和 DPSIR 模型

压力-状态-响应（Pressure-State-Response，PSR）模型是经济合作与发展组织（Organization for Economic Co-operation and Development，OECD）和联合国环境规划署（UNEP）于 20 世纪 80、90 年代共同发展起来的用于研究资源环境问题的框架体系。PSR 模型是通过对人类活动给环境和自然带来的压力使得环境与自然状态发生的改变，人类通过生态、环境、经济等一系列政策、决策或措施对这些变化的状态做出响应这一系统动态过程做出描述和评价，模型可以巧妙揭示人类活动与生态、环境、自然资源的相互作用的关系。其“压力-状态-响应”之思维逻辑体现了人类与自然之间的相互作用关系，人类通过各种活动从自然中获取其生存与发展所必需的资源，同时又改变了自然资源数量与质量，反过来影响人类的社会经济活动和福利，进而社会通过政策或行为的变化而做出反应。该模型中的压力指标表征人类的经济和社会活动对环境的作用，如资源利用过程对资源环境造成的破坏和扰动；状态指标表征特定时间阶段的资源环境状态和资源环境变化情况；响应指标指社会为减轻、阻止、恢复和预防人类活动的负面影响而进行补救的措施。

在 PSR 模型基础上，OECD 于 1993 年又发展提出了 DPSIR（驱动力-压力-状态-影响-响应，Driving force-Pressure-State-Impact-Responses）模型。DPSIR 概念模型在 PSR 模型的基础框架之上增加了驱动力和影响部分，从系统分析的角度，以简化的系统内部因果关系为思路，更为全面地评价人类活动与生态、环境和自然资源之间的相互作用关系。

DPSIR 模型描述了一条自然资源利用全过程的因果链条，“驱动力”是引发状态变化的根本动力，也是潜在诱因，如社会经济发展；“压力”是引发资源环境发生变化的直接原因，主要表现为资源的使用速度、强度和废弃物排放强度；“状态”是指在上述压力下的现实状况，主要反映在生态环境水平和承载力状态上；“影响”是指系统所处的状态对社会经济的影响；“响应”过程则是人类所采取制定积极政策以促进可持续发展进程，如提高资源利用效率、减少污染、增加投资等措施。

1.2.4.1.2 基于 DPSIR 模型的自然资源综合评价框架要素分析

借鉴 DPSIR 模型，对自然资源管理的全过程，可从自然资源利用管理各种问题（产生驱动）、（面临的）压力、（导致的）状态与影响、（管理政策）响应等方面，构建自然资源综合评价分析指标框架。

自然资源利用的综合评价要素，大概可从如下因素筛选与自然资源利用管理中实际存在的问题相结合中综合考虑指标选取：

“驱动力”是引发状态变化的根本动力，也是自然资源利用系统显性和潜在诱因，主要包括经济、社会因素。经济驱动是驱动力的核心因子，城市化、工业化驱动带来的一系列问题，可从人均 GDP 及其年增长率、资源利用产值占 GDP 的比例、工业化水平指数、人口压力指数和人口资源弹性系数等指标中选取。

“压力”是引发“状态”发生变化的直接原因。压力指标是驱动力作用之后的，直接施加在系统上并促使其状态发生改变的指标。可在资源开发压力、资源需求压力和环境压力等指标中选取。城镇化发展地区自然资源利用系统的压力来自工业化、城镇化快速发展与区域生产、生活、生态的矛盾，其压力指标可围绕要素（开发、利用、保护、生产、生活、生态这六大要素）间的相互矛盾关系展开，强调两要素间的对比。如城镇人口与用地弹性系数、人口资源弹性系数、工业分布密度等。

“状态”是在驱动力和压力共同作用下系统的物理可测特征，状态指标反映的是当前的状态或趋势。可从自然资源禀赋与潜力状况、利用现实状况等方面表征，主要反映自然资源的生产性（经济性）、稳定性、保护性，强调要素的“静态”水平。可从资源生产力状态水平、供应状态水平和环境状态水平等几个方面考虑，如可选生产能力、森林覆盖率、人均耕地面积、单位土地面积产值等作为具体指标。

“影响”是指系统所处的状态对社会经济生态的影响，是状态变化的结果，影响指标影响和状态比较难区分，状态更体现“静态”的状态水平；而影响则更多体现一种动态的变化，且有正面、负面之分。可从社会影响、经济（质量）影响、生态环境（地质环境）影响等方面考虑。生态影响应该包括生物和生境两方面，但由于资料的限制，可主要从生境角度建立指标。如采用水土流失面积比例、土壤侵蚀模数、生态环境状况指数、生态系统服务功能价值、生态系统脆弱性指数、地震基本烈度等作为具体指标。

“响应”是人类社会为了适应、改善、减弱、预防非预期的状态改变（影响），而采取的一系列积极行动，或制定的措施、政策，包括技术、经济、政治和法律措施；增加保护投入，加大执法力度，加强科研能力，建立生态监测体系等都是可行措施。可选取长效管理机制及监管能力指数、环保投入、水土流失治理率、主体功能区适宜性、退化土地恢复率、污水集中处理率等作为具体指标。

1.2.4.2 UNEP 的 FDES 框架

1.2.4.2.1 FDES 的主要内容

联合国环境规划署（UNEP）的《环境统计发展框架》（FDES 2013）是多用途的概念性统计框架，提供一个组织架构，用以指导国家一级的环境统计收集和汇编工作。它将来自各相关主题领域和来源的数据汇集在一起，并涵盖了与政策分析和决策相关的环境问题和方面，分析了2500多项环境指标和统计数据，具有广泛性和全局性。虽然环境统计发展框架与处于不同发展阶段的国家都相关，并被推荐给它们使用，但其主要目标是对环境统计方案仍处于拟定初期阶段的国家提供指导。它还可供国际和区域机构以及环境统计的其他编制者及使用者使用。环境统计对于编制环境评估、环境状况报告、环境纲要、环境指标、可持续发展指标以及便利环境-经济核算至关重要。作为编制核心数据集进程的一部分，环境统计发展框架的范围和构架环境统计的范围涵盖环境的生物物理学方面，以及直接影响环境状况和质量或受到环境状况和质量影响的人类子系统的方方面面，它包括环境内部自身的相互作用，以及环境与人类活动和自然事件之间的相互作用。

环境统计发展框架使用多层级办法，简单灵活地将环境统计构建为核心要素、子要素、统计主题以及个体统计。架构的第一层级由六项核心要素组成。环境统计发展框架的六项核心要素阐明环境统计范围，并以一种有益方式涵盖并构建了最相关的、最具体的信息集。第一项核心要素把与环境状况和质量及其变化相关的统计数据汇集在一起。第二项核心要素集中了与环境资源及其用途有关的统计。第三项核心要素包括将环境的调节服务用于生产和消耗过程中产生的废物排放的相关统计。与极端事件、灾害及其影响相关的统计属于第四项核心要素。第五项核心要素集中了与人类住区和环境卫生相关的统计。第六项核心要素汇集了旨在保护环境、管理环境资源的社会响应及经济措施的相关统计。环境状况和质量（核心要素1）是环境统计发展框架的中心（表1.15）。其余五个核心要素的确定都以它们与核心要素1的关系为基础。将各个核心要素分开的虚线表示它们之间的相互作用持续不断。每个核心要素分为数个子要素，子要素包含相关统计主题。统计主题代表环境统计发展框架各核心要素的可衡量方面，考虑到描绘时所需的数据来源及类型。最后一个层级包含实际的个体环境统计。

1.2.4.2.2 FDES 的特点

1）灵活性：较大的灵活性允许在特定的环境特征和统计能力条件下，结合对环境现象和评估方法的认知水平，对体系进行适当的调整。当然，灵活性的实现建立在保持体系总体完整的基础上，允许操作者做一些拓展和调整。

2）一致性：概念、定义和分类的一致性保证了一个统计体系内不同部分和要素的相互联系。环境统计指标体系中的定义和分类从根本上保留了最大的灵活性。概念、程序和分类最小化标准贯穿于体系的内容和结构的始终。

3）广泛性：不论其目标是解决所有问题还是只是其中一部分，一个环境统计体系应该考虑到所有现有的和潜在的环境问题。

4）直接性：是调查监测的直接指标或计算方法简单，简洁明了，为大家普遍认可约定俗成的现有指标，不需要复杂的计算。

5）层次性：指标的层级结构明晰，但并没有十分强调把驱动、压力、状态分开，DPSIR 只是一种构造指标的理念。

国际上有两种环境统计框架（或体系）为多数国家采用：一是这个 FDES，如澳大利亚、爱沙尼亚就是采用 FDES 组织环境统计资料和信息的；二是由 OECD 的 DPSIR 系统，挪威、丹麦等欧盟国家就是用它来组织他们的环境统计资料和信息。本质上说这两套框架或系统是相通的，因为具有对应的关系。

表 1.15 FDES 第一层核心要素的组成

核心要素 1：环境状况和质量					
子要素 1.1：自然状况					
统计主题	数据和相关信息 （**加粗体 – 核心数据/第一层级**；常规体 – 第二层级；*斜体 – 第三层级*）		参数	可能的数据汇总及范围	方法指导
1.1.1 大气、气候和天气	a.	温度		• 国家 • 子国家	• 世界气象组织（WMO） …
		1. 月平均	温度		
		…			
1.1.2 水文地理特性	a.	湖泊		• 位置 • 按分水岭/流域 • 国家	• 联合国统计司（UNSD）：国际水统计建议（IRWS） • 联合国-水机制
		1. 表面积	面积		
		2. 最大深度	深度		
		…			
1.1.3 地质和地理信息	a.	陆地和岛屿的地质，地理和地貌状态		• 国家	• 联合国统计司：人口统计年鉴 • （FAO） • 国际地球科学信息网络中心（CIESIN）
		1. 边境长度	长度		
		2. 国家或区域面积	面积		
		3. 岛屿数量	计数	• 地点 • 国家	
		…	面积		
1.1.4 土壤特征	a.	土壤特征		• 位置 • 按土壤类型 • 国家 • 子国家	•联合国粮食及农业组织和国际应用系统分析研究所（IIASA）世界土壤数据库 • 国际土壤查询资料中心（ISRIC）世界土壤数据库 •联合国防治荒漠化公约（UNCCD） •联合国粮食及农业组织全球人为土壤退化评估（GLASOD）
		1. 不同土壤种类面积	面积		
	b.	土壤退化			
		1. 水土流失面积	面积		
		2. 沙漠化土壤面积	面积		
		3. 盐碱化土壤面积	面积		
		4. 水涝土壤面积	面积		
		5. 酸化土壤面积	面积		
		6. 土壤板结面积	面积		
	c.	土壤养分，以下几种元素衡量：		• 按土壤类型 • 养分 • 国家 • 子国家	
		1. 氮（N）	浓度		
		…	浓度		

续表

核心要素 1：环境状况和质量					
子要素 1.2：土地覆盖、生态系统和生物多样性					
1.2.1 土地覆盖	a.	**土地覆盖类别下的面积**	面积	• 位置 • 按土地覆盖种类 • 国家 • 子国家	• FAO 土地覆盖分类 • 欧洲环境署（EEA）
1.2.2 生态系统和生物多样性		**生态系统的整体特征、范围和模式**		• 按位置 • 按生态系统（例如，森林，耕地，旱地，沿海，海洋，城市，极地，内陆水，岛屿，山） • 按状态种类 • 按种类 • 国家 • 子国家	• MA 评估 • 生物多样性公约 CBD • UNECE 分类（1996） • 拉姆萨尔公约 …
		1. 生态系统面积	面积		
		2. 生态系统与城市地区和农田的距离	距离		
		生态系统的化学和物理特征			
		1. 养分	浓度		
		2. 碳	浓度		
		3. 污染物	浓度		
		生态多样性			
		1. 已知的植物群和动物群种类	计数		
		2. 地方性植物群和动物群种类	计数		
		3. 外来入侵植物群和动物群种类	计数		
		4. 物种数量	计数		
		5. 生境破碎化	…		
		受保护的区域和物种			
		1. 陆地和海洋保护区面积（另见 1.2.2.a）			
		2. 受保护的植物群和动物群种类	计数		
1.2.3 森林	a.	森林面积		• 森林种类 • 国家 • 子国家 • 按主要树木种类 • 按所有权种类	• 联合国粮食及农业组织全球森林资源评估（FRA） • UNFF、MAR • …
		1. 总量	面积		
		2. 天然	面积		
		…	面积		
子要素 1.3：环境质量					
1.3.1 空气质量	a.	当地空气质量		• 按点测量 • 子国家 • …	• 世界卫生组织（WHO）空气质量指南—2005 年版 …
		1. 颗粒物浓度水平（PM10）	浓度		
		…	浓度		
1.3.2 淡水水质	a.	养分和叶绿素		• 水体 • 分水岭/流域 • 地表水或地下水 • 按点测量 • 水资源种类	• 联合国欧洲经济委员会维持水生生物的淡水水质标准统计分类法（1992） …
		1. 氮浓度水平	浓度		
		…	浓度		

资料来源：Environment StatisticsBasicSet _ Chinese 环境统计基本数据集，2018，https：//unstats. un. org/unsd/envstats/fdes/basicset. cshtml。

1.2.4.2.3 FDES 框架给我们的启示

1）指标要分类、分层级。

2）不必按 PSR 或 DPSIR 框架模型，将指标体系的因果关系作为组织原则，根据 DPSIR 逻辑框架，一一对应排列统计主题。其实，FDES 框架也是一个 DPSIR 系统，该系统的 6 个组成因素实质上包含了环境统计工作从始至终的全过程，并且环环相扣，组成一个逻辑完整的环境统计指标体系。

3）FDES 框架实施的 4 个步骤：统计对象的确定；统计变量的确定；数据来源、质量和有效性评估；环境信息系统的构建和信息的发布，保证了统计工作有序而规范地进行，也是统计数据质量的有力保障。同时，这样一套国际盛行的统计程序也有助于提高统计数据的国际可比性。

4）FDES 框架中概念、定义和分类的一致性保证了一个统计体系内不同部分和要素的相互联系。概念、程序和分类最小化标准贯穿于体系的内容和结构的始终。这样既避免了统计指标含义不清晰的问题，又使得环境统计工作简便易行，保证了统计指标的规范性和实用性。

5）FDES 是一个针对环境问题的统计指标框架，具有极大的灵活性，它给我们提供的是一套系统而行之有效的环境统计思路，而不是一套现成的拿来就可用的解决方案。不论我们的目标是解决所有问题还是只是其中一部分，我们可借鉴并不需要照搬某一指标体系，而只需根据实际工作的需要将各项具体指标对应到该框架的信息分类中去。这种实际需要可以是国家范围的，也可以是区域甚至地方范围的。正因如此，它才既不失应用的广泛性，又不乏在特定国家或地区应用的针对性。

1.2.4.3 IUCN 的 NbS 标准

1.2.4.3.1 NbS 的主要内容

世界自然保护联盟（The International Union for Conservation of Nature，IUCN）以“自然资本是包括地质、土壤、空气、水和所有生物在内的自然资产的存量，其可持续利用对实现联合国可持续发展目标具有重要作用”为宗旨，于 2020 年 2 月发布《基于自然的解决方案（Nation-based solution，NbS）全球标准》1.0 版本，其目标：为设计、审核和推广基于自然的解决方案提供指导和全球框架，该标准包括全球一致的标准和指标。该标准由八项准则和 28 项指标组成，内容主要为：

准则 1：NbS 应有效应对社会挑战（案例：社会风险识别）；

准则 2：应根据尺度来设计 NbS（案例：设计时需要考虑尺度——将 NbS 与水利基础设施结合起来，以达到规模化解决方案）；

准则 3：NbS 应带来生物多样性净增长和生态系统完整性（案例：生物多样性增长展示——应用 NbS 的大规模海岸线调整能够重建生物多样性的栖息地）；

准则 4：NbS 应具有经济可行性（案例：NbS 在应对气候危机的沿海生态系统管理方面的应用 IUCN 基于自然的解决方案全球标准）；

准则 5：NbS 应基于包容、透明和赋权的治理过程（案例：信安德里斯（Sint Andries）城市 NbS 的协同规划和实施）；

准则 6：NbS 应在首要目标和其他多种效益间公正地权衡（案例：寻找可供学习的案例，如孟加拉国的食物安全和鱼类保护）；

准则 7：NbS 应基于证据进行适应性管理（案例：希尼安加 Shinyanga）；

准则 8：NbS 应具可持续性并在适当的辖区内主流化（案例：萨尔瓦多的波恩挑战）。

准则 1 明确 NbS 所应对的社会挑战包括气候变化（适应和减缓）、防灾减灾、生态系统退化和生物多样性丧失、粮食安全、人类健康、社会和经济发展以及水安全，但随着 NbS 范围的发展，可能还存在其他具体挑战。可以将一个或多个社会挑战作为切入点，然而，当前的首要任务还是利用潜在的 NbS 干预措施提供的多种效益应对多重挑战。准则 2 指导 NbS 根据问题的尺度进行规划。在这种情况下，尺度主要指景观的地理尺度，及其经济、社会和生态方面的内容。解决社会挑战的目标领域通常包含于一个更大的生态、经济或社会系统中。虽然干预措施可以集中准则 3、4 和 5 符合可持续发展的三个支柱：环境可持续性、社会公平性和经济可行性。对于每一项准则，都需要以基线评估的形式了解当前的资源和环境状况，并通过可持续行动，实施强有力的 NbS 项目。准则 6 涉及为实现短期和长期收益需要做出的权衡和取舍，以及如何确保有一个透明、公平和包容的过程来确定这种权衡。考虑影响 NbS 的系统的动态性（准则 2），根据基线对 NbS 进行系统性管理至关重要。NbS 充分利用复杂的、动态的和自组织的生态系统产生的服务。生态系统可能会对 NbS 干预措施产生预期的响应，也有可能产生意想不到的、不可预见的和并不期待的后果。因此，准则 7 是对适应性管理需求的响应，要求 NbS 过程有持续的系统学习和总结，根据系统变化而做出调整。NbS 的真正潜力是通过长期大规模地实施来实现的。准则 8 提倡该标准的目的是提供一个简单易行的工具，使 NbS 概念转化为有针对性的实施行为，促进最佳实践同时解决和纠正不足，使干预措施与国际公认的 NbS 原则相一致。该标准可以使用现有的项目管理工具和技术方法来实现。此外，准则指标与现有的报告和运营管理系统等相结合，能最大限度地减少实施可信的 NbS 干预措施所需的额外工作。最后，作为一种自评估工具，用户友好型的 NbS 全球标准（第一部分）附带一份详细的指南，其中包括 NbS 的科学背景，并提供了关于准则和指标的扩展指南。第三部分补充了该标准，提供了用户手册，提出了建议的审核方法和应用该标准的工具和方法概要。

NbS 标准在最初推出阶段开发了一个自评估工具，使用户能够计算其干预措施与八个准则的匹配程度，并确定是否符合 IUCN 的 NbS 全球标准。该工具允许用户输入每个指标的匹配情况（高度匹配、基本匹配、部分匹配、不匹配），以及验证和评论的依据和方式。该工具提供每个指标的具体分解方法，并使用“红绿灯指标”法对干预措施匹配标准的程度进行总体评级；如果一个干预措施在任何准则上都不符合 IUCN 的 NbS 全球标准，那么该干预措施会被判定为“不匹配”。

2021 年 6 月 23 日，自然资源部和 IUCN 在北京联合举办发布活动，正式发布《IUCN 基于自然的解决方案全球标准》《IUCN 基于自然的解决方案全球标准使用指南》中文版，以及《基于自然的解决方案中国实践典型案例》。这批典型案例包括：官厅水库流域治理、贺兰山生态保护修复、云南抚仙湖流域治理、内蒙古乌梁素海流域保护修复、钱塘江源头区域保护修复、江西婺源乡村建设、黑龙江黑土地保护性利用、重庆城市更新、广西北海陆海统筹生态修复和深圳湾红树林湿地修复。这些案例分布在我国东、中、西部不同经济发展水平地区，涉及自然、农业、城市等生态系类型和国土空间主体功能，采取各具特色的保护修复措施，包含政府部门、金融机构、企业、公益组织、专家、农民等多元主体的广泛参与，应对不同类型的社会挑战，对我国乃至全球基于自然的解决方案本地化应用具有示范和借鉴作用。

1.2.4.3.2 NbS 的特点

NbS 的 8 项准则相辅相成，体现了系统性、综合性、动态性、权衡性特征。罗明等（2020）总结 NbS，认为其具有如下特点：NbS 面对的根本问题是“有效地解决一个或多个社会挑战”；NbS 的实施强调系统性和整体性；NbS 是一个综合性路径，不仅需要考虑技术方案，还需要考虑经济和财政的可行性，以及制度与管理的公平合理性；权衡利弊是 NbS 综合性的集中体现；生态系统的动态性与不确定性，使 NbS 要求进行动态的适应性管理；NbS 应该主流化，应促进其大规模运用和可复制实现，突破传统措施实施周期和时间的限制，使其纳入全球和国家政策框架。

1.2.4.3.3 NbS对自然资源综合评价工作的启示

NbS要求系统地理解人与自然和谐共生的关系，提倡依靠自然的力量应对风险的理念与“绿水青山就是金山银山”的生态文明思想完全契合。NbS提倡的“基于自然”的理念及一系列生态友好的方法、工具和措施，可以有效支持我国自然资源管理目标的实现。应对新时期社会经济与生态环境的挑战，实现可持续利用管理，自然资源综合评价可以考虑借鉴NbS的标准和内涵，充分考虑区域自然资源利用与生态等相关过程的协同性评价，制定和完善适合我国的自然资源管理评价有关标准体系。

2　理论方法与评价技术

2.1　理论方法基础

2.1.1　自然资源综合评价理论方法基本特征

方法论是以方法为研究对象的理论。科学方法论是关于科学认识活动的体系、形式和方式的原理学说。无论研究对象和内容是否不同，如社会科学或自然科学的，任何科学发现都是通过比较、分析、综合、概括、类比、想象、抽象等手段来实现的，在方法论的基本要素、原则和功能上却有着相似性和共同性，都包括对事物本质与规律进行证实和证伪的观察程序、理论模式、分析方法，探索过程中应遵循的纲领或规范。现代科学方法论是在早期亚里士多德的演绎法、培根的归纳法、穆勒的“五法”（求同法、求异法、求同求异共同法、剩余法、共变法）、笛卡尔的数学方法、黑格尔的辩证法、马克思和恩格斯的唯物辩证法、弗雷格和罗素的数理逻辑方法等科学研究方法基础上，继 20 世纪 40 年代末申农、维纳、贝塔朗菲分别构建的信息论、控制论和系统论之后，融合耗散结构论、协同学、突变论、超循环论、混沌学与分形学等新理论新方法发展而成，且呈现出综合性、整体性、动态性、定量性、最优化、信息化的新态势。

自然科学方法论和社会科学方法论分别是关于发现自然界物质、人类社会实践的形态、结构、性质和运动规律的一般途径、方法的研究。两者的区别在于社会科学方法论带有更为强烈的主体性（指人）。自然科学在描述因素之间的关系上比社会科学精确得多，通常以数学方程式的形式出现；而社会科学研究常以能够证明两个因素之间存在着关系就可，有些社会学家甚至认为定量的阐释是人造的，容易抹杀社会现象中的人性。随着科学发展，不同科学领域中研究方法之汇合乃大势所趋，不同方向科学研究课题相互配合、相互协调，科学研究日益成为集体的、综合的事业。自然科学和社会科学方法论之间的鸿沟逐渐缩小，其间的联系甚至一体化的趋势明显增强。从狭义的科学方法论仅指自然科学方法论便可见一斑。

自然资源综合评价是自然与社会科学方法论的综合。本书界定的自然资源综合评价是一定自然资源禀赋下的自然资源利用（含开发、保护及其管理等）状态各方面的总体评价，在方法论上，其属于自然科学方法论和社会科学方法论两者的结合。其中，自然资源禀赋评价研究更偏向自然科学方法论；自然资源利用评价研究更偏向社会科学方法论，两者的方法论差异的比较见表 2.1。

表 2.1　自然资源禀赋、利用及其总体综合评价研究的方法论比较

内 容	自然资源禀赋研究	自然资源利用研究	综合评价研究
研究对象	自然	社会经济	社会经济
研究目的	物质状态	获取物质	建设精神家园
发展方式	积累	消费	保护
研究方法	调查、实验、计算	描述、分类、评价	综合性、系统性

续表

内 容	自然资源禀赋研究	自然资源利用研究	综合评价研究
思考	分布及其功能	方式及其效益	持续利用
着重	工具的理性	价值的理性	过程的理性
关注	过去与现在	更关注现实	更关注未来
哲学本质	必然	自由	生态伦理

可见，虽然自然资源综合评价系统从要素上分为禀赋与利用两大类；但从方法论上，自然资源综合评价与自然资源利用评价较为接近。因此，在一些情况下可视自然资源利用评价为自然资源综合评价。

粗略梳理，自然资源综合评价原理及其方法有如下特征：

（1）尊重自然资源禀赋演化规律与发挥自然资源利用主观能动性的辩证性原理

禀赋演化规律是客观的，不能被人消灭；但自然资源利用可以在把握规律基础上，合理利用，造福于人类。在理论研究与实践中宜将尊重禀赋客观规律和发挥利用管理的主观能动性有机地结合起来。

（2）自然资源综合评价要素联系的普遍性与系统的整体性原理

自然资源是一个客观的普遍联系的有机整体，是一幅由种种联系交织起来的丰富多彩的画面，其中没有一种资源是孤立存在的。自然资源综合评价系统是由相互联系和相互作用的诸要素构成的统一整体，系统的基本特征是整体性，系统全局和全程的整体是由子系统和各要素的局部构成的。整体在自然资源利用的发展过程中居于主导地位，局部处于被支配地位；要素之间的相互影响、相互制约和相互作用的联系是普遍的，局部的功能及其变化会影响整体的功能，关键部分的功能及其变化可对整体的功能起决定作用。

方法论上要看到要素间的联系，从联系中把握要素；立足整体，统筹全局，选择最佳方案，实现整体最优；同时重视局部，调整要素原有的联系，建立新的联系，用局部的发展推动整体的发展。

（3）系统的多样性原理

自然资源禀赋千差万别，自然资源利用也是多种多样的，多样性表现在系统的方方面面。方法论上：系统的多样性要求我们注重分析和把握各自的条件，在自然资源利用过程中，既重视自然资源禀赋的内、外部条件，又恰当运用管理者自身的主观条件，一切以时间、地点、条件为转移。

（4）系统的演化性原理

自然资源禀赋与利用及其综合评价系统是具演化的有序性和结构的优化趋向。方法论上系统优化的方法要求我们用综合的思维方式来认识自然资源利用，着眼于利用系统的整体性，遵循系统演化的有序性，注重系统内部结构的优化趋向，把各要素联系起来统筹考虑，优化组合，最终形成关于自然资源利用这一事物的完整准确的认识。

2.1.2 三理结合的方法论

综合评价是指从不同侧面对以指标体系描述的对象系统按照给定目标做出的全局性、整体性的评价，即对评价对象的全体，采用一定的方法，如通过一定的数学模型将多个评价指标值集成的方法，给对象计算出一个反映整体优劣或价值的综合值。评价是根据目的确定对象系统的属性，并将这种属性转化为可量化的数值的行为，也是从各种角度估量研究对象的相应价值，即满足主体给定要求的程度。综合评价是对这些指标值以一个综合值来描述的行为。综合评价系统由评价主体、目标、对象、指标体系和标准等要素组成。综合评价过程是一个集成主客观信息的复杂过程，其中，建立指标体系是其关键步骤和关键技术。

自然资源综合评价是自然与社会经济复合的复杂系统，其状态或现象，是多种错综复杂要素或因素综合作用的结果。对系统总体的评价需要将各表现维度用一定的方法汇总起来，建立综合指标来解决这一问题。所谓综合指标，是指在多维概念基础上，通过建立模型汇总单项指标而最终构建成的指标。综合指标是分析与归纳复杂、多维问题的有效工具。理论上说，综合指标利用了更多信息，分析结果应当优于单一指标。但建立指标体系有一个隐含的前提，就是先要建立理论框架或有理论框架支撑。

为了使指标选择更加有逻辑可循，无论是进行单一指标选择，还是构建合成指标，都需要以一个合理的理论框架为依据。在理论框架中，应当清晰地定义需要度量的现象及其要素。例如度量“自然资源禀赋”这一综合指标时所依据的理论框架可以是“资源经济学”“资源生态学”及“区域资源学”等。然而，自然资源禀赋与利用的“多维”及其综合，目前并无坚固的理论和经验支持，虽然可持续发展理论、生态经济学、资源承载力理论等可提供一定帮助，但尚不具备完善的理论框架支持自然资源综合评价指标体系的构建，还需继续研究。

建立理论框架，要做好概念内涵界定、确定子系统、指标选择原则三项工作。首先在定义概念时，需深入概念内涵阐述概念所包含的内容。其次，多维概念由多个维度的要素组成，它们在概念上存在联系，但在数据获取上又彼此不相关，为此在框架中应当将它们之间的联系做充分描述。例如，“改善生活品质”这一综合指标可分为生活便利、交通覆盖、景观文化 3 个维度。确定单一指标选择标准时，应当秉承尽可能精准原则。例如，为了度量“景观文化”情况，在选择单一指标时，至少应当包括“公园与绿地面积占比”“文体用地面积占比”两个方面。对服务于自然资源持续利用需求等长期目标的指标，宜选择具有整体性、粗粒度性、强指向性特点的核心指标。而对服务于短期目标，如监控了解自然资源体系某时段某方面异常出现的原因，帮助进行策略的调优和决策的指标选择，可采用归因方法，即希望通过数据的变化来摸清到底是什么原因，以帮助我们进行问题的细化。

细化分两方面：一是横向上的细化，横向的原则是指标间是没有依附关系，是彼此独立的；二是纵向上的拆分，按上下之间的依附关系，一步步纵向垂直下来分解。自然资源综合评价指标体系主体框架拆分可包括目标层、主题层和指标层等层次。这个“指标层指标”，我们称为单指标，或简称“指标”。一些单指标（实际上是大多数指标），是由多个更次一级的元指标按一定规则构成。按照目标、主题，每个层次每个维度均设置一个综合（性）指标原则，综合评价指标体系由若干单指标及多个层次的多个综合（性）指标构成。因此，指标的选取方法包括了单指标的选取方法和综合指标的构成方法。

以东方哲学观为指导的“三理”结合的 WSR 方法论，将综合评价分成物理（W）、事理（S）和人理（R）3 个方面（Gu et al.，2000），从评价过程也可理解为 3 个阶段：首先是物理阶段，理解评价对象并确定评价目的，建立最能表征评价对象属性的指标体系，尽可能详尽、全面地收集有关的信息和原始数据，确定指标值，这是整个评价过程的基础；其次是事理阶段，选择合适的方法，确定评价指标模型（包含赋权方法），对评价对象进行评价；最后，在人理阶段，经合理性检验、反馈性检验，协调权衡主管部门、评价工作实施者、评价对象多方面关系，充分考虑人的作用，将主观和客观的评价信息完美的融合，最终得出综合评价结果。对选择的具体的评价方法，以一种系统的观点将评价过程以流程化形式组织起来，实质就是一种方法论思想体系。

2.2　路线方针

2.2.1　评价框架

2.2.1.1　总体思路

2.2.1.1.1　指导思想

鉴于目前自然资源评价方法技术已存在部分自然资源单项评价工作规定或技术标准中，但对自然资源综合评价无论是评价要素内容，还是技术方法等核心问题尚未形成共识。本研究拟在坚持科学性、规范性、实用性基本原则基础上，注重体现灵活性和协调性，基于相关自然资源调查监测评价经验，提出了自然资源综合评价方法的原则与思路。在自然资源综合评价方法技术构建过程中，一是注意独特性与通用性相结合。独特性体现在其综合性。通用性体现在充分借鉴吸收相关自然资源专项评价标准、规程和方法，对各种自然资源指标评价的共性内容予以了明确，基本保持评价指标含义、工作流程、成果要求与通用自然资源领域的一致性。二是注重方法的规范性与实用性、灵活适应和可操作性相结合原则。方法技术表述的文体结构、术语、用词、条文逻辑等，充分考虑本专著编制的目的，因地制宜细化具体指标设计标准和技术，但也与相关评价方法技术进行协调，尽量引进适用的标准的方法技术。三是注意与自然资源专项评价工作的技术分割，如《国土空间规划城市体检评估技术规程》是“对城市发展特征及规划实施效果定期进行分析和评价”，本书是为自然资源统一调查评价监测制度构建和自然资源精细化管理提供服务，两者服务对象及工作目标不一样，为避免工作重复及应用上的混乱，本书不选取《国土空间规划城市体检评估技术规程》的规划实施评价类指标。

2.2.1.1.2　总体目标

依据自然资源部《自然资源调查监测体系构建总体方案》和《自然资源调查监测数据分析评价工作方案》要求，按目标导向原则，面向建立自然资源统一调查评价监测制度、强化调查监测数据分析评价的顶层设计、推进分析评价工作规范有序开展的工作需求；按系统全面、突出重点原则，以坚守自然资源可持续发展安全底线、促进自然资源节约集约利用、保护生态系统功能、实现山水林田湖草沙整体保护和系统修复为目标导向，针对自然资源开发利用保护、综合治理全过程，以自然资源统一调查、评价、监测数据为基础，建立我国兼顾区域差异、动态开放、基于自然资源调查监测数据的自然资源综合评价技术体系，以为全面分析自然资源禀赋、保护利用、生态环境影响和综合治理情况、评判自然资源开发利用保护与管理各方面的等级优劣状况，指导和规范我国自然资源调查监测综合评价的程序与方法，科学合理管理自然资源开发利用保护提供技术支撑。因此，自然资源综合评价的总体目标是：以坚守自然资源可持续发展安全底线、促进自然资源节约集约利用、保护生态系统功能、实现山水林田湖草沙整体保护和系统修复为基本目标，基于自然资源调查、评价、监测数据，系统全面综合评价土地、森林、草原、湿地、水等自然资源禀赋、保护利用、生态环境影响和综合治理情况，诊断自然资源管理中的问题，为自然资源统一调查评价监测制度的构建和自然资源精细化管理提供服务。

2.2.1.2　目的任务

2.2.1.2.1　工作目的

从本书对自然资源禀赋与利用、自然资源综合评价等的内涵定义及自然资源管理相关工作与本评价的关系，可以明确自然资源综合评价工作的基本定位：

1）从与相关单项资源评价的关系来看，与土地资源适宜性评价、水资源综合评价、草原健康状况评价、森林生态系统功能评估等单项资源评价不同，自然资源综合评价采用系统思维，将每个单项资源作为一个子系统，强调自然资源的协同性以及自然资源管理全生命周期性，所构建的综合指标体系中涵盖了每个单项资源评价的核心指标。

2）从与自然资源部开展的各专题评价关系来看，自然资源相关管理部门为满足管理需要，开展过相关的评价包括国土空间适宜性评价和资源环境承载力评价、耕地质量评价、开发区以及建设用地节约集约利用评价、生态保护修复重大工程生态效益评估、城市国土空间规划体检等。与这些针对某些问题评价不同，自然资源综合评价面向：一是全方位认识自然资源禀赋情况、开发利用和保护情况、产生的环境影响情况以及自然资源治理情况，为评估党中央国务院政策落实情况、自然资源政策实施情况、治理能力提升情况等提供支撑；二是识别区域在自然资源禀赋、利用、保护和管理等方面的差别，通过综合性和有针对性的排名，为区域相关管理与研究提供参考；三是建立统一的评价体系，为形成统一评价制度提供基础。

因此，自然资源综合评价工作，需要既兼顾考虑自然资源领域方法及术语的通用性、也需要看到管理业务的条块性，更要明确认识到自然资源综合评价主要是依据前期或其他相关业务工作获得的自然资源调查监测评价数据，对一定区域自然资源禀赋下的自然资源开发利用保护与管理的各个方面进行的总体的综合性分析与评价。

2.2.1.2.2 具体任务

自然资源综合评价需围绕总体目标，评价自然资源禀赋及其利用的综合状况和水平，宏观认识自然资源利用与社会经济生态关系，为区域发展战略提供指导。具体任务可以分解为自然资源禀赋评价、自然资源利用评价、自然资源禀赋与利用关系的协调性评价 3 个方面。其中自然资源利用评价为核心任务，是研判自然资源管理关键问题、提出自然资源管理的精准施策方向的重要依据。因此对自然资源综合评价的主要任务，可据自然资源管理目标，进一步提出如下评价研究内容：

1）围绕守住资源安全底线目标，研究自然资源禀赋对利用的约束，评价自然资源利用对资源安全保障的压力或影响；

2）围绕提高资源利用效率目标，评价自然资源利用效率、节约集约及其保障高质量发展状况；

3）围绕保护生态功能目标，评价自然资源生态功能、绿色发展状况；

4）围绕改善生活品质目标，评价自然资源生活功能利用、品质生活，协调共享、生活质量状况；

5）围绕降低环境影响目标，评价自然资源利用的环境影响状况，促进可持续发展；

6）围绕提升治理水平目标，分析开发利用保护问题，提出自然资源管理精准施策意见建议；

7）围绕综合监管总体目标，分析评价自然资源禀赋的综合状况、利用的综合状况及其协调发展水平，为区域发展战略提供指导。

2.2.1.3 框架架构

2.2.1.3.1 框架原则

面向自然资源统一调查监测评价要求开展的调查监测数据的综合性分析评价工作，宜据如下原则进行：

（1）目标导向，体现过程

以坚守自然资源可持续发展安全底线、促进自然资源节约集约利用、保护生态系统功能、实现山水林田湖草沙整体保护和系统修复为基本目标，面向自然资源保护利用、综合治理全过程，分析研判自然资源禀赋、经济社会发展、生态环境影响之间的相互关系。

坚持“两统一”目标导向，聚焦自然资源潜力与利用，以土地资源数据为基础，森林、水、湿地、草地等其他资源环境调查数据为辅助，评价自然资源禀赋特征；从自然资源开发利用状态的科学性、管理的有效性、要素的协调性等方面，回应自然资源管理的职责要求，科学设置自然资源“利用”评价指标。

（2）系统全面，突出重点

综合分析影响自然资源利用的各种因素，评价土地、森林、草原、水、湿地等自然资源禀赋、保护利用、生态环境影响和综合治理情况，建立综合评价指数。突出自然资源之间、自然资源保护利用与经济社会发展、生态环境保护以及治理水平之间的关系，重点分析评价对自然资源利用有重要作用的因素，突出主导因素的影响。

（3）全国适用，兼顾差异

以自然地理分区为基础，考虑不同区域自然资源禀赋、区域发展差异，以国土空间规划为依据，建立全国普适性的指标体系、评价标准和评价方法。提出地方层面结合各自实际、因地制宜、拓展完善分析评价指标体系、客观反映地区差异性的方法要点。

（4）继承发展，动态开放

指标体系与部分国际履约相关指标、现行国内相关资源评价的技术标准相衔接，同时考虑不同空间尺度和不同经济发展阶段对自然资源管理需求差异，指标体系体现稳定性和一定的可扩展性，根据需求进行增减和动态更新。

（5）定量为主，兼顾定性

以定量评价为主。反映自然资源禀赋、生产、生态、生活功能状态以及生态环境影响时，主要采用定量指标，以体现评价的客观性和可操作性，并减少自由裁量。对现阶段难以量化的因素，如反映综合治理能力时，可适当采用定性指标，进行必要的定性分析，将定性分析的结果进行量化，提高工作精度。

2.2.1.3.2 构架步骤

围绕评价工作目标，立足数据基础，借鉴相关工作经验，构建基于“压力-状态-影响-响应”的自然资源综合评价逻辑框架，并与“自然资源禀赋-保护利用状态-生态环境影响-治理政策响应”建立起对应关系。

遵循多指标综合评价的方法，构建包括确定评价内容与对象、相关研究梳理、确定指标框架和具体指标、地方验证、完善指标体系的评价框架。具体步骤如下：

（1）确定综合评价的内容和定位

综合评价以自然资源调查监测数据为核心与基础，结合自然地理、生态环境、经济社会发展和自然资源管理数据，在单项资源专题评价基础上进行集成，从综合与系统视角，把握自然资源禀赋、变化及发展趋势，认识自然资源利用相关因素间的相互关系，评价自然资源生产、生活、生态利用状态、影响及其响应效果。

（2）依据自然资源分类，确定评价对象

按照2018年3月17日第十三届全国人民代表大会第一次会议批准的《国务院机构改革方案：自然资源部职能配置、内设机构和人员编制规定》第三条第一款“履行全民所有土地、矿产、森林、草原、湿地、水、海洋等自然资源资产所有者职责”，以及森林资源、草原资源和湿地资源等管理分类的划分，本书评价对象包括土地、森林、草原、水、湿地等五类资源，不包括矿产资源和海洋资源等。

（3）建立基于“压力-状态-响应”逻辑的综合评价框架

围绕自然资源管理目标，借鉴联合国可持续发展目标（SDGs）、生物多样性评价（Aichi-

Target)、环境统计发展框架（FDES）和基于自然的解决方案全球标准（NbS）等工作经验，基于“压力-状态-响应”及其拓展模型，构建自然资源综合评价的逻辑关系，并与“自然资源禀赋-保护利用状态-监管治理响应”等维度建立起对应关系。

（4）构建自然资源综合评价指标框架

围绕自然资源安全底线、保护利用状态、生态环境影响、治理政策响应等方面，按照自然资源管理全过程，从自然资源禀赋，自然资源的生产功能、生活功能和生态功能状态，及其变化产生的环境影响出发，建立评价框架。

（5）通过专家咨询和试点验证修改完善指标体系

选择部分地区，按照自然资源综合评价指标体系，进行初步评价，对指标选取的适用性、数据的可获取性以及评价成果的可比性进行验证。同时征求自然地理、生态、土地、林草、水和湿地等领域专家对指标体系的意见建议，经过多次验证和咨询，最终确定指标体系方案。

2.2.1.3.3 框架方案

根据概念内涵、指导思想、目标任务，从禀赋与利用及其生产、生活、生态状态、影响和治理多个维度，构建自然资源综合评价目标任务与主题指标的关系及评价框架如图 2.1 所示。

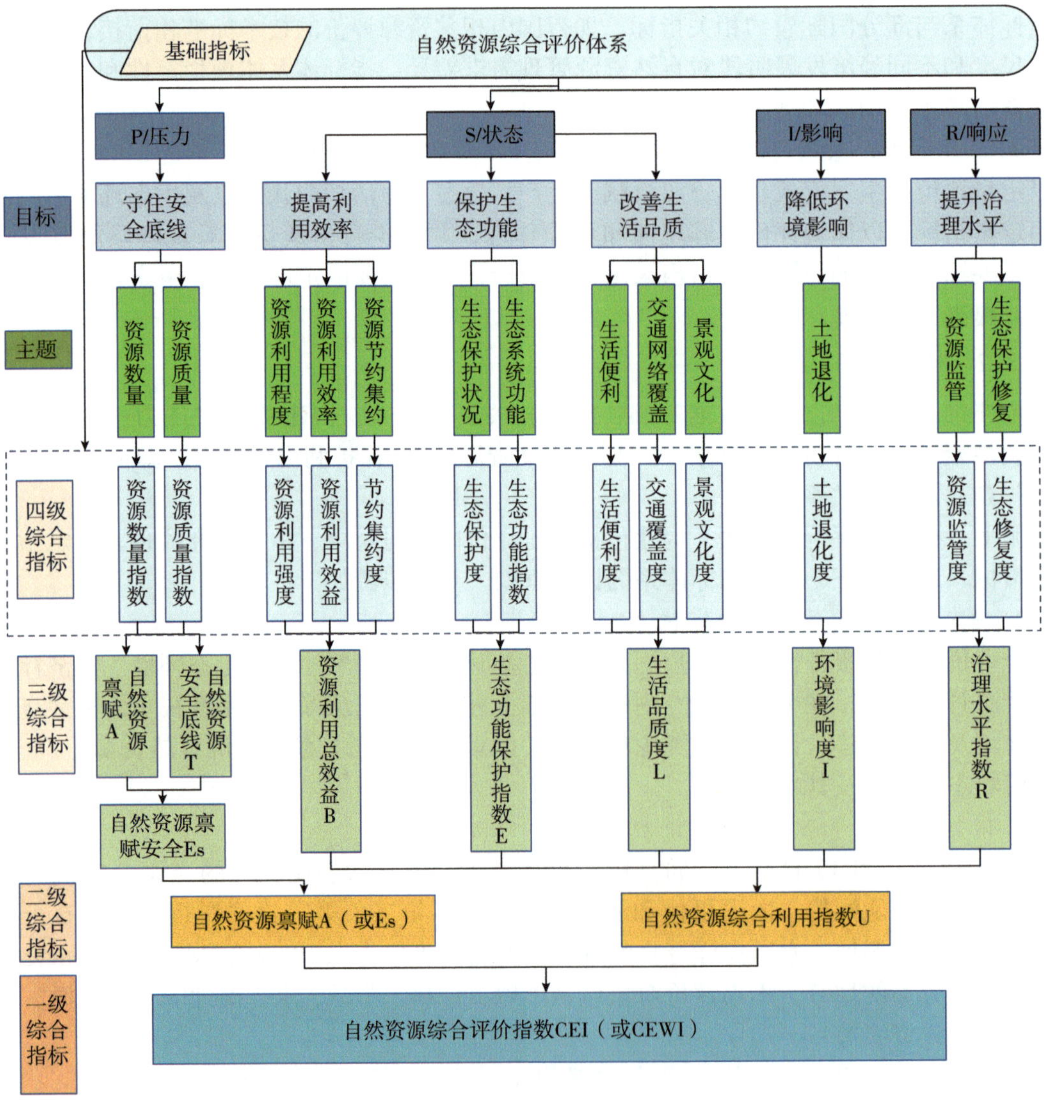

图 2.1 基于 PSR 模型的自然资源综合评价框架图

2.2.2 技术路线

自然资源综合评价总体技术路线分为六大步骤（图2.2）。

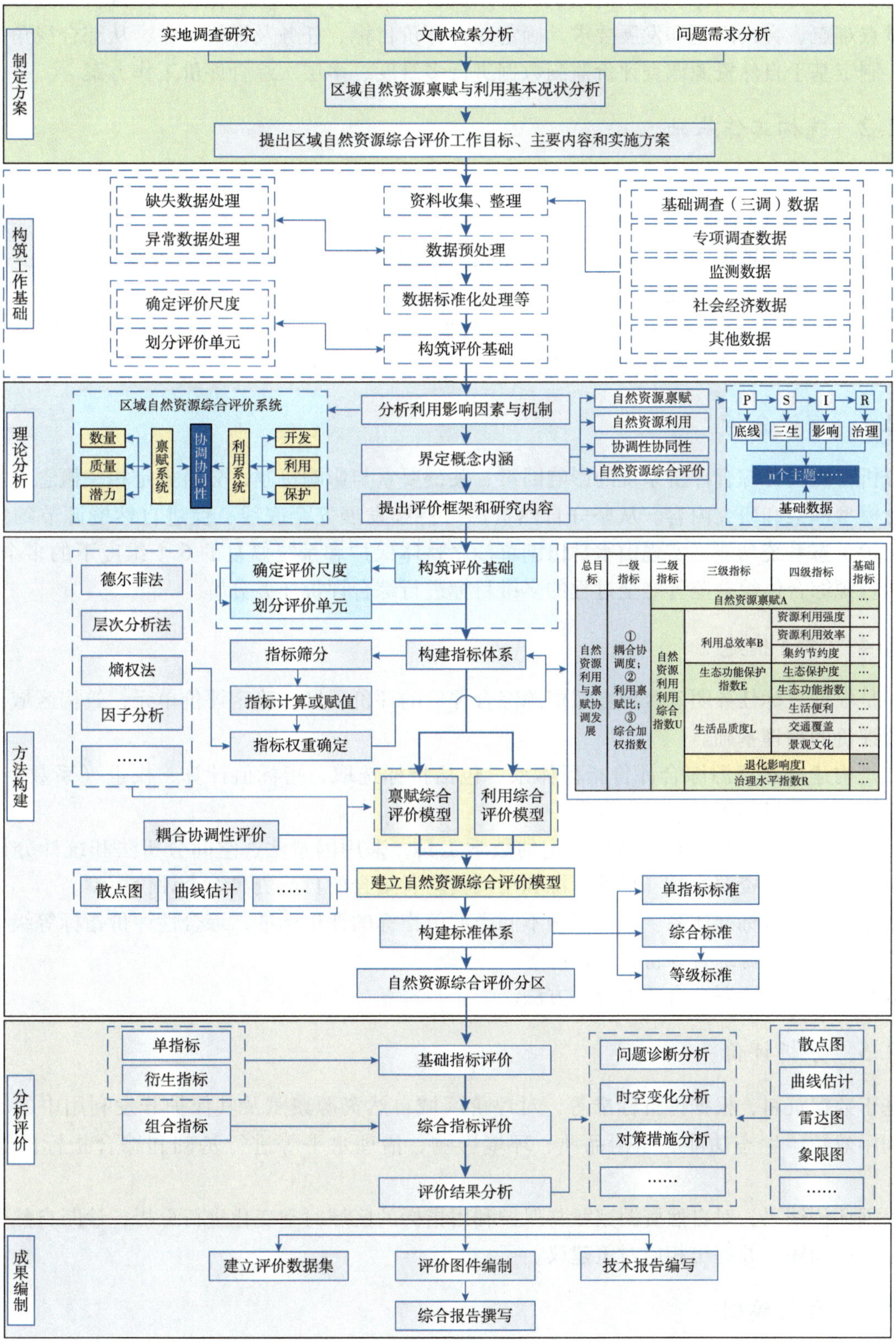

图2.2 自然资源综合评价总体技术图

2.2.2.1 制定方案

通过文献检索与研究、实地调研、现状分析、需求分析，明确区域自然资源禀赋要素与相关要素的关系、自然资源保护利用的现状和特点及自然资源管理需求，梳理工作区自然资源管理工作的重点难点、突出问题和发展要求，确定综合评价目标、任务及评价对象，从综合视角和系统观点，制定基于自然资源调查评价监测数据进行多维度、多层次综合评价工作方案。

2.2.2.2 筑构工作基础

1）确定评价尺度和评价单元。

2）以自然资源基础调查、专项调查、监测等数据为基础，以自然地理、生态环境、社会经济、自然资源管理数据等为补充，开展数据收集整理工作。有条件的地区可收集多年连续数据，以反映指标的时空变化情况。

3）对数据进行检查和预处理，包括缺失数据和异常数据的处理。视数据属性特征及指标计算要求，选择合适方法进行数据标准化处理。

2.2.2.3 理论分析

分析自然资源综合评价系统的影响因素、关键要素与影响机制，分析界定相关概念内涵，提出概念模型框架和研究内容。从坚守自然资源可持续发展安全底线、促进自然资源节约集约利用、保护生态系统功能、实现山水林田湖草沙之整体保护和系统修复的 6 个维度下的多个主题，对自然资源综合体综合监管之全过程的多维目标进行综合评价任务分解。

2.2.2.4 方法构建

一是根据目标任务明确区域自然资源综合评价的评价尺度，确定评价单元，筑构区域自然资源综合评价的物理基础。

二是构建自然资源综合评价指标体系。包括指标选取、指标值计算、权重（系数）确定、综合指数的函数模型等。

三是结合现有数据资料，借助一定的数学工具，采用因素法、空间分析法和统计分析等方法，研究建立自然资源禀赋、自然资源利用及其两者结合的自然资源综合评价模型。

四是构建评价标准体系。包括明确不同类型单指标的评价标准，综合性评价指标等级标准的确定方法及自然资源综合评价分区标准等。

五是明确自然资源综合评价分区方法。

2.2.2.5 分析评价

基于数据资料，根据评价标准等，对评价区域自然资源禀赋及其保护开发利用中的底线安全、利用效益、生态功能、生活品质、环境影响、治理水平等进行基础和综合指标的计算与评价。

根据评价结果，对自然资源禀赋与保护利用指标的区域时空变化进行分析，诊断自然资源管理中存在的问题，并提出相应对策建议。

2.2.2.6 成果编制

围绕评价目标，根据分析评价结果，编制评价图件，撰写评价报告，建立评价数据集。

2.2.3 评价流程

本小节针对一般性综合评价展开讨论。

为避免因综合指标构建方法不规范导致不能有效分析多维问题，OECD（2008）将综合指标的构建过程归结为以下 10 个步骤（图 2.3）。

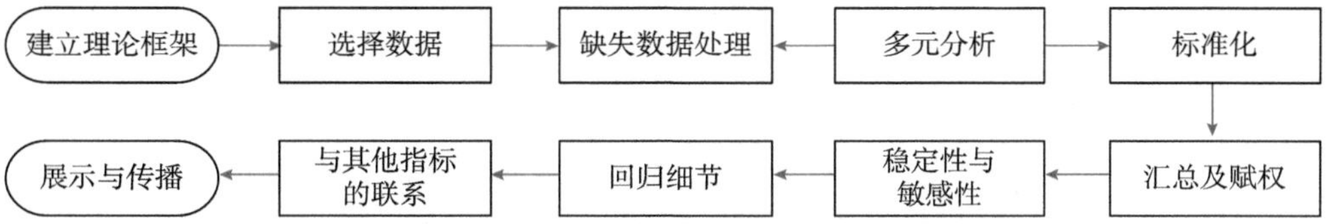

图 2.3 综合评价一般流程图

2.2.3.1 建立理论框架

一个健全的理论框架是构建综合指标的起点，定义不当的内容很可能被错误地测量。构建的综合评价理论框架应明确界定要衡量的对象及其次级组成部分，选择反映其相对重要性和整个结构的指标和权重。这一过程最好以可衡量的指标为基础，而不是以哪些指标为依据。例如国内生产总值（GDP）衡量特定国家生产和地区的商品和服务的总价值，其权重是根据经济理论估计的，反映了商品和服务的相对价格，GDP 的理论和统计框架是在过去 50 年中制定的，国际组织目前正在对 1993 年国民账户体系进行修订。然而并非所有的多维概念都有如此坚实的理论和经验基础，如可持续发展评价等新出现的政策领域的综合指标，可能非常主观，因为这些领域的研究仍在发展中。因此清晰透明对于制定可信的指标至关重要。这需要：

1）定义概念。该定义应让读者清楚地了解综合指标所衡量的内容。它应该参考理论框架，将各种分组和基本指标联系起来。例如，世界经济论坛制定的增长竞争力指数（Growth Competitiveness Index，GCI）建立的经济增长过程可以在 3 个重要的大类中进行分析：宏观经济环境，公共机构的质量和技术。因此，GCI 在框架和综合指标的结构之间有着明确的联系。然而，一些复杂的概念难以准确界定和衡量，或者可能在利益攸关者之间引起争议。最终，综合指标的使用者应评估其质量和相关性。

2）确定子组。多维概念可以分为几个子组。这些分组不必（在统计上）彼此独立，应尽可能从理论或经验上描述现有的联系。例如技术成就指数在概念上分为技术创造、最新创新的传播、过去技能的传承能力等，这种嵌套结构可提高用户对综合指标背后的驱动力的理解，使确定不同因素的相对权重变得更加容易。这一步骤以及下一步应尽可能让专家和利益攸关方参与进来，以便考虑到多种观点，并提高概念框架和一套指标的稳健性。

3）确定基础指标的选择标准。选择标准应作为指标是否应列入总体综合指数的准则，它应该尽可能精确，可描述测量对象的输入、输出或过程。综合指标往往既包括投入衡量指标，也包括产出衡量标准。

4）确定综合评价方法。根据多维对象的含义和结构，选择综合方法。对具体系统进行综合评价常用的方法概括起来有如表 2.2 所示的几类。

需要指出的是，一些评价方法的可拓展性不强，不同评价方法之间缺乏协调性和融通性，某种评价方法仅针对某类评价问题而言相对有效；对于同一评价对象，采用不同的评价方法也会出现评价结果不一致的问题。

该步骤的阶段目标应是：

1）对要测量的多维现象有清晰的理解和定义；

2）如果需要，该现象的各个子组的嵌套结构；

3）基础变量的选择标准列表，例如输入、输出、过程；

4）明确综合评价方法体系；

5）上述内容的清晰文档。

表 2.2　常用的综合评价方法

类别	方法	优势	劣势	应用
多属性决策方法	（1）线性加权法	精确描述评价对象，处理多指标的动态综合评价问题	适用范围有限，不适用于模糊评价	优化系统的评价与决策
	（2）理想解法			
	（3）目标规划法			
	（4）约束法			
	（5）替代值置换法（SWT）			
统计分析方法	（6）数据包络分析 （7）主成分分析 （8）因子分析 （9）聚类分析 （10）判别分析	评价多输入多输出（MIMO）大系统，找薄弱环节	只能表明评价单元的相对发展状况，无法表示实际发展水平	评价生产函数的技术、规模有效性，产业效益评价
		全面、客观，具有可比性		
		全面、客观，具有可比性	需要大量的统计数据	对对象进行分类，用于评价发展水平、效益
		能处理相关程度大的评价对象	需要大量统计数据，无法反映客观发展水平	
智能化评价方法	（11）基于 BP 人工神经网络的评价方法	具有自适应能力、可容错性，能处理非线性、非局域性与非凸性的大型复杂系统	精度不高，需要大量的训练样本	应用于城市发展综合评估等
信息论方法	（12）信息熵法	可以排除人为因素、风险因素等的干扰，反映客观信息	可与主观评价方法相结合	应用于宏观政策评价等
灰色综合评价	（13）灰关联法	能处理部分信息不明确的灰色系统、相关性大的系统，所需的信息量不大	定义时间变量几何曲线相似程度比较困难	效益、发展水平评价等
	（14）灰色聚类法等			
模糊评价方法	（15）模糊综合评价方法	能据不同可能性得出多个层次的问题题解，具有可扩展性	不能解决指标相关造成的信息重复	创新能力、核心竞争力评价等
物元分析法	（16）物元分析方法	可将决策目标与给出条件间的矛盾转化为相容问题，解决评价对象指标不相容性和可变性问题	是一门新兴学科，应用尚待进一步开发探讨	单位工作考核、项目评价等
系统模拟与仿真评价	（17）蒙特卡罗方法	据反馈控制理论和模拟手段，引进动态时间概念进行系统仿真，实现动态评价，解决高阶次、非线性系统和难用数学模型表示的系统的评价	建立模型难度大	复杂系统评价
	（18）离散和连续时间的模拟			
	（19）离散事件模拟仿真			

2.2.3.2　选择数据

综合指标首先是其各部分的总和。综合指标的优劣主要取决于基本变量的质量。理想情况下，应根据变量的相关性、合理性、及时性、可得性等来选择变量。虽然指标的选择必须以综合指标的理论框架为指导，但数据选择过程可能相当主观，因为可能没有一套明确的指标。

当所需数据不可用或可比性有限时，可以使用替代措施。在使用替代指标时应通过相关性和敏感性分析来检查替代措施的准确性。且还应密切关注相关指标是否取决于与规模相关的因素。为了可对规模大小不同的评价单元进行客观比较，需要通过适当的方法标度变量，例如人口、区域面积等。最后，所选变量的类型（输入、输出、过程）必须与预期综合指标的定义相匹配。

综合指标的质量和准确性应随着数据收集和指标制定的改进而发展。目前在自然资源领域建立综合评价指标可能进一步推动改进自然资源的调查监测工作，并提高统计数字的可比性。此外，我们不能把看似可用的数据就一定用起来，糟糕的数据可能会产生糟糕的结果。从务实的角度来看，在构建综合指标时需要做出妥协，至关重要的清晰透明。

该步骤的阶段目标应是：

1）已检查可用指标的质量；

2）讨论了每个选定指标的优缺点；

3）创建了一个关于数据特征的汇总表，例如：可用性、来源、类型（硬、软或输入、输出、过程）。

2.2.3.3 缺失数据处理

缺失数据往往会阻碍综合评价的进行，插补的想法可能既诱人又危险。数据可能以随机或非随机方式丢失，缺失类型分为：

1）完全随机丢失，某个变量是否缺失与它自身的值无关，也与其他任何变量的值无关。例如由于调查设备出故障导致某些值缺失。

2）随机缺失，在控制了其他变量已观测到的值后，某个变量是否缺失与它自身的值无关，而是以数据集中的其他变量为条件。例如如果收入数据缺失的概率取决于婚姻状况，则收入缺失值为随机缺失，但在婚姻状况的每个类别中，缺少收入的概率与收入值无关。再如设计上的缺失，如果调查问题 1 的回答是肯定的，那么调查问题 2 则不予回答，也是随机缺失，因为缺失取决于协变量。

3）非随机缺失，数据的缺失与变量自身的取值有关。非随机缺失分为两种情况：缺失值取决于其假设值，例如高收入人群通常不希望在调查中透露他们的收入；或者缺失值取决于其他变量值，如女性通常不想透露她们的年龄，则这里年龄变量缺失值受性别变量的影响。

非随机缺失不能统计检验，通常也没有依据来判断数据是随机缺失还是系统缺失，而大多数推断缺失值的方法都需要随机缺失机制，即完全随机丢失或随机丢失。当有理由假设一个非随机缺失模式时，该模式必须被明确地建模并包含在分析中。这可能非常困难，而且可能意味着可能会影响整个结果的特别假设。

处理缺失数据的一般方法有三种：①案例（指样本或记录）删除，②单一插补，③多重插补。第一种也称为完整案例分析，只是从分析中省略缺失的记录。但是，这种方法忽略了完整样本和不完全样本之间可能存在的系统差异，并且仅当删除的记录是原始样本的随机子样本完全随机丢失（假设）时，才会产生无偏估计值。此外，鉴于使用的信息较少，在减少的样品中，标准误差通常会更大。根据经验，如果变量的缺失值超过 5%，则不宜删除案例。

其他两种方法将缺失数据视为分析的一部分，并尝试通过单一插补来插补值，例如平均值/中位数/模式替换、回归插补、热卡和冷卡插补（热卡插补也叫就近补齐，是在数据集中随机找一个与它最相似的值来进行填充，冷卡插补是使用其他数据集的数据），期望最大化插补或多重插补，例如马尔可夫链蒙特卡洛算法。数据插补可能导致偏差最小化，并使用“昂贵的收集”

数据，否则这些数据将被案例删除丢弃。但是，它也可以允许数据影响插补的类型。

插补的诱人处是因为它可以诱使我们进入一种愉快的状态，即相信数据竟然是完整的。但它又是危险的，因为它将问题大事化小、小事化了，足够小至于以为可以以这种方式合法处理及应用，将估算数据与真实的实测情况混为一谈。

估算数据中的不确定性应通过方差估计来反映。这样就可以在分析过程中考虑到插补的影响。然而，众所周知，单一插补会低估方差，因为它部分反映了插补的不确定性。多重插补方法为每个缺失值提供多个值，可以更有效地表示由于插补引起的不确定性。

没有一个插补模型是没有假设的，因此应该彻底检查插补结果的统计性质，例如分布特征，以及启发式地检查它们的意义，例如负插补值是否可能。

必须强调的是，上述方法主要应用于研究性项目，如规律研究，若是对管理工作绩效评估考核类，则不适应。后者，可对正向数据，赋予区域最小值的 1/2 或 1/3；对反向数据，赋予区域最大值的 1.2~1.5 倍。

该步骤的阶段目标应是：

1）没有缺失值的完整数据集；

2）衡量每个估算值的可靠性，以探讨估算对综合指标的影响；

3）讨论了数据集中异常值的存在；

4）记录并解释了所选的估算程序和结果。

2.2.3.4　多元分析

分析数据的底层结构是一门艺术，过去在制定综合指标单指标有时是以任意方式选择的，很少注意它们之间的相互关系，这可能导致指数不知所指，混淆和误导决策者和公众，一些分析者将这种状况描述为指标丰富但信息贫乏。在制定综合指标之前，需要仔细分析数据的基本性质。这一初步步骤有助于评估数据集的适用性，并在综合指标构建阶段了解其对加权汇总方法选择的影响。信息可以按照数据集的至少两个方面进行分组和分析：单个指标和区域。

对单指标进行分组。必须首先确定综合指标的嵌套结构是否定义良好（参阅 §2.2.3.1），以及可用的单个指标集是否足以或适合描述现象（参阅 §2.2.3.2）。该决定可以基于专家意见和数据集的统计结构。可以使用不同的分析方法，如以主成分分析来探索综合指标中现象的维度在统计上是否平衡良好。如果没有，则可能需要修订个别指标。

主成分分析（PCA）的目标是揭示不同变量如何相互变化以及它们如何关联。这是通过使用协方差矩阵或其标准化形式-相关矩阵将相关变量转换为一组新的不相关变量来实现的。因子分析（Factor Analysis，FA）类似于 PCA，但基于特定的统计模型。研究一组变量之间相关程度的另一种方法是使用克朗巴赫 α 系数（Cronbach's alpha），这是对模型或调查中项目内部一致性最常见的估计。这些多元分析技术对于深入了解数据集的结构非常有用。但是如果样本与指标数量相比较小，则必须避免进行多元分析，因为结果不具有已知的统计属性。

对区域进行分组。聚类分析是一种将大量信息分类为可管理集的工具。在构建综合指标时，应用聚类分析，根据各区域在不同指标上的相似性，可对区域进行分组。聚类分析的作用是：①指标汇总的纯统计方法，②一种诊断工具，用于探讨在综合指标构建阶段方法选择的影响，③一种传播关于综合指标的信息而不失指标维度信息的方法，以及④一种选择评价区分组来计算缺失数据的方法，以期减少插补值的方差。

当变量数量较大或认为其中一些变量不利于识别数据集的聚类结构时，可以依次应用连续模型和离散模型。可以先进行主成分分析，然后对前几个主成分的得分应用聚类算法，称为“串联分析”。但是，需要谨慎，因为 PCA 或 FA 可能识别的维度不一定有助于揭示数据的聚类结构，并且实际上可能掩盖分类信息。

重点关注多维缩放或展开分析，有各种聚类分析和降低维度结合的替代方法被提出，如因子-k 均值分析方法结合，将离散聚类模型和连续因子模型同时拟合到双向数据中，以确定对象的最佳划分，根据最小二乘准则由变量（因子）的最佳正交线性组合来描述。它实现了双重目标：同时在对象和变量的方向缩减数据和合成。因子-k 均值分析是一种快速交替最小二乘算法，从最初应用于短期宏观经济数据，扩展到大型数据集，被推荐作为广泛使用的串联分析的替代方法。

该步骤的阶段目标应是：

1）检查了数据在各个维度上的底层结构，即各个指标、评价单元；

2）应用合适的多元分析方法，例如 PCA，FA，聚类分析；

3）确定了指标子组或统计上“相似”的评价单元组；

4）分析了数据集的结构，并将其与理论框架进行了比较；

5）记录了多元分析的结果以及分量和因子的解释。

2.2.3.5 标准化

数据的标准化一般称为“去量纲化”或“量纲化”。标准化的目的是使不同量纲的数据信息可以累加，因为数据集中的指标通常具有不同的测量单位，在任何数据聚合之前都需要进行标准化，避免眉毛胡子一把抓。

在进行数据分析时，数据的单位的影响是非常巨大的，比如说面积可以平方公里[1]作为单元，也可以以公顷作为单位，那么此时就会出现由于单位问题导致的数字大小问题；这种情况对于分析可能产生影响，因此需要对其进行处理，但是处理的前提是不能失去数字的相对意义，即之前数字越大代表面积越大，处理后的数据也不能失去这个特性。也或者计算距离，数字 1 和 2 的距离可以直接相减得到距离值为 1；另外一组数据为 1000 和 2000，两个数字直接相减得到距离值为 1000。如果说距离数字越大代表距离越远，那么明显的 1000 大于 1，但这种情况仅仅是由于数据单位导致的，而并非实际希望如何，因此就需要进行去掉量纲的标准化处理。

标准化有许多方法，然而选择合适的方法并非易事，值得特别注意是最终的比例调整或转换或高度扭曲的指标。标准化方法应考虑数据属性以及综合指标的目标，可能需要稳健性测试来评估其对结果的影响。

该步骤的阶段目标应是：

1）根据理论框架和数据属性选择适当的标准化程序；

2）如有必要，进行了比例调整；

3）如有必要，转换高度扭曲的指标；

4）记录并解释了所选的标准化过程和结果。

2.2.3.6 汇总及赋权

指标的相对重要性是争论的根源，在基准框架中权重可对整个综合指标和排名产生重大影响。存在许多加权技术或来自统计模型，或来自参与性方法，无论使用哪种方法，权重本质上都是价值判断。虽然可仅根据统计方法选择权重，但其他人可能会奖励（或惩罚）被认为更具（或更少）影响力的组分，具体取决于专家意见，以更好地反映政策优先事项或理论因素。

大多数综合指标依赖于相等权重（EW），即所有变量都具有相同的权重，这基本上意味着

---

[1] 1 平方公里 = 1 平方千米。

所有变量在综合结构中都是相同的“价值”，但它也可能掩盖缺乏统计或经验基础，例如，当对因果关系的了解不足或对替代方案缺乏共识时。

可以对覆盖面广的、统计上可靠的数据赋予更高的权重。然而，这种方法可能偏向于现成的指标，从而惩罚在统计上更难以识别和衡量的信息。

可以在指数中引入双重计算的元素：如果两个共线指标包含在综合指数中，通常是检验统计相关性指标，如使用皮尔逊相关系数，只选择相关性较低的指标或相应地调整权重，例如给予相关指标较少的权重。此外，出于其他原因，例如透明度和简约性，尽量减少索引中的变量数量可能是可取的。

同一聚合的不同度量之间几乎总是存在一些正相关关系，应该引入经验法来定义一个阈值，超过该阈值，是重复计数。当有明显冗余时，将相关性分析与加权联系起来可能是危险的。例如两指标的相关性为0.9，是否允许对其一给予较小的权重，或者是否应该考虑这两个指标来衡量不同方面，从而在综合指标的建造中具有同等的权重？如果权重最好能反映每个指标对综合指标的贡献，那么重复计算不仅应该通过统计分析来确定，而且还应该通过对指标本身相对于其他指标的分析以及它们表征的现象来确定。或者可以使用包含各种利益相关者的参与性方法来分配权重。当政策有明确界定的基础时，这种办法是可行的。

聚合方法也各不相同。当所有单个指标具有相同的测量单位时，线性聚合方法很有用，前提是遵循某些数学属性。如果建模者希望单个指标或维度之间具有一定程度的不补偿性，则几何聚合更适合。此外，线性聚合按权重按比例奖励基本指标，而几何聚合则奖励得分较高的单元。

在线性和几何聚合中，权重表示指标之间的权衡。因此，一个维度的赤字可以被另一个维度的盈余所抵消（补偿）。这意味着权重的构思方式（通常测量相关变量的重要性）与使用几何或线性聚合时的实际含义不一致。在线性聚合中，可补偿性是恒定的，而对于几何聚合，对于值较低的综合指标，可补偿性较低。在政策方面，如果承认可补偿性（如纯经济指标的情况），一个指标得分低的单元将需要在其他指标上得分高得多，以改善其在使用几何聚合时的状况。因此，在基准测试工作中，得分较低的单元更喜欢线性聚合，而不是几何聚合。另外，在几何聚合下，低绝对分数增加的边际效用将远远高于高绝对分数。因此，如果汇总是几何的而不是线性的，那么将有更大的动力来处理那些得分较低的部门/活动/替代方案，因为这将使它有更好的机会提高其在排名中的地位。

为确保权重仍然是衡量重要性的尺度，应使用其他汇总方法，特别是不允许可补偿性的方法。此外，如果不同的目标同样合法和重要，则可能有必要采用非补偿性逻辑。当在综合结构中汇总了截然不同的维度时，通常就是这种情况，例如包括物理、社会和经济数据的环境指数。如果分析认为经济绩效的提高不能弥补社会凝聚力的损失或环境可持续性的恶化，那么线性和几何聚合都不合适。非补偿性多标准方法（Multi-Criteria Approach，MCA）可以通过在两个或多个合法目标之间找到折中方案来确保不可补偿性。就其基本形式而言，这种方法不会奖励异常值，因为它只保留序数信息，即那些在个别指标上具有更大优势（劣势）的单元。

关于时间因素，如果希望分析一定数量变量的演变，则可能有理由保持加权数在一段时间内不变。权重不会随MCA而变化，这与用于解释该现象的指标的内在价值有关。相反，如果分析的目标是确定最佳做法或确定优先事项，那么权重必然会随着时间的推移而改变。

缺乏确定权重和聚合方法的“客观”方法并不一定导致综合指标的有效性被拒绝，只要整个过程是透明的。研究者的目标必须在一开始就明确说明，并且必须测试所选模型，以查看它在多大程度上实现了建模者的目标。

该步骤的阶段目标应是：

1）参照理论框架选择适当的加权和聚合程序；

2）考虑了使用替代方法（多建模原则）的可能性；

3）讨论了是否应考虑指标之间的相关性问题；

4）讨论了是否应允许指标之间的可补偿性；

5）记录并解释了所选的加权和聚合过程。

2.2.3.7 稳定性与敏感性

敏感性分析可用于评估综合指标的稳健性。在构建综合指标时，必须做出若干判断，例如指标的选择、数据标准化、权重和汇总方法等。因此，综合指标和基本政策信息的稳健性可能受到质疑。不确定性和灵敏度分析的组合可以帮助衡量综合指标的稳健性并提高透明度。

不确定性分析侧重于输入因子中的不确定性如何通过综合指标的结构传播并影响综合指标值。敏感性分析评估单个不确定性源对输出方差的贡献。虽然不确定性分析比敏感性分析更常用，并且几乎总是分开处理，但在开发综合指标期间反复使用不确定性和敏感性分析可以改善其结构。理想情况下，应解决所有潜在的不确定性来源：单个指标的选择、数据质量、标准化、加权、汇总方法等。

稳健性分析的结果通常以排名及其相关的不确定性边界的形式报告，这样就可以向用户传达综合指标值的合理范围。灵敏度分析结果通常根据每个不确定输入源的灵敏度测量值来显示。敏感性指标通常以消除一个综合指标中的不确定性，不确定性的特定输入源将减少多少来表示。灵敏度分析的结果通常还显示为散点图，垂直轴上是一个综合指标值，水平轴上是每个输入的不确定性源。散点图有助于揭示输入-输出关系中的模式。

稳健性评估是否足以保证合理的综合指标？当然不是。一个健全的理论框架是主要的，统计分析可以（并且应该）有助于思考所使用的框架。应该能够回答：理论派生模型是否很好地拟合了数据？现有指标能很好地衡量什么概念？这个概念有用吗？证明这些问题的答案可以确保指数的稳健性和连贯性，因为获得正确的理论模型是综合指数的主要挑战。

该步骤的阶段目标应是：

1）查明了综合指标制定过程中的不确定性来源；

2）评估不确定性/假设对最终结果的影响；

3）对推论进行敏感性分析，如显示不确定性来源对对象相对排名更有影响力；

4）记录并解释了敏感性分析和结果。

2.2.3.8 回归细节

回归到对单一维度的深入分析和研究，以说明和印证当初设定的多维概念。

解构综合指标有助于扩展分析。综合指标为分析提供了一个起点。虽然它们可以用作指导政策和数据工作的汇总指标，但它们也可以分解，以便确定子组成部分和个别指标的贡献，并扩大对业绩的分析。

因此，综合指标的分解可以阐明某一单元的总体状况。路径分析、贝叶斯网络和结构方程建模等工具可以帮助进一步阐明综合指标与其组分之间的关系。

该步骤的阶段目标应是：

1）将综合指标分解为各个部分，并测试相关性和因果关系（如果可能）；

2）对评价单元在指标一级的状况进行概况介绍，以揭示综合指标结果的影响因素，特别是综合指标是否过分受少数指标的支配；

3）记录并解释了综合指标子组分的相对重要性。

2.2.3.9 与其他指标的联系

与其他备受关注并且易于测度现象的联系可用于检测综合指标的解释力。

综合指标可与其他变量和措施相联系。综合指标通常衡量与众所周知和可衡量的现象有关的概念，这些链接可用于测试综合指标的解释力。简单的交叉图通常是说明此类链接的最佳方式。例如技术成就指数（TAI）有助于评估一个国家相对于其他国家在技术成就方面的地位，更高的技术成就应该带来更高的财富，有望拥有较高的人均 GDP，将 TAI 与人均 GDP 相关联显示了这种联系。

应当指出，综合指标往往包括一些与它们相关的指标，导致重复计算。例如，大多数可持续发展的综合指标都包括一些衡量国内生产总值的指标，作为一个次级组成部分。在这种情况下，在运行任何相关性之前，应从综合指标中删除 GDP 度量。

该步骤的阶段目标应是：

1）将综合指标与相关的可测量现象相关联；

2）测试了通过灵敏度分析确定的综合指标变化的链接；

3）开发数据驱动的结果叙述；

4）记录并解释了相关性和结果。

2.2.3.10 展示与传播

综合评价成果的呈现方式是一个重要环节，必须能够快速准确地向决策者和其他最终用户提供快捷和准确的信息，这里强调统计图形的运用。表格虽然提供了完整的信息，但有时可能会掩盖图形表示中立即可见的敏感问题。在很多情况下，我们都需要文字、数字和图形一起表达。精心设计的图表可以胜于文字。图形需要仔细设计，以保持清晰度和美观性。

该步骤的阶段目标应是：

1）为目标受众确定了一套连贯的演示工具；

2）选择了传达最多信息的可视化技术；

3）以清晰准确的方式可视化综合指标的结果。

2.3 评价基础

本节针对自然资源综合评价展开讨论。

2.3.1 评价对象

从有限目标出发，对于一些集中型点资源，如矿产资源，类型上十分复杂，有两百多种（甚至更多），技术上难以真正完善的综合，且其功能上的部分可替代性和经济上的可市场交易性，故可暂不予考虑。另外，海洋资源仅在沿海省份分布，可在专项评价中考虑。故本书研究的自然资源，不考虑矿产和海洋资源，一般仅包括了土地、森林、草原、水、湿地 5 类资源。其中土地资源的次级分类，可采用《国土空间调查监测、规划和用途管制用地用海分类指南》，原因是其整合了原《土地利用现状分类》《城市用地分类与规划建设用地标准》《海域使用分类》等分类。2022 年 1 月 7 日，《自然资源部 国家林业和草原局关于共同做好森林、草原、湿地调查监测工作的意见》（自然资发〔2022〕5 号）印发，明确要求“林地、草地、湿地指标依据《国土空间调查监测、规划和用途管制用地用海分类指南》，可以根据需要，在林地、草地、湿地的二级地类基础上细化。森林面积、森林覆盖率、森林蓄积量指标应覆盖并仅限于‘三调’及其国土变更调查的全部林地范围，草原面积、草原综合植被盖度应覆盖并仅限于‘三调’及其国土变更调查的全部草地范围”。

自然资源综合评价主要以土地资源、森林资源、草原资源、湿地资源、水资源等自然资源为评价对象。

2.3.2 评价尺度

2.3.2.1 评价对象空间尺度等相关概念

2.3.2.1.1 评价工作区、统计单元、评价单元

一个开展自然资源综合评价工作区域的整个范围称为评价工作区，或称研究区，也可称为工区。

评价工作区之下分为若干统计单元；统计单元之下可再分为若干评价单元。

统计单元是将评价工作区在空间转化为较小尺度的空间单元。统计单元具有技术工具和政策工具性质。作为技术工具，它是综合评价结果的数据载体；作为政策工具，它是差异化政策阐述的载体。

评价单元是指评价对象属性数据具有相对一致性的最小地域，是综合评价的基本空间单元，即每一自然属性数据所代表的范围。

2.3.2.1.2 工作尺度、工作比例尺

工作区面积范围大小的模糊表达为评价尺度，或说评价尺度是指研究区面积范围的大小。评价尺度可分为大尺度、中尺度、小尺度 3 种。大尺度的评价工作区，即指大范围，如全国或多个省组成的大区域、大流域等；小尺度为小范围，可以是县（区）或乡镇（街道）等评价工作区；中尺度介于两者之间。

工作比例尺是反映评价工作详细程度的尺度，可以调查监测数据的比例尺大小来表示。我国各个部门对地图精度的要求和实际使用的情况不尽相同，因而对地图比例尺大小的概念有所不同，具体相对性表现如表 2.3 所示。

表 2.3 我国不同行业的工作比例尺大小概念比较

工作尺度		小尺度	中尺度	大尺度
工作比例尺		大比例尺	中比例尺	小比例尺
部门或行业	建筑和工程	1∶500 至 1∶1 万	1∶2.5 万至 1∶10 万	≤1∶25 万
	测绘	1∶5000 至 1∶10 万	1∶25 万至 1∶50 万	≤1∶100 万
	地质调查	1∶500 至 1∶5000	1∶1 万至 1∶5 万	≤1∶20 万
	其他	≥1∶10 万	1∶10 万至 1∶100 万	≤1∶100 万
本书		≥1∶1 万	1∶5 万至 1∶10 万	≤1∶25 万

2.3.2.2 不同尺度工作区的统计及评价单元评价目标

不同工作尺度自然资源综合评价的工作区有不同的统计单元、评价单元及不同的评价目标。不同尺度评价工作目标等对比于表 2.4。

表 2.4 不同尺度评价工作对比表

工作区	工作尺度	比例尺	统计单元	评价单元（按优先排序）	工作目标
全国、大区域、大流域等	大尺度	小比例尺	省或流域	县、市；或 1∶25 万地形图方里网的 4 km^2 的网格	全面掌握评价区自然资源的宏观状况，为各省（市、区）主体功能区划分、自然资源规划、经济社会可持续发展政策制定等提供依据
省市或流域等	中尺度	中比例尺	县区或小流域	1∶5 万土地利用现状图图斑；或 1∶5 万地形图的 0.25 km^2 网格；或乡镇街道	查明评价区自然资源优势资源和重要的问题，为自然资源利用规划、经济区划与调整、生态环境治理等提供依据
县或乡镇街道或小流域	小尺度	大比例尺	乡镇街道或村组	1∶1 万土地利用现状图图斑；1∶1 万地形图的 1 hm^2 网格；或村行政区	评价自然资源利用潜力，为提高资源利用价值、资源合理利用与治理保护等提供具体依据

2.3.3 评价单元

2.3.3.1 评价单元划分一般原则

自然资源综合评价技术需要适应多尺度的评价工作。一般而言，大尺度评价工作区的评价单元可以是其次两或三级行政区，如对于全国性的评价，次一级行政区是省，作为统计单元；次两三级的行政区是市县，可作为评价单元。一般原则，统计单元尽量是行政区；评价单元尽量是行政区，但对于自然资源属性评价，可能因为数据原因，可以自然单元作为评价单元；自然资源利用状态评价以行政区域为评价单元。

在实践中可将统计单元与评价单元合并为评价单元，即不列统计单元。

全国评价以省级行政区为评价单元，跨省区域评价以省及地级市为评价单元，省级评价以地级市或县（区）为评价单元。

2.3.3.2 划分评价单元

2.3.3.2.1 以自然单元作为评价单元需注意

1）评价单元之间的自然资源属性特征差异明显，如不同地貌部位不划为同一单元，山脉走向两侧水热分配有明显差异的不划为同一单元，土壤、植被等有明显差异的不划为同一单元；

2）评价单元边界应不跨越行政区界；

3）评价单元边界应采用控制区域格局的地貌走向线和分界线，如河流、道路等线状地物和有明显标志的权属界线。

2.3.3.2.2 自然资源属性评价单元划分方法

评价单元的划分方法可以从叠置法、地块法、网格法和多边形法等多种方法中单独选用或组合。其中叠置法是将同比例的土地利用现状图与气候区划图、地形地貌图、土壤图、地质图、水文分区图、植被分区图、景观分区图等自然环境要素等叠加，形成的封闭图斑即为有一定自然环境要素特征的单元。地块法是直接采用土地利用现状图中的图斑，或以明显的地物界线或权属界线为边界将主导特性相对均一的地块作为评价单元。网格法是以一定大小的网格，例如将土地图斑数据转换成 30m×30m 栅格数据计算景观格局指数的做法。多边形法是将所有评价因素按其各自规则进行评价的结果（分值）图进行叠加，最终生成的封闭多边形即为评价单元。可对比上述四种方法在对应尺度研究区的优劣，确定某尺度最适宜的评价单元划分方法。

根据评价工作实际需求，在土地利用现状单元基础上，可叠加气候区划图、地形地貌图、土壤图、地质图、水文分区图、植被分区图等不同图层，产生新的评价单元。

2.3.3.3　评价单元属性数据的获取

将评价单元网格（方里网）与待传递属性的面状数据（栅格数据）进行空间叠加，即可获取每个评价单元按面积权重获取属性数据（图 2.4）。

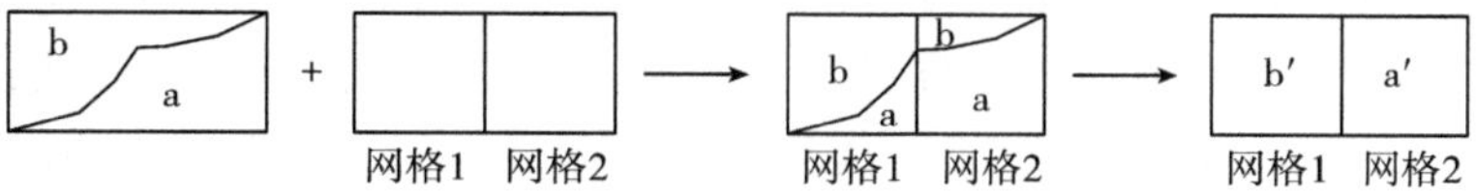

图 2.4　评价单元属性数据的获取

2.3.4　数据处理

2.3.4.1　数据来源

按我国“1+X”型自然资源调查体系，“1”是“基础调查”，目前阶段的基础调查是第三次全国国土调查（以下简称“三调”）及自然资源年度变更数据（年度监测数据）；“X”是多项“专业调查”，包括地理国情普查、林业资源普查、水资源普查及全面调查、湿地调查、草原资源普查及其他专项调查数据。

自然资源综合评价数据源宜以“1+X”的法定数据为基础，其他自然地理、生态环境、社会经济数据等为补充。数据年份以评价基期年数据为基础，多年连续数据为补充，以反映指标的时空变化情况。

按照数据来源，可分为国土三调数据、自然资源专项调查监测数据、水利部数据、生态环境部数据等。本评价的数据使用的优先顺序，依次是：

一是国土三调及其年度变更调查数据，以国土三调数据为主体，充分利用挖掘国土三调和变更调查数据的潜力。

二是源于自然资源专项调查监测的数据。评价框架中的改善生态功能和降低环境影响两方面指标的数据可源于此，如以森林、草原和湿地为主的保护类数据。其数据获取受限于调查监测成果的公布情况。

三是源于水利部的数据，如地下水质量、用水量以及水资源量和水资源利用效率等数据。

四是源于生态环境部的数据，如耕地污染、水污染等。考虑数据的敏感性及其易获得性，其在指标体系中可能暂缺，评价时可按“疑罪从无”原则暂赋以理想值，即视为“无污染”。

五是各类统计年鉴数据。

但是，由于不同部门使用的技术手段不同，信息化程度不同，且采用的标准不同，造成数据种类繁杂，时效性不同，坐标系统、空间尺度等均不一致，导致数据融合存在困难，分析和整合的难度大。因此，相关数据收集利用时还需充分考虑：

1）数据的一致性，尽可能少用非自然资源部门来源数据，但若是评价目标或内容必须，则一定要采用；

2）若是同来源有不同数据，以权威性数据为准则，以确保口径统一，保障评价结果的科学性和可比性；

3）拓宽思路，数据缺乏时可考虑设计替代性指标，或采用最接近指标的数据做近似替代，但在数据允许情况下，近似指标的准确度应当通过相关系数和敏感度分析来确认，并在建立综合指标时，对此类数据近似处理做出说明；

4）指标设计时保持指标体系的开放性和动态性，为未来数据条件的可能改善留下接口。

我们在评价实践中发现，即使同一部门数据，也可能存在问题。例如第三次全国国土调查数据只能反映2019年的现状情况，无法反映当年的土地利用变化情况，若欲直接用2018年变更调查数据与三调数据（反映2019年底的情况），由于分类标准的不同，无法直接比对；部分数据资料尚未通过部门审批或数据敏感性过高，数据可获取性低，导致无法收集到部分指标数据；或部分数据不能反映评价年的情况，如年度新增建设用地量，国土空间规划中生态、农业、城镇三类空间和生态保护红线、永久基本农田保护红线和城镇开发边界线三条控制线；或研究对象的部分区域（统计单元、评价单元）数据缺失及其他各种问题，导致无法完成指标测算，影响工作目标的实现。

因此，需要在一开始便进行一些处置。

基于全国统一指标体系（见后文），根据以下原则，从区域土地、森林、草原、水、湿地等资源的调查监测数据及其他相关数据中，筛选构建区域指标体系所需数据：

1）数据的可获取性；

2）与评价区域自然地理条件及自然资源保护利用现状特点相适应的数据；

3）对满足评价区域社会经济发展及自然资源管理需求具有重要意义的数据；

4）数据值在评价区域具有空间和时间上的可比性变化；

5）数据与全国统一的必选指标无显著相关性或可替代性；

6）根据评价区域工作需要的其他数据。

2.3.4.2 数据预处理

在数据分析之前，首先需要查看数据中是否有异常值、无效数据等。如果有，则需先进行处理。因为无效数据、异常值会干扰分析研究，扭曲数据结论。

2.3.4.2.1 无效数据的处理

（1）什么是无效数据

无效数据没有固定的标准，一般认为，如果相同数字大于70%，或者缺失比例大于70%时，则视其为无效数据。本书认为，结合实际情况，根据研究需要，比如样本量小于100，可设置该比例为80%，甚至更高。

（2）无效数据的来源

1）数据库下载的数据中有大量缺失数据；

2）收集到的二手数据中包括无效或缺失数据；

3）问卷研究中，如果一个研究区同时有很多相同的数字，或者很多不填空的缺失数据，或乱填的；

4）其他收集数据中也可能出现大量缺失数据等无效数据。

（3）无效数据的处置

A. 标注为无效数据

在数据表中，添加一个用于标识有效还是无效变量，变量名称类似为“数据有效性”（数字1表示该样本有效，0表示无效），在后续分析的时候，需要对此标题进行筛选（筛选样本功能），筛选出有效样本（数字1）然后再进行分析。

B. 直接删除无效数据

直接删除无效数据需要特别谨慎，该操作可能无法撤回，建议在做此分析前对数据进行备份。

2.3.4.2.2 异常值处理

（1）什么是异常值

异常值也称离群值，是指样本（研究区）中的个别数据的数值明显偏离所属样本的绝大部分观测值；比如数据本身应该大于0，但却出现小于0的数字；也或者数据本身确定应该介于1~5之间，但是出现数字0。当异常值较多或者异常稍大时，可能会直接扭曲结论；甚至有时数据中出现一个异常值都可能扭曲数据间的关系，最终导致完全错误的结论；不严重的时候也会影响到各类指标结果等，因而需要进行异常值处理。

（2）异常值判定

异常值的检验有很多种方法，如：

1）箱线图：实验研究时经常使用，非常直观地展示出异常数据；

2）散点图：研究两指标（X 和 Y）的关系时，可直观展示查看是否有异常数据；

3）描述分析：可通过最大最小值等各类指标大致判断数据是否有异常；

4）其他：比如结合正态分布图，频数分析等判断是否有异常值。

或可按以下规则判定：缺失数字；小于设定标准的数字；大于设定标准的数字；大于3个标准差。

（3）异常值处理

完成异常值的判定之后有三类处理方式，分别为：

1）设置为Null值（空值），大多数情况下均可使用此类处理方式。

2）直接删除该条记录，相当于没有该评价单元，如果异常值不多时可使用此类方法。

3）当异常值较多时，可以周边数据的平均值或全区的平均值、中位数、众数、随机数（最小和最大值之间的）填补方式。

在自然资源综合评价实践中，可用全区或周边数据的平均值、中位数、众数或“平均值±3倍标准差”等替代异常值。但评价成果报告必须对异常数据处理的情况给予明确说明，以为成果使用提供参考。

（4）缺失值处理

实际工作中收集到的数据经常是缺失的，而且缺失形式也不尽相同，大体可分为完全随机缺失、随机缺失和非随机缺失。完全随机缺失的缺失值，通常情况下并不需要处理，直接删除该变量；若缺失值的变量是感兴趣的或非常重要的，则用其他变量代替。随机缺失的缺失值，如果过多且样本较少，此时可考虑对缺失数据填补，以保证有效样本量。填补方法有：单一插补、无条件均值插补、回归插补、期望最大法插补、多重插补等，一般情况下使用平均值或中位数填补较多。对于非随机缺失形式，则需要补充收集数据资料。

（5）重复数据处理

当一个评价单元中有2个以上同类数据时，宜优先选用权威数据，或视情况用平均值赋值。

（6）自然资源综合评价实践中缺失数据处理

必须强调的是，上文缺失数据的处理方法一般适用于研究性的项目或宏观性抽象性评价。但在自然资源综合评价实践，尤其是对管理状况进行绩效、成效考核评估时，缺失数据处理宜特别慎重。

考虑：

1）当个别评价单元缺失禀赋类某种自然属性数据时，可用插值法、属性填补法等方法补充。

2）对于保护利用指标，为避免人为因素影响，当正向数据缺失时，可以填补“区域最小值×2/3”；负向数据缺失时，可以填补“区域最大值×1.5”。

3）评价成果报告必须对缺失数据处理的情况给予明确说明，为成果使用提供参考。

4）当某指标在评价区全部评价单元均无数据时，不能统一全部填补“1”或“0”，亦不能以同一个数据填充全部评价单元，否则将导致数据在标准化处理时出现除“0”错误，可删除该指标或另酌情处理。后者可据其他辅助数据对“同一数据”进行分解，如据NDVI数据等对全市的森林、草原和水资源数据分解到区县单元。

评价成果报告必须对缺失数据处理的情况给予明确说明，为成果使用提供参考。

2.3.4.3 数据分类与处理

2.3.4.3.1 数据分类

数据类型是分析的基础，区分好数据类型是评价最关键的思维。一般可将数据分为定量和定性两类。其区别的准则为数字大小是否具有比较意义。

（1）定量数据

别称有定距数据、定比数据、定序数据、连续数据、有序数据等。数字大小具有比较意义，可以计算平均值。

（2）定性数据

别称有定类数据、离散数据、名义数据、分类数据等。数字大小代表分类，可以计算百分比，如土地利用现状分类代码，数字无比较意义。

2.3.4.3.2 定性数据生成变量

大多数自然资源指标都已经量化可直接评价，但对于像监管水平评价时，没有现成的数量可供使用，为定性数据。

对于定性变量，常见的处理方法有三种：一种是编码，二是转为虚拟变量，三是将定性变量转换为定量变量。

（1）编码

直接对定性变量进行数字编码，如土地利用现状分类中的水田、水浇地和旱地，以地类代码0101、0102、0103表示。但这种方式得到的变量将无法进行有意义的数学运算。

（2）虚拟变量

可将定性变量转换为虚拟变量（哑变量）。

虚拟变量（哑变量）是一种特殊的离散型变量，也被称为0/1变量，其值只有一个两分类（0或1两值）的，为二分类变量；有多个分类的，或多个可取0或1值的，为多分类变量。一般的，肯定类型取值为1，否定类型取值为0。

这种处理方法的缺点是每个虚拟变量都是0或1，无法提供更多的信息。特别是对于多个有序的定性变量，这会损失掉变量本身的顺序信息和定性变量间的关联信息。

如评价土地利用，若着重研究其是否为耕地，则可设“耕地”虚拟变量，评价单元是耕地，取值为1；非耕地，则为0。若需要了解评价单元的土地利用类型，则可设虚拟变量“地类”，按《土地利用现状分类》（GB/T 21010—2017），有72个二级地类，则有71个虚拟变量（注意，这里不是72个虚拟变量，是因为选择一个类别作为基准类别，剩下的其余$n-1$个，可与之比较而得）。为避免损失掉变量间的关联信息，可将范围编码转换为数字编码的方式，如将二级地类代码范围介于区间［0100，0200）的，编码为数字1（代表耕地）；分值范围介于区间［0200，0300）的数字编码为2（代表园地），等等。

(3) 转换为定量变量

将定性变量转换为定量变量，即量化。在综合评价指标体系中，无论是定名尺度还是定序尺度，定性变量都必须具有方向性，即与评价目标完全相关，否则该定性变量就不能成为综合评价指标体系中的一个变量。

定性变量的量化方法可分为：

A. 直接评分法

直接量化是直接给出一个定量的数值。例如，“土地利用程度”变量，对未利用地、水域、草地、林地、耕地至建设用地，可直接分别给出 1、2、3、4、5 和 10 的数值，反映了区域土地利用程度的高低。还如将质量划分为“优、良、中、较差、差”五种类型，然后对每一个类型按“等级”量化：“优”取 10 分，“良”取 8 分，“中”取 6 分，“较差”取 4 分，“差”取 2 分。

B. 分类统计法

首先将该定性变量的取值（类别）进行分组，编制次数分布；然后确定每一类别的频率分布相应于标准正态分布的代表性位置值即“标准分数”，记为 Z；再对标准分数实施线性变换，转化为一定分制的量化值，记为 F，公式为：$F=(a+b)(1/2+Z/k)$。式中 a、b 为变换之后定性变量量化值的取值区间下限与上限，通常取 $a=0$，k 为评分范围参数，$k>0$。一般取 $k=10$，表示 Z 取值为 $k/2$ 个标准差时，为满分（最高分 b）；Z 取值为 $-k/2$ 个标准差时，将为最低分（a）。实践中，若 $a=0$，$b=100$，则称为“标准百分”，即：$F=50+100Z/k$。

C. 专家评分法

这种量化方法是由专家小组成员独立或者讨论给出每一个定性变量不同取值类别的量化值或第一个待评价单位的直接量化值。若是独立给出，则最后还需要将专家所给分值进行统计平均。当然，也可以通过多轮反馈以确定最终评分值，即 DELPHI 法。

2.3.4.3.3 数据变换

一些分析方法需要对原变量进行转化，以利于后续分析。可利用 SPSS 等软件的“计算变量”功能，生成新的变量，其一些常用的处理计算公式如表 2.5。

表 2.5 各种数据处理计算公式

功能	计算公式	功能	计算公式
平均值	X 的平均值	平方（Sq）	X 平方
求和	X 进行求和	根号（Sqrt）	X 开根号
Z 值标准化（S）	(X−Mean)/Std	绝对值（Abs）	X 取绝对值
中心化（C）	X−Mean	倒数	X 的倒数
求积	X 相乘	相反数（Opposite）	X 的相反数
自然对数（Ln）	X 取自然对数	三次方（Cube）	X 的三次数
对数（Log10）	X 取 10 为底对数	最大值	X 的最大值 Max
归一化（MMS）	(X−Min)/(Max−Min)	最小值	X 的最小值 Min
均值化（MC）	X/Mean	中位数	X 的中位数
求和归一化（SN）	X/Sum（X）	样本编号	对所有数据从 1~n 进行编号
平方和归一化（SSN）	X/Sqrt（Sum（X^2））	排序	实质上是平均排名值

续表

功能	计算公式	功能	计算公式
正向化（MMS）	$(X-\mathrm{Min})/(\mathrm{Max}-\mathrm{Min})$	缩尾处理	以 0.05 为标准，将<2.5%分位数值替换为 2.5%分位数值，>97.5%替换为 97.5%分位数值
逆向化（NMMS）	$(\mathrm{Max}-X)/(\mathrm{Max}-\mathrm{Min})$	排名	针对数据进行排名
适度化（M）	$-\lvert X-K\rvert$，K 为适度系数值，默认 0 不处理	相除（Divide）	X 相除
区间化（Interval）	数据压缩 $[a, b]$：$a+(b-a)\times(X-\mathrm{Min})/(\mathrm{Max}-\mathrm{Min})$	相减（Minus）	X 相减
初值化（Init）	X/该列第 1 个不为空的数	非负平移（Negative Trans）	最小值的绝对值+“平移值”（默认 0.01）

注：Mean 是平均值，Std 为标准差。

2.3.4.3.4 数据的描述性统计分析

描述性统计分析就是用来概括、描述数据分布状况的统计方法。对于定量数据可以通过描述性分析，计算数据的集中性特征和波动性特征等。

集中趋势指标用于测量集中趋势，或者数据分布中心值的统计量，常用的集中趋势指标有平均数、中位数、众数等。

平均值：通常用于描述样本的整体态度情况。

众数：用于描述样本的集中趋势点，代表多数的水平情况。

中位数：用于表示样本的中间态度情况。

离散趋势是反映资料的变异程度，常用指标有极差、四分位间距、方差与标准差、变异系数。

极差：最简单的离散趋势，即分布中最大值和最小值之间的差。

方差与标准差：方差越大，数据的波动越大；方差越小，数据的波动就越小。标准差是使用最为广泛的一种离散趋势量，即显示一批数据的值与均值之间平均差异的离散趋势量。

25 分位数是指有 25%的点低于该值；类似还有中位数代表有 50%的点低于该值；75 分位数代表有 75%的点低于该值。

四分位距（IQR）：等于 75 分位数减去 25 分位数，表示数据集中情况。

变异系数（CV）：变异系数大，说明数据的离散程度也大；变异系数小，说明数据的离散程度也小。当进行两个或多个变量离散程度的比较时，如果单位和（或）平均数不同时，就需采用变异系数来比较。

分布形态指标有峰度和偏度：峰度的绝对值越大，说明数据越陡峭；偏度的绝对值越大，说明数据偏斜程度越高。

宜选择离散趋势即变化相对较大的指标，一般某指标值在评价区基本不变的指标可不选。

2.3.4.4 数据的标准化处理

2.3.4.4.1 数据标准化方法

如前所述数据的标准化有很多种方法，但具体应该使用那一种并没有固定的标准，应该结合数据情况、数学算法、专业（自然资源）要求或惯例，选择最适合的去标准化方式。

下面介绍的几种标准化方法，其中一些其实就是表 2.5 所述的数据处理计算。其公式中，X

表示某原始数据，Mean 表示平均值，Std 表示标准差；Min 表示最小值，Max 表示最大值，Sum 表示求和，Sqrt 表示开根号。

注意，此处所述数据标准化也称规范化，并与前文的“§2.3.4.3.3 数据变换”内涵一致！

（1）标准化（S）

此处的标准化指狭义的“Z 值标准化”，是一种最为常见的去量纲化处理方式，是将指标转换为均值为 0、标准差为 1 的指标，其计算公式为：Z 值 = （X−Mean）/Std。针对数据进行了压缩处理。

具有极值的指标对综合指标的影响更大。如果意图是奖励特殊行为，即如果一些指标的极好结果被认为比许多平均分数更好，这可能是不可取的。这种效应可以在聚合方法中得到纠正，例如，通过将最佳和最差的个别指标评分排除在指数之外，或根据个别指标评分的“可取性”分配差异权重。

在很多研究算法中均有使用此种处理，比如聚类分析前一般需要进行标准化处理，因其内部算法原理在于距离大小来衡量数据间的聚集关系；因子分析时也默认会对数据标准化处理。除此之外，还有一些特殊的研究方法，比如社会学类进行中介作用，或者调节作用研究时，也可能会对数据进行标准化处理。

其中，中介作用用来研究两因素，如 X 对 Y 的影响时，是否会先通过中介变量 M，再去影响 Y，即是否有 $X \to M \to Y$ 这样的关系；比如城镇化建设（X）会影响到人居生态环境（M），再影响最终品质生活（Y）。中介作用是一种概念，具体研究时需要对应使用分层回归的研究方法去实现。中介作用分析时，Y 一定是定量数据，比如改善品质生活程度；X 也是定量数据，比如人均城镇住宅用地面积；中介变量 M 也是定量数据，比如景观文化优度。

调节作用研究与中介作用是研究类似。调节作用是研究 X 对 Y 的影响时，是否会受到调节变量 Z 的干扰；比如上例中的城镇建设（X）会对品质生活（Y）产生影响，这种影响关系受到是否政策（Z）的影响。调节作用分析时，Y 一定是定量数据。通常情况下 X 均为定量数据（比如开发程度），调节变量 Z 可以为分类数据（比如是否在红线区），也可以是定量数据（比如城镇化率）。

（2）中心化（C）

中心化计算公式为：X−Mean。这种量纲处理方式在社会科学类研究的中介作用或者调节作用等研究中使用较多。此种处理方式会让数据呈现出一种特征，即数据的平均值一定为 0。针对数据进行了压缩大小处理，同时还让数据具有平均值为 0 的特殊特征。调节作用研究时，平均值为 0 表示中间状态，平均值加上一个标准差表示高水平状态；也或者平均值减一个标准差表示低水平状态。

（3）归一化（MMS）

极小-极大（Min-Max）归一化法通过减去最小值并除以指标值的范围，将指标规范化为具有相同的范围［0，1］。但是极值或异常值可能会扭曲转换后的指标。此外，该归一化可以扩大位于较小区间内的指标范围，从而比 Z 得分变换更能增加对综合指标的影响。

归一化的目的是让数据压缩在［0，1］范围内，包括两个边界数字 0 和数字 1；其计算公式为（X−Min）/（Max−Min）。当某数据刚好为最小值时，则归一化后为 0；如果数据刚好为最大值时，则归一化后为 1。归一化也是一种常见的量纲处理方式，可以让所有的数据均压缩在（0，1）范围内，让数据之间的数理单位保持一致。

（4）均值化（MC）

均值化在综合评价时有可能使用，比如进行灰色关联法研究时就常用此种处理方式，其计算公式为 X/Mean，即以平均值作为单位，全部数据均去除以平均值。需要特别说明一点是，此种处理方式有个前提，即所有的数据均应该大于0，否则可能就不适合用此种量纲方式。

（5）正向化（MMS）

正向化的目的是对正向指标保持正向且去量纲化。如这样一些反映集约利用水平指标：单位人口增长消耗新增建设用地量、单位GDP建设用地面积降低率、单位GDP用水量降低率、耕地灌溉亩均用水量降低率共4个指标。很明显，单位GDP建设用地面积降低率等后面3个指标的数字越大越好，而“人口增长新增耗地”，当人口增长为正时，是数字越小越好。正向化的目的就是让数字越大越好的意思，而且同时其还让数据压缩在（0，1）范围内即进行了量纲处理。其计算公式为（X-Min）/（Max-Min）。当某数据刚好为最小值时，则归一化后为0；如果数据刚好为最大值时，则归一化后为1。正向化和归一化的公式刚好完全相等，但正向化强调让数字保持越大越好的特性且对数据单位压缩，而归一化仅强调数字压缩在（0，1）之间。

正向化的使用情况为：当指标中有正向指标，又有负向指标时，此时使用正向化让正向指标全部去量纲化；也或者指标全部都是正向指标，让所有正向指标都去量纲化处理。

（6）逆向化（NMMS）

逆向化的目的是对逆向指标正向且去量纲化，比如这样一些指标水土流失程度、森林退化程度、森林碳储量共3个指标。明显地，前面两个指标是逆向指标，即水土流失程度、森林退化程度，数字越小越好；而森林碳储量是正向指标，即是数字越大越好。逆向化的目的就是让逆向指标的数字越小越好的意思，而且同时其还让数据压缩在（0，1）范围内即进行了量纲处理。其计算公式为（Max-X）/（Max-Min）。从公式就可以看出，分母永远是大于0，随着X的增大，分子会越来越小，那么就对逆向指标逆向化处理之后就会得到一个这样的特征，即数字越大越好（数字越大时，其实X是越小）。相当于将逆向指标逆向化后，新的数据为数字越大越好，这样便于进行方向的统一，尤其是在指标同时出现正向指标和逆向指标时，针对逆向指标进行逆向处理，这是本书要求的，也是非常常见的处理方式。

（7）区间化（Interval）

区间化的目的是让数据压缩在［a，b］范围内，a和b是自己希望的区间值，如果$a=0$，$b=1$，那么其实就是一种特殊情况即归一化；其计算公式为a+（$b-a$）×（X-Min）/（Max-Min）。此公式会让数据永远的保持在（a，b）之间。有的软件，如SPSS，会默认a为1、b为2，即将数据压缩在（1，2）之间，当然研究者根据需要进行设置即可。它的目的仅仅是对数据进行压缩在固定的区间，保持数据数理单位的一致性。

（8）初值化（Init）

初值化在综合评价时有可能使用，比如进行灰色关联法研究时就常用此种处理方式；其计算公式为X/该列第1个不为空的数据，即以数据中第1个不为空的数据作为参照标准，其余的数据全部去除以该值。比如说1952年，1953年，1954年，一直到2021年，共计70年的GDP数据，第1个数据就是1952年的GDP，所有的数据都去除以1952年的GDP，相当于以1952年GDP作为参照标准，所有数据全部除以1952年的GDP（包括1952年GDP除以自己得到数字1），得到统计年鉴的“总产出指数”。

一般来说，初值化这种处理方式适用于有着一种趋势或规律性的数据，比如上述GDP的总产出指数，而且数据正常情况下都是全部大于0，因为出现负数，通常会失去其特定意义。

（9）最小值化（MinS）和最大值化（MaxS）

最小（大）值化，其目的是让最小（大）值作为参照标准，所有的数据全部除以最小（大）值；其计算公式为X/Min或X/Max，即以最小（大）值作为单位，全部数据全部去除以最小（大）值。需要特别说明一点是，使用此种处理方式时一般都是要求数据全部大于0，否则可能就不适合用此种量纲方式。

（10）求和归一化（SN）和平方和归一化（SSN）

求和归一化及平方和归一化，其目的是让“求和值”或“平方和值”作为参照标准，所有的数据全部除以求和值或平方和值，得到的数据相当于求和的或平方和的占比；其计算公式为 X/Sum（X）或 X/Sqrt（Sum（X^2）），即以所有数据的“求和值”或“平方和值”作为单位，全部数据全部去除以“求和值”或“平方和值”。需要特别说明一点是，使用此种处理方式时一般也要求数据全部大于 0，否则可能就不适合用此种量纲方式。TOPSIS 法的时候使用此种处理方式较多。

（11）排名

排名是最简单的标准化技术。这种方法不受异常值的影响，并允许在相对位置（排名）方面跟踪各单元的表现。然而，由于丢失了有关水平的信息，因此无法评估评价单元绝对意义上的绩效。

（12）分类量表

分类量表是为每个指标分配一个分数。如前面 § 2. 3. 4. 3. 2 所述。类别可以是数字的，如 1 星、2 星或 3 星，也可以是定性的，如“完全实现”“部分实现”或“未实现”。通常，分数基于指标在评价单元之间分布的百分位数。例如前 5%的得到 100 分，第 85 和第 95 百分位之间的得到 80 分，第 65 和第 85 百分位之间的值得到 60 分，一直到 0 分，从而奖励表现最好、惩罚最差的评价单元。由于相同的百分位变换用于不同的年份，指标定义随时间推移的任何变化都不会影响变换后的变量，很难跟踪随时间推移的增加。分类量表排除了转换后的指标方差的大量信息。此外，当原始分数变化很小时，分位数法会强制对数据进行分类，而不管潜在的分布如何。一种可能的解决方案是调整各个指标的百分位类别界限值，以获得具有几乎正态分布的转换分类变量。

（13）到参考点的距离

测量给定指标相对于参考点的相对量。参考点可能是在给定时间范围内要达到的目标，如我国碳排放 3060 目标，也可以是一个外部基准，如《京都议定书》的目标，或者可以是参考单元组的平均，并分配一个值为 1，而其他评价单元将根据其与平均数的距离获得分数。因此，高于 1 的标准化指标表示绩效高于平均水平。参考单元也可以是组长，其中领先单元获得 1，而其他单元则是与领先单元相距的百分点。但是这种方法是基于极值，这极值可能是不可靠的异常值。

新的标准化后的变量值 I_{qc}^{t} 计算公式为：

$$I_{qc}^{t}=\frac{x_{qc}^{t}}{x_{qc=\bar{c}}^{t_0}} \text{ 或 } I_{qc}^{t}=\frac{x_{qc}^{t}-x_{qc=\bar{c}}^{t_0}}{x_{qc=\bar{c}}^{t_0}} \tag{2.1}$$

式中：x_{qc}^{t} 是时间 t 时评价单元 c 的 q 指标值；$\bar{c}$ 是参考地区评价单元的（平均）值。

（14）高于或低于均值的指标

将原来的数据转换为高于或低于均值的指标，使得平均值周围的值为 0，而高于/低于某一阈值的指标分别得到 1 和−1。此方法很简单，不受异常值的影响。然而阈值水平的任意性和绝对水平信息的遗漏经常受到质疑，如若阈值约为平均值的 20%，A 区的给定指标值比平均值高 3 倍（300%），而 B 区的值比平均值高 25%，则这两个区都将被计为“高于平均水平”。标准化变量值 I_{qc}^{t} 计算公式为：

$$I_{qc}^{t}=\begin{cases} 1 & \text{若 } w<(1+p) \\ 0 & \text{若}(1-p)\leqslant w\leqslant(1+p)\text{，其中 } w=\dfrac{x_{qc}^{t}}{x_{qc=\bar{c}}^{t_0}} \\ -1 & \text{若 } w>(1-p) \end{cases} \tag{2.2}$$

式中：x_{qc}^{t} 是时间 t 时评价单元 c 的 q 指标值；$\bar{c}$ 是参考地区评价单元的（平均）值；p 是平均值周围的任意阈值。

（15）周期指标

综合指标可被组合成周期指标，通过周期指标的趋势研究结果，可减少错误的风险，并更好地预测发展的周期。这种方法隐含了对综合指标周期性运动中较不规则的序列赋以较小的权重，除非事先执行一些自组织平滑。

周期指标值 I_{qc}^{t} 计算公式为：

$$I_{qc}^{t} = \frac{x_{qc}^{t} - E_{t}(x_{qc}^{t})}{E_{t}(\,|x_{qc}^{t} - E_{t}(x_{qc}^{t})|\,)} \tag{2.3}$$

式中：E_t 为周期。

（16）意见平衡（EC）

意见平衡（EC）方法要求不同方面专家（和相关人员）发表意见，按下式计算：

$$I_{qc}^{t} = \frac{100}{N_e}\sum_{e}^{N_e}\mathrm{sgn}(x_{qc}^{t} - x_{qc}^{t-1}) \tag{2.4}$$

式中：运算符 sgn 给出参数的符号（sgn 在 Excel 中为 SIGN 函数），即如果参数为正，则为+1；如果参数为负，则为-1；N_e 是接受调查的专家总数。

（17）连续年份的年度差异百分比

当指标可用若干年时，可用下式表示相对于前一年的增长百分比，而不是绝对水平：

$$I_{qc}^{t} = \frac{x_{qc}^{t} - x_{qc}^{t-1}}{x_{qc}^{t}} \tag{2.5}$$

2.3.4.4.2 两类标准化的特点

标准化的目的是将数据进行量纲单位统一化，按去量纲化有无实际意义可分为两类，各类特点如表 2.6 所示。

表 2.6 两类去量纲化的特点

分类	处理方式	特点	包含的方法
有着一定的实际意义	按比例标度：找到一个参照标准项，然后所有数据去除以参照标准项	不改变原始数据的分布状态，要求原数据大于 0	均值化、初值化、最小值化、最大值化、求和归一化、平方和归一化
仅数理角度的处理	如平移	让数据保持在一定的区间范围内，原数据中有负数	标准化、中心化、归一化、正向化、逆向化、区间化

2.3.4.4.3 自然资源综合评价实践中数据标准化方法

指标在向上一级综合计算前一般需进行标准化处理。标准化处理方法需根据指标的目的、学科领域惯例及指标计算模型的数学算法要求，从归一化、Z-Score 法（标准化）、中心化、正向化、逆向化、区间化、最小值化、最大值化等方法中选择。

考虑指标合成与计算特点，本书归一化到区间［0.1，1］，而不是归一化到［0，1］，公式为：

$$(1 - 0.1) \times (X - \mathrm{Min})/(\mathrm{Max} - \mathrm{Min}) + 0.1 \tag{2.6}$$

当同一层次同一维度指标中既有正向又有负向指标时，需要对负向指标进行正向化。

正向化计算公式为 $(X-\mathrm{Min})/(\mathrm{Max}-\mathrm{Min})$，其与归一化公式刚好完全相等，但正向化强调让数值保持越大越好的特性且对数据单位压缩，而归一化仅强调数字压缩在（0，1）之间。

同理，逆向化计算公式为（Max－X）/（Max－Min），当逆向指标逆向化后，新的数据为数值越大越好。

2.4 指标体系构建

2.4.1 基本思路

2.4.1.1 总体思路

指标体系构建阶段的主要任务是基于评价目的，尽可能地形成一个服务于管理实践，能反映对象系统全部性能特征的指标体系。建立评价指标体系的基本思路从以下方面进行考量：

（1）从上至下，上下结合

从上至下就是从目标往下，可将目标分解成若干次级目标，这些次级目标称为子目标。目标或子目标之下可分解出若干主题。主题即主旨或中心思想，它是通过对研究目标经客观性观察处理，主观性抽象提炼，按词频或共现信息抽取概括出来的、由一系列语义相关的观念性的主题词集合而成。因此，每个主题下有若干“主题词”，这些“主题词”可直接用一个代表性的指标来表征。

从实践层面，若感觉到某方面对自然资源管理至关重要，可囊括相关内容，用一复合性名词概括，如“城市一刻钟便民生活圈建设”是12部门联合发文要求的，可构建“15分钟生活圈达标率”这么一个指标，对“商居和谐”主题进行表达。这就是从下往上的思维方式。

（2）与管理需求对接

自然资源部已通过并实施并且本评价涉及的评价内容或指标，宜与其一致，尽量直接引用。如自然资源分等定级通则、双评价、节约集约利用评价等。

（3）关系决定方法

由指标数据向上归纳组成评价指标，如果每一环节都要让专家来打分，那就太过于庞大，既不科学，也没法操作。可以根据系统要素间存在的相互影响或相互替代等数学关系类型，采用相应的数学模型构建其上一级综合评价指标，如为相互影响，可能成倍放大作用的乘法关系，可用几何平均；加法关系，可用算术平均。

（4）基于自然资源数据

从操作层面，尽量以自然资源调查监测数据构建评价指标，不用或尽量不单独使用以非自然资源调查监测数据为指标，如“GDP”“人口数”，否则就有悖于工作初衷，不是自然资源综合评价了。要用也只是将其与自然资源调查监测数据组合构成复合指标，如“地均GDP”。实际上，严格说来，“地均GDP”这个指标是与规模相关的因素，将其用于地广人稀的西部地区与东部地区进行比较，就不具有科学性了，需要进一步斟酌。

由于评价体系本身的复杂性和评价目标的多样性，决定了评价指标体系的复杂性。构建一套科学的综合评价指标体系，在指标体系的设计过程中应该遵循什么原则，历来存在较多分歧。在现实实践中，有简明性、独立性、代表性、可行性、系统性、科学性、可比性、整体性、导向性、显著性、动态性，等等原则，如何取舍？

对此，首先要考虑评价的目的及评价对象的特征，其次是评价数据的来源及评价的时间窗等因素。科学性是评价指标体系设计的最重要目标，甚至可以说是唯一的目标，评价指标体系的科学与否直接决定了综合评价结果的科学可靠性。因此，本书认为综合指标构建的首要原则是代表性原则，指构建的指标能够真实表达要评价工作的目标；其次是主导性原则，即主要考虑主要因素，次要的可以不考虑，尽量精简；最后是敏感性、可操作性原则等。敏感性指对研究对象的变化有敏感的反应，若指标在时空上基本不变，则指标选取失去意义。

2.4.1.2　自然资源综合评价指标体系构建思维导图

综上所述，自然资源综合评价指标体系构建可如下图（图 2.5）所示。

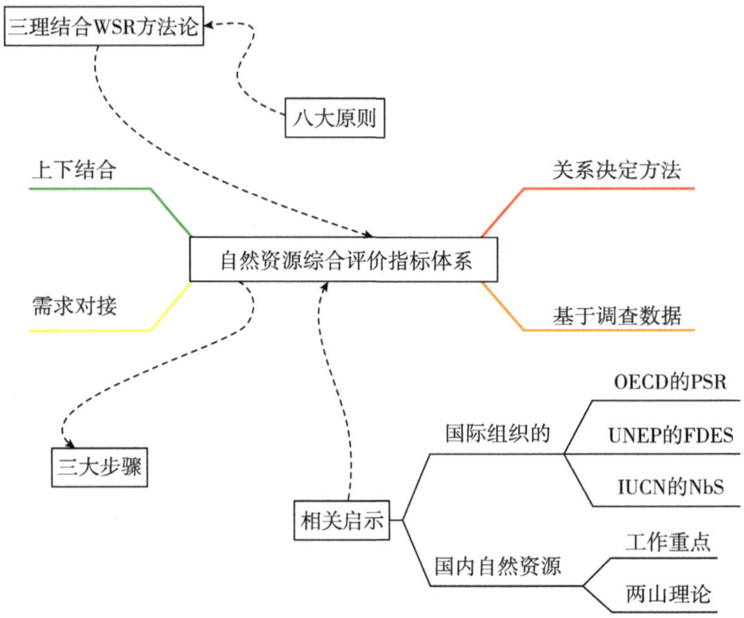

图 2.5　自然资源综合评价指标体系构建思维导图

2.4.1.3　指标选取原则

归纳总结起来，自然资源综合评价指标筛选具体有如下原则。

2.4.1.3.1　主导性及目的性原则

影响自然资源利用的因素很多，在众多的因素中，有些因素是起主导作用的。主导性原则，是指所选评价指标应聚焦自然资源禀赋要素的协调性、利用状态的合理性、管理的科学有效性等的主要方面，并能对自然资源利用未来的发展具备一定的引导性的对系统起主要影响的主导因子，以增强自然资源评价的科学性和简洁性。这需要在目标导向下突出重点。

指标是目标的具体化描述。因此，评价指标要能真实地体现和反映综合评价的目的，能准确地刻画和描述对象系统的特征，要涵盖为实现评价目的所需的基本内容。同时，评价指标也要为评价对象和评价主体实现评价目的或为提高评价目标提供努力和改进的方向，即评价指标在体现评价目的的基础上也应具有一定的导向性。

2.4.1.3.2　系统性及完整性原则

自然资源综合评价系统是一个社会经济生态复合系统，因此应该以系统性观点为指导，选择的评价指标能够全面系统地反映自然资源禀赋与利用的各个方面，如自然属性、经济属性、生态环境等及其协调性。

系统性也可看成完整性。首先是逻辑结构的合理性，也是系统要素关系的合理性。要使得评价目标、准则、指标和元指标构成层次分明的有机整体，故而表现出完整性。指标应当尽可能全面，囊括评价的全部内容，每一个领域有代表性指标，如果有所遗漏，评价就会出偏差。

评价指标是对对象系统某一特征的描述和刻画，评价指标集则应该能较全面地反映被评价对象系统的整体性能和特征，能从多个维度和层面综合地衡量对象系统的属性。当然，这种完备性，并不是要求评价指标体系百分之百完整地表达出对象系统的全部特征，事实上也很难做到这一点。通常情况下，只要求评价指标体系能表达出评价对象的主要特征和主要信息即可。对于一个复杂的对象系统，在完备性的基础上构建的指标体系一般都具有一定的类别性和层次性。因此，在综合评价指标体系的设计与构建过程中，可以根据对象系统特征的类别与层次进行完整性设计。

2.4.1.3.3 独立性及代表性原则

该原则要求在保障指标体系系统全面前提下，所选的指标能够尽量相对独立地反映自然资源的某种属性，在同一层次不与其他指标存在彼此间的因果关系，尽量减少指标的相互耦合重叠，避免重复、意义相近或可由其他指标组合而来的导出性指标。

故独立性原则也可表述为代表性原则。代表性指构建的指标确实能够科学反映有关的内容，能够典型真实地表达要评价研究对象的目标或子目标，不能将与评价对象、评价内容无关的指标选进来。

独立性是要求每个指标要内涵清晰、尽可能地相互独立，同一层次的指标间应尽可能地不相互重叠，不相互交叉，不互为因果，不相互矛盾，保持较好的独立性。对于多层级的综合评价指标体系，应该根据指标的类别性与层次性，建立自上而下的递阶层次结构，上下级指标保持自上而下的隶属关系，指标集与指标集之间、指标集内部各指标间应避免存在相互反馈与相互依赖，保持良好的独立性。当然，对于某些复杂的综合评价问题，指标之间可能会存在相互依赖与相互反馈关系，对于该问题可采用 ANP 方法来解决。

2.4.1.3.4 科学性及 WSR 三理结合原则

指标选取一定要有科学合理的理论依据，有明确的含义，能够充分反映自然资源禀赋与利用的内在含义、机制或分析模型，能科学代表自然资源的生产、生活、生态某一侧面的功能或反映目标实现程度的指标，尤其是指标与目标间的逻辑关系。但也尽量不以原始调查数据为评价指标。

科学性也可表述为既要见“物”，也要见“人”，即自然资源综合评价的基本指标既要主要评价禀赋底线、主体功能及其重要性质，也要从人类利用与管理角度及其他方面，直接或间接反映利用与管理水平，这正是 WSR 方法论的物理、事理、人理三方面内容。

2.4.1.3.5 区域性变异性及敏感性原则

所选择的评价指标必须是在空间上有明显变化，存在着明显变化的性质，否则为无效数据，将有悖于评价目的。故此也称敏感性原则，即指标对研究对象的变化有敏感的反应，能够反映出因自然、社会经济条件变化或自然资源利用与管理导致的变化。

由于自然资源形成条件、过程及其功能的多样性，影响自然资源利用的因素各不相同。因此，指标选取宜在全国适用的基础上，体现差异，能反映不同区域的特点。指标不但可以在不同区域间进行比较，正确地反映区域的自然资源禀赋与利用；而且要兼顾各地自然和社会经济弹性，选择可表征区域特征的区域性指标。

出于不同规模区域之间做比较而建立综合指标时，应当注意所选择的单项指标是否依赖于与规模相关的因素，要剔除不同经济体规模、不同区域面积大小的影响，还要关注指标的国际可比性。

2.4.1.3.6 动态性与稳定性相结合原则

自然资源利用既是一个目标，又是一个过程。现有的自然资源利用状态是否是可持续的，要综合分析各影响要素的静态水平和动态趋势才能做出客观合理的评价。所以，在构建指标体系时，必须紧密结合表征与变化相关的各类要素的存量和流量这两类指标，一方面是其有比较稳定的性质，以便使据此评价指标在一段时期内相对稳定；另一方面，这些指标应具有动态变化性，能反映评价系统的现状与趋势特点。

虽然综合评价指标体系在评价的某个时间窗内要保持一定的稳定性，但随着事物发展的变化以及评价目标的改变，也需要对评价指标体系进行动态调整。这种动态调整可分为主动调整和被动调整，主动调整是根据新的评价目标和评价要求，调整或重新设计评价指标体系。被动调整是根据评价结果的反应效果，可对评价指标体系中的某些指标进行动态修正，剔除或增加某些指标。

2.4.1.3.7 定量与定性相结合的原则

“定性”与“定量”是人们对复杂世界本原认识还原的两种方法论。定量方法论的理论基础是实证主义，其方法途径为：收集数据→对数据进行分析总结和概括→建立假设→检验假设→构建结论→从而解释和解答所研究的问题。而定性方法论的理论基础是现象学，其方法途径为：以观察为手段→对研究对象的过程和整体进行描述→在描述的基础上进行想象移情→发现问题→解决问题。定性与定量相结合，如前所述的 WSR 方法论：自然科学是关于自然规律的学问，可以概括为“物理 W”；社会科学是关于社会规律的学问，可以概括为“事理 S”；人文科学是关于人的学问，可以概括为“人理 R”。对于自然资源综合评价复杂系统问题，不仅要揭示系统运动的“物理”与“事理”，还要反映系统运动的“人理”，只停留在定性描述上而缺少定量研究，对系统行为特性的认识和把握难以深入，从而难以得到准确的结论。对定量方法的选择、使用与评价离不开经验与智慧，在经验与智慧的指导下，可以对定量描述指标与模型做出判断与修正。将定性结论作为定量论证的基础，以定量论证对定性认识进行指导与纠偏，从而充分体现定性与定量相结合。因而，本研究需采取定性与定量结合方法，以定量为主，并将定性的、经验性的指标进行量化，减少人为影响，提高精度。

2.4.1.3.8 实用性及可操作性原则

自然资源综合评价指标体系最重要的是实用性。所选的评价指标立足国情、可行可达，为多数应用者接受并能应用于管理实践，且数据可得性好，容易获取，能定量计算，计算方法切实可行，指标具有可比性，重现性好，可精确比较，故也称为可操作性原则。有些指标虽然很合适，但无法得到，就不切实可行，缺乏可操作性。

可操作性，是指评价指标的可观测性以及观测成本的问题。首先，综合评价指标体系中的每一个评价指标，无论是定性指标还是定量指标，都要求指标能够被观测与可衡量，换句话说，评价指标的评价数据可被采集，或者可被赋值，否则该指标的设定就没有任何意义。其次，评价指标的设计要能够尽量规避或降低评价数据造假和失真的风险，评价指标数据应尽可能地公开和客观获取。再者，要综合权衡评价指标数据的获取成本与评价活动所带来的收益问题，一般情况下，评价指标的数据应易于采集，观测成本不宜太大。若某个指标的实际观测成本太大，在实践中，要么直接摒弃该指标，要么采取其他途径来近似获取，如：计算机仿真、实验模拟等。

出于不同规模区域之间做比较而建立综合指标时，应当注意所选择的单项指标是否依赖于与规模相关的因素，要剔除不同经济体规模的影响。

2.4.1.4 具体步骤

指标体系的初建包括指标初选及其体系框架初步设计。

2.4.1.4.1 初构指标全集

从评价的目的和原则出发，运用系统思想，对评价对象进行深入系统剖析，把评估对象分解成不同的侧面；对每一个侧面的属性进行深入分析；收集并融合领域专家与其他相关方面的意见与信息；精心设计指标的内涵，充分考虑各指标的计算方法、计算范围和计量单位等；由评价者和决策者共同提出尽可能全面、必要、稳定、可行和反映各个侧面的衡量指标，这些指标按一定逻辑关系组合起来便构成初选的指标全集。

自然资源综合评价系统的复杂性决定了指标体系的层次结构既有目标层次式结构又有因素分解式结构两类。前者主要用于对现象的水平评价，如自然资源利用；后者主要用于评价对象的因素分析，如自然资源禀赋。

指标体系的初建过程中，首先宜采用如利用调查研究法、观察法、综合分析法、扎根理论等理论与方法，根据评价目的，深入剖析和挖掘对象系统的性能与特征，综合设计与构建对象系统的综合评价备选指标体系；之后采用专家咨询法（询证法），反复地对评价备选指标体系进行询证和修正。如鲍荣华等（2006）在研究矿产资源国际竞争力指标时，调查了100多位专家，得到重要性排前10位的指标是：资源数量（储量占世界总储量的比重）、资源质量、产量占世界总产量的比重、资源分布集中程度、生产成本、储量探明程度、矿产资源综合利用率、矿产资源政策的支撑能力、矿产资源采选冶回收率、矿产储备水平。

2.4.1.4.2 进一步定量分析筛选

进一步定量分析筛选也就是采用各种统计方法来筛选指标。

初建指标体系的优化，往往是通过统计检验将大量指标缩减形成具有显著统计特性的一组指标，对于线性问题以及一些特定的非线性问题很容易找出相关变量，剔除相关性高以及区分度不大的指标。

多种选取评价指标的数理统计方法，包括均方差法、变异系数法、逐步判断分析、系统聚类与动态聚类、极小方差广义法、主成分分析法、极大不相关法等方法。统计指标间信息重叠的消减办法，具体包括复相关系数法、多元回归法、逐步回归法、主成分分析法、因子分析法等。

其中均方差或变异系数法，是以均方差或变异系数度量评价对象某一方面特征的能力和效果，即区分度。均方差、变异系数越大，指标的区分度越高，则表示该指标可以选取。

极大不相关法，是从相关系数矩阵出发，对所有的变量计算其与其余变量之间的相关系数，找出这些相关系数中的最大，将其一一剔除。重复这个过程直到余下所需个数的指标时为止。

2.4.1.4.3 系统分析检查

由于初步构建阶段和初步筛选阶段注重追求评价指标的全面性和完备性，易引起评价指标数量过多，评价指标信息冗余，存在相关性指标等问题，因此最后需要对指标体系进行分析检查内容。分析检查内容包括：对每一指标逐个反复论证，剔除不可衡量、数据无法获取的指标。对于易引起数据或信息失真的某些指标，慎重考虑是否保留；分析指标之间及其与子目标之间的相互关系，进行指标间重叠性与独立性检查；检查评价目标分解的完备性，避免目标交叉而导致结构混乱，将重叠的子目标进行合并，或是将重叠的部分从子目标中剥离，从而对指标体系的整体结构进行优化。

2.4.1.5 评价依据

2.4.1.5.1 规范性引用文件

自然资源综合评价宜主要依据如下相关标准，其内容通过评价过程中的规范性引用而构成本成果报告文件的不可少的条款。其中标注日期的引用文件，仅该日期对应的版本适用于本工作。

1）《地表水环境质量标准》（GB 3838—2002）

2）《地下水质量分类标准》（GB/T 14848—2017）
3）《土地利用现状分类》（GB/T 21010—2017）
4）《沙化土地监测技术规程》（GB/T 24255—2009）
5）《农用地质量分等规程》（GB/T 28407—2012）
6）《城镇土地分等定级规程》（GB/T 18507—2014）
7）《耕地质量等级》（GB/T 33469—2016）
8）《森林生态系统服务功能评估规范》（GB/T 38582—2020）
9）《重要湿地监测指标体系》（GB/T 27648—2011）
10）《森林资源连续清查技术规程》（GB/T 38590—2020）
11）《基础性地理国情监测内容与指标》（CH/T 9029—2019）
12）《生态保护红线监管技术规范 生态状况监测（试行）》（HJ 1141—2020）
13）《生态保护红线监管技术规范 生态功能评价（试行）》（HJ 1142—2020）
14）《生态保护红线监管技术规范 保护成效评估（试行）》（HJ 1143—2020）
15）《全国生态状况调查评估技术规范 生态系统服务功能评估》（HJ 1173—2021）
16）《全国生态状况调查评估技术规范-生态问题评估》（HJ 1174—2021）
17）《林地变更调查技术规程》（LY/T 2893—2017）
18）《湿地生态系统服务评估规范》（LY/T 2899—2017）
19）《草原资源与生态监测技术规程》（NY/T 1233—2006）
20）《水土流失危险程度分级标准》（SL 718—2015）
21）《水资源评价导则》（SL/T 238—1999）
22）《用水指标评价导则》（SL/Z 552—2012）
23）《第三次全国国土调查技术规程》（TD/T 1055—2019）
24）《自然资源分等定级通则》（TD/T 1060—2021）

2.4.1.5.2 与相关标准的关系

自然资源综合评价依据与相关标准有如下三种关系：

一是直接引用。主要表现在一些术语和单项自然资源属性评价方法上面的引用。如自然资源质量评价的《自然资源分等定级通则》（TD/T 1060—2021）、《地表水环境质量标准》（GB 3838—2002）、《地下水质量分类标准》（GB/T 14848—2017）、《水资源评价导则》（SL/T 238—1999）等，其是为全面掌握我国自然资源质量状况，科学评价和管理自然资源，促进我国自然资源合理利用而制定的标准，也是本书中自然资源禀赋相关评价内容撰写的主要依据。本书吸收其概念内涵与方法，直接引用其评价结果数据，或据以计算相关指标的评价值，在此基础上，再进一步按本书制定的评价准则进行等级划分、综合表达。直接引用的各类自然资源评价相关技术文件有《土地利用现状分类》（GB/T 21010—2017）等规范性引用文件。

二是参考应用。主要体现在方法方面，如《生态保护红线监管技术规范》（HJ 1141 1142 1143—2020）、《全国生态状况调查评估技术规范》（HJ 1173—2021）、《湿地生态系统服务评估规范》（LY/T 2899—2017）等，可借鉴其概念内涵与方法，取这些标准中的关键要素作为指标选取的依据，如“森林覆盖率”“产草量”“草原碳储量”等。

三是消化吸收。借鉴其概念与方法，构建新的指标，如借鉴《第三次全国国土调查技术规程》（TD/T 1055—2019）、《水土流失危险程度分级标准》（SL 718—2015）等，构建“新增生态修复面积”等评价指标；注重新内涵表述。如目标目的等内容，是在自然资源部《自然资源调查监测体系构建总体方案》《自然资源调查监测数据分析评价工作方案》基础上，消化吸收《国土空间规划城市体检评估技术规程》等的基础上得出。其中《国土空间规划城市体检评估技术规程》的目的为“健全规划监测、评估、维护制度，提高城市治理水平”，《自然资源分等定级通则》目的为“科学评价和管理自然资源，促进自然资源保护与合理开发利用”，《自然资源价格评估通则》的目的为“服务于自然资源的市场配置与合理开发利用”，《全民所有土地资源资产核算技术规程》的目的为“服务于统一行使全民所有自然资源资产所有者职责等管理需求”。在此基础上，认为自然资源综合评价是各专项工作的综合，确定自然资源综合评价的目的为服务于自然资源管理和生态文明建设。

2.4.2 初构指标全集

指标体系的初选有如下主要几种方法，可配合使用。

2.4.2.1 分析法

将评价对象从不同侧面划分成若干不同组成部分，即评价子系统；并逐步细分更次级子系统，形成各级子系统及功能（或主题）模块，直至每一侧面之每一模块均可用具体指标表征。该方法反映了评价对象自身的特征属性，是具有代表性的最基本、最常用方法；但是在分析过程中往往由于评价者自身知识结构、认识水平和模糊性等因素的影响，存在一定的主观性。

2.4.2.2 分层法

首先确定评价对象发展的目标，即目标层；然后在目标层下建立多个较为具体的分目标，称为准则；准则层则由更为具体的指标组成，从而形成指标体系。该方法计算简便、实用性强，而且通过确定目标结构可以对指标之间的交叉重复有一定的限制作用；但是目标层和准则层的选择没有客观的依据，往往通过人们对评价问题的理解来决定，存在主观随意性（李远远等，2009）。

2.4.2.3 分组法

由于指标本身具有许多不同属性，有不同的表现形式，从指标属性角度构思指标体系中指标的组成，可先将指标分为“动态”与“静态”两类，再从“绝对数”“相对数”“平均数”等角度来构想指标元素。比如在设计“耕地资源综合开发强度”时，可以从开发广度、深度和频度等角度去构思，就可得出一个“耕地资源综合开发强度评价指标”。示例：$K=K_g\times K_s\times K_p\times 100\%=t\times 100\%/T$。式中 K 为耕地资源开发强度；t 为现实粮食总产量；T 为粮食产量总潜力。开发强度即粮食总产能的开发率，是现实粮食总产量占粮食产量总潜力的比重。其中：

耕地资源开发广度 $K_g=s\times 100\%/S$。s 为现状耕地面积；S 为耕地资源总量，即现状耕地面积与耕地后备资源面积之和。

耕地资源开发深度 $K_s=w\times 100\%/W$。w 为单位播种面积粮食现实产量；W 为单位播种面积粮食产量潜力。

耕地资源开发频度 $K_p=mci_l/MCI_l=(mci/MCI)\times(r/R)\times 100\%$。$mci_l$ 为现实粮食复种指数；MCI_l 为粮食复种潜力；mci 为现实复种指数；MCI 为复种指数潜力，可来源于 1 km 尺度复种指数潜力估算值；r 为现实粮作比；R 为粮作比潜力，可来源于中华人民共和国成立以来区域最大粮作比（1949 年粮作比）。

上述 3 种方法类似，均为从上至下分解法，只是着眼的角度不一样，分析法、分层法和分组法分别从对象、目标及指标的数字特征上进行分解。下面的综合法则为从下至上的组合。

2.4.2.4 综合法

基于调查观察、询证法及经验等初选之指标（草案），按一定原则或方法（定性或定量）进行整理、归类，使指标集进一步条理化、体系化。

2.4.2.5 交叉法

通过多个指标（或其与指标集之外的，如其他社会经济指标）的交叉组合，派生出的新的衍生指标。该方法能更明晰刻画指标属性特征，体现对象要素间或指标与其他因素间的关系，其优势可能是原指标无法比拟的。如以“地均 GDP”表征土地资源利用的经济效益。

2.4.3 指标定量筛选

定量筛选阶段主要是对初建指标集的变量数据及其评价值，以指标的科学性和实用性为标准，采用定量分析为主，适当配合定性分析，运用数学方法分析指标对属性状态的量化程度或其间的数理关系，或采用特定方法，如相关性分析等统计学方法以及信息熵等其他相关定量分析方法，进行定量筛选，以降低或消除评价指标体系的相关性，提高评价指标体系的独立性，并剔除显著性较低的评价指标，确保能用精简的关键指标反映评价对象系统的主要特征。

2.4.3.1 数据的可靠有效及完备性分析

2.4.3.1.1 信度分析

数据是否可靠可信，即数据的质量是评价的基础。过去一般认为数据的质量等同于数据精确，但如今统计学家更倾向于从多维视角考察质量，认为质量更接近于适用，例如除精确之外还要考虑获取周期问题等。

信度分析是用于测量数据真实可靠性程度的研究方法。其可分为：

（1）文字描述证明数据可靠性

使用文字详细描述数据的收集和处理过程，比如如何收集数据，在收集数据过程中如何防范不真实数据，在数据收集完成后对数据进行何种清理，比如将回答同一答案的数据设置为无效样本等。通过科学客观地描述数据收集过程，即使用文字描述数据收集和处理过程等，用于证明数据的真实可靠，即说明数据具有信度。

（2）使用信度研究方法

信度研究方法通常有四种，分别是克朗巴赫（Cronbach's）α 信度系数，折半信度系数，麦当劳（McDonald's）ω 信度系数和 θ（theta）信度系数。

默认情况下，使用信度分析方法进行信度分析时，其有一定适用性，一般情况下是针对问卷量表类数据进行分析，其他类型的数据不能进行信度研究方法使用。

一般情况下，使用最多的为 Cronbach's α 信度系数，如果是经典量表题，并且某个维度的测量项较多（比如大于 5 项）时，也可使用折半信度系数进行研究；Cronbach's α 信度系数和折半信度系数，此两种方法的原理是基于“相关或变异”进行测量，即同一维度时各测量项之间应该有着较高的相关关系，如果数据真实，那么各测量项间的相关性也会较高，基于“相关性”原理最终得到信度系数。

除此之外，还可使用另外两种测量方法，分别是 McDonald's ω 信度系数和 theta 信度系数，此两种测量方法的测量原理是利用“信息浓缩”（内部原理为因子分析且提取为 1 个因子），各个测量项隶属于同一维度且数据真实，那么它们应该浓缩出较高的信息，结合因子分析输出的负荷系数 loading 值等进一步计算，最终得到指标值。

Cronbach's α 信度系数计算公式：

$$\alpha = \frac{N}{N-1}\left(1 - \frac{\sum S_i^2}{S^2}\right)$$

式中：N 为测量个数（即变量个数），S^2 表示数据求和后的总方差，S_i^2 表示第 i 项数据的方差。

从公式可以看出，测量项个数会对 Cronbach's α 信度系数产生影响关系，分析项个数越多时，Cronbach's α 信度系数可能会越高。测量项个数最少为 2 个，此时信度系数相对可能会最低。

折半信度系数、McDonald's ω 信度系数和 theta 信度系数计算公式从略，具体方法可参阅网页（SPSSAU 数据科学分析平台，https：//spssau. com/）。Cronbach's α 信度分析应用见下节中的"构建综合指数的加权因子分析"。

关于信度系数的衡量标准，通常情况下，信度系数值高于 0. 8，则说明信度高；信度系数介于 0. 7~0. 8 之间，则说明信度较好；信度系数介于 0. 6~0. 7 之间，则说明信度可接受；信度系数小于 0. 6，说明信度不佳。并且此标准通常适用于上述 4 个研究指标，包括 Cronbach's α 信度系数，折半信度系数，McDonald's ω 信度系数和 theta 信度系数。

在信度测量时也可考虑使用相关系数，如 SPSS 的 kappa 一致性系数，或者 kendall 协调系数等方法进行，各个测量方法有其对应的适用场景，比如 kappa 系数或者 kendall 协调系数，更加适用于专家打分类数据。

2. 4. 3. 1. 2 效度分析

效度是指变量数据的有效性程度，即有用性、符合预期、与理论之间的一致性程度。效度可以分为三类，其方法说明见表 2. 7。

表 2. 7 效度分析方法及应用

类型	分析方法	概述	度量标准
内容效度	使用文字描述量表设计的合理性	指使用文字叙述形式对合理性、科学性进行说明，比如具有参考文献来源，量表经过专家认可，问卷中测量量表题有着严谨的参考依据等	
结构效度	用探索性因子分析（EFA）结果，与专业预期进行对比	如果输出结果显示题项与变量对应关系基本与预期一致，则说明结构效度良好。即在收集好数据后，让软件运行下，软件会运行出来"变量"与"测量项"之间的对应关系情况，而自己也有着"变量"与"测量项"之间的对应关系，如果说二者基本吻合，那么说明自己想的，与软件出来的结果基本一致，那么就说明结构上数据具有有效性，即具有结构效度	①KMO 值大于 0. 5；②题项在对应因子上的因子负荷系数大于 0. 4；③不存在题项与因子（公因子方差）对应关系出现严重偏差；④共同度大于 0. 4；⑤累积方差解释率大于 50%。 累积贡献率反映公因子对量表或问卷的累积有效程度，共同度反映由公因子解释原变量的有效程度，因子负荷反映原变量与某个公因子的相关程度
区分或聚合效度	验证性因子分析（CFA）判断量表是否合理	实质也是一种结构效度。区分效度强调本不应该在同一因子的测量项，确实不在同一因子下面。聚合效度强调本应该在同一因子下面的测量项，确实在同一因子下面。区分效度的具体测量方式是使用 AVE 值，以及聚合效度是使用 AVE 开根号然后再与相关分析结果进行对比，除此之外还可以使用 HTMT 异质-单质比率法测量聚合效度	可通过对比 AVE 平方根与相关关系值进行检验。如果 AVE 平方根大于相关系数值，则说明区分效度良好

结构效度指测量结果体现出来的某种结构与测值之间的对应程度。效度分析最理想的方法是利用因子分析测量表或整个问卷的结构效度。因子分析的主要功能是从量表全部变量（题项）中提取一些公因子，各公因子分别与某一群特定变量高度关联，这些公因子即代表了量表的基本结构。通过因子分析可以考察问卷是否能够测量出研究者设计问卷时假设的某种结构。在因子分析的结果中，用于评价结构效度的主要指标有累积贡献率、共同度（公因子方差）和因子负荷。

探索性因子分析（EFA）主要是为了找出影响观测变量的因子个数，以及各个因子和各个观测变量之间的相关程度，以试图揭示一套相对比较大的变量的内在结构。验证性因子分析（CFA）是建立在研究者已经对所研究的因子和内在结构有了完整研究的假设基础上，它允许研究者明确描述模型完整细节，包括各观测变量、因子、残差之间的关系，而分析的目的是对相应的模型假设进行检验，确认数据是否符合所做的模型假设。一般来讲，根据拟合结果，模型假设可能需要进行调整，然后再重新拟合，指导模型的拟合度可以接受。如要研究主题 A，有 3 个维度，那么要验证各维度的题目和各个维度对应关系是否和预测保持一致，就用验证性因子分析。对于各维度和题项都是确定的成熟的量表，多采用验证性因子分析。

2.4.3.1.3 区分度分析

区分度分析也称项目分析，其目的在于研究数据是否可以有效地区分出高低水平。如果一个研究区所有评价单元的某个指标值均基本没有变化，那么区分性较差；如果有高有低，高分和低分可以很好地区分出来，则说明该评价有着良好的区分性。

项目分析的原理在于，首先对分析项求和，然后将求和数据分成三部分，通常是按照 27% 和 73%（或 25% 和 75%），分为低分组、中分组和高分组。然后使用 t 检验去对比低分组和高分组之间是否有着明显的差异，如果具有明显的差异，则说明具有良好的区分性。反之则说明数据区分性差。如果区分性差，则很可能需要将对应的研究项进行删除处理。

做区分度分析同时进行相关关系，如果项与总分间没有相关关系，也或者相关系数值较低时（比如小于 0.2 时），可认为该项应该进行删除处理。

2.4.3.1.4 指标完备性分析

指标体系结构的完备性包括要素的齐备性、独立性及其系统合理性。完备性检查就是分析评价目标的分解是否完备，避免分解的目标交叉而导致结构混乱；分析指标体系的平行结点的重叠性与独立性，检查是否存在平行的某一个子目标包含了另一个或几个子目标的部分或全部内容。若出现这种包含关系，则有两种方法：或是进行归并处理，即将有重叠的子目标合并成一个共同的子目标；或是进行分离处理，将重叠部分从中剥离出来。

指标体系结构完备性分析一般采用定性分析的方法进行优化。在这个优化过程中，专业知识是起最主要作用的。因此，对于综合评价指标体系设计者而言，背景理论的全面深入掌握是非常重要的。

2.4.3.2 指标的不确定性与敏感性分析概述

指标的不确定性（Uncertainty Analysis，UA）和敏感性（sensitivity，sens）是影响评价结果的一个关键因素。为了保证综合指标结果的质量，需选择不同方法对得到的结果进行评估，观察不同选择是否对综合指标值存在重大影响。同时，还要通过度量综合指标值在不同选择下的变动，从而得到综合指标对某项处理或方法的敏感度。

综合评价涉及各种主观判断，不确定性来源遍布于综合评价的各个阶段，如指标的选择、数据的质量（如缺失数据的处理等）、标准化方法、加权方法、综合指标的合成方法等各方面，不确定性分析需要明确不确定性因素是如何输入并通过体系结构传播并影响综合评价值的。

敏感性可以是前文所指对研究对象的变化有敏感的反应，也可以是指对不确定性源的灵敏度。敏感性分析结果可以每个输入不确定源的灵敏度测量来表示。敏感度指标是以当删除某不确定性源时其评价结果中的不确定性减少多少来表征。敏感性分析需要确定各种不确定性来源对输出方差的贡献。

敏感性分析就像骨科医生的 X 射线，它可对综合评价所有的主观选择尤其是复合指标的“骨骼”，连同它数字本身所携带的信息进行诊断。由于指标或评价模型的质量也取决于其假设的可靠性，良好的指标或评价模型需提供对模型的可信度的评估，评估与建模过程相关的不确定性及其所采取的主观选择。这就是敏感性分析所做的：通过研究模型输入输出信息之间的关系来执行模型的“X 射线”诊断。更确切地说，敏感性分析就是要研究如何将输出的变化定性或定量地分配到评价过程中的不同来源，以及给定的复合指标是如何依赖于它的输入信息的。因此，敏感性分析与不确定性分析密切相关，其目的是量化由于模型输入中的不确定性而导致的评价结果的总体不确定性。不确定性和敏感性分析的结合有助于衡量综合指标排名的稳健性，提高其透明度，确定哪些单元在某些假设下受到青睐或削弱，并有助于围绕该指数展开辩论。

敏感性分析的结果通常也用散点图表示，垂直轴上为复合指标值，水平轴上为每个输入的不确定度源。散点图有助于揭示输入–输出关系中的模式。

应用不确定性和敏感性分析评估综合指标的稳健性，有助于消除一些关于综合指标的争议。在实践中，分析的基础取决于那些不确定性来源以及与特定应用相关的假设，重点需要关注五个主要的不确定性或假设：指标的筛选、缺失数据的处理、标准化方法、加权法和集成方案。

对于评价单元 c（$c=1, \cdots, M$），有：

$$CI_c = f_{rs}(I_{1,c}, I_{2,c}, \cdots, I_{Q,c}, W_{s,1}, W_{s,2}, \cdots, W_{s,Q}) \tag{2.7}$$

式中：f_{rs} 为加权模型；r 为合成方法，$r=1, 2, 3$；s 为加权方案，$s=1, 2, 3$；CI_c 为以 $W_{s,1}$，$W_{s,2}$，…，$W_{s,Q}$ 为权重，Q 个标准化指标 $I_{1,c}$，$I_{2,c}$，…，$I_{Q,c}$ 合成的评价单元 c 的综合指标值。

其中标准化方法可以是归一化、Z 值标准化或基于原始指标值。且归一化方法可以与所有加权方案（BAP、AHP 和 BOD）以及所有合成方法（LIN、GME、NCMC）一起使用。Z 值标准化可以与合成系统（LIN、NCMC）的加权方案（BAP、AHP）一起使用。原始指标值可与合成系统（GME、NCMC）的加权方案（BAP、AHP）一起使用。

某个特定评价单元的指标值，如排位 $Rank(CI_c)$，是一个不确定性及敏感性分析的结果。可以考察评价单元排位的平均变化情况，统计其在整个评价区的位置相对变化。按下式计算评价单元排位 $Rank(CI_c)$ 与评价区 M 个评价单元的参考排位 $Rank_{ref}(CI_c)$ 的差值的平均值：

$$\overline{R_s} = \frac{1}{M}\sum_{c=1}^{M} Rank_{ref}(CI_c) - Rank(CI_c) \tag{2.8}$$

这个 $Rank(CI_c)$ 和 $\overline{R_s}$ 便是不确定性和敏感性分析。

该分析是作为一个单一的蒙特卡罗实验进行的。例如，通过同时探索所有的不确定性源，以考察不确定性输入因素之间的所有可能的协同效应，这可通过一个触发器，使用不确定的输入因子，来决定采用哪个聚合系统及加权方案。聚合系统可采用一个离散的不确定因子，如取 1 到 3 之间的整数值，加权方案也可如此。生成其他触发因子来选择那些要省略的指标、标准化方案等，直到有一套完整指标来计算 $Rank(CI_c)$ 和 $\overline{R_s}$。

详细的指标不确定性与敏感性分析方法见下一小节。

2.4.3.3 指标筛选的多元统计分析

2.4.3.3.1 多元分析方法

在指标体系的定量筛选是对初步构建筛选的指标体系进行约简，以降低或消除评价指标间的相关性，提高评价指标的整体显著性。独立性和显著性是该阶段需要实现的主要目标。独立性就是要求评价指标间尽可能避免存在交叉、重叠等信息相关，保持信息的独立性。显著性就是要求评价指标能显著的反映对象系统的特征，换句话说就是要对综合评价的结果有显著的贡献度。

OECD 的《手册》（2008 年出版）指出：采用某种多元方法分析数据的潜在结构并合成综合指标是一门艺术，以主观方式选择指标而不关注它们之间的相互关系，可能导致“指标丰富，但信息匮乏”，得到错误的结果。

在具体实施过程中，对于评价指标的独立性筛选，可利用协方差等统计学方法，对两两指标之间，以及多个指标间的相关性进行检验，计算相关系数，对相关系数达到临界值以上的某些指标进行约简。对于评价指标的显著性筛选，可利用因子分析法、主成分分析法、离差最大化方法、权系数分析法、信息熵等理论与方法，计算评价指标的重要性程度（权重）或其评价数据的信息量，以判断该指标对评价结果的贡献度。指标的重要性程度越高或信息量越大，其对评价结果的贡献度也就越高，该指标的显著性也就越强，反之，对评价结果的贡献度也就越低，显著性也就越差。

主成分分析（PCA）的目标是揭示不同变量之间的变化，以及它们是如何相互关联的。这是通过使用协方差矩阵或其标准化形式——相关矩阵，将相关变量转换为一组新的不相关变量来实现的。因子分析（FA）是类似于 PCA 基于一个特定的统计模型。研究一组变量之间的相关性程度的另一种方法是使用克朗巴赫 α 系数，这是对模型或调查中项目内部一致性最常见的估计。这些多元分析技术对于深入了解数据集的结构非常有用。然而，如果与指标的数量相比，样本的数量较少，则不宜进行多变量统计分析。

聚类分析是将大量信息分类为可管理集的另一个工具，还可根据不同指标的相似性分组构建复合指标。聚类分析是：

1）指标汇总的纯粹统计方法；

2）构建复合指标时阶段的方法选择影响的诊断工具；

3）一种传播综合指标信息而不丢失个别指标维度信息的方法；

4）一种选择区域组来计算缺失数据的方法，以减少计算值的不一致分歧。

当变量数量较大或认为其中一些变量不利于识别数据集中的聚类结构时，可以依次应用连续模型和离散模型。研究人员经常进行主成分分析，然后对前几个合成的对象得分应用聚类算法，称为“串联分析”。然而，需要谨慎，因为 PCA 或 FA 可能识别出的维度并不一定有助于揭示数据中的聚类结构，而且可能实际上掩盖了分类信息（表 2.8）。

表 2.8 多元分析的优缺点

方法	优势	弱点
主成分分析/因子分析	可以总结一组单个指标，同时保留原始数据集中总变化的最大可能比例。 最大的因子负荷被分配给方差最大的指标，这是跨区比较的理想属性，因为各区之间相似的个别指标不感兴趣，不可能解释表现的差异	相关性并不一定代表个别指标对被测现象的真正影响。 对基础数据的修改很敏感； 对异常值的存在很敏感，这可能会在数据中引入虚假的可变性； 对小样本问题敏感，当重点集中在有限区域时尤其相关； 尽量减少不与其他个别指标一起变动的个别指标的贡献

续表

方法	优势	弱点
克朗巴赫系数	测量了单个指标集的内部一致性，即它们如何描述一个一维结构。因此，集群化类似的对象是很有用的	相关性并不一定代表个别指标对综合指标所表示的现象的真实影响。 只有当综合指标被计算为一个“尺度”（即作为单个指标的总和）时才有意义
聚类分析	提供了一种不同的方法来分组；对数据集的结构有一些见解	纯粹是一种描述性工具；如果在分析过程中所做的方法选择没有得到动机和清楚的解释，那么它可能并不透明

2.4.3.3.2 示例

以湖南省122个县的自然资源调查监测数据为基础，据以构建试验评价指标，进行因子分析，得到15个因子（图2.6为前8个因子的负荷），结果显示：

1）因子多，影响因素复杂。

2）主要因子，因子1（解释了系统25%的信息），其中因子1和2（F1、F2）分别解释了系统25%和14%的信息。因子F1正负荷由大自小为：国土总面积、自然保护地面积、生态2019生态系统服务价值、人均耕地、水资源总量、万元GDP地耗、基本农田保护面积、森林蓄积量、万元GDP用水量、人均建设用地、人均占有水资源量、林地优势度、人均城乡建设用地、生态红线面积占比、耕地资源利用强度、劳均耕地、草地面积；负负荷（表示反作用）由大自小为：土地开发强度、建设用地优势度、城镇开发边界规模占比、耕地撂荒率、水田撂荒率、旱地撂荒率、水田非粮化率、土地利用多样性、人均城镇用地、耕地非粮化率、农村人均宅基地面积、人均农村建设用地、基础生态自然资源多样性、城镇村建设空闲率、优等耕地占比、变化生态系统服务价值、耕地压力指数、水域优势度、农田实灌亩均用水量、农村居民生活用水量、城镇居民生活用水量、旱地非粮化率、城镇人均住宅用地面积，共计40个指标，意味着这些指标组合可以度量（综合评价）区域自然资源保护开发利用综合状况；国土面积（可大致与耕地、林地、草地为主的土地资源数量相当）、自然保护地面积、生态系统服务价值（含有生态功能，价值量）、人均耕地、水资源总量等是自然资源综合评价系统最重要的正面要素；土地开发强度、建设用地优势度、城镇开发边界规模占比、耕地撂荒率等是系统中最重要的负面要素。

3）因子2（解释了系统14%的信息），正指标有：垦殖指数、耕地优势度、基本农田占比、土地利用多样性、水域优势度、基础生态资源多样性、优等耕地占比等；负负荷有：林地优势度、森林覆盖率、人均占有水资源量、生态红线面积占比等，共30个指标，可表征自然资源的农业利用综合状况。

4）由相关分析可知，自然资源保护利用综合指数（U）与禀赋度（A）显著负相关，表明“资源诅咒”现象在湖南省是存在的。

2.4.3.4 指标筛选的非线性方法

对于复杂的非线性问题的指标选取，神经网络方法、Vague集方法等新型方法应用于初建指标体系的筛选时，与传统的统计方法相比，具有原理更科学、模型更简洁，以及精度更高等优势。

（1）神经网络方法

神经网络凭借其非线性映射能力和泛化能力，且无须先验假设，同时避免主观因素对指标选择的干扰，合理地选择需要的指标，排除不合理的指标，建模过程简化，精度较高，从而为非线性系统的指标体系筛选提供了有效的方法。

	F1	F2	F3	F4	F5	F6	F7	F8
国土总面积	0.861	-0.231	0.125	0.057	-0.174	0.024	0.245	0.007
森林覆盖率2019	0.118	-0.684	0.012	-0.070	0.071	0.037	-0.222	-0.048
水资源总量	0.804	-0.334	0.150	-0.012	-0.179	0.017	0.244	0.020
草地面积	0.279	-0.078	-0.017	-0.042	-0.012	-0.022	0.011	0.884
湿地保有率	0.075	0.318	-0.036	0.880	-0.049	-0.019	0.001	-0.050
优等耕地占比	-0.300	0.587	0.292	0.388	-0.006	0.065	-0.023	0.001
粮食单产	0.095	0.348	0.351	-0.123	0.049	-0.102	0.394	-0.097
森林蓄积量	0.675	-0.506	0.096	-0.038	-0.135	-0.025	0.049	-0.025
土地利用多样性	-0.550	0.651	0.117	0.035	-0.066	0.055	0.216	0.172
生计自然资源多样性	-0.177	-0.203	0.060	0.080	-0.033	0.086	-0.122	0.250
基础生态自然资源多样性	-0.402	0.594	-0.032	0.299	-0.142	0.116	0.032	0.248
生态2019生态系统服务价值	0.835	-0.320	0.108	0.143	-0.169	0.017	0.211	0.002
变化生态系统服务价值	-0.258	-0.038	0.083	0.007	-0.010	0.001	0.079	0.007
土地开发强度	-0.845	0.103	0.209	0.007	-0.194	0.016	-0.014	0.026
垦殖指数	0.059	0.934	-0.122	0.078	0.063	-0.004	-0.035	-0.055
基本农田保护面积	0.687	0.478	0.166	0.040	-0.141	0.057	0.281	-0.017
城镇开发边界规模占比	-0.843	0.031	0.077	0.017	0.044	-0.030	0.204	-0.031
万元GDP地耗	0.700	-0.210	-0.104	-0.111	0.000	-0.083	-0.354	0.029
人均建设用地	0.657	0.066	0.212	-0.037	0.586	0.120	0.107	-0.050
人均城乡建设用地	0.510	0.186	0.283	-0.166	0.557	0.122	0.313	-0.024
人均城镇用地	-0.489	-0.071	0.001	-0.009	0.627	0.399	0.169	-0.053
人均农村建设用地	-0.407	0.046	0.787	-0.023	0.068	-0.080	0.142	-0.064
城镇开发边界规模	0.016	0.231	0.079	-0.005	0.255	-0.036	0.690	0.004
城镇村建设空闲率	-0.376	-0.020	0.054	-0.004	0.074	-0.018	-0.024	0.005
城镇建设空闲率	-0.096	-0.006	0.060	-0.031	0.079	0.021	0.035	-0.013
村庄建设空闲率	-0.060	-0.136	0.061	0.003	-0.104	-0.087	0.024	0.105
万元GDP用水量	0.663	0.029	-0.105	-0.100	-0.129	-0.077	-0.366	0.053
万元工业增加值用水量	0.060	-0.067	-0.103	-0.076	-0.027	0.206	-0.104	-0.053
农田实灌亩均用水量	-0.246	0.170	0.283	-0.333	-0.131	-0.146	0.285	0.351
城镇居民生活用水量	-0.215	-0.132	-0.146	0.226	0.076	-0.238	0.041	-0.077
农村居民生活用水量	-0.244	-0.082	0.079	0.035	0.114	0.271	0.044	-0.120
人均综合用水量	0.029	0.265	0.174	0.101	0.230	0.119	0.021	-0.045
基本农田保护目标占比	0.092	0.729	0.117	-0.008	0.015	0.036	0.000	-0.098
自然保护地面积	0.861	-0.263	0.114	0.077	-0.168	0.018	0.242	0.017
自然保护地占比	-0.044	-0.218	-0.074	0.085	0.081	-0.048	-0.025	-0.051
生态红线面积占比	0.466	-0.515	-0.084	0.262	0.009	-0.040	-0.196	-0.031
人均耕地	0.816	0.288	-0.057	0.161	0.205	0.028	-0.293	-0.002
劳均耕地	0.358	0.455	0.260	0.319	0.379	-0.005	-0.201	-0.045
城镇人均住宅用地面积	-0.210	-0.030	-0.109	-0.033	0.679	0.204	0.128	-0.044
农村人均宅基地面积	-0.452	0.043	0.778	-0.019	0.038	-0.070	0.094	-0.059
人均占有水资源量	0.629	-0.646	0.002	0.027	0.086	-0.017	-0.225	0.032
湿地优势度	0.075	0.318	-0.036	0.880	-0.049	-0.019	0.001	-0.050
耕地优势度	0.059	0.934	-0.122	0.078	0.063	-0.004	-0.035	-0.055
种植园用地优势度	0.129	-0.062	-0.140	-0.046	0.095	0.070	0.008	-0.063
林地优势度	0.532	-0.720	-0.063	-0.303	0.069	-0.044	0.021	0.019
草地优势度	-0.168	-0.041	-0.094	-0.084	-0.046	-0.079	-0.040	0.928
建设用地优势度	-0.845	0.103	0.209	0.007	-0.194	0.016	-0.014	0.026
水域优势度	-0.248	0.615	0.104	0.604	0.042	0.112	-0.001	-0.106
耕地非粮化率	-0.483	-0.148	0.235	-0.033	-0.189	0.076	-0.298	0.131
耕地撂荒率	-0.798	-0.292	0.212	0.044	-0.041	0.028	-0.051	-0.026
水田非粮化率	-0.558	-0.193	0.508	0.046	-0.128	0.086	-0.210	-0.010
水田撂荒率	-0.772	-0.298	0.271	0.058	-0.004	0.027	-0.036	-0.065
旱地非粮化率	-0.211	0.098	0.040	-0.034	0.060	-0.070	0.023	-0.150
旱地撂荒率	-0.601	-0.092	-0.006	-0.080	0.252	-0.071	0.342	0.017
耕地压力指数	-0.249	-0.088	0.364	0.037	-0.079	0.006	-0.082	0.062
耕地生态风险暴露	-0.009	0.073	-0.042	0.013	0.142	0.945	-0.032	-0.051
县相对省的生态风险暴露度	-0.009	0.073	-0.042	0.013	0.142	0.945	-0.032	-0.051
耕地资源利用强度	0.434	0.496	-0.323	0.069	-0.017	-0.088	-0.075	0.097

图 2.6　湖南自然资源调查监测数据因子分析

提取方法：主成分分析法；旋转方法；凯撒正态化四次幂极大法，旋转在 10 次迭代后已收敛

（2）Vague 集方法

Vague 集是模糊集的一种推广形式，是由真、假隶属函数定义，体现了元素对模糊概念的属于与不属于的程度或证据，较传统的模糊集有更强的表达不确定性的能力且更具灵活性，指标体系的建立过程更为流畅和简单易行。将指标初集到指标集的关系定义为一个 Vague 集关系，将 Vague 集理论引入专家打分建立指标体系的过程，以专家支持、反对和弃权的证据为“相似度量”，据其选取指标。

（3）专家法（德尔菲法）

采用专家法进行初建指标体系的过滤与净化，将专家都认为不重要的指标及权数很小的指标剔除。德尔菲法（Delphi）本质上是一种反馈匿名函询法。其大致流程是：在对所要预测的问题征得专家的意见之后，进行整理、归纳、统计，再匿名反馈给各专家，再次征求意见，再集中，再反馈，直至得到一致的意见。

（4）信息熵方法

通过信息熵来度量指标的区分能力。

2.4.4 层次结构优化

指标体系的层次结构是指标间的相互关系，在初构指标全集阶段便已经有初步的构建，这里指进一步优化，它对系统评价问题的求解及其支持系统的开发都有重要意义。由于整个评价指标体系建造是从目标分解开始的，因此最后得到的将是一个具有层次结构的指标树。该步骤宜采用多种方法结合，厘清指标的内涵、类别及其间的隶属或相互关系，对评价指标集的层次结构进行设计与构建。

指标体系的结构设计与评价目的有关。一般而言，状态发展水平的评价，可采用目标层次式结构；对象性状的因素分析，可采用因素分解式结构。由于自然资源综合评价问题的复杂性，决定了它的指标体系层次结构的复杂性，无论是采用“自上而下”或者“自下而上”的指标体系构建顺序，均需采用目标层次式结构与因素分解式结构相结合的方法。

指标体系的结构优化需要运用图论和信息系统的相关理论，同时也需要系统理论辅助指标体系的功能聚合分析，检验各子系统模块划分的合理性。良好的指标体系结构应当是功能聚合度高、深度和出度合理，以及无回路的树形结构图。可以仿效数据结构理论中的“层次型数据库”技术使评价指标体系变成树形结构，结合图论、系统论和信息系统论等多方面的理论，融合现有的结构优化方法进行指标体系结构优化。指标体系结构优化的具体实践中有为适应人工处理而提出的经纬法、编网法和最大树法等，其在运用中采用了大量的启发性规则，难于用计算机处理。最大树法是以图论中的最大树算法为理论基础，但是却只能处理树型指标体系，适用范围有限。

指标体系结构的优化内容与方法可采用体系结构分析方法：

综合评价指标体系的结构是指指标间的纵横向关系，指标体系纵向上的结构可用深度表征；横向上的宽度可用出度表征。深度是指指标体系的层次数；出度为指标体系中的上一层所控制的次级层数或指标个数。研究评价对象越复杂，指标体系的深度、出度越大。

深度与出度之间，苏为华（2000）给出了的粗略关系式：

$$P = M^{L-1} \tag{2.9}$$

式中：P 为指标总数；M 为出度；L 为层次数。

苏为华（2000）认为指标出度以 4~6、层次以 3~6 层为宜。但本书认为，指标出度可以为 2~6，层次数最好≤5 为宜。

例如自然资源综合评价指标体系若由 50 项指标构成（$P=50$），评价维度为 6（即 $M=6$），则 $L=3.183$，取整为 4，即指标体系可至少分成 3 层，以 4 层为宜。

对于一个初选的指标体系结构，若深度、出度不太合理，可以通过归并或分割的方式进行优化。对于指标进行归类的方法一般可采用聚类分析法及定性判断相结合的方法确定。

2.4.5 不确定性与敏感性分析

2.4.5.1 不确定性分析及蒙特卡罗法

CI 构造过程的各个组成部分可以在输出变量 $Rank\ (CI_c)$ 和 $\overline{R_s}$ 中引入不确定性。UA 本质上是基于对构成基础模型的各种方程所进行的模拟。这些不确定性被转化为一组标量输入因子，即得到的 $Rank\ (CI_c)$ 和 $\overline{R_s}$ 是不确定输入因子的非线性函数，以及 $Rank\ (CI_c)$ 和 $\overline{R_s}$ 的估计概率分布函数（Probability Distribution Function，PDF）。有各种方法可用于评估输出的不确定性，推荐用蒙特卡罗方法。

2.4.5.1.1 蒙特卡罗法的基本思想

蒙特卡罗法（Monte Carlo，MC）又称统计模拟法、随机抽样技术，是一种随机模拟方法，以概率和统计理论方法为基础的一种计算方法，是使用随机数（或伪随机数）来解决很多计算问题的方法，将所求解的问题同一定的概率模型相联系，用计算机实现统计模拟或抽样，以获得问题的近似解。为象征性地表明这一方法的概率统计特征，故借用赌城蒙特卡罗命名。

MC 法的基本思想是：平面上一个边长为 1 的正方形内部有一个形状不规则的“图形”，向该正方形随机地投掷 N 个黄豆，有 M 个黄豆落于该图形内（这里假定豆子都在一个平面上没有重叠），则该图形的面积近似为 M/N，N 越大，算出来的值便越精确。再如，一个有 10000 个整数的集合，要求其中位数，可以从中抽取 $m<10000$ 个数，把它们的中位数近似地看作这个集合的中位数。随着 m 增大，近似结果是最终结果的概率也在增大。科技计算中的问题的维数（即变量的个数）可能高达数百甚至数千，难度随维数的增加呈指数增长，这就是所谓的“维数的灾难”，传统的数值方法难以对付，MC 方法能很好地用来对付维数的灾难，因为该方法的计算复杂性不再依赖于维数。其中的“方差缩减”技巧更提高了方法的效率。由概率定义可知，某事件的概率可以用大量试验中该事件发生的频率来估算，当样本容量足够大时，可以认为该事件的发生频率即为其概率。因此，可以先对影响其可靠度的随机变量进行大量的随机抽样，然后把这些抽样值一组一组地代入功能函数式，确定结构是否失效，最后从中求得结构的失效概率。蒙特卡罗法正是基于此思路进行分析的。

从上述蒙特卡罗方法思路可看出，该方法回避了结构可靠度分析中的数学困难，不管状态函数是否非线性、随机变量是否非正态，只要模拟的次数足够多，就可得到一个比较精确的失效概率和可靠度指标。特别在自然资源评价中，变异系数往往较大，与 JC 法（即当量正态化法，是将非正态分布的随机变量转化成对应的正态分布间接求解的方法）计算的可靠指标相比，结果更为精确，并且由于思路简单易于编制程序。因此，MC 法与一般计算法的区别是对于解决多维或因素复杂问题非常简单。其特点是：①直接追踪粒子，物理思路清晰，易于理解；②采用随机抽样的方法，较真切的模拟粒子输运的过程，反映了统计涨落的规律；③不受系统多维、多因素等复杂性的限制，是解决复杂系统粒子输运问题的好方法；④MC 程序结构清晰简单；⑤采用 MC 方法编写程序来解决粒子输运问题，比较容易得到自己想得到的任意中间结果，应用灵活性强。MC 方法主要弱点是对于确定性问题需要转化成随机性问题，收敛速度较慢和误差的概率性质，如果单纯以增大抽样粒子个数 N 来减小误差，就要增加很大的计算量。

2.4.5.1.2 基于 MC 法的不确定性分析

(1) 方法原理

蒙特卡罗模拟方法是一种以数理统计理论为基础的仿真方法，广泛运用于不确定性决策的量化分析中。它通过构造符合一定规则的随机数来解决数学上的各种问题，这种方法的前提假设是不确定性参数可以用概率分布来描述。在解决实际问题时，MC 法主要有两部分工作：一是用其模拟某一过程时需要产生各种概率分布的随机变量；二是用统计方法把模型的数字特征估计出来，从而得到实际问题的数值解。

其基本原理：设有统计独立的随机变量 X_i（$i=1,2,3,\cdots,k$）；这 k 个随机变量的概率分布是已知的，分别为 f_{x_1}，f_{x_2}，…，f_{x_k}；其不确定性决策函数表达式也是已知的，为 $Y=g(x_1,x_2,\cdots,x_k)$。蒙特卡罗方法依据随机变量各自的概率分布随机生成 N 组随机数 x_1，x_2，…，x_k 确定的值，将值代入决策函数计算得到一系列的值 $Y_i=g(x_1,x_2,\cdots,x_k)$（$i=1,2,\cdots,N$），这就完成 N 次模拟过程。模拟次数越多，对 Y 刻画的精确度越高。对所获得的一系列 Y 值进行统计，从而刻画出不确定性特征。如，以 N 组值的期望值（平均值）表示项目整体的不确定性程度；以关键性指标（Cruciality Index，CRI，又叫等级相关）来衡量该不确定性因素对 Y 的影响。CRI 是 X_i 和 Y 的相关系数：

$$\mathrm{corr}(X_i,\ Y)=\frac{\mathrm{cov}(X_i,\ Y)}{[\sigma(X_i)\cdot\sigma(Y)]} \tag{2.10}$$

其中，$\mathrm{cov}(X_i,Y)=\mathrm{E}(X_i\times Y)-\mathrm{E}(X_i)\times\mathrm{E}(Y)$，E 为数学期望。

(2) 流程

蒙特卡罗方法实施步骤一般是：①通过敏感性分析，确定随机变量；②构造随机变量的概率分布模型；③为各输入随机变量抽取随机数；④将抽得的随机数转化为各输入随机变量的抽样值；⑤将抽样值组成一组项目评价基础数据；⑥根据基础数据计算出评价指标值；⑦整理模拟结果所得评价指标的期望值、方差、标准差和它的概率分布及累计概率，绘制累计概率分布图，计算项目可行或不可行的概率。

上式（2.10）的计算过程具体包括如下 3 个步骤：

A. 为每个输入因子 X_1 分配一个概率分布函数

a）第一个输入因子 X_1 用于将缺失数据分配给缺失数据方案的选择，如：

1 使用双变量相关性来计算缺失数据

2 将缺失数据赋值为零

b）第二个输入因子 X_2 是选择标准化方法，如：

1 归一化

2 Z 值标准化

3 无（原始数据）

c）如果有个别指标要剔除，则生成不确定因子 X_3：

$\left[0,\ \frac{1}{Q+1}\right]$ 无（$X_3=0$）使用所有指标

$\left(\frac{1}{Q+1},\ \frac{2}{Q+2}\right)$ $X_3=1$

…　　　…

$\left[\frac{Q}{Q+1},\ 1\right]$ $X_3=Q$

即当概率为$\frac{1}{Q+1}$，不排除指标；概率为$\left[1-\frac{1}{Q+1}\right]$，$Q$ 个指标以等概率被排除。

基于散点图的敏感度分析将用于跟踪排除后哪个指标对输出的影响最大。只要排除了一个指标，其他因素的权重就会被重新标度，以使复合指数与 BAP 或 AHP 相当。当选择 BOD 时，排除指标将导致重新执行优化算法。

d）X_4 用于选择聚合系统，如：

1 LIN（线性）

2 GME（几何）

3 NCMC（非补偿多标准分析）

注意，当选 LIN，综合指标计算为：

$$CI_c = \sum_{q=1}^{Q} w_{sq} I_{q,\ c} \tag{2.11}$$

当选择 GME，公式是：

$$CI_c = \prod_{q=1}^{Q} (I_{q,\ c})^{w_{sq}} \tag{2.12}$$

当选择 NCMC，评价值被直接从得分矩阵中赋值。

e）X_5 是选择加权方案，如：

1 BAP

2 AHP

3 BOD

f）最后一个不确定因素 X_6 被用来选择专家。如实验中有 20 位专家，一旦在运行时通过 X_6 选择了一个专家，由该专家分配的权重（对于 BAP 或 AHP 方案）将被分配给数据。显然，当使用 BOD 时，专家的选择没有影响（$X_5=3$）。然而，这种不确定的因素将产生在每个单独的蒙特卡罗模拟中，鉴于行维度的蒙特卡罗样本（建设性的维度）应该固定在蒙特卡罗实验，也就是说，即使一些抽样因素是活跃的在一个特定的运行，他们将生成随机样本生成算法。当 $k=6$，蒙特卡罗实验的构造维数，每个试验要生成的数字是随机数。请注意，对分析的其他安排是可能的。

B. 随机生成 N 个独立输入因子 X^l

$l=1$，2，…，N 的组合（一套输入因子 $X^l=X_1^l$，X_2^l，…，X_k^l 的样本）。对于每个试验样本 X^l，可以评估计算模型，生成标量输出变量 Y^l 的值，其中 Y^l 是 $Rank$（CI_c），由复合指标分配给每个评价单元的排名的值，或 $\overline{R_s}$，评价单元排名的平均移动。

C. 关闭 l 上的循环，用 $l=1$，…，n 分析得到的输出向量 Y^l

样本的生成可以使用各种程序进行，如简单随机抽样、分层抽样、准随机抽样或其他方法。Y^l 的序列给出了输出 Y 的 PDF（概率分布函数）。该 PDF 的特征，如方差和高阶矩，可以用与模拟 N 的大小相关的任意精度水平来估计。

（3）工具推荐

蒙特卡罗模拟的工具很多，本书推荐一款 Excel 的插件——Oracle Crystal Ball，它是一款专门为预测建模、预测、模拟和优化而设计的基于电子数据表的应用软件，可用于风险度量和报告、Monte Carlo 模拟、时序预测和优化，为不确定性建模提供了一种现实可行的方法，帮助洞察影响项目风险的关键因素，度量和报告关键指标的内在风险。

2.4.5.2 基于方差的敏感性分析

在设计敏感性分析时的一个必要步骤是识别感兴趣的输出变量。理想情况下，这些问题应该与模型所解决的问题相关。以前已经注意到，综合指标可以被视为模型。当几层不确定性同时存在时，一个复合指标可能是一个非线性的、非求和的模型。使用基于方差技术进行灵敏度分析是无模型的，并显示出实用的附加特性，例如：它们允许探索输入因子的整个变化范围，而不是仅仅在有限数量的值上抽样因子，例如部分因素实验；它们是定量的，可以区分主效应（一阶）和交互效应（高阶）；它们易于说明和解释；它们允许敏感性分析，将不确定的输入因素分组而不是单独处理；它们可以在敏感性分析的严格设置方面得到证明。

为给定输入因子 X_i 计算基于方差的敏感性度量，从模型输出方差的分数贡献开始，即 Y 的方差，其中 Y 是一个评价单元的排名 $Rank\ (CI_c)$，或评价单元对参考排名的总体变化，$\overline{R_s}$，由于 X_i 的不确定性：

$$V_i = V_{X_i}(E_{X_{-i}}(Y \mid X_i)) \tag{2.13}$$

固定因子 X_i，例如在其范围内的特定值 X_i^*，并计算除因子 X_i 外的所有因素的输出 Y 的平均值：$(E_{X_{-i}}(Y \mid X_i) = X_i^*)$，然后取 X_i^* 的结果函数对所有可能的 X_i^* 值的方差。结果由式（2.13）给出，其中对 X_i^* 的依赖性已经被去掉了。V_i 是 0（当X_i 在一阶上对 Y 没有贡献时）和 $V\ (Y)$ 之间的一个数字，当除 X_i 以外的所有因素在任何阶上都不受影响时 Y 的无条件方差。请注意，以下内容始终正确：$\overline{R_s} = \frac{1}{M}\sum_{c=1}^{M} Rank_{ref}(CI_c) - Rank\ (CI_c)$

$$V_{X_i}(E_{X_{-i}}(Y \mid X_i)) + E_{X_i}(V_{X_{-i}}(Y \mid X_i)) = V(Y) \tag{2.14}$$

其中式（2.14）的第一项称为主效应，第二项称为残差。一个重要的因素应该有一个小的残差，例如一个小的 $E_{X_i}(V_{X_{-i}}(Y \mid X_i))$ 值。这是显然的，因为残差测量预期的方差减少，将实现，如果 X_i 是固定的。将其重写为 $V_{X_{-i}}(Y \mid X_i) = X_i^*$，一个以 X_i^* 为条件的方差。然后残差 $E_{X_i}(V_{X_{-i}}(Y \mid X_i))$ 是该条件方差的期望值，在 X_i^* 的所有可能值上取平均值。如果 X_i 是有影响力的话也将是很小的。通过无条件方差对一阶项进行归一化，得到一阶敏感性指数：

$$S_i = \frac{V_{X_i}(E_{X_{-i}}(Y \mid X_i))}{V(Y)} = \frac{V_i}{V(Y)} \tag{2.15}$$

条件方差 $V_{X_2X_3}\ (E_{X_1}(Y \mid X_2,\ X_3))$ 可以写成一般式：$V_{X_{-i}}(E_{X_i}(Y \mid X_{-i}))$，这是对非 X_i 引起的 Y 方差的总贡献，即对 $k-1$ 剩余因素的贡献，例如 $V\ (Y)\ - V_{X_{-i}}\ (E_{X_i}(Y \mid X_{-i}))$ 包括所有项。一般来说，$\sum_{i=1}^{k} S_{Ti} \geqslant 1$。

总影响敏感度指数也可以写成：

$$S_{Ti} = \frac{V(Y) - V_{X_{-i}}(E_{X_i}(Y \mid X_{-i}))}{V(Y)} = \frac{E_{X_{-i}}(V_{X_i}(Y \mid X_{-i}))}{V(Y)} \tag{2.16}$$

对于给定因素 X_i 显著区别 S_{Ti} 和 S_i 信号的重要交互作用 Y，强调输入因素之间的交互有助于提高我们对模型结构的理解。

当依赖不确定的输入因素 X_i 时，输出方差不能分解，如式（2.16）定义的 S_i 和 S_{Ti} 指数仍然是有效的敏感性指标，尽管它们的解释已经改变，例如 S_i 可以影响其他可能与X_i 正相关或负相关的因素；而 S_{Ti} 不能再有意义地分解为主效应和交互效应。非独立的输入因素，S_i 和 S_{Ti}，也可以解释为敏感性分析的“设置”。

基于方差的扩展方法，对于依赖和独立的输入因素，都可在免费软件 SIMLAB（仿真实验室）中实现。

2.4.6 自然资源综合评价指标体系

2.4.6.1 自然资源综合评价指标体系

在上述研究基础上，“试点版”初步建立了全国统一的自然资源综合评价指标体系：基础指标见表2.9，指标内涵、计算方法及其据来源见表2.10，综合指标框架见表2.11。综合评价由四级综合指标构成，其中一、二级指标为高级综合指标，三、四级指标为中低级综合指标，其综合指标框架与基础指标构成自然资源综合评价指标体系。

表 2.9 自然资源综合评价指标

目标	主题	指标
守住安全底线	资源数量	耕地面积
		耕地净增减面积
		农业结构调整耕地面积占比
		林地面积
		草地面积
		湿地面积
		建设用地面积
		城镇建设用地面积
		村庄建设用地面积
		水域面积
		水资源总量
		地表水资源量
		地下水资源量
	资源质量	森林覆盖率
		草原综合植被盖度
		耕地质量
		森林蓄积量
		草地产草量
		地表水水质优良（达到或好于Ⅲ类）比例
	资源潜力	耕地后备资源面积
提高利用效益	利用程度	垦殖指数
		国土开发强度
		水资源开发利用率
提高利用效益	利用效益	单位建设用地 GDP
		单位面积森林蓄积量
		单位面积草原产草量
	集约利用水平	单位人口增长消耗新增建设用地量
		单位 GDP 建设用地面积降低率
		单位 GDP 用水量降低率
		耕地灌溉亩均用水量降低率

续表

目标	主题	指标
保护生态功能	生态保护状况	生态用地面积占比
		湿地保护率
		自然岸线保有率
	生态系统功能	水源涵养量
		土壤保持量
		防风固沙量
改善生活品质	生活便利	人均公共管理与公共服务用地
		人均城镇住宅用地面积
		城镇人均生活用水量
		乡村人均生活用水量
	交通网络覆盖	交通运输用地面积占建设用地面积比重
		道路网密度
	景观文化	公园与绿地面积占比
		科教文卫用地面积占比
降低环境影响	土地退化	水土流失程度
		土地沙化程度
		石漠化程度
提升治理水平	资源监管	未批先建占地比例
		耕地转为建设用地比例
		耕地种植非粮食作物比例
	生态保护修复	新增生态修复面积

资料来源：《自然资源调查监测数据评价技术指南（试点版）》。

表 2.10 自然资源综合评价指标说明

序号	指标	指标解释	计算方法	数据来源	指标单位
1	耕地面积	指区域耕地总面积，反映耕地资源总量	直接采用国土三调及年度国土变更调查中耕地（01）面积数据	国土三调及变更调查	hm^2
2	耕地净增减面积	指区域耕地总面积的变化情况	本年度耕地面积-上一年度耕地面积	国土三调及变更调查	hm^2
3	农业结构调整耕地面积占比	农业结构调整净增减耕地面积与上一年耕地面积占比	(其他农用地转为耕地面积-耕地转为其他农用地面积)/上一年度耕地面积×100	国土三调及变更调查	%
4	林地面积	指区域林地总面积反映林地资源状况	国土三调及年度国土变更调查中林地（03）面积	国土三调及变更调查	hm^2
5	草地面积	指区域草地总面积，反映草地资源状况	国土三调及年度国土变更调查中草地（04）面积	国土三调及变更调查	hm^2
6	湿地面积	指区域湿地总面积，反映湿地资源状况	国土三调及年度国土变更调查中湿地（00）面积	国土三调及变更调查	hm^2

续表

序号	指标	指标解释	计算方法	数据来源	指标单位
7	建设用地面积	指区域建设用地总面积	国土变更调查中建设用地面积	国土三调及变更调查	hm^2
8	城镇建设用地面积	指区域城镇建设用地总面积	国土变更调查中城镇建设用地面积	国土三调及变更调查	hm^2
9	村庄建设用地面积	指区域村庄建设用地总面积	国土变更调查中村庄建设用地面积	国土三调及变更调查	hm^2
10	水域面积	指陆域内河流、湖泊、冰川及常年积雪等天然陆地水域，以及水库、坑塘水面、沟渠等人工陆地水域的总面积	国土三调及年度国土变更调查中的水域面积	国土三调及变更调查	hm^2
11	水资源总量	水资源总量是指当地降水形成的地表、地下产水量，即地表径流量与降水入渗补给量之和	水资源总量是指当地降水形成的地表、地下产水量，即地表径流量与降水入渗补给量之和	水资源公报、统计数据	10^4 m^3
12	地表水资源量	河流、湖泊、冰川等地表水体逐年更新的动态水量，即天然河川径流量	调查统计数据	水资源公报，统计数据	10^4 m^3
13	地下水资源量	地下饱和含水层逐年更新的动态水量，即降水和地表水入渗对地下水的补给量	调查统计数据	水资源调查、统计数据	10^4 m^3
14	森林覆盖率	森林面积占土地总面积的百分比	森林面积/土地面积 × 100%	自然资源专项调查	%
15	草原综合植被盖度	草地类型的植被盖度与其所占面积比重的加权平均值	自然资源专项调查成果	自然资源专项调查	%
16	耕地质量	从自然地理格局、地形条件、土壤条件、生态环境条件、作物熟制和耕地利用现状等方面，以国土调查耕地图斑为分类单元，评价耕地的质量特征	耕地资源质量分类成果，质量 = 10 - GB/T 33469 之等别值；若暂用 GB/T 28407 “等”则质量 = 15 - GB/T 28407 之等别值	国土三调等	（无）
17	森林蓄积量	指森林中林木材积的总量，以立方米为计量单位	自然资源专项调查成果	自然资源专项调查	10^4 m^3
18	草地产草量	单位面积草地齐地面剪割的植物（包括可食的与不可食的）地上部一年中累计生长的总重量	自然资源专项调查成果	自然资源专项调查	t
19	地表水水质优良比例	指Ⅰ－Ⅲ类地表水资源占地表水资源总量的比例	《地表水环境质量标准》（GB 3838—2002）、《地表水环境质量评价办法（试行）》	生态环境状况公报	%

续表

序号	指标	指标解释	计算方法	数据来源	指标单位
20	耕地后备资源面积	以国土三调和2020年度国土变更调查成果中其他草地、盐碱地、沙地和裸土地等四类图斑为对象，经评价形成适宜开垦为耕地的后备资源面积	耕地后备资源调查评价成果	耕地后备资源调查评价	hm^2
21	垦殖指数	指耕地面积占土地总面积的百分比	区域耕地面积/区域土地总面积×100%	国土三调及变更调查	%
22	国土开发强度	指行政区域内建设用地面积占区域总面积的比例	建设用地面积/区域总面积×100%	国土三调及变更调查	%
23	水资源开发利用率	指用水总量占多年平均水资源的比例	用水总量/多年平均水资源总量×100%	水资源公报、统计数据	%
24	单位面积建设用地GDP	单位面积建设用地的GDP产出，反映建设用地开发利用的效率	GDP/建设用地面积	国土三调及变更调查、统计数据	万元/hm^2
25	单位面积森林蓄积量	单位林地面积上的森林蓄积量	森林蓄积量/林地面积	自然资源专项调查	m^3/hm^2
26	单位面积草原产草量	单位草原面积上的草原产草量	草原产草量/草原面积	自然资源专项调查	t/km^2
27	单位人口增长消耗新增建设用地量	单位人口增长消耗新增建设用地量，是衡量区域集约用地水平的重要指标	新增建设用地面积/新增常住人口×100%	国土三调及变更调查、统计数据	m^2/人
28	单位GDP建设用地面积降低率	指前后两期之间每万元GDP消耗建设用地面积的变化率，用于描述节约集约用地程度	（1-本年度单位生产总值建设用地使用面积/上年度单位生产总值建设用地使用面积）×100%	国土三调及变更调查、统计数据	%
29	单位GDP用水量降低率	指前后两期之间每万元GDP消耗水资源量的变化率，用于描述节约集约用水程度	（1-本年度单位生产总值用水量/上年度单位生产总值用水量）×100%	水资源公报、统计数据	%
30	耕地灌溉亩均用水量降低率	指前后两期之间每亩耕地灌溉用水量的变化率，用于描述节约集约用水程度	（1-本年度亩均耕地灌溉用水量/上年亩均灌溉用水量）×100%	水资源公报、统计数据	%
31	生态用地面积占比	指林地、草地、湿地、公园与绿地、河流水面、湖泊水面、水库水面、坑塘水面、沟渠、冰川及永久积雪、盐碱地、沙地、裸土地等生态用地面积占区域土地总面积的比例	生态用地面积/区域土地总面积×100%	国土空间规划	%

续表

序号	指标	指标解释	计算方法	数据来源	指标单位
32	湿地保护率	列入保护范围的湿地面积占湿地总面积的百分比	受保护的湿地面积/湿地总面积×100%	自然资源专项调查、国家林草局	%
33	自然岸线保有率	指没有经过人为干扰的水体与陆地的分界线长度占岸线总长度的比值	自然岸线长度/岸线总长度×100%	海岸岸线修测及其他岸线调查成果	%
34	水源涵养	(见正文)	(见正文)	(见正文)	(见正文)
35	土壤保持	(见正文)	(见正文)	(见正文)	(见正文)
36	防风固沙	(见正文)	(见正文)	(见正文)	(见正文)
37	人均城镇公共管理与公共服务用地	单位城镇人口拥有的公共管理与公共服务用地的面积	城镇公共管理与公共服务用地/城镇人口数×100%	国土三调及变更调查、统计数据	m^2/人
38	人均城镇住宅用地面积	单位城镇人口拥有的城镇住宅用地的面积	城镇住宅用地的面积/城镇人口数×100%	国土三调及变更调查、统计数据	m^2/人
39	城镇人均生活用水量	单位城镇常住人口日均所消耗的生活用水量	城镇生活用水量/城镇人口数	水资源公报、统计数据	L/(人·d)
40	乡村人均生活用水量	单位乡村人口日均消耗的生活用水量	乡村生活用水量/乡村人口数	水资源公报、统计数据	L/(人·d)
41	交通运输用地面积占建设用地面积比重	用于表征区域交通运输用地在建设用地面积中的百分比，反映区域道路基础设施的发达程度	交通运输用地面积/建设用地面积×100%	国土三调及变更调查、地理国情监测	%
42	道路网密度	指快速路及主干路、次干路、支路总里程与对应城区范围面积的比值	道路网密度=区域内道路总长度/区域总面积	道路网里程以交通行政主管部门数据为准，辅以基础测绘、全国国土调查及年度变更调查、地理国情普查和监测、遥感监测等数据。	m/hm^2
43	公园与绿地面积占比	公园与绿地占公共管理与公共服务用地的比例	公园与绿地面积/公共管理与公共服务用地面积×100%	国土三调及变更调查	%
44	科教文卫用地面积占比	科教文卫用地占公共管理与公共服务用地的比例	科教文卫用地面积/公共管理与公共服务用地面积×100%	国土三调及变更调查	%
45	水土流失	(见正文)	(见正文)	(见正文)	(见正文)
46	土地沙化	(见正文)	(见正文)	(见正文)	(见正文)
47	石漠化	(见正文)	(见正文)	(见正文)	(见正文)
48	未批先建占地比例	未经批准而被作为其他用途的土地面积占区域总面积的比例	未批先建土地面积/区域总面积×100%	自然资源综合统计	%
49	耕地转为建设用地比例	耕地转为建设用地面积占区域耕地总面积的比例	转为建设用地的耕地面积/区域上一年度耕地总面积×100%	国土三调及变更调查	%

续表

序号	指标	指标解释	计算方法	数据来源	指标单位
50	耕地种植非粮食作物比例	种植非粮食作物的耕地面积占耕地总面积的比例	种植非粮食作物的耕地面积/耕地总面积×100%	国土三调及变更调查	%
51	新增生态修复面积	水土流失、沙化治理、国土综合整治、矿山修复、石漠化等国土空间生态修复的累计面积，重叠区域不重复计算	新增生态修复面积=新增水土流失治理面积+新增沙化治理面积+新增国土综合整治面积+新增矿山修复面积+新增海洋生态修复面积+新增石漠化治理面积-任意两项治理重叠部分面积	自然资源综合统计	hm^2

资料来源：《自然资源调查监测数据评价技术指南（试点版）》。

表 2.11　综合评价指标框架

<table>
<tr><th>总目标</th><th>一级指标</th><th>目标</th><th>二级指标</th><th>子目标（6 维）</th><th>三级指标</th><th>四级指标</th><th>主题</th><th>基础指标</th></tr>
<tr><td rowspan="17">自然资源利用与禀赋协调发展</td><td rowspan="17">自然资源综合评价指数 CI</td><td rowspan="6">自然资源禀赋安全</td><td rowspan="6">自然资源禀赋安全度 Es</td><td rowspan="6">自然资源禀赋安全</td><td rowspan="3">自然资源禀赋 A</td><td rowspan="2">资源数量指数</td><td>资源数量</td><td>…</td></tr>
<tr><td>资源潜力</td><td>…</td></tr>
<tr><td>资源质量指数</td><td>资源质量</td><td>…</td></tr>
<tr><td rowspan="3">自然资源安全底线 T</td><td>耕地底线安全</td><td></td><td>…</td></tr>
<tr><td>生态底线安全</td><td></td><td>…</td></tr>
<tr><td>建设底线安全</td><td></td><td>…</td></tr>
<tr><td rowspan="11">自然资源利用</td><td rowspan="11">自然资源利用综合指数 U</td><td rowspan="3">提高利用效益</td><td rowspan="3">区域利用总效率 B</td><td>资源利用强度</td><td>利用程度</td><td>…</td></tr>
<tr><td>资源利用效益</td><td>利用效益</td><td>…</td></tr>
<tr><td>集约节约度</td><td>集约利用水平</td><td>…</td></tr>
<tr><td rowspan="2">保护生态功能</td><td rowspan="2">生态功能保护指数 E</td><td>生态保护度</td><td>生态保护状况</td><td>…</td></tr>
<tr><td>生态功能指数</td><td>生态系统功能</td><td>…</td></tr>
<tr><td rowspan="3">改善生活品质</td><td rowspan="3">生活品质度 L</td><td>生活便利度</td><td>生活便利</td><td>…</td></tr>
<tr><td>交通覆盖度</td><td>交通网络覆盖</td><td>…</td></tr>
<tr><td>景观文化度</td><td>景观文化</td><td>…</td></tr>
<tr><td>降低环境影响</td><td>环境影响度 I</td><td>土地退化度</td><td>土地退化</td><td></td></tr>
<tr><td rowspan="2">提升治理水平</td><td rowspan="2">治理水平指数 R</td><td>资源监管度</td><td>资源监管</td><td>…</td></tr>
<tr><td>修复度</td><td>生态保护修复</td><td>…</td></tr>
</table>

资料来源：《自然资源调查监测数据评价技术指南（试点版）》。注：Es=Endowment security 禀赋安全，A=Abundance 丰度（代表禀赋），T=Threshold 安全底线，B=Benefits 效益，E=Ecological 生态，L=Life 生活，I=Impact 影响，R=Response 响应，U=Using 利用。

2.4.6.2　区域自然资源综合评价指标体系构建

在全国统一的指标体系及评价框架下，根据筛选出的区域数据，按代表性、主导性、敏感性、可比性、可得性、简明性原则，应用问卷咨询法、系统分析法、因子分析法等方法，构建区域自然资源综合评价指标体系。指标体系是由若干反映自然资源禀赋与保护利用状况总体特征的相对独立又相互联系的指标所组成的有机整体。其中，指标是反映具体时间、地点的自然资源禀赋与保护利用状况特征的概念和具体数值，它包含缺一不可的名称与数值两部分。变量是以符号表示的指标，其值是随时间地点变化的量。指标（或变量）的具体数值叫指标值（或变量值）。

指标体系不含单独的自然地理条件（如地形地貌、气候水文等）、社会经济条件（如人口、GDP 等）等指标，仅含与自然资源禀赋及其保护利用直接或间接相关的指标。

指标分正向指标、负向指标和状态指标三类：正向指标，亦称戒上型指标，指标有一下限阈值，指标值大于下限阈越多越好，即数据值越大越好；负向指标，亦称反向指标、戒下型指标，指标有一上限阈值，指标值小于上限阈越多越好，即值越小越好；状态指标，亦称区间指标、峰型指标，指标有一最佳（目标）值，指标值越接近目标值越好。

2.4.7 自然资源综合评价指标值计算及其评价标准确定

2.4.7.1 指标值计算

根据指标属性及其数据来源的不同划分不同类指标，不同类指标的赋值或计算方法如下。

2.4.7.1.1 基础指标

基础指标为指标体系中最底层指标，它包括单指标和衍生指标。

单指标计算指直接从自然资源调查监测成果数据集或相关调查数据集中选取的获取变量数据，如耕地面积、水资源总量、森林蓄积量等。

衍生指标计算指由两个以上单指标、或单指标与相关指标按照一定规则合成计算的指标。比如国土开发强度、单位人口增长消耗新增建设用地量、水源涵养量等。

2.4.7.1.2 综合指标

综合指标是根据基础指标或次级综合指标组合复合而成的指标（即表 2.11 中一级至四级指标）。综合指标的计算按照后文方法合成计算。

区域自选特色综合指标的计算可参照进行。

2.4.7.2 指标标准值确定

标准值包含理想值、临界值、阈值等。其中基础指标的评价标准值，可据以下方式确定：

2.4.7.2.1 国家、行业及地方标准值

评价指标具有国家标准值、行业标准的，直接引用国家标准值、行业标准作指标因子评价等级的依据。这类指标主要有耕地质量、地表水、地下水环境质量等指标。

省级以下评价，当缺乏国家和行业标准时，可据地方制定的法律、法规、制度及各类技术标准确定。

2.4.7.2.2 指标目标值

对于已有规划或规定的指标，可以以规划末期目标值为标准值。如耕地保有量、永久基本农田保护面积等。

2.4.7.2.3 区域对比值

一些指标可选择具有可比性临近地区或发达地区的指标值的统计值为标准。

统计值可以是参比区数据（或其抽样数据）的平均值、众值、中值、分位数等统计参数，也可依据数据分布曲线拐点确定（数据拐点表征指标状态变化的临界值）。

“参比区数据”以全国数据（或其抽样数据）为首选（以可进行全国比较），区域数据次之。

2.4.7.2.4 区域统计值

区域统计值指以评价区数据为基础的统计值。

一些地方特色指标，可依据实地情况，以评价区域数据的平均值、众值、中值、分位数或区域数据分布曲线的拐点，确定为标准值。这类指标主要有资源破坏、损毁等。

参与标准统计的数据集或样本必须在高一级尺度上进行：地方标准，需在全省数据或其抽样数据上计算其统计参数或依据分布曲线拐点确定。

2.4.7.2.5 专家咨询值

缺乏上述依据和标准时，可选择能反映当地实际情况、并较高代表自然资源禀赋与利用典型方面的区域进行对比研究，经专家咨询途径确定区域标准值。

2.4.7.2.6 综合指标的评价标准

综合指标的评价标准可据以下方法确定。

（1）标准值代入计算法

标准值代入计算法是指将指标的标准值作为实测值代入到综合指标计算公式中，计算得到的值即为综合指标的标准值。

标准值代入计算法的应用分两种情况：

1）参与该综合指标计算的全部指标，是以全国或区域平均值（或中值、众值）为参照时，以该参照值代入综合指标计算公式，得到的综合指标值即为该综合指标的标准值，如自然资源禀赋标准值、自然资源底线安全标准值。当参比对象数据分布极差较大时，建议以中值为参照。当数据较集中可用众值为参照。其余情况一般可用平均值为参照。

2）参与该综合指标计算的全部指标，是以国家、行业及地方标准值（或规定值、推荐值）为参比，采用标准值比例推算法，以标准值代入综合指标计算公式，得到的综合指标值即为该综合指标的标准值。如生态功能指数、土地退化度标准值。

若参与该综合指标计算的指标中有一个指标缺乏参比值，则该综合指标的标准确定需按统计方法进行。

（2）统计方法

依据全国（或其抽样）或参比区数据计算得到的结果数据集，以统计参数确定，如平均值、标准差、众值、中值、分位数等。或据其频率分布，以累积频率曲线确定。

2.4.7.3 指标值的等级划分

不同类型指标按不同指标等级分值计算方法（见后文），得到的等级分值大小，按照不同指标的等级划分阈值，进行指标值等级划分。

可将指标值分为5个等级：以Ⅲ等为中等，表示与参比区（如全国）平均水平大体相当。从Ⅲ等往两个极端方向，分别分为较好、好、较差、差4个等别，以Ⅰ等为最好，Ⅴ等为最差。不同指标，Ⅰ、Ⅱ等和Ⅳ、Ⅴ等与参比区平均水平的差别因指标属性及其数据变异程度而异。

指标值5个等级对应以不同颜色表示（表2.12）。

表 2.12 指标值等级含义及颜色表示

等级	Ⅰ等	Ⅱ等	Ⅲ等	Ⅳ等	Ⅴ等
含义	好	较好	中等	较差	差
解释	优于标准区平均水平	较优于标准区平均水平	与标准区平均水平相当	较劣于标准区平均水平相当	劣于标准区平均水平
颜色					
R∶G∶B	0∶176∶80	146∶208∶80	255∶255∶0	255∶192∶0	255∶0∶0

对不同自然资源禀赋与利用类型区，可在全国统一的指标等级分值计算结果上，以不同的权重或修正系数对指标或等级分值进行修正。

2.5 综合指标合成方法

2.5.1 基本原则与方法概况

2.5.1.1 概述

2.5.1.1.1 构建综合指标常规方法

目前，世界上综合指标的数量逐年增长，众所周知的例子是联合国的人类发展指数（Human Development Index，HDI[1]）和技术成就指数（Technology Achievement Index，TAI[2]）。将多个单项指标合成为综合指标的方法亦有许多，常用的方法有线性加权综合法（线性加总法）、算术平均法、几何平均法、层次分析（AHP）法、回归分析、因子分析等，及非常规方法，如人工神经网络（Artificial Neural Network，ANN）法、模糊综合评价法、灰色系统法、遗传算法等。

可将指标合成方法分为线性评价方法和非线性评价方法两大类，线性合成方法，如线性加总法，是将指标标准化后按照权重进行线性加权汇总，这也是实际工作中用得最多的一种评价方法。当采用线性加权综合法集结信息进行指标合成时，指标值与评价值之间具有线性关系，以此为基础构建的评价方法属于线性评价方法。非线性评价方法进行评价，就是评价得分与评价指标之间并非简单的线性关系，如几何平均、人工神经网络等。当采用几何平均法和调和平均法等集结信息时，指标值与评价值之间具有非线性关系，以此为基础构建的评价方法属于非线性评价方法。对于主成分分析和因子分析等方法，评价值与主成分和公共因子之间具有线性关系，是线性评价方法。

线性评价方法得到的分值是一种参数结果，在多属性评价中，绝大多数评价方法属于参数评价，评价结果为分值；少部分评价方法属于非参数评价方法，评价结果为排序。

2.5.1.1.2 变量、组成指标及其综合指标

自然资源综合评价指标体系是由若干反映自然资源禀赋与保护利用状况总体特征的相对独立又相互联系的指标所组成的有机整体。其中指标是反映具体时间、地点的自然资源禀赋与保护利

[1] HDI 是由联合国开发计划署（UNDP）1990 年提出的用以衡量人类发展关键方面平均成就的综合指标，以长寿与健康的生活、知识的渊博、生活水平体面 3 个维度的归一化指数的几何平均值表示。

[2] TAI 由 UNDP 2002 年提出，试图解释一个国家与现代技术的创造和传播有多接近，反映了一个国家参与旨在带来新时代的科学创新的潜力。设计了新技术创造、新创新扩散、旧有技术扩散和人的技能发展 4 个维度指标。TAI 将国家划分为四大类：技术成就领导者、技术成就潜在领导者、技术成就积极采纳者和技术成就边缘国。

用状况特征的概念和具体数值，它包含缺一不可的名称与数值两部分。变量是以符号表示的指标，其值是随时间地点变化的量。指标（或变量）的具体数值叫指标值（或变量值）。指直接从自然资源调查监测成果数据集或相关调查调查数据集中选取的获取变量数据，如耕地面积、水资源总量、森林蓄积量等。

由两种以上指标（或变量）组合生成新的指标过程为指标和聚合或合成。前者，即参与合成的指标可称为组成指标 CIs（Component Indicators，CIs）或成分指标；后者，为综合指标 CI（Component Indicator，CI），也可称为综合指数、或聚合指标（指数）、复合指标（指数）、合成指标（指数）等。

2.5.1.1.3 指标合成的方法论

在综合评价指标体系中，各子体系指标既然是一个类，则就必须有聚合在一起的理由，有科学合理的依据。自然与社会经济复合系统的复杂体系涉及多方面现象，其概念的复杂性和多层面性质要求界定中间目标，这些目标可以通过不同维度表示的一组指标的数学组合（或称为聚合、合成）来观察和衡量，如按功能、种类、相关等不同维度进行聚合。

（1）指标模型的构思

从方法论上讲，将多个变量或指标组合在一起构建综合指数的本质上是从 $Rn \to R$ 中找到一个对应于 n 个合成指标/变量的函数 f（Chakrabartty，2017）。对于纵向数据，指标可以被视为变量。同样，在特定时间段（例如年份）内，特定区域、特定行业下指标也可以被视为变量。

指标（或综合指标）是一个或多个变量的函数，用于衡量特定目标或结果的实现程度，提供对目标特定方面的度量。然而，对预期目标很少能用单一指标来衡量，几个指标的组合可以更准确地衡量一个具体目标。综合指标可用于总结复杂或多维问题，并对评价单元在复杂问题上进行排名等。综合指数的目标是找到结合所有已识别变量或指标的衡量标准，以反映总体现状/进展或与一组可量化目标的总体距离。

构建综合（或复合）指标是汇总一组单独的指标，它是一种概念性与数学性结合，其基础是有一个明确定义的衡量模型，当单个指标根据评价主题的多维概念的基本模型汇成一个单一的指数时，就形成了一个综合指标。显然，这可以通过降低维数（使用适当的测量模型）来获得。根据评价主题（概念）与其指标间的因果关系，从方法论上可分为从概念到度量的反映模型和从度量到概念的形成模型两种（Mazziotta et al.，2015）：

最流行的方法是反映模型（reflective model），该模型中单个指标表示潜在变量的影响（或表现），因果关系是从概念到指标的，现象的变化导致其所有衡量标准的变化。即使不能直接测量概念，但它独立于研究者的意识而存在。具体而言，潜在变量 R 表示反映该概念的所有指标 X_i 共享的共同原因，每个指标对应于变量的线性函数加上测量误差：

$$X_i = \lambda_i R + \varepsilon_i \tag{2.17}$$

其中 X_i 是 i 指标；λ_i 是 R 对 X_i 的影响系数（负载）；ε_i 是指标 i 的测量误差，假设测量误差是独立的，与潜在变量无关。该式是一个简单的回归方程，其中单个指标是因变量，潜在变量是解释变量。主成分分析（PCA）/因子分析（FA）即基于反映模型。

反映模型的基本特征是指标可互换，删除指标不会改变基本概念的本质，指标之间的相关性由测量模型解释。一个典型的例子是一个人的“智力水平”决定了问卷的答案。反之亦然，如果一个人的智力得到认可，这将伴随着对所有问题的正确答案的增加。

第二种方法是形成模型（formative model），根据该模型，单个指标是潜在变量的原因，而不是其影响结果，其因果关系是从指标到概念的，现象的改变并不一定意味着其所有测量的变化。在此模型中，概念由观察到的变量定义，或者是观察到的变量的函数。形成模型的形式是：

$$R = \sum_i \lambda_i X_i + \zeta \tag{2.18}$$

其中 λ_i 是 R 对 X_i 的影响系数，ζ 是一个误差项。该式表示一个多元回归方程，其中潜在变量是因变量，指标是解释变量。

在这种情况下，指标是不可互换的，省略指标就是省略了基础概念的一部分，并且指标之间的相关性（r_{ij}，$i \neq j$）不能通过模型来解释。一个典型的例子是衡量社会福祉，它取决于健康、收入、服务、环境等，而不是相反。如果这些因素中的任何一个得到改善，幸福感也会增加（即使其他因素没有改变）。然而如果幸福感增加，并不一定伴随着所有因素的改善。

（2）补偿性和非补偿性方法

指标聚合方法分为线性、几何和多重标准三类其实有点误导性，因为所有这些方法都包含在多标准决策分析框架中。一个独特的分类是在“补偿性”和“非补偿性”方法之间进行选择。补偿的定义可以归结为权衡取舍，线性和几何聚合方案属于“补偿性”聚合方案；而“非补偿性”聚合方案包含其他多标准方法，考虑指标成对比较的优先关系，例如指标的成对比较。

在补偿性汇总方法中，线性方法在综合指标中是最常用的，在这种基于加法效用的方法必须考虑两个一般问题。首先是假定指标之间有“优先独立性”；其次是重要性和权衡权重的两种感知之间的转化存在鸿沟。更具体地说，如果通过将权重视为指标的重要性度量来设置权重，人们很快就会发现，在这种聚合设置中，这远非实际发生，并且是常态而不是例外。这产生了一个悖论，即用户认为权重是评估变量重要性的，而这种感知可能严重偏离。发生这种情况是因为此设置中的权重被视为指标对之间的权衡，因此从一开始就被分配。这种权衡意味着指标和维度之间不断的可补偿性。因此，一个单位可以在一个维度上补偿损失，在另一个维度上获得收益。然而，在某些情况下，这远非可取。例如，一个假设的可持续性 y 指数，经济增长可以在补偿方法的情况下弥补环境层面的损失。在线性聚合中，始终假设恒定补偿以指标对之间的替代率。

这个问题的一个部分解决方案可能是使用几何聚合。当指数的制定者只希望“某种”程度的可补偿性时，就采用这种办法。虽然线性聚合假设所有情况下的权衡都是恒定的，但几何聚合为具有较低值（收益递减）的指数提供了较差的可补偿性。如果补偿完全“无弹性”，或仅解释为“重要性系数”，那么非补偿性方法是理想的。

非补偿性方法可以给定每个指标的权重（重要性系数）和其他一些偏好参数（如无差异、偏好和否决阈值）。其聚合分为以下步骤：①根据整套指标对单位进行成对比较，创建“排名靠前矩阵”；②在排名靠前矩阵的利用过程中选择一种正确聚合的方法，如 Borda 方法、最大似然原理获得的排名等。

（3）指标模型构建的属性方式

按指标属性区分聚合方式，有按指标的功能聚合和相关度聚合等。按指标的功能聚合是指将评价同一侧面或同一子目标的单项指标放在一个模块之内，而将不同评价目标的指标放入不同的模块之中。这是综合评价指标体系结构的最基本要求。所有的指标体系，尤其是应用功效函数或概念模型法时，都必须依此进行聚合，是初构评价指标体系进行聚合优化的主要方法。可采用的具体方法主要有层次分析法。

按相关度聚合是指将彼此相关程度或相似程度高的评价指标聚在一个模块之中，而将不太相似的指标放入其他类。它作为功能聚合方法的补充，可以消除一些机械聚合与顺序聚合等不合理的指标分类结构。多元统计分析法便是相关性聚合，其聚类分析、主成分分析、因子分析法等都与相关系数有关。相关性聚合只适用于对最底层的指标层进行组合，而不能对所有指标进行一次性聚类，否则很可能与功能聚类结果相矛盾；对于功效函数法及概念模型法进行组合时，亦不能进行相关性聚合。

在自然资源综合评价指标体系中，可按功能与相关性两种方式聚合，而不宜采用按自然资源类型的方式聚合。后者变成了各类自然资源的单项评价的汇总，有悖于综合评价的初衷。

2.5.1.2 综合指标构建的相关因素

众所周知，建立一个综合指标，从数据可用性和单个指标选择的障碍，到为了比较（归一化）和聚合（加权和聚合）而对其进行的处理，是一项充满陷阱的微妙的任务。综合指标的构建需要根据指标类型（可替代/不可替代）、聚合类型（简单/复杂）、要进行的比较类型（相对/绝对）、指标的权重类型（主观/客观）等因素寻找最合适的方法。

（1）指标间的相关性

由两种以上的单指标组合而成指标的称为综合指标 CI（Component Indicator），也可称为综合指数、或聚合指标（指数）、复合指标（指数）、合成指标（指数）等。指标的合成并没有固定的经验规则，它可能取决于目的、概念相关性、数据的一致性和可得性等。然而，相关的问题是组成指标 CIs（Component Indicators，指组成综合或合成指标的单指标）是否与综合指标 CI 有很强的相关性，或者组成指标之间的相关性是否微不足道？指标之间的相关性越高，数据集中的统计维度就越少。

观察到所有组成 HDI 的 CIs 高度相关性，Ogwang（1994）认为，人类发展指数并没有揭示超出 GDP 或预期寿命所描绘的任何东西；McGillivray（1991）发现，人均 GDP 的排名与 HDI 的排名之间的斯皮尔曼排名相关性值为 0.893。一个指标与综合指数的高度相关性可能意味着不需要构建综合指数，因为在这种情况下，可以使用前者代替 CI。同样，如果合成指标之间具有高度相关性，则 CI 可能不是真正的多维。建议尽量避免两个组成指标之间的高度相关性。例如，港口绩效指数不应涵盖集装箱运输量和集装箱数量，因为它们几乎完全相关。更好的办法是考虑集装箱在港口货物总量中的比例。

（2）指标的标准化

所选变量或指标通常会被转换或标准化。标准化或转换的方法将对 CI 产生影响。例如 Kovacevic（2011）发现预期寿命（Life Expectancy，LE）和人类发展指数（HDI）之间的相关性是最大的（$r=0.92$），而与 GDP 的相关性是最小的（$r=0.71$）。但是，当使用对数变换时，$r_{\mathrm{HDI},ln(\mathrm{GDP})}>r_{\mathrm{HDI,GDP}}$，且 $r_{\mathrm{HDI,LE}}$ 是最小的。如果不注意这些变换的性质，变换可能会改变指标原始的特征并可能产生混乱的结果。

标准化指标的常用方法如 $Z=\dfrac{X-X_{\min}}{X_{\max}-X_{\min}}$，这样归一化在很大程度上取决于极值和 $X_{\max}-X_{\min}$。对于这种标准化，评价单元 A 的分数是相对于其他评价单元的表现而言的，A 评价单元分数的积极变化并不一定意味着增加（可能只是由于其他评价单元的表现下降）。然而，对于这样的归一化过程，X 中每增加一个单位，Z 的增益并不均匀，从下面的假设示例中可以看出：

让指标 X 取值：90、85、80、58、96 和 70。显然，$X_{\max}=96$；$X_{\min}=58$；$X_{\max}-X_{\min}=38$。将 X 从 80 增加到 90 时的标准化值（Z）增益 $=0.2632$。归一化后 X 从 85 增加到 90 的类似增益 $=0.1032$，小于 $0.2632/2=0.1316$。换句话说，$X-Z$ 曲线不是线性的。

（3）组合方法或函数形式

权重的选择是加权和方法的核心问题。有三种方法来确定合成指标的权重，即规范性（以主观方式确定）、数据驱动（客观确定）和混合的。CI 的进一步使用和 CI 的解释在很大程度上取决于组合的方法。基于方差、协方差获得综合指数的方法在尺度变化下不是不变的，异常值的存在会影响主成分分析的解释。

基于主成分分析的方法倾向于忽略（或权衡）那些与复合指标没有强相关性的成分变量/指

标，即使它们在理论上和实践上都很重要。因此，有必要构建一个本质上更具包容性的综合指标。

(4) 指标的性质

对于综合指标，将一组指标的分值组合成一个综合指标的分值，这些分值结合的数学方法起着至关重要的作用：

A. 指标的量纲

对于某项任务，“A 方”需要 8 周时间，报价为 8000 元；“B 方”报价为 10000 元，需要 5 周的时间。CI 以零时间和零元为假设理想点，基于与理想点的距离进行评估决策。A 的时间与报价可被视为具有坐标（8，8）的点，B 为（5，10），单位为周、千元，点 A 和原点间的距离的平方（D_A^2）是 128，D_B^2 是 125。因此，B 是首选，因为它更接近理想点。但是，如果考虑的是元，而不是千元，则 D_A^2 = 64000064，D_B^2 = 100000025，这暗示了 A 是首选。该示例意味着在一个标准变量中，比例的微小变化可以逆转决策。这是因为距离在尺度变化下不是不变的，这是距离的数学证明。

B. 主观权重

例如一个由技术和财务两部分组成的招标方案，总分是技术和财务的加权总和。如果技术和财务的权重发生变化，主观权重的不合理，测量的凸性（凸性是对价格曲线弯曲程度的一种度量）被违反，并使我们对总组合分数的数学矩阵属性一无所知。组合合成指标是要找到总体指标或综合指标的各种方法，并讨论此类组合的属性，以及确定关键指标或纠正措施或政策决策，以促进监测等。

2.5.1.3 综合指标构建的基本原则

据综合评价系统组成要素间的相互关系，笔者曾提出综合评价指标构建四项基本原则（张建新等，2015）。

2.5.1.3.1 乘法原则

系统要素为并列型，且其间相互影响的相关关系具有成倍的带动效应，变量间的数量关系为乘数关系，如“禀赋”体系中的“数量”与“质量”为并列的乘数关系，“质量”变化一个等级带给“数量”的影响可能是成倍的，这种综合指标对其要素（变量值）间差异变动的反应敏感。合成综合指标需着重强调要素水平的一致性，并突出较小变量值的影响，因此合成具乘数关系的综合指标可按乘法原则取几何平均。

2.5.1.3.2 加法原则

系统要素为叠加型，变量间关系相对独立，变量值间为线性补偿关系，上一级综合指标对变量值间差异变动的反映不太敏感，综合指标可按加法合成，其突出了较大评价值及权重较大者的作用，为主因素突出型方法。综合指标合成可按加法原则取算术平均。

2.5.1.3.3 代换性原则

系统要素为互补型，变量间为相关关系且其数量具完全补偿关系，如能源资源中的煤、石油和天然气，可按能量系数进行转换，指标间具有可替换性或互补性，上一级综合指标对变量值间差异变动的反映最不敏感，其合成方法可按重要性加权，合成结果取决于评价值中的最高水平，为主因素决定型。

2.5.1.3.4 取小原则

系统要素为限制型，变量间关系不一定，上一级综合指标对变量值间差异变动的反映取决于最小变量值，综合指标合成，如一些“功能退化”类综合指标合成，可据李比希定理（短板理论），取最小值，以体现它的限制作用。

实践中，上述四项基本原则可以混合运用，如加法原则与乘法原则的混合合成；以及反向运用，如与“取小原则”相反的“取大原则”。

2.5.1.4 构造复合指标的步骤

2.5.1.4.1 一般准则

构建复合指标是一项复杂的任务，其阶段涉及影响结果质量和可靠性的几种替代方法和可能性。这种方法的主要问题涉及理论框架的选择，数据的利用能力，更具代表性的指标的选择及其处理，以便比较和汇总它们。一般有以下步骤（Mazziotta et al.，2013）：

1）定义要评价的现象。概念的定义应清楚地说明综合指数所衡量的内容，它应提及一个理论框架，将各种分组和基本指标联系起来。

2）选择一组单独的指标。理想情况下应根据指标的相关性、分析的可靠性、及时性、可及性等来选择指标。选择步骤是在信息重叠可能导致的冗余与丢失信息的风险之间进行权衡的结果。指标选择的统计方法涉及计算潜在指标之间的相关性，然后包括相关性较低的指标，以尽量减少冗余。

3）规范化各个指标。这一步骤旨在使指标具有可比性。在任何数据聚合之前都需要规范化，因为指标通常具有不同的度量单位。因此，有必要将指标转换为纯粹的、无量纲的数字，从而使指标达到同一标准。规范化的另一个目的是，一些指标可能与被测量现象正相关（正“极性”），而其他可能与它负相关（负“极性”）。我们希望对指标进行归一化，以便归一化指标的增加与综合指数的增加相对应。有各种归一化方法，例如排名、重新标度（或最小-最大转换）、标准化（或 Z 得分）、指数转换（如参考“距离”）。

4）聚合规范化指标。它是所有组分的组合，以形成一个或多个复合指标（数学函数）。可以使用不同的聚合方法。最常用的是加法方法，从汇总每个指标中的单位排名到聚合原始指标的加权变换。多元统计技术中的主成分分析经常被使用。

需要强调的是，理论部分（现象的定义和指标的选择）与统计方法学部分没有区别，因此，单个指标的选择并不独立于聚合方法的选择。

对于综合指数的构建，没有通用的方法。在每种情况下，它们的结构在很大程度上取决于特定的应用，包括形式和启发式元素，并结合一些关于这种现象的专业知识。

2.5.1.4.2 方法选择依据

如前所述，在选择汇总单个指标的方法时，要考虑的主要因素有：指标类型（可替代/不可替代）、聚合类型（简单/复杂）、比较类型（绝对/相对）、权重类型（客观/主观）等。并不总是有一个“完善的”解决方案，有时可能需要放弃某些要求，以满足其他要求。

（1）指标类型

它是影响聚合方法选择的主要因素之一。如果一个组成部分的赤字可以被另一个组成部分的盈余补偿（例如，一个组成部分的低值“煤”可以被“石油”的高值所抵消，反之亦然）。同样，如果不允许其中有补偿，则综合指数的组成部分是“不可替代的”（例如，“人均水资源量”的低值不能被“人均土地资源量”的高值所抵消，反之亦然）。因此，我们可以定义一个“补偿性”或“非补偿性”聚合方法，这取决于它是否允许可补偿性。补偿方法涉及使用加法方法，例如算术平均值。对于部分补偿性或非补偿性方法，通常采用非线性方法，例如几何平均值或多标准分析。

（2）聚合类型

“最佳”聚合方法的选择还取决于工作的目的和“用户”（研究人员或公众）的类型。通常，聚合方法可以被认为是“简单”或“复杂”。我们说，当使用易于理解的数学函数（例如，HDI）时，聚合方法是“简单的”。相反，如果使用复杂的模型或多变量方法（例如，主成分分析），则聚合方法被称为“复杂”。

（3）比较类型

数据归一化首先取决于所要求的时空比较的类型：“绝对”或“相对”。Z 得分的标准化或变换只允许进行随时间变化的“相对”比较，因为它基于参比时刻指标的平均值和方差。其他方法，如重新标度，要求极值或基数的定义独立于数据，以便以“绝对”术语进行比较。

（4）权重类型

为了权衡各个指标而选择一个权衡系统的问题，根据其在表达所研究现象中的不同重要性，需要引入一个任意的成分。最简单（但有问题）的解决方案是为所有组分分配相同的权重（相等的权重）。在这种情况下，最合适的标准化方法是 Z 值标准化，它使所有指标具有相同的方差。或者“主观”权重可以由一组专家来设定，以确定单指标的重要性。最后，可以使用“客观”加权，选择一种方法，分配与指标变异性成比例的权重（变异性水平较低的指标权重较小，而变异性较高的指标的权重将大得多）。请注意，尽管使用简单的均值，但可以通过适当的标准化函数隐式权衡指标 。

2.5.1.4.3 操作流程

图 2.7 显示了在构建复合指数时选择“最佳”方法的流程图，以及每个“路径”（假设和要求）的主要可能解决方案（标准化、加权和聚合）。

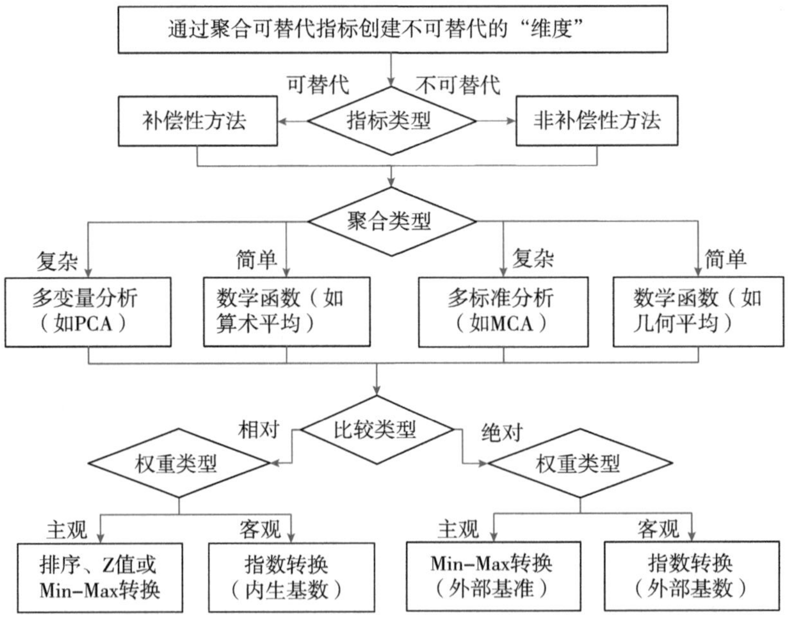

图 2.7　选择构建复合指标“最佳”方法的流程图

如果要测得该现象可分解为多个维度，每个维度都由单个指标的子集表示，那么为每个维度（或“支柱”）建立一个复合指数，然后通过部分综合指数的聚合获得整体指数，可能会更方便。在这种情况下，可以在每个维度中采用补偿性方法，在各个维度中采用非补偿性或部分补偿性方法。

可替代指标最常用的聚合满足要求是加法指标，例如简单算术平均值或主成分分析

(PCA)。对于不可替代的指标，改用非线性方法，例如乘法函数（部分补偿法）或多准则分析法（非补偿法）。

专注于基于数学函数使用的方法，归一化的类型取决于要进行的时空比较的性质以及分配给各个指标的权重。

对于与主观权重（相等或不同权重）的相对比较，我们建议使用排名、Z 得分或最小-最大变换。为了分配与指标的可变性成比例的目标权重，更合适的是指数变换，其中假设分布的平均值，最大值或其他参考值（内生基数）作为基准。

对于绝对比较，不可能使用排名或标准化。在主观加权情况下，有必要采用最小值和最大值与分布无关的最小值-最大值变换（外生基准）；而在客观加权的情况下，使用具有外部固定基数的指示是一个很好的解决方案（外生基数）。

上述方案包含合成一组单指标的一般准则。除了所使用的程序之外，综合指数还为简化提供了不可替代的贡献。

2.5.2 加法合成法

2.5.2.1 线性加权综合法

目前合成所选指标/变量的最常用方法是线性加权综合（加总）法，其公式是：

$$CI_c = \sum_{q=1}^{Q} w_q I_{qc} \tag{2.19}$$

$$\text{且} \sum_{q}^{Q} w_q = 1;\ 0 \leqslant w_q \leqslant 1;\ q = 1,\ \cdots,\ Q;\ c = 1,\ \cdots,\ M$$

式中：w_q 为权重；I_{qc} 为评价单元 c 的第 q 个指标值。

尽管该方法广泛使用，但这种综合对单个指标的性质施加了限制。特别是要获得一个有意义的综合指标取决于单指标的质量及其衡量单位。此外，对权重的解释亦具有重要的意义。

当使用线性加权综合的充分必要条件是独立性：给定一个指标 $\{x_1,\ x_2,\ \cdots,\ x_Q\}$，当且仅当这些指标相互独立时才存在加性聚合函数。

独立性是一个非常重要的条件，因为它意味着两个变量之间的权衡比率是独立于其他变量的值。这意味着在操作层面，一个聚合函数允许分别评估每个变量的边际贡献，然后将这些边际贡献可以加在一起汇成一个总值，不存在变量的协同效应或冲突。这似乎是一个相当不切实际的假设。例如，如果涉及环境维度，使用线性聚合就意味着在一个生态系统的不同方面之间不存在协同效应或冲突，然而，“实验表明，SO_2、NO_x、NH_3 和 O_3 对植物生长的联合影响要比这些物质单独（线性）添加的影响要严重得多”。因此，加法合成可能产生一个有偏倚的复合指标，即它不能完全反映其单个指标的信息、尺度和方向。

综合指标 CI_c 中的权重分配有两种方式：一是根据某些信息或考虑因素确定权重的，对指标变量数据而言具有外源性；二是权重方法是内生确定的，即 $w = f(X)$。最稳健的综合指数是使用外源性的，因为当 w 用作参数时，$CI = \varphi(X \mid w)$。然而当权重是内生时，有 $CI = \varphi(X, f(X))$，复合指标 CI 不仅取决于指标变量 X，还取决于函数 f，该函数从 X 获得权重 w。

因此，Mishra（2008）通过指标变量的线性组合构建了 13 种不同类型的综合指数：不同指标变量的权重是通过最大化复合指数与组成指标变量的平方（以及绝对）相关系数之和来获得的。Mishra 使用了皮尔逊等 7 种不同类型的相关系数，综合指数也可通过最小相关性的最大化来构建。基于稳健相关度量的指标，如改进的坎贝尔和斯皮尔曼，以及基于最大最小值的方法，都是非常出色的。使用这些方法，可以获得复合指数，这些指数具有自有灵敏度和同种异体稳定性。这 13 种复合指数都是基于 X 的 X_{11} 而构建的，其中除了 1 种是由变量的简单算术平均值构造的，所有其他综合指数是基于不同相关系数的最大值。

2.5.2.2 排名法

最简单的加法合成法是根据每个指标值计算每个评价单元名次，并对排名结果汇总。该方法是基于序数信息（Borda 规则）。它很简单，而且与异常值无关，然而信息的绝对价值却丢失了。其公式为：

$$CI_c = \sum_{q=1}^{Q} Rank_{qc} \tag{2.20}$$

式中：CI_c 为评价单元 c（$c=1$，…，M）的某复合指标；$Rank_{qc}$ 表示评价单元 c 的第 q 个指标（$q=1$，…，Q）的排位（即排序）。

Borda 规则是一种排序投票法。例如一个选举有 3 个候选人甲、乙、丙，结果如下：4 张选票为甲>乙>丙；5 张选票为甲>丙>乙；7 张选票为丙>乙>甲。按简单多数规则，得分（以 s 表示）排名第一得 1 分，排第二、三不得分，即 $s1=1$，$s2=s3=0$，则甲 9 票，乙 0 票，丙 7 票，结果是甲当选。这简单多数规则的弊端是较易选出极端或争议人士，可能会让 51%的人最满意，而无视 49%的人的利益。按线性波达数规则，排第一得 2 分，排第二得 1 分，排第三得 0 分，即 $s1=2$，$s2=1$，$s3=0$，则甲 18 分，乙 11 分，丙 19 分，结果是丙当选。造成这一结果的原因可能是丙的 7 名支持者采用的是策略选举，一致将甲排在最后。如果采用瑙鲁议会规则，$s1=1$，$s2=1/2$，$s3=1/3$，则甲 11.33 分，乙 7.17 分，丙 10.83 分。结果是甲当选。瑙鲁议会规则将反对者的声音控制在一人一分以内，限制了策略选举的影响。Borda 规则是每个选民在选票上对所有候选人进行排序，每个候选人按照不同的排序名次获得相应的波达数或积分，积分最高的候选人赢得选举。每个投票人按喜好排列候选者。如果候选者 x 在某张选票上排第 n 位，它就得某个分数 sn。将所有投票人给候选者 x 打的分数 sn 加总，分数累计下来最高分的候选者 x 便赢得选举。分数规则满足单调递减 $s1 \geqslant s2 \geqslant \cdots \geqslant 0$，且为非负值。

2.5.2.3 相对给定基准的指标数计算法

该方法是基于高于或低于给定基准值的指标个数，该方法使用每个指标名义上的分数来计算平均值周围高于和低于任意定义阈值的指标数量之间的差异，其公式为：

$$CI_c = \sum_{q=1}^{Q} \operatorname{sgn}\left[\frac{I_{qc}}{I_{q0}} - (1+p)\right] \tag{2.21}$$

式中：sgn 为符号函数，当 $x>0$，$\operatorname{sgn}(x)=1$；当 $x=0$，$\operatorname{sgn}(x)=0$；当 $x<0$，$\operatorname{sgn}(x)=-1$；I_{qc} 为评价单元 c 的第 q 个指标值；I_{q0} 为第 q 个指标的基准值；p 为阈值，可以任意设置为高于或低于平均值。

与前面的方法一样，它很简单，而且不受异常值的影响，但是间隔级信息丢失了。例如，假设 a 指标值高于平均值 30%，b 值高于 25%，阈值为高于平均值 20%，尽管 a 的得分高于 b，a 和 b 都被平均视为“高于平均水平”。

该方法的示例参见后文 §3.3.3。

2.5.3 乘法合成法及幂平均法

2.5.3.1 幂平均合成模型

2.5.3.1.1 幂平均函数式

算术平均、几何平均、调和平均、平方平均等四类平均及其加权平均法应用最为普遍。这类平均法合成综合指标的方法被称为“幂平均”合成模型。幂平均（power mean）也叫广义平均，是算术、几何等平均的一种抽象化。幂平均结论的直观性和通俗性使其为最基本的合成方法。以“平均数”表现的综合值可以使合成值与单指标值的物理意义一致，评价过程各环节之间没有信息转换关系，可以直观观察评价值的“好坏”，且各环节都有众多的方法可供选择，可以进行多方位的组合，因此这类方法的内容最为丰富，也是实用的方法。其他一些综合评价方法人们一般无法直接从合成值评判对象的绝对水平，如人工神经网络（ANN）方法等，构权的过程与量化过程合二为一；模糊综合评价方法则允许采用一些特殊的算法进行综合，且通常将评价问题划分为若干个不同的评语等级；灰色系统综合评价法则采用了灰色关联指标。

幂平均模型可用一个函数来概括：

$$M(k)=(1/n\sum x_i^k)^{1/k} \tag{2.22}$$

对于给定的一组数值 x_i，k 是一个正实数，M（k）是一个关于 k 的幂函数，也叫“平均数函数”，k 取不同值，为不同的平均方法：

当 $k=1$，为算术平均法，$M(1)=(1/n\sum x_i)$，记为 A；（2.23）

当 $k=-1$，为调和平均法，$M(-1)=\dfrac{n}{\sum\dfrac{1}{x_i}}$，记为 H；（2.24）

当 $k\to 0$，为几何平均法，$M(\to 0)=\sqrt[n]{\prod x_i}$，记为 G；（2.25）

当 $k=2$，为平方平均法，$M(2)=\sqrt{\dfrac{\sum x_i^2}{n}}$，记为 Q；（2.26）

当 $k\to-\infty$，为最小值法，$M(\to-\infty)=\min(x_i)$，记为 min；（2.27）

当 $k\to+\infty$，为最大值法，$M(\to+\infty)=\max(x_i)$，记为 max。（2.28）

上述合成值计算，除最小、最大值法外，在变 x_i 加上一权重，即为加权平均：

$$M(k)=(1/n\sum w_i x_i^k)^{1/k}，w_i\text{ 为归一化权数。} \tag{2.29}$$

取大法、取小法还可有如下形式：

$$\max=\mathrm{Max}-\prod(\mathrm{Max}-x_i)^{w_i} \tag{2.30}$$

其中，Max 为单项指标的理论最高评分值，x_i 为第 i 单项指标评价值，w_i 为相应归一化权数。可以看到，只要有一项指标达到 Max，总评价值 M 就可达到最高值，“一好百好”。实际应用可以通过拔高标准，先进行“倒扣式逆变换”无量纲化，然后采用几何平均加权合成。最后对综合评价值再做了一次倒扣逆变换，使方向变回“正”向。

$$\min=\mathrm{Min}-\prod(x_i-\mathrm{Min})^{w_i} \tag{2.31}$$

与式（2.30）相反，Min 为单项指标的取值下限，为“一票否决法”的惩罚型代换法合成值。实质上是对单项评价值进行简单的线性变换之后再采用几何平均公式加权合成的。这种变换没有改变单项评价值的方向，因此代换法的结果仍然是普通几何平均法的“惩罚落后”的原则。当 Min=0 时，其实就是加权几何平均数公式。

2.5.3.1.2 幂平均函数的性质

M（k）是单调不减函数，各方法之间存在关系：min≤H≤G≤A≤Q≤max。算术平均值主要反映群体效用；调和平均值、几何平均值和平方平均值主要反映均衡效用。应用幂平均模型进行多指标组合成综合指标时，可按如下原则（苏为华，2000）选择相应方法：

算术平均 A，用于变量间加法关系，为等量补偿，取长补短式，易受到极端值影响。性质介于 G 与 Q 之间。

调和平均 H 又称倒数平均数，是总体各统计变量倒数的算术平均数的倒数。主要是用来解决在无法掌握总体单位数（频数）的情况下，只有每组的变量值和相应的标志总量，而需要求得平均数的情况下使用的一种数据方法。用于工作量相等而所需时间不同或者样本含量不同的数据，易受极小值影响。

几何平均 G，用于严惩落后指标，鼓励各单项指标均衡发展。适用数据呈倍数变化的乘法关系，正偏态数据；易受较小值影响；数据间差异越大，G 越小；阶次越低（阶数 K<0，但一般不应小于-1），惩罚力度也越大。

平方平均 Q，抓大放小式，鼓励抓重点，易受“较大值”的影响，数据间差异越大，则 Q 越大。阶次越高（K>2，但一般不能超过 a 最好在 3 以内），奖励的强度也越大。实践中可以根据“奖罚程度”的不同要求而灵活选择一个适当的 K 值。

对于“逆指标”，与上相反，几何平均是“抓大放小式的平均”，而平方平均则是“惩罚落后式的平均”。相应 K 值变化与奖惩关系方向也相反。

实质上，上述多数常用方法在数学上本质是相通的。所谓“平均”，其实质上即“等权”（Equal Weight，EW），即所有变量都给定相同的权重，它可能掩盖统计或经验基础的缺乏，但可能意味着维度的不平等加权，即变量数目较多的维度将有较高的权重，导致综合指标的结构失衡。AHP 法本质上是加权综合法，如后文的 CEWI 指数计算。多元统计的回归方程或因子分析模型等是综合指标模型的另一种形式，其函数在形式上类似于平均法中的“加权算术平均模型”。虽然模糊综合评价方法计算的是隶属函数、灰色系统法是白化函数，亦是一种综合指标，可以看作是“平均法”的一种；ANN 法和遗传算法虽然综合评价函数是“隐含”的，本质上还是无量纲化结果的加权非线性合成。

2.5.3.2 几何平均法

2.5.3.2.1 几何模型

乘法（或几何）合成模型是幂平均合成模型中应用最广泛的方法之一。如前所述，加法合成法隐含的一个不良特征是其完全可补偿性，即某些指标的不良表现可以通过其他指标中足够高的值来弥补。例如，如果自然资源保护利用管理是由利用效益、生态功能保护、生活品质、环境影响和治理水平 5 个维度构成的，有两个评价单元，5 个维度的值分别是：10、1、1、2、1 和 3、3、3、3、3，那么如果是加法聚合的，则将具有相等的总综合得分（算术平均均等于 3），明显感到不合适。则需使用乘法合成模型。

从式（2.25），有几何聚合：

$$CI_c = \prod_{q=1}^{Q} x_{qc}^{w_q} \tag{2.32}$$

式中：w_q 为权重；x_{qc} 为评价单元 c 的第 q 个指标值。

式（2.32）为加权几何平均。当全部 $w_q=1$，为一般几何平均。

在上面的示例中，如果聚合是几何的，则第一个评价单元的综合得分（几何平均）将远低于第二个（第一个为 1.82，第二个为 3）。

将上式（2.32）等式两边取对数 log，可以得到加法模型。

2.5.3.2.2 几个特殊的乘法模型

除了上述式（2.32）表示的形式外，还有一些特殊的乘法模型。

（1）与目标向量比较的

设合成计算综合指标（Y）的单指标集 X_i 为一向量，其与评价标准（X_{i0}）即目标向量 T 比较，可得指标等级分值（亦称功效函数）模型。复合指标可以定义为分量变量比率的几何平均值，即：

$$Y = \sqrt[n]{\frac{X_{1c}}{X_{10}}\frac{X_{2c}}{X_{20}}\cdots\frac{X_{nc}}{X_{n0}}}, \tag{2.33}$$

或者为了避免开 n 方，可以只考虑比率的乘积，即：

$$Y = \prod \frac{X_{ic}}{X_{i0}} \tag{2.34}$$

注意：X_{ic} 的单位与 X_{i0} 的单位相同，比率是无单位的。

或者：

$$GM\left(\frac{X_i}{Y_i}\right) = \frac{GM(X_i)}{GM(Y_i)} \tag{2.35}$$

（2）基于内积的几何模型

以单指标向量 X 和目标向量 T 之间的夹角 θ 表示两个向量接近程度。θ 值越低，即总体与目标越接近，且考虑向量的长度，可以将复合指标定义为：

$$Y = \frac{\| X \|}{\| T \|}\cos\theta \tag{2.36}$$

即向量 X 与 T 的长度之比乘以夹角余弦。

该方法不需要对所选指标进行标准化，并避免了权重的计算。

（3）基于广义方差的几何模型

由两个向量 X 和 T 组成的 n 维平行四边形的面积为 $\sqrt{n-1}\,Y_{20}=Y_{21}\cdot Y_{10}\,|S|$，其中 $|S|$ 表示协方差矩阵行列式的值，综合指标可以定义为：

$$Y = \frac{\sqrt{n-1}}{|S|} \tag{2.37}$$

该方法也不需要标准化所选指标，并避免了权重的计算。

（4）特殊几何平均法的特性

上述几何平均法具有如下特性：

1）首先是简单，可以考虑所有选定的组成部分指标，并可描述当年（c）相对于基准年（0）或有限目标集的总体改善/下降情况；

2）当比率值超过 1，表明该指标比目标年或基准年有所改善，小于 1 则意味着该指标下降，从而确定需要注意的关键领域；

3）查找所选指标的相对重要性；

4）也适用所选指标集中即使包含了营业收入或营业盈余等财务指标，换句话说，该方法避免了计算一对指标或方差-协方差矩阵之间的相关性；

5）综合指标与规模变化无关；

6）避免了计算权重；

7）避免计算方差-协方差矩阵或相关系数矩阵；

8）表示一个连续函数，该函数也单调递增；

9）在其参数上对称，即独立于所选指标的顺序；

10）为了与基准年指数值=100 的一般惯例保持一致，指数可以乘以 100，以反映百分比的变化；

11）满足时间-反转检验，即 $Y_{c0}\cdot Y_{0c}=1$；

12）有助于形成链式指数，如 $Y_{20}=Y_{21}\cdot Y_{10}$

13）如果所有其他指标保持不变，则第 i 个指标增加 1%（即 X_{ic} 增加 1%）会导致综合指标增加 1%，换句话说在指标中显示增益和在 CI 中显示增益的曲线是线性的；

14）引入新指标需要估计该指标在目标向量中的价值；

15）便于对两个几何均值相等的显著性进行检验，GM（或用“G”表示）的分布将接近对数正态形式，即使 X 的父分布可能不是对数正态的。对于几何均值之间差值的假设可以使用对观测值对数的常规 t-检验来执行显著性检验。由于几何均值是对数均值的单调函数，因此对数均值之间差值的显著性意味着几何均值之间差值的显著性。

因此，几何平均方法可以被视为所讨论的方法中最好的方法。组合合成指标的每种方法都会从给定数据集中获得不同的排名。然而，综合指标的设计不应侧重于排位稳健性，如果成分指标之间有关联，则可以实现排名稳健性。几何平均方法避免了权重或方差协方差矩阵或相关矩阵的计算，适用于即使仅给出两个向量 X 和 T 的情况，例如测量当前年份或行业在前一年的整体效率。因此，几何平均法非常适合评估影响。该方法还有助于确定各组成部分指标在比率值方面的相对重要性，并确定比率值较低的关键领域，并促进采取纠正措施。从政策的角度来看，这种识别很重要。GM 方法降低了对组成指标之间的可替代性水平，并有助于对两个几何均值相等的显著性的统计检验。

2.5.4 主成分/因子分析法

2.5.4.1 全部主成分构建综合指标

主成分分析的每个主成分 PC_i 都是一个新变量，是原始变量标准化后的线性组合。基于主成分的特征根或方差贡献率，对主成分 PC_i 进行组合可得到以全部主成分构成的综合指标 CI 的计算公式：

$$CI=E(Y/X_1,\ X_2,\ \cdots,\ X_n)=\frac{\lambda_1P_1+\lambda_2P_2+\cdots+\lambda_nP_n}{\lambda_1+\lambda_2+\cdots+\lambda_n} \tag{2.38}$$

式中：λ_i 是特征根，这里 $\lambda_1>\lambda_2>\cdots>\lambda_n$；$P_i$ 是主成分：P_1，P_2，…，P_n，$P_i=\frac{\alpha_{i1}\ (X_1-\overline{X_1})}{S_1}+\cdots+\frac{\alpha_{in}\ (X_n-\overline{X_n})}{S_n}$；S 为方差-协方差矩阵。

在统计学中方差是用来度量单个随机变量的离散程度，而协方差则一般用来刻画两个随机变量的相似程度，方差-协方差矩阵是由随机变量的方差为主对角线元素，以随机变量之间的协方差为非对角元素构成的对称方阵。如果计算主成分权重，需要用到方差解释率。

由于基于相关性矩阵的主成分分析的每一个因子都有独立不相交的含义，以方差贡献率计算的权重与相关系数有关，权重明显向相关性较高的那些指标倾斜，因此可将它们按照方差贡献率进行加权。具体加权方法为方差解释率除累积方差解释率。计算公式：

$$CI=\frac{\sum f_iv_i}{\sum v_i} \tag{2.39}$$

式中：f_i 为第 i 个因子的得分；v_i 为由 i 因子解释的方差；由于 $v_i=\lambda_i/\sum\lambda_i$，$\sum\lambda_i=N$，故：$\frac{v_i}{\sum v_i}=\frac{\lambda_i/\sum\lambda_i}{N}$，即因子权重$\left(\frac{v_i}{\sum v_i}\right)$为方差百分比（或特征值百分比）与全部主成分数（即变量数）的比

例。λ_i 为 i 因子的特征值；且$\sum(v_i/\sum v_i)=1$。

2.5.4.2 第一主成分估计综合指标方法

2.5.4.2.1 第一主成分组成综合指标方法

第一主成分通常被用作“最佳”复合指数，以其确定权重集有良好的数学基础，可解释原始指标的最大变化。使用第一主成分 PC_1 构建复合指数 CI 的公式是：

$$CI = PC_1 = w_1x_1 + w_2x_2 + \cdots w_kx_k = \sum w_ix_i = \sum\left(\frac{a_i^2}{\sum a_i^2}\right)x_i \tag{2.40}$$

式中：w_i 为变量 x_i 的权重，由 i 变量的第一因子负荷平方与第一因子全部变量因子负荷的平方和的比例表征。

第一因子法虽然解释了观察到的大部分方差，但也可能会丢失一部分信息量。

2.5.4.2.2 主成分部分变量组成综合指标方法

主成分的部分高负荷指标可组成中间性“复合指标”。如下一小节中湖南简化数据集第 1 因子的高因子负荷指标有“万元 GDP 地耗、土地开发强度、城镇开发边界规模占比、万元 GDP 用水量”等，代表“资源保护利用”。

部分（高负荷指标）组成的复合指标计算公式是：

$$CI_1 = \sum_i^k w_ix_i = \sum_i^k\left(\frac{a_i^2}{\sum a_i^2}\right)x_i \tag{2.41}$$

式中：k 为所选变量数；w_i 为变量 x_i 的权重，由 i 变量的因子负荷平方与 k 个变量因子负荷的平方和的比例表征。

由于采用基于相关性矩阵的主成分分析法提取公共因子时，方差贡献率计算的权重与相关系数有关，权重明显向相关性较高的那些指标倾斜，每一个因子都有独立不相交的含义，因此也不一定非将它们按照方差贡献率进行加权不可，可根据各因子的实际意义进行赋权。比如，如果认为某两因子同等重要，则可对两个因子赋予相同的权重。

2.5.4.3 加权因子分析构建综合指数

一般应用主成分分析（PCA）来定义权重，因子分析（FA）来确定综合指标的结构。在 PCA 用于综合指数构建过程中，基本上是用于识别现象的维度，对指标进行聚类，并定义权重。而因子分析（FA）主要用于分析各组子指标的结构。它们将共线的子指标组合在一起形成一个综合指数，以能够尽可能多地捕获这些子指标的共同信息。但这些综合指数构建中的权重推导方法都存在一个为属于单个子集的所有指标变量分配公共权重的缺点。加权因子分析（Weighting Factor Analysis，WFA）是一种经过修改的多指标变量构建综合指标技术，可以使用尽可能少的因子来解释指标集的最大可能变化，以及克服为属于单个子集的所有指标变量定义共同权重的弱点。

Fernando et al.（2012）应用改进的加权因子分析（WFA）技术推导了量化一个地区城市化程度的城市化指数（Urbanization Index，UI）。城乡统计分类对于发展和决策非常重要，城乡指数一般是以人口、非农业活动占主导地位和社会福利提供为基础，或也包括工业化和基础设施指标变量。Fernando 等首先将城市化指数定义为综合指数的线性函数，然后选择人口密度、学生密度、房屋和普通住宅、非居民建筑、商业机构和车辆密度 6 个指标（将所有变量都除以分区面积，按密度排列），这样可以最大限度地减少面积的影响。用克朗巴赫 α 系数验证指标变量的内部一致性；最初数据的分组是通过初步因素分析确定；将指标变量的权重定义为该变量与第一主成分之间的相关系数的函数，然后对标度变量进行加权；并将其用于最终的因子分析；选择解释总方差94%的单一因子作为复合变量指数，最后将它转换为原始指标变量的函数，以使其易于计算更新。该方法将适用于任何国家和地区，以建立类似的城市化指数；指数还可以对地方政府当局进行逻辑分类，以协助政府进行各种政策制定和发展活动。

（1）基于第一主成分的加权因子分析

首先对原始指标变量进行了初步 FA，以确定指标变量中的分组模式。在确定指示变量的子集后，对每个子集都进行主成分分析。由于第一主成分在数据中占了最大的可变性，因此只保留了第一主成分。

然后计算属于特定子集的每个指标变量与第一主成分之间的相关系数。用以下公式来确定权重。

$$w_{ij} = \frac{r_{ij}^2}{\sum_{j=1}^{n_i} r_{ij}^2} \tag{2.42}$$

式中：w_{ij} 为第 i 个子集（因子）的第 j 个变量的权重；r_{ij} 第 i 个子集的第一主成分与第 j 个变量之间的相关系数；$i=1,\ 2,\ \cdots,\ m$（子集数）；$j=1,\ 2,\ \cdots,\ n_i$（第 i 个子集中的变量数）。

由于该公式包括第一主成分和每个变量之间的相关系数，因此权重对于该变量将是特定的，这克服了为单个子集中的所有变量分配公共权重的弱点；权重包括测量的相关系数，它实际上表示变量与第一主成分之间的决定系数。因此，它实际上表示可变性的数量，其中每个变量都表示该 PC 中总可变性中的一个。这就是加权因子分析（WFA）方法的基本原理。

在推导权重后，将原始变量除以它们自己的标准差，以形成以单位方差标度的变量。然后，根据以下公式对标度的变量进行加权，并将转换后的变量用 X_i^* 表示：

$$X_i^* = (X_i/\sigma_i)w_i \tag{2.43}$$

式中：w_i 为第 i 个变量的权重；σ_i 为第 i 个变量的标准偏差；x_i 为第 i 个变量最初的值。

从统计学上可以证明，如果一个子集只包含一个变量，则该变量的权重变为 1；当一个子集仅由两个变量组成时，两个变量的权重将变为一半。但是，由于经常考虑两个以上的变量，因此上述限制并不严重。

最后，为了确定决定城市化的基本因素，对变换后的变量执行了基于 PC 的具有协方差矩阵选项的因子分析（FA）。

下面假设的几种情况是变量在不同相关性下的权重推导。

将变量矩阵设置为 $X=(X_i)_{p\times 1}$，将 X 的相关矩阵设置为 $\rho=(\rho_{ij})_{p\times p}$。

A. 第一种情况：所有相关系数都接近 ±1

当所有相关系数都接近 ±1 时，所有变量都可能加载到一个因子（子集）中，在这种情况下即使是初步 FA（PFA）也能产生很好的改进结果。变量与第一主成分集合之间的相关系数接近 ±1，彼此几乎相等。因此，所有变量的权重大致相等，并且 WFA 不会显著改善结果。此外，每个变量的权重将近似等于变量数的倒数（$1/p$），并且第一个因子（或 PC）的特征值等于变量数（p）。下面的示例对此进行了说明（表 2.13）。

表 2.13 所有相关系数都接近 ±1 时的权重

相关矩阵						与 PC1 的相关系数	权重
1.000	0.918	0.996	0.953	0.916	0.916	−0.976	0.168
0.918	1.000	0.898	0.944	0.908	0.909	−0.955	0.161

续表

相关矩阵						与 PC1 的相关系数	权重
0.996	0.898	1.000	0.928	0.884	0.885	−0.958	0.162
0.953	0.944	0.928	1.000	0.986	0.986	−0.994	0.174
0.916	0.908	0.884	0.986	1.000	0.999	−0.976	0.168
0.916	0.909	0.885	0.986	0.999	1.000	−0.976	0.168

注：初步因素分析中解释的百分比方差=94.6%；加权因子分析中解释的百分比方差=94.7%。

B. 第二种情况：较高相关或有一两个变量与其他变量高度相关

如果所有相关系数虽不都接近±1，但较高或至少一个或两个变量与其他变量高度相关，则所有变量仍可能加载到单个因子（子集）中。在这种情况下，PFA 的结果并不像上面那样改善。更多变量与第一个主成分（PC1）高度相关，但很少有（一个或两个）变量适度相关，因此，这几个变量的权重可能与其他变量不同。因此，与 PFA 相比，WFA 产生了更好的结果。下面的示例对此进行了说明（表 2.14）。

表 2.14 有一两个变量与其他变量高度相关时的权重

相关矩阵						与 PC1 的相关系数	权重
1.000	0.708	0.876	0.822	0.783	0.788	−0.902	0.163
0.708	1.000	0.615	0.944	0.881	0.909	−0.931	0.173
0.876	0.615	1.000	0.602	0.519	0.528	−0.738	0.109
0.822	0.944	0.602	1.000	0.961	0.986	−0.980	0.192
0.783	0.881	0.519	0.961	1.000	0.973	−0.946	0.179
0.788	0.909	0.528	0.986	0.973	1.000	−0.959	0.184

注：初步因子分析中解释的百分比方差=83.3%；加权因子分析中解释的百分比方差=87.9%。

C. 第三种情况：原始变量的中等相关

对于原始变量的中等强相关结构，仍然可以预期一种因子（子集）情况。在这种情况下，可以从 PFA 获得中等结果。即使在这种情况下，一些变量也与主成分存在中度相关性。因此，少数变量的权重可能与其他变量有很大不同。因此，与初步因素分析相比，WFA 产生了更好的结果。下面的示例对此进行了说明（表 2.15）。

表 2.15 原始变量的中等相关时的权重

相关矩阵						与 PC1 的相关矩阵	权重
1.000	0.575	0.979	0.57	0.471	0.478	−0.739	0.116
0.575	1.000	0.615	0.944	0.881	0.909	−0.941	0.188
0.979	0.615	1.000	0.602	0.519	0.528	−0.773	0.127
0.571	0.944	0.602	1.000	0.961	0.986	−0.969	0.200
0.471	0.881	0.519	0.961	1.000	0.973	−0.924	0.182
0.478	0.909	0.528	0.986	0.973	1.000	−0.938	0.187

注：初步因子分析中解释的百分比方差=78.4%；加权因子分析中解释的百分比方差=85.7%

（2）当 WFA 导出多个因子时

当 WFA 导出多个因子时，根据式（2.39）进行组合城市化指数 UI。

(3) 例证：城市化指数

由于综合指数是两个或多个分项指标的组合，因此，从这两种方法的权重的分析中提出推导城市化指数的最佳方法。

利用协方差矩阵选项对转换后的指标变量进行基于 PC 的 FA，以确定综合指数的基本子指标（因子）。指标变量通过除以标准偏差进行标度。因此，每个指标变量乘以一个常数（原始变量的标准差的倒数），于是标度变量的标准差为 1。这使得标度变量的相关性和协方差矩阵等效。当一组变量乘以常量时，它们的相关结构保持不变，并且原始和标度指标变量的相关矩阵变得相等。由于这种相似性，基于 PC 的 FA 在以协方差矩阵标度变量（无权重的 FA）的结果与基于 PC 的 FA 在以相关矩阵选项的原始变量的结果相等。每对指标变量之间的相关系数均高于 0.85，这意味着所有变量之间存在高度正相关。

基于原始指标变量（带相关矩阵选项）因子分析 FA 的主成分 PC 识别原始指标变量中的分组模式，称为“PFA”。如上所述，FA 和 WFA 之间的比较与 PFA 和 WFA 之间的比较相似。

A. 综合指数的推导

首先，比较基于 PC 的相关矩阵选项 FA 和基于 PC 的协方差矩阵选项 WFA 的结果，以确定加权的效果。在 PFA 中，只选择了第一个对所有指标变量的高负负载的因素，并解释了 93.8% 的变异。

首先，比较基于 PC 的具有相关矩阵选项的 FA 和基于 PC 的具有协方差矩阵选项的 WFA 的结果，以确定加权的影响。在 PFA 中，仅选择了对所有指标变量具有高负负载并解释 93.8% 变异的第一个因子。

WFA 是基于 PFA 的结果。对具有相关矩阵选项的原始指标变量执行 PCA，以识别指标变量的权重。然后使用每个指标变量与第一主成分的相关系数来计算权重。之后将标度的指标变量乘以相应的权重。原始指标变量的权重和标准偏差在表 2.16 中给出。据此，所有权重大致相等，因为指标变量与第一主成分密切相关。

最后，在基于 PC 的 FA（WFA）中使用了带有协方差矩阵选项的标度加权指标变量，以确定用于构建综合指数的因子。由于所有指标变量都已加载到具有高负负载的第一因子中，这在实际意义上也是有意义的，因此仅选择了该因子。鉴于所有指标变量都加载到两个分析中的第一个因子中，WFA 和 PFA 的结果变得相当。然而由第一个因子解释的总百分比方差仅从 93.8% 增加到 94.0%。事实上在这种特殊情况下主要由于两个原因不能预期解释方差百分比的显著改善。首先 PFA 的结果已经是一个改进的结果，它提取了一个单一的因子来解释 93.8% 的总变异，其次使用几乎相等的相关系数推导出的权重显然是近似相等的。

表 2.16　指标变量的权重

指示变量	相关系数	权重	标准差
人口密度	-0.979	0.170321	1884.0
学生密度	-0.955	0.162072	337.8
住宅密度	-0.952	0.161056	12458.0
非居建筑密度	-0.992	0.174874	2773.0
商业场所密度	-0.958	0.163092	1809.0
车辆密度	-0.974	0.168585	15957.0

B. 变量的可靠性

该研究的原始指标变量的克朗巴赫 α 值为 0.706（>0.70），这意味着指标变量的一致性处于令人满意的水平。克朗巴赫 α 值用于标度指标变量 bles 等于 0.987，这意味着通过标度增强了原始指标变量的内部一致性。在 PFA 中，当所有指标变量加载到第一个因子时，标度的变量在因子内加权。克朗巴赫 α 值对标度和加权指标变量的值保持不变，为 0.987。这意味着在标度或标度和加权后，指标变量的内部一致性得到改善。

使用一组变量构建综合指数，当存在具有一个和两个指示变量的子集时，权重值存在某些技术问题。因此，选择不带最大方差（Varimax）旋转的加权因子分析来获得最终的复合位点指数。

C. 从综合指数推导城市化指数

表 2.17 提供了用于制定城市化最终综合指数的参数、权重因子得分系数的详细信息。

综合指数（CI）可以表示为转换（标度和加权）指标变量的函数：

$$CI = (-1) \times \left[\begin{aligned} & 0.181\left(\frac{PD^* - 0.0823}{0.1703}\right) + 0.160\left(\frac{SPD^* - 0.0776}{0.1621}\right) + 0.157\left(\frac{H\&CRD^* - 0.0877}{0.1611}\right) \\ & + 0.194\left(\frac{NRBD^* - 0.0688}{0.1749}\right) + 0.163\left(\frac{BED^* - 0.0421}{0.1631}\right) + 0.177\left(\frac{VD^* - 0.0452}{0.1686}\right) \end{aligned}\right]$$

表 2.17 综合指数参数的表示法

原始指标变量					标度和加权指标变量	
指标	标准差	权重	指标	平均值	标准差	因子得分系数
人口密度	1883.82	0.170321	PD*	0.0823	0.1703	-0.181
学生密度	337.75	0.162072	SPD*	0.0776	0.1621	-0.160
住宅密度	386.93	0.161056	H&CRD*	0.0877	0.1611	-0.157
非居建筑密度	80.23	0.174874	NRBD*	0.0688	0.1749	-0.194
商业场所密度	52.86	0.163092	BED*	0.0421	0.1631	-0.163
车辆密度	449.61	0.168585	VD*	0.0452	0.1686	-0.177

上述等式可以进一步简化如下：

$$CI = (-1)\left(\begin{aligned} & 1.06283 \times PD^* + 0.98705 \times SPD^* + 0.97455 \times H\&CRD^* \\ & + 1.10921 \times NRBD^* + 0.99939 \times BED^* + 1.04982 \times RV^* \end{aligned}\right) + 0.41537$$

变量变换中使用的一般公式为：

变换后的指标变量=（原始指标变量/指标变量的标准偏差）×权重

因此，CI 的分数可以表示为原始指标变量的以下函数：

$$CI = (-1)\left(\begin{aligned} & 0.096093 \times PD + 0.4736341 \times SPD + 0.405647 \times H\&CRD \\ & + 2.417689 \times NRBD + 3.083466 \times BED + 0.393639 \times RV \end{aligned}\right) \times 10^{-3} + 0.41537$$

CI 评分的最小值和最大值分别为-11.1713 和 0.4044。得分是最低的意味着得分和城市化程度是负相关的。因此，分数的计算方法是将其乘以（-1），以便将最大值分配给城市化程度最高的区，将最低值分配给城市化程度最低的区（注意，此乘法是对-1 的补充，后者已在 CI 方程中了）。然后转换后的分数从-0.4044 变为 11.1713。为了获得非负城市化指数，在变换后的分数中添加了一个常量值（0.5）。

上述乘以-1 和+0.5 是本示例所特有的，并且取决于最初为综合指数采用的数值。

综合指数与城市化指数（UI）的关系采用以下线性形式公式：

城市化指数=（-1）×综合指数+0.5

UI 也可以表示为具有正系数的原始指标变量的函数，如下式所示。这种公式将有助于根据决定因素的变化更新指数。

$$UI = \begin{pmatrix} 0.096093 \times \text{PD} + 0.473641 \times \text{SPD} + 0.405647 \times \text{H\&CRD} \\ + 2.417689 \times \text{NRBD} + 3.083466 \times \text{BED} + 0.3933639 \times \text{RV} \end{pmatrix} \times 10^{-3} + 0.91537$$

这种简单的线性变换使得使用另一个指标的统计属性来获取一个指标的统计属性变得简单。根据综合指数的分数，计算每个区的 UI 分数。

由此可见，本研究中引入的基于 PC 的 WFA 方法为 WFA 中的每个指标变量定义了单独的权重。由于加权，所解释的方差没有显著改善。相关结构的不同表明这种微小的改进是由变量的强相关性结构引起的，当变量之间的相关性结构不太强时，结果得到了显著的改善。

2.5.4.4 方法的局限性

假设依据数据构建一个综合指数：X_1 = 水资源开发利用率；X_2 = 垦殖指数。

指标 X_1 具有正向性，而 X_2 具有负向性；且假设 X_1 和 X_2 是正相关的。

在形成模型中，可以通过算术平均聚合；而在反映模型中，可用第一主成分方案。

表 2.18 是一个 5 个评价单元的例子。该表提供了标准化指标 Z_1 和 Z_2（将指标进行 Z 值标准化，对于方向性为负则更改了符号）、标准化的算术平均值 M1 以及第一主成分 PC1 得分（解释方差的 72.4%）。相关系数 r（X_1，X_2）= 0.45，而 r（Z_1，Z_2）= −0.45，因为 X_2 的方向性已经反转以构造综合指数（注意构建综合指数时，所有单个指标必须具有正方向性，因此每个指标的增加对应于综合指数的增加，Mazziotta et al.，2013）。

表 2.18 算术平均值和第一主成分得分作为综合指数的比较

	A	B	C	D	E	F	G	H	I	J	K	L
1	评价单元	原始值		标准化值		排序		M1		第一主成分		
2		X_1	X_2	Z_1	Z_2	R_1	R_2	w 值	排序	值	排序	Z_2
3	1	80	1.9	1.58	−0.71	1	4	0.44	2	1.2	1	0.71
4	2	50	2	0.00	−1.41	2	5	−0.71	5	0.74	2	1.41
5	3	50	1.8	0.00	0.00	2	3	0.00	3	0	3	0.00
6	4	50	1.6	0.00	1.41	2	1	0.71	1	−0.74	4	−1.41
7	5	20	1.7	−1.58	0.71	5	2	−0.44	4	−1.2	5	−0.71
8	平均值	50	1.80	0.00	0.00							
9	标准差	19.0	0.1	1.00	1.00							
	计算公式			(B3−B$8)/B$9	=L3*(−1)	RANK(D3,D$3:D$7)	RANK(E3,E$3:E$7)	AVERAGE(D3:E3)	RANK(H3,H$3:H$7)			(C3−C$8)/C$9

正如表 2.18 所看到的，单元 2、3 和 4 具有相同的水利用率（X_1 = 50），且垦殖指数的值正在下降，而单元 2 的排名（M1）第 5，PC1 排名第 2；单元 4 排名第 1，PC1 排名第 4。

此外，综合指数和单个指标之间的平均斯皮尔曼排名相关系数，对于 M1 为 0.52，对于 PC1 为 0.05，这是因为 PCA 忽略了指标的方向性，并且在反映模型中，所有标准化指标必须是正相关的。因此，从理论角度来看，以 PC1 合成 X_1 和 X_2 是不正确的。

PCA 最重要的特征是从第一个主成分获得的指数解释了最大方差部分。这是通过最大化复合指数和单个指标之间相关性系数的平方和而获得的。但是，第一个主成分占数据方差的有限部分（在上面的示例中为72.4%），可能会丢失一些信息量；且基于PCA的指数往往是具有强烈的倾向，即代表高度相互关联的指标，而忽视其他指标，而不管其可能的背景重要性如何，许多非常重要但相关性差的指标可能没有综合指数表征。在许多情况下，人们发现一些显然非常重要的指标被PCA粗略地处理，仅仅是因为这些变量表现出广泛分布的散射，或者 y 没有落在直线周围的狭窄带内。另一方面，PCA是一种基于观察到的相关性的盲目经验主义方法，它忽略了单个指标的极性。因此，如果归一化指标并非全部正相互关联，则结果不正确，如上所示。

构建用于评估多维现象的综合指数是数据分析的核心问题，人员不能简单地通过使用PCA或相关方法（例如因子分析）来解决这个问题，因为它们通常用于反映模型且忽略了单个指标的极性。通常以形成模型构建的指数不是作为一个独立的实体存在，而是由一组不可互换的单个指标直接确定的综合度量，因此为了获得有效和可靠的结果，有必要使用适当的测量模型来定义理论框架。

当研究的目标是通过综合指数来衡量多维现象时，应该考虑这种范式。如果要衡量的现象是品质生活，则这一点更为有效。事实上，这些潜在的事实或取决于代表它们的个别指标，而不是相反。因此，使用PCA来测量这些现象是完全不恰当的。

主成分分析（PCA）是构建复合指标中最常用的多元统计技术之一。然而，PCA和相关方法（如因子分析）基于反映模型，其中单个指标（操纵变量）被视为潜在变量（主成分或因子）的函数。当个别指标是潜在变量的原因，而不是其影响时，应采用形成模型。在本书中，我们比较了这两种方法，并通过数值示例表明，如果使用不当，因子方法（如PCA）可能会失败。

2.5.5 非补偿性多标准方法（MCA）

无论线性汇总还是几何汇总，权重均表现各指标间的平衡，即一个维度上低的权重由另一维度高的权重补偿。在一般做法中，可以在特定复合指标中给予被认为更重要的成分之更大的权重。然而，可以证明，当使用加法或乘法聚合时，当单指标以强度表示（例如以面积）而不是以质量（例如好、坏）或以排名表示时，替代率等于变量的权重。因此，加法聚合的权重必然具有替代率（权衡）的含义，而不表明相关指标的重要性。这是一种补偿性逻辑，即用对其他变量足够大的优势来抵消对某些变量劣势的可能性。例如，在联合国技术成就综合指标TAI（United Nations，2001）的构建中，补偿逻辑（使用同等权重）意味着放弃是可以接受的，如放弃2%的专利，或2%的大学注册，以换取2%的电力消耗。

如果不允许相互补偿，仍然要确保权重是用来衡量重要性的，就需要使用其他的汇总方法。比如包含自然和社会经济数据的环境指数，如果研究者认为经济绩效的增长不能由社会凝聚力的减弱或者环境可持续发展的恶化来补偿，那么线性或几何的汇总方法均不适用。这意味着在权重的实际使用方式和它们真正的理论意义上存在不一致。为了将权重解释为“重要系数”（位于最重要“维度”上的最大权重），必须使用非补偿性聚合程序来构建复合指标，这可以使用一种非补偿性的多标准方法（MCA）来实现。MCA在寻求两个或多个合理目标之间协调的同时能确保非补偿性，仅保留评价单元间的定序信息，如在个别指标中哪些评价单元有更大的优势。

当使用一些变量来评价时，有些变量可能在一些特定区域适用，而另一些变量则在另一些区域适用，因此这些变量之间可能会出现冲突。这种冲突可以根据非补偿逻辑来处理，即通过考虑在离散非补偿多标准方法（NCMC）中优先独立性的缺失。

给定一组指标 $G=\{x_q\}$，$q=1$，…，Q 和一个评价单元的有限集 $M=\{c\}$，$c=1$，…，M，假

设每个评价单元 c 对指标 x_q（即指标得分或变量）是基于一个间隔或比例的测量（为简单起见，还假设指标中的值越高越好）；进一步假设存在一组权重 $w=\{w_q\}$，$\sum_{q=1}^{Q} w_q=1$，解释为重要系数。这些信息构成了影响矩阵。正如上述 TAI 数据集 39 中的 5 个国家，并假设所有指标的权重相同。其数学聚合过程可分为两个主要步骤：一是根据所使用的一整套指标对评价单元进行两两比较；二是按完整的预排序对评价单元进行排名。

第一步得到一个 $M×M$ 阶的超越矩阵 E：e_{jk}，$j \neq k$，E 的任一元素都是根据评价单元 j 和 k 之间的所有 Q 个指标两两比较的结果。这种全局的两两比较是通过以下等式得到的：

$$e_{jk}=\sum_{q=1}^{Q}\left(w_q(\mathrm{Pr}_{jk})+\frac{1}{2}w_q(\mathrm{In}_{jk})\right) \tag{2.44}$$

其中 w_q（Pr_{jk}）和 w_q（In_{jk}）分别是呈现偏好和无差异关系的单个指标的权重。换句话说，评价单元 j 的得分是指标权重的总和，这个 j 单元比 I 单元更好，以及，如果有的话，两个评价单元一半的指标权重同样好，显然，$e_{jk}+e_{kj}=1$ 成立。

两两比较与 AHP 方法不同，AHP 方法与 MCA 方法一起属于补偿性多标准方法。在后者中，需要回答的问题是 I_q 是否比 I_z 更重要；这里的问题是，评价单元 a 或 b 的 I_q 是否更高。如果评价单元 a 的 I_q 确实较高，则是指标 q 的权重进入到评价单元 a 的总体重要性计算中，这与权重作为重要性度量的定义相一致。

例如在 TAI 例子，在评价单元 1 和 2 的两两比较中显示，互联网（权重 1/8）、电话（权重 1/8）、电力（权重 1/8）和大学（权重 1/8）方面单元 1 得分较高。因此，单元 1 的分数是 4 * 1/8=0.5，而对 1 的互补是单元 2 的分数。由此得到的超越矩阵见表 2.19：

表 2.19　在 TAI 例证中 5 个单元评价的超越影响矩阵

评价单元	1	2	3	4	5
1	0	0.5	0.375	0.75	0.625
2	0.5	0	0.5	0.625	0.625
3	0.625	0.5	0	0.75	0.625
4	0.25	0.375	0.25	0	0.75
5	0.375	0.375	0.375	0.25	0

根据排序，可能性最大的评价单元的排名是由每对比较指标的最大数量所决定的，并对所有评价单元进行汇总。或者说，超越矩阵 E 由所有的 M（$M-1$）两两比较组成。称 R 为所有可能排名($M!$)的集合，$R=\{r_s\}$，$s=1$，2，…，$M!$。对于每个 r_s，计算 φ_s 相应的“j，k 对”替代 $\binom{M}{2}$ 分数作为所有 e_{jk} 的总和。也就是说，$\varphi_s=\sum e_{jk}$，当 $j\neq k$，$s=1$，2，…，$M!$，且 $e_{jk}\in r_s$。最终排名（r^*），由以下方案确定：

$$r^* \Leftrightarrow \varphi_s=\max\sum \mathrm{e}_{jk},\qquad 当 e_{jk}\in R \tag{2.45}$$

根据影响矩阵，在 TAI 的例子中，前 5 个单元获得的排序数为 120。第一个排名的得分如下：单元 2 与其他单元的比较显示，单元 1 和单元 3 为 0.5，单元 4 和单元 5 为 0.625（总体为 2.25）。单元 3 对单元 5 的比较结果为 0.625，对单元 4 的比较结果为 0.75（总体上为 2）。单元 1 对单元 5 获得 0.625，对单元 4 获得 0.75（总体成绩为 1.375）。最后，单元 4 对单元 5 获得 0.75 分。这个排名的最终分数就等于 2.25+2+1.375+0.75=6.375。

根据表达式（2.44），最终的排名将是得分最高的排列（s）。在这个例子中，前三种排列的总体得分最高，因此所有这些排列都可以被视为一个获胜的排名。

这种聚合方法的优点是克服了加法或乘法聚合引起的一些问题，例如偏好依赖、使用不同的比例或区间尺度来表达相同的指标以及对权重的权衡的意义。此外，该方法还可以将定性信息和定量信息联合处理。此外，它不需要任何操纵或正常化来确保个别指标的可比性。另一方面，缺点包括不相关的选择，即可能存在周期/排名反转，在最终排名中，评价单元 a 优先 b，b 首选 c，但 c 优先 a（与指标突出 AHP 同样的问题）。此外，从未使用关于变量偏好强度的信息：尽管两个评价单元的指标值之间的差异可能相当大，但非常小的差异也可能产生相同的排名。

2.6 加权方法

2.6.1 综合指标加权的方法论框架

2.6.1.1 权重的内涵

2.6.1.1.1 权重是不同指标间的转化或替代系数

指标的权重是综合评价的基石之一，也是综合评价争论的焦点之一。在一个评价框架中，权重可以对总体综合指标和排名产生显著影响。在综合评价中，根据评价目的选取若干个属性，每个属性再选择若干个指标，综合评价就是围绕评价目的，从多个属性的角度全面进行评价。按照一般的评价过程，权重确定后需要采用适当的信息集结方法合成最终评价值。综合评价的本质目标就是将综合评价变为单属性评价，最终变成一个评价结果，这也是综合评价的最终目的。从方法论角度，综合评价是一种认识手段，一种定量认识客观实际的手段，它使我们能够从纷杂的现象中把握事物的整体水平，通过权重，对不同属性转化为同一属性，对同一属性进行同类指标之间的替代。

从指标属性角度，不同属性指标的权重本质是不同属性转化为同一属性的转换系数；同一属性指标权重的本质是同类指标之间的替代系数。同一级不同属性指标之间是不可以互补的，必须设定不同维度目标，通过权重对不同属性进行某种转换。同一属性下不同指标是可以互补的，或者说指标之间是可以互相替代的。严格来说，同属性指标之间还是有差异的，更多属于“多属性指标”，也就是说，虽然是在同属性下，但不同指标的属性具有一定的属性多样性，在这种情况下，指标之间既有互补关系也有一定的非互补关系，但总体上呈现互补关系。

2.6.1.1.2 权重是指标的相对重要性度量

权重是指标的相对重要程度，是在评价过程中对被评价对象的不同侧面的重要程度的区别对待，是要从若干评价指标中分出轻重主次来。一组评价指标体系相对应的权重组成了权重体系。

指标权重的选择是对系统评价指标进行排序的过程。从利益相关者角度，权重的本质是管理者、评价机构、领域专家、公众利益博弈的均衡结果。从管理的角度，权重的本质是管理目标和改进路径的定量体现。

2.6.1.1.3 权重的度量因赋权方法而异

从权重确定方法角度，大致可以分为主观赋权、客观赋权和主客观相结合赋权三大类。主观赋权如层次分析法、专家打分法等；客观赋权法如熵权法、变异系数法、统计分析法等；主客观赋权就是结合主观和客观因素及方法进行赋权。一些评价中权重的体现是模糊的，人们无法知道各指标的实际重要性，必须采取一定的统计分析方法模拟计算出各指标的权重，如主成分分析、因子分析、聚类分析等。回归系数本质上是指标对评价结果分值的贡献大小，对回归系数进行归一化处理后得到的就是权重；主成分分析中的特征值就可作为构建综合指标的权重。赋权方法的选取与评价目的、管理要求及评价方法紧密相关，评价方法不同，赋权方法原理则不同，评价结果的表现形式亦不同。

在线性评价中，权重的体现是清晰的。但在非线性评价中，权重的体现随着指标合成方法的不同而不同，如对于几何平均法，权重以幂指数的方式呈现，指标的权重越大，指标在“积”中所占比重越大，在评价中的作用越大；对于调和平均法，权重加载于指标的倒数值上，指标在“倒数和”中所占比重越大，在评价中的作用越大；对于 TOPSIP，权重加载于指标的欧氏距离分量上，指标的权重越大，指标在欧氏距离中的贡献越大，在评价中的作用越大。可见，非线性评价指标的实际重要性仍然由赋权过程中的权重决定，只不过这种重要性的呈现方式不同于线性评价。模拟权重则是对评价过程进行反向操作，即先采用回归分析或人工神经网络重构指标值和评价值之间的关系，然后再计算模拟权重（由于这两种模拟方法都改变了原来的评价结构，得到的权重能否代表指标的实际重要性需要进行差异检验）。评价者选择某种非线性评价方法，可能并不是因为该方法接近于线性结构，而是该方法有着线性评价方法所不能实现的评价目的。比如几何平均法和调和平均法能够兼顾指标的均衡性，具有体现“鼓励均衡发展”的评价目的，当具有此类评价目的时可采用这两种方法，这是回归分析计算的模拟权重无法判断的。

2.6.1.2 权重的分类

2.6.1.2.1 实质性权重

若权重与评价指标相乘具有确实的物理意义，其权重系数可称为实质性权重。如资源丰度可以看作是不同资源的线性加权评价模型得出的。

2.6.1.2.2 要性权重

权重是对指标重要性大小的度量，如群体专家对指标重要性意见的综合。

2.6.1.2.3 信息量权重

权重为指标包含的信息量或承载总指标的信息量，代表指标区分评价对象的能力大小。若某指标在每个评价对象上为相同值，该指标就不提供评价信息，因而权重值为零。信息量权重适用于管理手段的评价，而不适合诊断性评价，因为后者的评价标准多是基准法或绝对量基准，所有评价对象在某评价指标上取值相同，说明它们在此方面有相同的发展水平。主成分分析评价法生成的权重被当成信息量权重，实际上并不正确。

2.6.1.3 赋权方法论概述

综合评价是各个主题评价的组合。其关键问题是如何对单个指标进行加权以构建综合指标。综合形成规则应在研究方案中指定。在制定规则时，应考虑主题结果之间的潜在相关性。如前所述，如果期望度量一个共同的潜在结构，则它们可能会被分组。在满足这一目标的情况下，不同的综合指标形成方法应产生类似的综合指标。但是，如果涉及多个因素，则方法的选择可能会影响所得到的综合值，在这种情况下，重新考虑综合指标定义可能是合适的。

2.6.1.3.1 加权的一般原则

旨在构建综合指标的合成方法规定了允许确定不同重要性权重并分配给构成指标的特定方法。确定和分析获得权重的方法有①统计方法（用于获得权重），通常用于复合指标构建；②多属性方法；③标度方法，允许管理主观数据。因此人们总是断言，权重的选择最好是从客观原则中得出的。将权重与指标作为构建综合指标研究的一部分，允许确定和管理差异主观权重（主观加权程序），特别是澄清如何通过主观判断在个人主观层面上获得重要性权重，并将权重分配给相应的子分数，处理主观评估和以明示或暗示方式表达的判断，及在群体层面和个人层面获得主观（重要性）权重，需要接受专门培训，以便以科学和客观的方式应用这些程序（Maggino et al.，2008）。

实际上，指标的合成和权重建造过程，尽管是科学定义的，但远非客观和无瑕。旨在构建综合指标的综合方法定义了不同的阶段，以便制定这些指标，每个阶段都需要做出决定/选择：选择分析方法，以验证所选基本指标的潜在维度（维度分析）；选择和获取权重，以定义要汇总的每个基本指标的重要性（加权标准）；选择和识别聚合技术，以便将基本指标值合成为复合指标（聚合指标技术）。选择模型和概念方法，以评估①综合指标在产生正确和稳定测度能力方面的稳健性（不确定性分析、敏感性分析）和稳定措施（不确定性分析、敏感性分析）；②综合指标的鉴别能力（确定选择性和临界值）。尽管有些选择是有严格的技术性规定，但要使其具有客观性仍是相当困难的，因为它们可能涉及不同类型的问题。通常可通过科学界接受和共享的过程进行，方法之一是让个人参与指标建设的过程。换句话说，指标构建不仅仅是一个技术问题，而应该成为关于如何构建获得更大合法性指标的更大讨论的一部分。

当我们假设不是所有指标（子分数）对总体（综合得分）的评估是相同重要性时，需要定义一个加权系统，以便在进行指标汇总之前为每个指标分配权重。从技术角度来看，加权包括为每个子项分数定义和分配权重，该权重将用于单个总分的连续计算中，特别是每个权重乘以相应的子分数的单个值。当不能隐式识别时，应采用一个标准来定义加权系统。该系统应尽可能准确地再现每个子分数对综合分数构建的贡献。从这个角度来看，界定加权制度是对所采用的计量模型的改进和完善。为了在不同加权方法中进行艰难的选择，研究人员需要考虑①衡量复杂字符行为学的基本原理和理论框架，因此将考虑综合分数；②每个子分数的含义和对综合的贡献，以及③数据的质量和指标的统计充分性。

权重系统的确定应①事先考虑一些技术问题，这些问题与获得权重的条件有关，涉及确定权重的级别和尺度（重新标度问题）；②事先就以下方面做出决定：权重的比例大小（相等或差异权重），要采用的聚合技术（补偿性或非补偿性）。

(1) 获得权重的条件

确定权重的过程必须考虑一些可以在技术上形式化的基本条件，如式（2.19）所示。

每个权重应满足以下基本条件：

1）权重是非负数；

2）权重加起来为1；

3）权重可能需要重新缩放（标度）才能具有相同的范围；

4）权重以某种方式与相应的分数相关（这种情况可能需要采取十进制值）。

(2) 重新标度权重

在计算之后，权重可能需要重新缩放（标度）：

1）将权重规范化为具有相同的范围［0，1］；

2）在存在极值/或异常值的情况下，可能会扭曲转换后的指标；

3）可以扩大位于较小区间内的指标范围，从而增加对权重的影响，该过程可以按如下方式执行：

$$rw_{ij}=w_{ij}/\max_j w_j \text{或} rw_{ij}=(w_{ij}-\min_j w_j)/(\max_j w_j-\min_j w_j)$$

每个方法都有其优缺点，并没有明确的赢家或一种“一刀切”的解决方案，正如理论框架所述，应由研究者选择最适合解释目的的加权系统。

(3) 获取权重方法的选择

需要做出的第一个决定是相等权重和不同权重之间的选择，这将对最终结果产生重大影响。

相等权重表示首选程序，在大多数应用程序中采用。这主要发生在以下情况下：在定义待测变量结构时每个指标理论上具有相同的充分性；理论上不允许对差异权重进行一致假设；统计和经验知识不足以定义权重；找不到任何正确应用的替代程序。虽然相等加权（并不一定意味着单一加权）当然是一种明确的加权方案，但先验地决定采用等权重技术用于方法学目的，使得权重的选择显然不那么主观。采取这种办法的一个动机是，它是客观的，因为如果作为一种常见的加权技术采用，主观组成部分将完全在于指标的选择。这种方法有一个优点：即关于纳入基本指标的辩论，即哪些指标是重要的，可以在更基本的层面上进行，而不是围绕数字权重的选择进行讨论。

相等的权重并不能保证指标对综合指标的同等重要性和同等贡献！

相等权重听起来很简单，一种选择是不向指标分配任何权重，也称为“基于属性的加权系统”，这可能有两个后果：首先，总体得分（指数）可以简单的是归一化指标的非加权算术平均值，然而这里常见的一个问题是“重复计算”（指隐式加权指标高于所需水平的问题：当两个共线指标位于包含在聚合过程中，而不调节其权重以产生此效果），当然这个问题可以通过在共线指标聚合成复合之前对共线指标进行平均来部分缓解；在没有权重的情况下，第二个结果是综合指数等于每个单位在每个子指标中获得的个别排名的总和（Greco et al.，2019）。

等权重是综合指标发展中最常见的方案，这里需要注意的是，分配相等权重和根本不分配权重（例如上面讨论的“非加权算术平均值”）之间的区别在于，可以分层应用相等的权重方案。更具体地说，如果指标按较高的顺序（例如一个维度）分组，并且权重按维度平均分布，则并不一定意味着单个指标的权重相等。例如一个数据集包含20个评价单元的70个指标，它们不均匀地分为6个维度，如果先验地对最高层次（例如维度）应用相等的权重，则由于每个维度中的指数数量不同，子指标的权重不相等。一般来说，大多数情况下选择等权的理由是：①结构的简单性；②缺乏证明加权方案的合理性；③决策者之间没有一致意见；④统计和/或经验知识不足；最后，⑤所谓的客观性。然而，人们经常发现，相等的权重是不充分的。例如，由于“结构的简单性”而选择相等的权重，而不是基于适当的理论和方法框架的替代方案，承担了巨大的过度简化成本，特别是在某些聚合方案中。此外，我们可以争辩说，从概念上讲，相等的权重通过平等对待所有基本指标和不太重要的指标而忽略了它们之间的差异点。无论如何，专家和公众在公开辩论中的合作可能会解决上述大多数理由。最后，将相等权重视为“客观”技术（相对于任意设置权重的研究人员的“主观”行为）远非无可争议。

多权系统可以从一系列加权方案中进行选择，具体取决于数据的结构和质量或其信念。具体地说，可以对覆盖面更广的指标（而不是那些有多个经过处理的缺失数据的指标）或从更可靠的来源获取的指标赋予更高的权重，作为解释指标质量的一种方式。然而，这里的一个问题是，这可能会重新确定“有偏见的选择”，有利于无法正确识别和捕获所需测量信息的替代。此外，应根据概念和质量框架仔细选择指标。否则，可能会产生“垃圾进-垃圾出”的结果，在这种情况下，这是一个综合指标，反映了与期望的维度相关的“不真诚”维度。当指数的开发人员选择加权方案时，这自然意味着它被设想为“主观的”，因为它完全依赖于开发人员的感知。这些涉及单个或几个利益相关者决定要选择的加权方案。利益相关者可以是专家分析师，政策制定者，甚至是政策所针对的公民。从社会角度来看，在公开辩论中将所有这些结合起来在理论上可能是一种理想的方法，但只有在存在明确界定的国家政策框架的情况下，它才是可行的。事实上，如果人们可以想象一个政策所依据的框架，那么扩大决策者的范围以包括所有参与者的偏好可能是预期的结果。然而，如果目标没有明确界定，或者指标的数量非常大，而且可能无法就其重要性达成共识，这一程序可能导致参与者之间无休止的辩论和分歧。此外，如果目标涉及国际比较，毫无疑问，问题大大扩大，那么共同点就更难实现，或者可能产生“不一致的结果”。例如，一个国家最重要的目标可能与另一个国家的目标不同（例如经济与环境）。一般而言，参与性方法被视为做出透明和主观判断的常规方式，当它们满足上述要求时，它们可能是有效的和大用处的。然而，由于这些技术可能产生替代的加权方案，人们应该根据其属性仔细选择最合适的。

差异加权并不一定对应于确定不同的权重，而是对应于选择最合适的方法。分配差异权重可能同样值得怀疑，特别是当决策没有赋予每个指标意义或其对综合影响的理论支持时。在主观测量中，应参考重要性和满意度是否是不同结构的理论问题，重要性评级的心理测量特性，特别是内部一致性和重新测试可靠性，以及评估加权分数时使用的标准来质疑加权分数的有效性。所有这些主题都需要研究人员更多的关注。为了避免权重的理论含义与这些权重的实际使用方式之间的不一致，必须选择一致的聚合技术。特别是加权系统的选择必须考虑综合评分中基本指标之间的可补偿性，特别是这被用于聚合子项分数的技术所允许。当聚合技术允许某些子项中的低值被其他子项中的高值补偿时，聚合技术是补偿性的。如果承认可补偿性，一个指标值较低的单位将需要其他指标的较高数值，才能获得较高的综合价值。

2.6.1.3.2　主观权重法

（1）概况

虽然没有可普遍接受的权重方法，但在实践中，可分为主观和客观两大类方法。

专家判断或主观权重方法是采用以内容为导向的策略，其中根据现有理论或理性判断将结果分配给综合指标。在这种方法下，在数据分析之前获得的理论或专家指导用于确定每个结果对基础域构造的相对“重要性”。如果某些结果比其他结果具有更多的“信息”，也可以使用这种方法。例如，对于组合测试，可以根据测试的长度或问题的性质来分配权重。例如，可以给多项选择题分配比真伪问题更大的权重。

确定主观权重系统应通过考虑要采用的重要性或偏好标准来选择模型；确定权重的水平（个人或群体权重）；允许主观评估和判断技术由受试者以直接或间接的方式表达；允许构建主观重要性/偏好连续体的方法，以便将评估和判断转换为可根据偏好权重进行分析和解释的数据。

确定主观权重，需要在个人或团体层面收集数据。在个人层面将使用个人数据来构建每个受试者可能不同的权重，组级别将使用个人数据为不同的个人构建不同的权重。这个问题可以正式表示如下：

个人层面的主观权重：X 为具有 N 行（$i=1\cdots N$，个体）和 K 列（$j=1\cdots K$ 对象变量）的矩阵，其中 x_{ij} 为评分 i 分配给 j 对象的个体（例如对家庭的满意度）；W 为具有 N 行（$i=1\cdots N$，个体）和 K 列（$j=1\cdots K$ 对象变量）的矩阵，其中 W_{ij} 为重要性，该个体 i 分配给 j 对象（例如，族的重要性）；Z 为一个包含 N 行（$i=1\cdots N$，个体）和 K 列（$j=1\cdots K$ 加权对象变量）的新矩阵，其中 z_{ij} 是个体 i 对 j 个对象的加权得分。

群体层面的主观权重：X 为具有 N 行（$i=1\cdots N$，个体）和 K 列（$j=1\cdots K$ 对象变量）的矩阵，其中 x_{cij} 对属于分配给 j 对象的 c 组的个体 i 进行评分（例如满意度），该组可以预定义，也可以通过聚类方法确定；W 为具有 G 行（对于 $c=1\cdots G$，组）和 K 列（对于 $j=1\cdots K$ 对象变量）的矩阵，其中 w_{cj} 为重要性，其中 c 组分配给 j 对象（例如族的重要性）；Z 为具有 N 行（对于 $i=1\cdots N$，个体）和 K 列（对于 $j=1\cdots K$ 加权对象变量）的新矩阵，z_{ij} 是个体 i 对 j 个对象的加权得分。

在个人或团体层面获得主观权重的目的是①确定 W 矩阵的值（在两个版本中，个体权重和组权重）；②确定 Z 矩阵中的可解释值；以及③在一个独特的个体综合分数中总结 K 个加权分数。这需要确定支持个人和群体加权这两种方法。

为了确定一组要在主观要素（基本指标）的重要性，并相应地确定权重，需要一定数量的组合比较方法，通过不同可用替代方案之间的比较做出决定。这些方法为多属性方法，通过这些方法获得的权重通常被认为比通过直接评估产生的权重更稳定。这些方法可分为：

多属性决策（Mulitiple Attribute Decision Making，MADM）：它是多标准决策（Multi-Criteria Decision Making，MCDM）的一个分支，指的是对具有多个冲突属性特征的可用替代方案做出偏好决策。

层次分析（AHP）（成对比较属性），在获得识别不同层次结构的主观权重方面具有某种优势，主要表现为通过一种非常简单的方法在个人层面上获得主观权重的可能性。但是，由于需要构建一个具有多个节点的层次结构，可能会使这种方法在处理的大型调查中不适用。与 AHP 类似的还有优序图法。

多属性组合模型：这些模型是基于统计的分解方法，通过这种方法可以对不同层次的属性主观比较，它的目标是确定受试者更喜欢哪种组合。在这些模型中联合分析（Conjoint Analysis，CA）是最知名的。

联合分析（CA）：虽然 AHP 方法通过总结基本指标的分数来得出一种替代方案的“重要性”，但 CA 方法则朝着相反的方向发展，即通过分解由主题组合表达的偏好，联合模型为了获得主观权重，允许确定估计的部分值每个因素的重要性范围，通过将每个因子的范围除以所有范围值的总和得到的比率解释因素的重要性。该方法①允许将获得的比率以权重的形式分配给对象，②不需要应用重新缩放程序，③不允许获得一个连续的重要性，④满足权重总和等于 1 的要求，⑤可以应用于个人和群体级别的主观权重。但是应非常谨慎地应用该方法，因为获得的权重强烈的取决于每个因子的水平定义。

优序图法：此类方法利用数字的相对大小信息进行权重计算，需要由专家打分或通过问卷调研的方式，得到各指标重要性的打分情况，得分越高，指标权重越大。此类方法适合于多个领域。比如想构建一个林地质量评价体系，指标包括土层厚度、土壤肥力等。通过专家打分计算权重，得到每个指标的权重，并代入土层厚度数据，即可得到每块林地质量的综合得分情况。优序图法方法原理是利用了数字大小的相对性，数据上为专家针对各个指标进行大小分析。优序图算法上会对指标先进行平均值计算，然后对两两指标进行比较，若指标 A 比指标 B 重要，则 A 得 1 分；若同等重要，则 A 得 0.5 分；若指标 B 比指标 A 重要，则 A 得 0 分。操作可使用 SPSSAU（问卷研究- 权重）：第一，计算出各分析项的平均值，接着利用平均值大小进行两两对比；第二，平均值相对更大时计为 1 分，相对更小时计为 0 分，平均值完全相等时计为 0.5 分；第三，平均值越大意味着重要性越高（请确保是此类数据），权重也会越高。

（2）专家打分法（BAP 法）

在 BAP 法中（详见后文§2.6.6），将 N 个专家分配给指标组（子维度/维度），将专家打分的平均值作为权重。BAP 关键问题：专家的选择（数量和经验）和待评估指标的总数。经验法则是：专家不应该是单个指标的专家，而应该是给定子指标集（更大“领域”）的专家。

（3）层次分析（AHP）

AHP 最初由 Saty 在 1970 年代引入，它将一个复杂的问题转化为由三个层次组成的层次结构：最终目标，标准和替代方案。专家必须将每个标准的重要性与其他标准相对分配。更具体地说，标准之间的成对比较由决策者进行。这些以九个层次的序数尺度表示，从“同样重要”到“更重要”，代表一个标准比另一个标准更重要多少倍。如，值“1”表示同等重要性，而值“5”表示重要性高出五倍，依此类推。如上一小节所述，AHP 引发的权重不易出现判断错误。发生这种情况是因为，除了相对设置权重外，还需要一致性度量（即“不一致比率”），在成对比较设置中评估决策者的认知直觉。尽管它作为一种引出权重的技术很受欢迎，它仍然从与 BAP 相同的问题中脱颖而出。也就是说，在指标数量非常大的情况下，它会对决策者施加认知压力，而在 AHP 中，由于所需的成对比较，认知压力被放大。

（4）联合分析（CA）

联合分析（CA）在消费者研究和营销中很常见，但在综合指数领域的应用也随之而来，主要是在生命质量指标的情况。CA 是一种分解方法。它可以被视为与 AHP 完全相反，因为它从整体优先级转向确定标准权重。更具体地说，该模型首先寻求个人（例如专家或公众）对一组替代品（例如国家，公司或产品）的偏好，然后根据单个指标对其进行分解。从理论上讲，指标的权重是通过计算整体概率函数的边际替换率获得的。在实践中，我们可以通过将受访者意见中该标准的重要性范围除以所有标准的范围总和来推导出标准的重要性。虽然首先获得最终目标的偏好估计，然后搜索其决定因素的重要性（与 AHP 相反）似乎更容易，但 CA 会提供替代限制。其主要缺点是其总体复杂性，需要大样本，以及难以估计的总体预先指定的效用函数。

2.6.1.3.3 客观权重法

从上一节中可以得出的结论是，参与式技术总体上是有用的工具。它们使指标加权过程背后的主观性可控。事实上召集一个由专家、政策制定者甚至公民组成的小组的整个行为，他们将共同决定利害攸关的因素的重要性，是一个社会中自然和理想的行为。然而在要评价对象没有明确界定和/或基本指标数量非常大的情况下很难适用。如果参与打分者没有清楚地理解一个框架（如评估指标/现象的重要性或其实际代表的内容），这些方法将导致有偏见的结果。

获得不同重要性权重的方法的选择最好从客观原理中推导出来，统计方法传统上被认为是首选的。仔细考虑在指数组成进行加权时采用统计方法，因为从研究者那里删除的对加权过程的任何控制它给人一种数学客观性的错误表象，这在自然和社会实际过程中可能很难实现。

因此，在权重选择中，“客观”的统计方法越来越被认可。如相关性分析或回归分析、主成分分析（PCA）或因子分析（FA）以及数据包络分析（Data Envelopment Analysis，DEA）及其变化等方法，被称为“数据驱动技术”，顾名思义，它们是从数据本身的特定数学函数下出现。因而可能是没有受到决策者主观“操纵”的直接加权。但要注意，根据数据内容推导概念（例如指标/维度）的重要性时，应该谨慎，因为观察到的“是”，不一定是正在寻找的“实”，毕竟指标之间的统计关系，例如以相关性的形式，并不总是代表它们之间的实际影响。

假设一个主题包含 N 个成员度量，并且向量 Y_i 与指标 i 的度量值有关，标准化均值为 0，标准差为 1，以避免复合结果被具有较大差异的成员（指标）结果所主导（尽管下面讨论的加权方案也适用于原始数据）。综合指标 C 定义如下：$C=\sum_{j=1}^{N} w_i Y_i$，其中 w_i 是分配给每个指标的“名义”权重。如下所述，许多相互关联的加权方法涉及选择 w_i 以最大化各种标准函数。

（1）自然或单位权重

这种方法是 N 个指标被简单地求和或平均以形成综合指标，也就是说，对于每个结果，w_i 设置为 1（或常量）。这种方法基于“不可知论者”标准，即每个结果都同样重要。它具有易于应用和理解的优点。这种方法在许多情况下都是合适的。

然而，使用单位权重并不一定意味着每个结果对综合指标的总体方差的贡献相等。Y_i 对 C 方差的贡献是 $w_i^2+\sum_{j=1}^{N} w_i w_j p_{ij}$，其中 p_{ij} 是 Y_i 和 Y_j 之间的相关性。对于单位权重，此贡献将减少到 $1+\sum_{j=1}^{N} p_{ij}$，因此每个合成结果的“有效”权重将取决于其与其他合成结果的平均相关性。如果不同结果的平均相关性相似，则有效和名义单位权重将相似。

此方法的一个变体是选择权重，以确保每个变量对综合的总方差的贡献相等。这可以通过将 N 个形式的（$w_i^2+\sum_{j=1}^{N} w_i w_j p_{ij}$）方程设置为常数并迭代求解 w_i 来完成。

（2）相关权重

相关性分析为第一步，主要是检查数据集的指标结构和动态。例如，它可以确定一个维度内两个子指标之间的非常强的相关性，然后可以通过在加权步骤中加以调节。

先回顾一下，简单相关系数是仅仅研究两个变量之间的关系；偏相关系数是多个相关变量中研究两个变量之间的关系；多元回归是多个不相关（理想化，不存在完全不相关）自变量与一个因变量之间的关系；典型相关系数是多个相关的因变量与多个相关的自变量之间的关系。

作为获得客观权重的工具，使用简单相关系数的相关性分析，有两种方式得权重：

第一个是基于简单相关矩阵，指标权重分别与该行或列的绝对值之和成正比；

第二种方法被称为“信息量”，首先在数据集中选择一个独特的变量，该变量起着内生标准的作用，然后计算每个指标与该独特变量的相关性，以这些相关系数用于确定指标的权重，相关性最高的指标相应地获得最高的权重。更具体地说，一个指标的权重是由该指标与独特变量的相关系数平方与该变量的相关系数平方之和的比值给出。

上述两种用法的一个问题是，这种相关性在统计上可能是显著的，即有统计意义，它也并不意味着一定有因果关系，而只是显示了指标之间有类似或相反的共同波动。

与“信息量”赋权有关的另一种方法是从综合指标的方差可以获得权重，最大限度地提高综合指标的可靠性，这种可靠性定义为综合指标中的方差比例，通过最大化受试者之间的综合方差（受试者之间的方差）相对于受试者内结果的方差（受试者内方差），可以找到最大可靠性权重。权重与变量和综合指标的协方差成比例，可以证明，权重向量是对应于方差-协方差矩阵 S 的最大特征值的特征向量；权重与协方差成正比。

另一种为相等的相关权重是以主题 Y_i 评价结果与综合指标 C 之间的相关性相等为基础。Y_i 与 C 之间的相关性可以表示如下：

$$p_{iC} = \frac{w_i + \sum_{j=1}^{N} w_j p_{ij}}{\sqrt{Var(C)}} \tag{2.46}$$

由于式中的分母对于每个结果都是相同的，因此可以通过将形式为（$w_i+\sum_{j=1}^{N} w_j p_{ij}$）的 N 个方程设置为常数，并迭代求解 w_i 来计算相等的相关权重。只有当所有结果都呈正相关时，该过程在逻辑上才是一致的。

（3）回归权重

回归分析是另一种可以引出权重的方法。通过简单的统计相关性，能够探索主题与所选指标之间的因果联系。假设相关的外部数据源包含有关已建立的可观察有效性标准以及所调查的结果度量的信息。然后，这些数据可用于根据标准度量与结果之间的关系构建权重。回归权重可以通过使用标准多元回归方法对分量结果（自变量）进行条件度量（因变量）回归来获得。然后，可以使用评估样本将结果的参数估计值用作综合指标形成的权重。结果与标准之间的相关性越大，结果与其他结果越独立，权重就越大，其他条件相同。此方法生成的权重可将估计样本中的均方预测误差降至最低。

这种方法的优点是，在评估测量程序时，预测有效性通常被认为是比可靠性更重要的标准。但是，仅当相关数据可用于估计适用于所调查样本且基于大样本以确保结果稳定性的回归权重时，才能使用此方法。此外，即使满足这些条件，也需要仔细解释结果，因为用于计算权重的估计样本不一定为抽取样本的总体或从同一群体中提取的其他样本产生最佳权重。

最后，当结果（预测因子）相对独立时，这种方法可能最有用。然而，这种独立性条件在我们的语境中通常不会得到满足。因此，回归方法可能比域内分析更适合形成用于域间分析的综合指标。

但是，这里必须牢记两个问题。首先，这些模型假设是严格的线性（这对于一般的综合指数似乎是苛刻了）；其次，如果要回归的指标中有一个可客观有效衡量指标那么就不需一个综合指数了（似乎“既生瑜何生亮”）。对于后者，可以用一个通常被认为可以研究更广泛现象的指标来说明，如在国家创新能力指数（NISI）中，回归分析使用的因变量“专利数”被广泛认为是可衡量一个国家的创新水平的变量，在没有这个指标的情况下，人均 GDP 可以作为一个更一般化的变量，因为它通常与综合指数要衡量的大多数社会经济有关。在具有多个此类输出变量的情况下，可以使用规范的相关性分析，这是对前一种情况（相关分析）的推广。

（4）主成分和因子分析权重

主成分分析和因子分析是旨在还原论的统计方法。更具体地说，他们的核心理念是用尽可能少的分量捕获原始变量中可能的最高方差（为此目的进行了标准化）。在 PCA 中，原始数据可以用一系列方程来描述，与指标的数量一样多。这些方程本质上代表原始数据的线性转换，其构造方式是用第一个方程解释原始变量的最大方差，第二个高方差（第一个方程不能解释的）用第二个方程解释，依此类推。在 FA 中，结果非常相似，但想法有些不同。在这里，原始数据可能取决于潜在的共同和特定因素，这可能可以解释原始数据集的方差。FA 比 PCA 稍微复杂一点，因为它涉及一个额外的步骤，在这个步骤中，必须由研究者做出选择（例如，选择提取方法）。最后，对于 PCA 和 FA，研究者必须做出某些选择（这在一定程度上引入了主观性），这些选择涉及要保留的成分/因子的数量或要使用的旋转方法。尽管如此，文献中还是存在一些标准或经验法则，以帮助两种方法的正确选择（OECD，2008）。

一般而言，有几种应用使用 FA 或 PCA 来得出指标的权重，如用 PCA 来权衡 HDI 的成分、环境退化指数（Environmental Degradation Index，EDI）。使用 PCA 作为权重技术的标准程序是以第一主成分的因子负荷作为指标的权重。然而，有时仅靠第一主成分不足以解释指标的很大一部分方差，这需要使用 FA 来完成：用 PCA 作为提取方法，并用最大方差旋转，最大限度地减少每个主成分上具有高负载的指标数量，通过考察所保留因子的因子负荷，决定保留原始数据变化的最大比例。

这种方法经常用于大型的综合指标，但在某些情况下使用这些方法是不可行的，因为分配的权重为负（例如环境可持续性指数）或指标之间的相关性非常低（例如合成环境指数）。PCA 用于权重不是主要目标的情况，即选择“主变量”的使用情况。具体地说，在复合指数的构造中 PCA/FA 可用于选择单个或一部分变量，以使该指数可以充分解释整个数据集的变化。因此，它们可以作为辅助工具，使开发人员能够更好地理解所考虑的现象中的维度或相应的指标结构。

因子分析权重是对组分结果进行因子分析，并使用单因子解作为综合结果。如果数据支持多因素解决方案，则可以考虑域重新配置。评估适当因子结构的标准必须在研究方案中指定，并在分析中遵守。或者，来自对其他相关数据集（可能具有较大的规范样本）进行的因子分析的因子负荷可以作为权重应用于形成综合指标。与这种方法的可行性和结果的解释有关的问题与上面讨论的回归加权问题类似。

这些方法可能看起来是很流行和方便的（例如，就其过程的客观性和透明度而言）。然而，在这一点上，重要的是要注意与它们的使用有关的一些问题。首先，就操作而言，PCA/FA 的使用涉及连续指标和线性关系的假设，在这些假设不成立的情况下，使用非线性 PCA（或以其他方式分类 PCA）。其次，这些方法的性质和理念依赖于数据的统计属性，这既可以看作是优点，也可以看作是缺点。例如，这种还原论可以证明在某些存在“重复计算”问题的情况下非常有用。另一方面，如果指标之间没有相关性或变量的变化非常小，这些技术甚至可能不起作用。此外，由 PCA/FA 内源性分配的权重并不一定与指标之间的实际联系相对应，特别是统计指标之间的实际联系。因此，人们应该谨慎对待如何对这些权重进行交互，特别是关于人们可能在多大程度上使用这些方法，因为事实是它们不一定反映一个健全的理论框架。此外，这两种方法的一个普遍问题是它们对数据的构造很敏感。更具体地说，如果在 PCA/FA 中添加或减去几个单位（特别是异常值）之后，可能会显著改变用于解释整体指数的权重。然而这个可通过 PCA 的变体得到解决（Hubert et al.，2005）。

（5）数据包络分析（DEA）和 BOD 权重

DEA 是使用数学规划根据所谓的“效率”分数来对评价对象进行评估。该“效率”分数是通过在研究人员设置的最小化/最大化函数下为每个单位（指研究区）计算的输出的加权和与输入的加权和的比率获得的。在线性规划公式中，权重被内源性确定为在某些给定约束下的最大化“效率”。

由于内源性计算的差异加权，单位之间的差异加权方案对政策制定者来说可能是一个理想的适当条件，因为每个单位都以最大化其绩效的方式选择自己的权重。DEA 期望的输出是最大化复合指数的值，可能会导致权重被分配给具有最高值的指标。此外，由于这些 DEA 模型是输出最大化的，保持单一的输入常数，经常发生的情况是在没有进一步约束的情况下，在最大化/最小化过程之后，引入了平衡点的多重性，同时，大多数被评估的单位将被视为有效（例如，它们被分配了等于“1”的值）。这个问题的一个简单解决方案是决策者施加更多的约束，例如控制每个指标或指标组（例如维度）权重的下限和上限。例如要求一个专家小组为几个指标分配权重，利用专家的意见作为 DEA 模型选择的权重的约束。在缺乏有关这些限制的信息的情况下，经典的 BOD 模型可以转换为“悲观”模型。具体地说，虽然经典的 BOD 模型为每个单位找到最有利的权重，但“悲观”的 BOD 模型找到最不利的权重。之后通过加权或非加权平均值它们被组合形成一个单一的最终指数得分。大多数 BOD 模型存在的一个问题是不同权重，当单位之间的可比性受到质疑时，模型获得的有益权重被证明是一个挑战。即每个单元都有一组不同的权重，很难通过简单地查看总体分数来比较它们。详细的 BOD 方法见后文。

（6）熵值法（熵权法）

此类方法利用数据熵值信息，即视数据之波动为信息量大小进行权重计算。

熵值是不确定性的一种度量，熵越小，数据携带的信息量越大，权重越大；相反熵越大，信息量越小，权重越小。

熵值法广泛应用于各个领域，对于普通问卷数据（截面数据）或面板数据均可计算。在实际研究中，通常情况下是与其他权重计算方法配合使用，如先进行因子或主成分分析得到因子或主成分的权重，即得到高维度的权重，然后再使用熵值法进行计算，想得到具体各项的权重。比如收集各地区的某年份的资源监管相关指标数据，包括未批先建占地比例（X1）、耕地非农化比例（X2）、耕地非粮化比例（X3），用熵值法计算出各指标权重，再对各地区资源监管水平进行比较。

操作上可使用 SPSSAU（综合评价-熵值法）。需注意熵值法的计算公式上会有取对数，因此如果小于等于 0 的数字取对数，则会出现 null 值。此种情况共有两种办法。第一种：SPSSAU 非负平移功能，是指如果某列（某指标）数据出现小于等于 0，则让该列数据同时加上一个“平移值”（该值为某列数据最小值的绝对值+0.01），以便让数据全部都大于 0，因而满足算法要求；第二种：研究者也可以手工查看数据并将小于等于 0 的数据设置为异常值，但此种做法会让样本减少。

（7）CRITIC 权重

CRITIC 方法是一种客观权重赋权法。它与后述的独立性权重和信息量权重都是利用数据的波动性或者数据之间的相关关系情况进行权重计算。如以 5 个市县的数据指标（共计 4 个指标数据）进行 CRITIC 权重计算，最终可得到森林退化程度、草原退化程度、湿地退化程度、荒漠化程度这 4 个指标的权重。如果希望针对各个市县进行计算综合得分，那么可以直接将权重与自身的数据进行相乘累加即可，分值越高代表该市县生态系统退化评价越高。

CRITIC 权重思想在于用于两项指标，分别是对比强度和冲突性指标。对比强度使用标准差进行表示，如果数据标准差越大说明波动越大，权重会越高；冲突性使用相关系数进行表示，如果指标之间的相关系数值越大，说明冲突性越小，那么其权重也就越低。权重计算时，对比强度与冲突性指标相乘，并且进行归一化处理，即得到最终的权重。

CRITIC 权重综合考虑了数据波动情况和指标间的相关性，因此，CRITIC 权重法适用于这样一类数据，即数据稳定性可视作一种信息，并且分析的指标或因素之间有着一定的关联关系时。比如上述 4 个指标的稳定性是一种信息，而且此 4 个指标之间本身就可能有着相关性。因此 CRITIC 权重法刚好利用数据的波动性（对比强度）和相关性（冲突性）进行权重计算。

CRITIC 赋权法是一种客观赋权方法，利用指标间的冲突性和信息量大小确定其权重值。两个指标间的相关系数越高，代表冲突性越小；单个指标的标准离差越大，其包含的信息量越大。

1）首先，采用对各个指标进行归一化处理；

2）指标间的冲突性 T_{ij} 和单个指标的信息量 C_j 表示为：

$$T_{ij} = \sum_{i=1}^{N} (1 - r_{ij}),$$

$$C_j = \delta_j \sum_{i=1}^{N} (1 - r_{ij})$$

式中：r_{ij} 为指标 i 和 j 之间的相关系数；δ_j 为第 j 个指标的标准差；N 为评价数量。C_j 越大，则该指标的重要性越大。

3）权重系数表示为：

$$W_j = \frac{C_j}{\sum_{j=1}^{m} C_j} \tag{2.47}$$

式中：W_j 为第 j 个指标的权重系数。

操作上，可使用 SPSSAU（综合评价- CRITIC 权重）。注意 CRITIC 分析之前是需要进行量纲化处理，但是并不建议 Z 值标准化这种处理方式，原因在于标准化后所有指标的标准差都为 1，导致指标变异性全部一致。

（8）独立性权重和信息量权重

独立性权重是一种仅考虑指标相关性的权重计算方法，其思想在于利用指标之间的共线性强弱来确定权重。适合指标间本身带有一定的相关性的数据。

信息量权重是一种仅考虑指标变异程度的权重计算方法，变异系数越大，说明其携带的信息越大，因此权重也会越大。

操作可使用 SPSSAU（综合评价-独立性权重或信息量权重）。

2.6.2　基于主成分或因子分析（PCA/FA）的权重

2.6.2.1　主成分分析或因子分析

主成分分析（PCA）或因子分析（FA）是将单指标组合在一起形成复合指标数学处理方法。每个主成分或因子（后者通常以主成分分析为基础，根据特征根大于 1 的原则提取公共因子，采用最大方差等方法进行旋转）都揭示了与它关联最强的一组指标，其复合数据不再依赖于数据集的维度，而是基于数据的“统计”维度。根据 PCA/FA，加权干预只是为了纠正两个或多个相关指标之间的重叠信息，而不是衡量相关指标的理论重要性。如果发现指标之间没有相关性，则不能用该方法估计权重。

PCA/FA 的第一步是检查数据的相关性结构，如果这些指标之间的相关性较弱，那么它们就不太可能有共同的因子。第二步是识别代表数据的一定数量的潜在因子（少于指标的数量）。每个因子都取决于一组系数（负载），每个系数都测量了指标和潜在因子之间的相关性。主成分分析通常用于提取因子。因子分析只保留了一个主成分的子集（m），即那些占方差量最大的主成分。选择因子的标准方法是：①相关特征值大于 1（或 0.9）；②对总体方差解释的贡献较大，通常情况下，当变量数 Q 较小时，如 $Q \leqslant 10$ 时，一般要求方差贡献≥10%；若 $Q \geqslant 30$ 时，方差贡献约≥3%即可；③对总体方差解释的累积贡献超过 60%。

例如，在湖南的简化数据集中，特征值>1 的因子有 4 个，每个因子解释了总方差的比重均在 8.5%以上，4 个因子累积解释了 76.11%的方差（表 2.20）。

第三步是因子的旋转（表 2.20）。通常可用最大方差法旋转。旋转的目的是使同一因子上具有高负荷指标的最小数量，并获得因子的更简单结构（理想情况下，在这个结构中，每个指标都只加载在一个因子上）。旋转是因子分析中的一个标准步骤，它改变因子负荷，从而改变因子的解释，同时保持事前和事后获得的解析解不变。

表 2.20 湖南简化数据集的特征值和解释的方差

成分	初始特征值			提取负荷平方和			旋转负荷平方和		
	特征值（λ_i）	方差百分比	累积方差/%	总计	方差百分比	累积/%	总计	方差百分比	累积/%
1	5.22	40.17	40.17	5.22	40.17	40.17	5.10	39.22	39.22
2	2.32	17.82	57.99	2.32	17.82	57.99	2.04	15.69	54.92
3	1.24	9.54	67.53	1.24	9.54	67.53	1.56	11.98	66.90
4	1.12	8.58	76.11	1.12	8.58	76.11	1.20	9.21	76.11
5	0.95	7.27	83.39						
6	0.69	5.29	88.68						
7	0.37	2.85	91.52						
8	0.33	2.53	94.05						
9	0.22	1.67	95.72						
10	0.18	1.42	97.14						
11	0.15	1.19	98.33						
12	0.13	1.01	99.33						
13	0.09	0.67	100.00						

注：由 SPSS 26 运行“因子分析模块”结果中的“总方差解释表”导出，提取方法为主成分分析法。

2.6.2.2 复合指标权重

从旋转后的因子负荷矩阵中，可将因子中的全部指标组成“复合指标”，或将部分高因子负荷指标组成中间性“复合指标”。复合指标的权重可由因子负荷的平方和（表示复合指标解释的信息）占总方差（表示全部信息）的比例表示。

计算公式见式（2.39）至式（2.41）。

例如以湖南省自然资源调查监测简化数据集（13 个变量，122 个评价单元）进行因子分析，得 4 个因子（表 2.21）。

表 2.21 湖南简化数据集的旋转后的成分矩阵

变量（X_i）	因子负荷($A_{i,j}$)				因子负荷的平方($B_{i,j}$)				归一化的因子负荷平方($C_{i,j}$)			
	因子 1	因子 2	因子 3	因子 4	因子 1	因子 2	因子 3	因子 4	因子 1	因子 2	因子 3	因子 4
土地开发强度	−0.86	−0.11	−0.19	−0.14	0.74	0.01	0.03	0.02	0.14	0.01	0.02	0.02
垦殖指数	−0.10	0.86	−0.26	0.04	0.01	0.73	0.07	0.00	0.00	0.36	0.04	0.00
基本农田保护面积	0.46	0.70	−0.14	−0.04	0.21	0.48	0.02	0.00	0.04	0.24	0.01	0.00
城镇开发边界规模占比	−0.85	−0.19	−0.13	0.08	0.71	0.03	0.02	0.01	0.14	0.02	0.01	0.00
万元 GDP 地耗	0.87	−0.13	−0.07	−0.14	0.75	0.02	0.00	0.02	0.15	0.01	0.00	0.02
人均建设用地	0.63	0.24	0.00	0.54	0.39	0.06	0.00	0.29	0.08	0.03	0.00	0.24
村庄建设空闲率	−0.02	−0.43	−0.16	0.04	0.00	0.19	0.03	0.00	0.00	0.09	0.02	0.00
万元 GDP 用水量	0.81	0.06	−0.09	−0.24	0.66	0.00	0.01	0.06	0.13	0.00	0.01	0.05
自然保护地占比	−0.07	0.03	0.95	0.01	0.01	0.00	0.91	0.00	0.00	0.00	0.58	0.00
生态红线面积占比	0.59	−0.28	0.66	−0.02	0.35	0.08	0.44	0.00	0.07	0.04	0.28	0.00
人均耕地	0.80	0.45	−0.05	0.10	0.65	0.21	0.00	0.01	0.13	0.10	0.00	0.01
城镇人均住宅用地面积	−0.17	−0.11	−0.01	0.89	0.03	0.01	0.00	0.79	0.01	0.01	0.00	0.66
人均占有水资源量	0.77	−0.46	0.18	0.01	0.60	0.21	0.03	0.00	0.12	0.10	0.02	0.00
平方和（SS_i）					5.10	2.04	1.56	1.20				
因子贡献（D_i）					0.52	0.21	0.16	0.12				

注：1）平方和（SS_i）是该因子解释的方差，如 5.10=0.74+0.01+…+0.60；

2）因子贡献(D_i)是被解释的方差（SS_i）除以四个因子的总方差 $\sum$（SS_i），代表组合指标权重，如以第一因子全部指标组合而成的指标（可命名为“资源保护利用”指标）的权重是：0.52=5.10/(5.10+2.04+1.56+1.20)；

3）归一化的因子负荷平方($C_{i,j}$)指因子负荷平方($B_{i,j}$)除以平方和（SS_i），代表变量权重，如“万元 GDP 地耗”的权重为 0.15=0.75/5.10。

第一个因子的高因子负荷指标包括万元 GDP 地耗（其权重为 0.15，下同）、土地开发强度（0.14）、城镇开发边界规模占比（0.14）、万元 GDP 用水量（0.13）、人均耕地（0.13）、人均占有水资源量（0.12），代表“资源利用”；第二个因子包括垦殖指数（0.36）、基本农田保护面积（0.24），代表“耕地保护”；第三个因子包括自然保护地占比（0.58）、生态红线面积占比（0.28）。代表“生态保护”；第四个因子包括城镇人均住宅用地面积（0.66）、人均建设用地（0.24），代表“建设开发”。

4 个中间复合指标的权重等于数据解释方差的比例，即因子贡献(D_i)：第一个指标（资源保护利用）权重为 0.52，第二个为 0.21，第三个为 0.16，第四个为 0.12（表 2.21）。

2.6.2.3 指标变量的权重

2.6.2.3.1 计算步骤

复合指标中变量的权重可由因子负荷的平方（表示变量指标解释的信息）占复合指标因子负荷的平方和的比例表示。表 2.20 为方差解释率表格；表 2.21 是因子负荷表格，它显示的是各变量在主成分（因子）中的负荷系数，负荷系数可以反映主成分对于变量的信息提取情况。在计算变量分项权重的时候，需要利用负荷系数等信息进行计算。过程共分为三步：

第一：计算线性组合系数矩阵（M），公式为：

$$M = A/\sqrt{\lambda} \tag{2.48}$$

式中：A 为因子负荷；λ 为特征根，即负荷系数除以对应特征根的平方根。

第二：计算综合得分系数（P），公式为：

$$P = \sum(M \times D)/\sum V \tag{2.49}$$

式中：D 为方差解释率；$\sum V$ 为累积方差，即表 2.20 中累积方差的 76%。

即线性组合系数分别与方差解释率相乘后累加，并且除以累积方差解释率，即得到综合得分系数。

第三：计算权重（W）：

将复合指标的全部变量或部分变量组合的综合得分系数（P），据指标的方向性分别进行极差法标准化（P'）；再对 P' 求和归一化，即得到全部指标对总目标的权重（表 2.22）或变量组合指标对分目标的权重（表 2.23）。

其中极差法标准化方法：

正向指标计算公式为：$P' = (P-\text{Min})/(\text{Max}-\text{Min})$

逆向指标计算公式为：$P' = (\text{Max}-P)/(\text{Max}-\text{Min})$

2.6.2.3.2 全部变量的权重

表 2.21 的 13 项指标按上述因子分析法获得的权重如表 2.22 所示。

表 2.22 湖南简化数据集的指标权重

变量	线性组合系数（M）				综合得分系数（P）				累积 P	极差法标准化（P'）	权重（W）
	因子 1	因子 2	因子 3	因子 4	因子 1	因子 2	因子 3	因子 4			
开发强度	-0.38	-0.08	-0.15	-0.13	-14.92	-1.24	-1.79	-1.21	-0.25	1.00	0.094
垦殖指数	-0.04	0.60	-0.21	0.04	-1.76	9.40	-2.48	0.35	0.07	0.64	0.060
基本农田	0.20	0.49	-0.11	-0.04	8.02	7.65	-1.32	-0.34	0.18	0.86	0.081
城镇开发	-0.37	-0.13	-0.11	0.07	-14.68	-2.06	-1.29	0.64	-0.23	0.95	0.090
GDP 地耗	0.38	-0.09	-0.05	-0.12	15.06	-1.39	-0.65	-1.15	0.16	0.81	0.076
人均建地	0.28	0.17	0.00	0.49	10.90	2.67	0.04	4.55	0.24	0.97	0.091
村庄空闲	-0.01	-0.30	-0.13	0.04	-0.33	-4.74	-1.58	0.35	-0.08	0.67	0.063
GDP 用水	0.36	0.04	-0.08	-0.22	14.07	0.62	-0.90	-2.04	0.15	0.80	0.076
自然保护	-0.03	0.02	0.76	0.01	-1.24	0.32	9.14	0.06	0.11	0.71	0.067
生态红线	0.26	-0.20	0.53	-0.02	10.22	-3.12	6.35	-0.19	0.17	0.84	0.079
人均耕地	0.36	0.32	-0.04	0.09	13.96	5.00	-0.46	0.82	0.25	1.00	0.094
城镇宅地	-0.08	-0.07	-0.01	0.81	-2.8.7	-1.18	-0.08	7.46	0.04	0.58	0.055
人均水量	0.34	-0.32	0.14	0.01	13.41	-5.06	1.73	0.11	0.13	0.76	0.072
合计										10.60	1.00

注：1）变量名称系表 2.21“变量（X_i）”的简称；

2）对累积 P 中的 3 个负数指标，按逆向指标计算公式进行极差法标准化；

3）$w_i = p_i'/\sum p_i'$。

其中累积综合得分系数（P）用极差法标准化（P'）的求和值为 10.60，对其归一化得 13 项指标对总目标的权重（W）。

在表 2.22 计算权重（W）中的“总目标”，可以被定义为由该 13 个指标表征的“基于禀赋的自然资源保护利用”，各指标变量的权重是相对总目标而言的。可以以该“累积综合得分系数（P）”为基础，对 13 个指标变量进行多种组合（如后文 § 2.6.2.3.3 所述），构造多种维度。当然，相对理想的“维度”构造就是因子分析得到的这 4 个因子。

2.6.2.3.3 部分变量组合指标的权重

如前 § 2.5.4.2.2 所述的部分变量组合指标“资源保护利用”可由 6 个变量组合而成。对表

2.22 中的“累积综合得分系数（P）”列的该 6 个变量进行极差法标准化，再归一化（表 2.23）。

表 2.23 部分指标组合的权重

变量	累积 P	极差法标准化（P'）	权重（W）
开发强度	-0.25	1.00	0.19
城镇开发	-0.23	0.95	0.18
GDP 地耗	0.16	0.81	0.15
GDP 用水	0.15	0.80	0.15
人均耕地	0.25	1.00	0.19
人均水量	0.13	0.76	0.14
合计	0.51	5.33	1.00

得到权重分别为：开发强度（0.19）、城镇开发（0.18）、GDP 地耗（0.15）、GDP 用水（0.15）、人均耕地（0.19）、人均水量（0.14）。

注意，方法不同意味着有不同的权重。

2.6.2.4 负权问题

由于进行主成分分析/因子分析时，计算程序（如以 SPSS 计算）默认对数据进行 Z 值标准化处理，所产生的负荷会出现负值，从而出现“负权”。

在数学问题处理时，人们通常不去深究指标变动的正逆性，但在多指标综合评价中，就必须考虑指标变动的正逆性。当某单项评价指标取值的方向与综合评价合成值的方向相反（负相关）而导致的负权，则是合理的。例如，一般情况之下的综合评价值都表现为“越大越好”（正指标），若某单项指标是逆指标，则理所当然地应该取负权。因为权值为负，其实等价于对单项评价指标的取值方向进行了逆向变换。就算术平均合成模型而言，负权的作用等价于对原变量作了线性逆变换；对于加权几何平均合成模型，等价于倒数化逆变换。

但是，如果综合评价合成模型中某单项评价指标取值的方向与综合评价合成值方向完全一致却仍然出现了“负权”，则是不合理的。应该根据具体原因采取补救措施，如 § 2.5.4.4 方法的局限性所述。如果不是由于指标本身的不合理，则说明不能直接采用传统的主成分分析法进行综合评价，而应该采用其他的综合评价方法，或更换样本。不能因整个计算过程貌似“客观”而“盲从”，刻意追求所谓的“客观性”而在认识论上犯形而上学错误。

可将指标按其变动方向同一性分为两类或两个子集，则 SPSS 将把正权系数赋给“规模较大的指标子集”“负权赋给规模较小的指标子集”，若规模相同，则一般根据“子集内的聚合度”来决定哪些变量的权系数为正，哪些变量权系数为负。这说是说，第一主成分（因子）取值方向是与“多数指标的变动方向”一致的。若“规模较大子集”中的指标属于正指标，则第一主成分的计算结果应该是“越大越好”，否则，第一主成分（因子）的计算结果就是“越小越好”。

无论是从统计指标理论上讲，还是从主成分（因子）的数学性质讲，将第一主成分（因子）的各变量权系数的符号改个方向，既不影响评价结论也能够继续保证第一主成分（因子）的方差最大、系数平方和为 1 及与其他主成分正交等基本要求。可参照表 2.22 和表 2.23 的示例，按 § 2.6.2.3 指标变量的权重方法，据指标的方向性分别进行极差法标准化，从而得到希望的结果。

2.6.3 基于 KMO 值的权重方法

2.6.3.1 KMO 权重方法

这是一种基于因子分析的客观权重方法，它是从 KMO 测度和因子负荷平方中确定。因子分析将共线的变量组合在一起，形成能够捕获尽可能多的公共信息的新因子或属性，每个因子都揭示了与它之间具有最高关联的属性集。因子分析中的实施过程包括几个步骤：第一步是检查数据的相关性结构：如果变量（属性）之间的相关性较低，则它们不太可能共享共同因素；第二步是识别少于变量数的一定数量的潜在因素，简而言之，每个因子取决于一组系数（负荷），每个负荷系数是单个变量与因子之间的相关性；第三步涉及因子旋转，理想情况是每个变量都专门加载到一个保留因子上；第四步是构造旋转后的因子负荷矩阵。

因子分析提供了多种用于确定变量权重的选项。第一种发生在相关矩阵上。相关矩阵是因子分析实现的基础，包含每对变量的简单线性相关系数。进行因子分析的先决条件之一是原始变量之间的关系，并且相关矩阵能够检测相关变量组。

相关矩阵的构建是因子分析的第一步。在此阶段计算的 KMO 统计量是样本充分性的度量。此值是观测到的相关系数和偏相关系数的比较值。当所有变量间的简单相关系数平方和远远大于偏相关系数平方和时，KMO 值越接近于 1，意味着变量间的相关性越强，原有变量越适合作因子分析；当所有变量间的简单相关系数平方和接近 0 时，KMO 值越接近于 0，意味着变量间的相关性越弱，原有变量越不适合做因子分析。

除了可以计算整个矩阵的 KMO 值外，还可以分析每个变量的 KMO。通过这种方式，可以检查分析中每个变量的适宜性，以便可以排除没有足够高的 KMO 度量值的变量。因子分析中每个变量的 KMO 值可以在反映像矩阵的对角线处找到（反映像相关矩阵中非对角线元素是变量偏相关系数的相反数）。KMO 值的范围是从 0 到 1 的闭合区间。KMO 值 0.9 是最好的，而 KMO 值低于 0.5 是不可接受的。以“1-KMO”为基础，可以计算变量的权重（Dragan et al.，2013）。

权重确定出现在因子分析的第四步，即如上一小节所述，可以根据旋转后的因子负荷矩阵构造权重，因为因子负荷的平方表示由因子解释的变量总方差的比例。

2.6.3.2 以 KMO 值估计权重

2.6.3.2.1 变量 KMO 值的计算

变量的 KMO 值计算可参考 Charles（2022）方法，步骤如下：

（1）首先计算相关矩阵的反函数

如图 2.8 所示，B6：J14 是相关矩阵；B20：J28 是由 MINVERSE（B6：J14）计算得出的逆矩阵；L20：L28 是对角阵的平方根，是以实际统计的 DIAG（对角阵）据公式 SQRT（DIAG（B20：J28））计算所得。

（2）计算偏相关矩阵

变量 x_i 和 x_j 之间的偏相关由公式给出：

$$r_{x_ix_j}z = -\frac{p_{ij}}{\sqrt{p_{ii}p_{jj}}}$$

其中 Z 是 x_i 和 x_j 以外的变量列表 x_1，…，x_k，相关矩阵的反函数是 $R^{-1}=[p_{ij}]$。

偏相关矩阵的数组公式计算：

=-B20：J28/MMULT（L20：L28，TRANSPOSE（L20：L28））

由于此公式生成的矩阵的主对角阵为负，因此使用稍做修改的形式：

=-B20：J28/MMULT（L20：L28，TRANSPOSE（L20：L28））+2＊IDENTITY（）

其中 Transpose 为转置函数，Identity 函数为选择特定行（列）。

（3）KMO 计算

变量的 KMO 由公式给出：

	A	B	C	D	E	F	G	H	I	J	K	L
3	R = Correlation Matrix											
4												
5		Expect	Entertain	Comm	Expert	Motivate	Caring	Charisma	Passion	Friendly		
6	Expect	1	-0.17658	0.07947	0.12053	-0.14721	-0.10525	-0.02189	-0.12979	-0.34401		
7	Entertain	-0.17658	1	0.44692	0.04846	0.24412	0.11667	0.45069	0.37926	0.40087		
8	Comm	0.07947	0.44692	1	0.15224	0.28642	0.10627	0.74876	0.36836	0.00693		
9	Expert	0.12053	0.04846	0.15224	1	0.19429	0.04611	0.24732	0.25801	0.18591		
10	Motivate	-0.14721	0.24412	0.28642	0.19429	1	0.28437	0.34434	0.32647	0.03734		
11	Caring	-0.10525	0.11667	0.10627	0.04611	0.28437	1	0.10231	0.19515	-0.05529		
12	Charisma	-0.02189	0.45069	0.74876	0.24732	0.34434	0.10231	1	0.4388	0.10313		
13	Passion	-0.12979	0.37926	0.36836	0.25801	0.32647	0.19515	0.4388	1	0.08848		
14	Friendly	-0.34401	0.40087	0.00693	0.18591	0.03734	-0.05529	0.10313	0.08848	1		
15		0.22044	0.81413	1.01894	0.24222	0.50846	0.17058	1.15763	0.70798	0.33657	5.17695	
16												
17	R^{-1} = Inverse of Correlation Matrix											
18												
19		Expect	Entertain	Comm	Expert	Motivate	Caring	Charisma	Passion	Friendly		sqrt diag
20	Expect	1.28626	-0.0023	-0.26283	-0.31555	0.18513	0.10668	0.10221	0.17777	0.47661		1.13414
21	Entertain	-0.0023	1.75358	-0.48271	0.29009	-0.10275	-0.08467	-0.23132	-0.34885	-0.70046		1.32423
22	Comm	-0.26283	-0.48271	2.51019	0.06576	-0.06305	-0.02772	-1.6585	-0.0611	0.25074		1.58436
23	Expert	-0.31555	0.29009	0.06576	1.26417	-0.17406	-0.02155	-0.2704	-0.28613	-0.4018		1.12435
24	Motivate	0.18513	-0.10275	-0.06305	-0.17406	1.30312	-0.26522	-0.22502	-0.15363	0.11115		1.14154
25	Caring	0.10668	-0.08467	-0.02772	-0.02155	-0.26522	1.12382	0.07987	-0.11925	0.1492		1.0601
26	Charisma	0.10221	-0.23132	-1.6585	-0.2704	-0.22502	0.07987	2.62396	-0.30823	-0.04088		1.61986
27	Passion	0.17777	-0.34885	-0.0611	-0.28613	-0.15363	-0.11925	-0.30823	1.44645	0.15757		1.20268
28	Friendly	0.47661	-0.70046	0.25074	-0.4018	0.11115	0.1492	-0.04088	0.15757	1.51208		1.22967

	A	B	C	D	E	F	G	H	I	J	K
32		Expect	Entertain	Comm	Expert	Motivate	Caring	Charisma	Passion	Friendly	
33	Expect	1	0.00153	0.14627	0.24745	-0.143	-0.08873	-0.05563	-0.13033	-0.34175	
34	Entertain	0.00153	1	0.23008	-0.19483	0.06797	0.06032	0.10784	0.21904	0.43016	
35	Comm	0.14627	0.23008	1	-0.03692	0.03486	0.01651	0.64622	0.03206	-0.1287	
36	Expert	0.24745	-0.19483	-0.03692	1	0.13561	0.01808	0.14847	0.2116	0.29062	
37	Motivate	-0.143	0.06797	0.03486	0.13561	1	0.21916	0.12169	0.1119	-0.07918	
38	Caring	-0.08873	0.06032	0.01651	0.01808	0.21916	1	-0.04651	0.09353	-0.11445	
39	Charisma	-0.05563	0.10784	0.64622	0.14847	0.12169	-0.04651	1	0.15822	0.02052	
40	Passion	-0.13033	0.21904	0.03206	0.2116	0.1119	0.09353	0.15822	1	-0.10654	
41	Friendly	-0.34175	0.43016	-0.1287	0.29062	-0.07918	-0.11445	0.02052	-0.10654	1	
42		0.24783	0.3438	0.51238	0.27055	0.1263	0.08415	0.4968	0.16842	0.43399	2.68422

	B	C	D	E	F	G	H	I	J	K
45	Expect	Entertain	Comm	Expert	Motivate	Caring	Charisma	Passion	Friendly	KMO
46	0.470758	0.70309	0.6654	0.47238	0.801022	0.669643	0.699717	0.80783	0.436781	0.658547

图 2.8 变量的 KMO 值计算

（据 Charles，2022）

$$KMO_j = \frac{\sum_{i \neq j} r_{ij}^2}{\sum_{i \neq j} r_{ij}^2 + \sum_{i \neq j} u_{ij}^2}$$

其中相关矩阵为 $R=[r_{ij}]$ 和偏协方差矩阵为 $U=[u_{ij}]$ 的总体 KMO 由上述公式给出，这公式适用于所有组合，并且 $i \neq j$。KMO 采用介于 0 和 1 之间的值。接近 0 的值表示偏相关项的总和与相关项之和相比较大，表示相关性很广泛，因此不在几个变量之间聚类（若进行因子分析，这表明因子分析存在问题）。相反，接近 1 的值表示适合因子分析。

例如，KMO2（单元格 C46）由公式＝C15/（C15+C42）计算，其中 C15 包含公式＝SUMSQ（C6：C14）－1（这里“－1”，是因为只对与其他变量的相关性感兴趣，而与本身无关），C42 包含公式＝SUMSQ（C33：C41）－1。同样，总体的 KMO（单元格 K46）由公式＝K15/（K15+K42）计算，其中 K15 公式＝SUM（B415：J415），K42 公式＝SUM（B42：J42）。

另外，可用 matlab 程序方法计算变量的 KMO。

2.6.3.2.2 以 SPSS 和 EXCEL 计算变量 KMO 权重的例证

仍以上小节湖南省自然资源调查监测简化数据集（13 个变量）为例。分别以 SPSS 26“分析→相关→双变量相关性”和“分析→相关→偏相关性”计算相关矩阵和偏相关矩阵；从每个变量的 1-KMO 值可以确定权重。

计算公式：

$$W = 1 - KMO = 1 - BB/(AA + BB) \tag{2.50}$$

式中：AA 是所有变量之间两两（不包括变量自己与自己）的偏相关系数的平方和；BB 是所有变量之间两两（不包括变量自己与自己）的简单（peason）相关系数的平方和。结果如表 2.24 所示。

表 2.24　使用 EXCEL 进行 KMO 权重计算

		开发强度	垦殖指数	基本农田	城镇开发	GDP 地耗	人均建地	村庄空闲	GDP 用水	自然保护	生态红线	人均耕地	城镇宅地	人均水量	合计
相关矩阵	开发强度	1.000	0.004	−0.419	0.787	−0.643	−0.592	0.013	−0.612	−0.105	−0.577	−0.711	0.052	−0.609	
	垦殖指数	0.004	1.000	0.463	0.008	−0.149	0.098	−0.158	0.060	−0.170	−0.421	0.369	0.000	−0.544	
	基本农田	−0.419	0.463	1.000	−0.504	0.276	0.460	−0.150	0.349	−0.142	0.009	0.629	−0.211	0.026	
	城镇开发	0.787	0.008	−0.504	1.000	−0.612	−0.503	0.110	−0.644	−0.035	−0.506	−0.708	0.223	−0.568	
	GDP 地耗	−0.643	−0.149	0.276	−0.612	1.000	0.381	−0.078	0.819	−0.090	0.501	0.627	−0.162	0.665	
	人均建地	−0.592	0.098	0.460	−0.503	0.381	1.000	−0.078	0.291	−0.024	0.246	0.643	0.165	0.432	
	村庄空闲	0.013	−0.158	−0.150	0.110	−0.078	−0.078	1.000	−0.067	−0.029	0.085	−0.137	−0.004	0.038	
	GDP 用水	−0.612	0.060	0.349	−0.644	0.819	0.291	−0.067	1.000	−0.087	0.417	0.635	−0.212	0.494	
	自然保护	−0.105	−0.170	−0.142	−0.035	−0.090	−0.024	−0.029	−0.087	1.000	0.537	−0.075	0.014	0.083	
	生态红线	−0.577	−0.421	0.009	−0.506	0.501	0.246	0.085	0.417	0.537	1.000	0.331	−0.069	0.653	
	人均耕地	−0.711	0.369	0.629	−0.708	0.627	0.643	−0.137	0.635	−0.075	0.331	1.000	−0.111	0.420	
	城镇宅地	0.052	0.000	−0.211	0.223	−0.162	0.165	−0.004	−0.212	0.014	−0.069	−0.111	1.000	−0.129	
	人均水量	−0.609	−0.544	0.026	−0.568	0.665	0.432	0.038	0.494	0.083	0.653	0.420	−0.129	1.000	
平方和（BB）		4.16	1.91	2.54	4.06	3.83	2.75	1.10	3.55	1.38	3.09	4.07	1.23	3.49	37.2
偏相关矩阵	开发强度	1.000	−0.131	−0.022	0.650	−0.459	−0.428	−0.046	−0.482	−0.216	−0.462	−0.567	−0.111	−0.375	
	垦殖指数	−0.131	1.000	0.789	−0.138	−0.063	0.212	−0.175	0.155	−0.192	−0.389	0.565	−0.041	−0.562	
	基本农田	−0.022	0.789	1.000	−0.133	−0.158	0.209	−0.129	0.082	−0.095	−0.372	0.422	−0.084	−0.650	
	城镇开发	0.650	−0.138	−0.133	1.000	−0.396	−0.284	0.077	−0.524	−0.137	−0.357	−0.555	0.104	−0.288	
	GDP 地耗	−0.459	−0.063	−0.158	−0.396	1.000	0.150	−0.039	0.770	−0.036	0.367	0.461	−0.044	0.491	
	人均建地	−0.428	0.212	0.209	−0.284	0.150	1.000	−0.044	0.098	0.032	0.067	0.514	0.322	0.194	
	村庄空闲	−0.046	−0.175	−0.129	0.077	−0.039	−0.044	1.000	−0.035	−0.038	0.128	−0.111	−0.023	0.111	
	GDP 用水	−0.482	0.155	0.082	−0.524	0.770	0.098	−0.035	1.000	−0.045	0.294	0.523	−0.128	0.314	
	自然保护	−0.216	−0.192	−0.095	−0.137	−0.036	0.032	−0.038	−0.045	1.000	0.635	−0.019	−0.010	0.190	
	生态红线	−0.462	−0.389	−0.372	−0.357	0.367	0.067	0.128	0.294	0.635	1.000	0.147	0.023	0.565	
	人均耕地	−0.567	0.565	0.422	−0.555	0.461	0.514	−0.111	0.523	−0.019	0.147	1.000	0.016	0.125	
	城镇宅地	−0.111	−0.041	−0.084	0.104	−0.044	0.322	−0.023	−0.128	−0.010	0.023	0.016	1.000	0.012	
	人均水量	−0.375	−0.562	−0.650	−0.288	0.491	0.194	0.111	0.314	0.190	0.565	0.125	0.012	1.000	
平方和（AA）		2.80	2.59	2.49	2.53	2.61	1.80	1.10	2.62	1.56	2.62	2.8.3	1.16	2.72	29.5

续表

	开发强度	垦殖指数	基本农田	城镇开发	GDP地耗	人均建地	村庄空闲	GDP用水	自然保护	生态红线	人均耕地	城镇宅地	人均水量	合计
KMO	0.60	0.42	0.51	0.62	0.60	0.60	0.50	0.58	0.47	0.54	0.58	0.52	0.56	0.56
1- KMO	0.40	0.58	0.49	0.38	0.40	0.40	0.50	0.42	0.53	0.46	0.42	0.48	0.44	5.91
KMO 权重	0.068	0.097	0.084	0.065	0.068	0.067	0.085	0.072	0.090	0.078	0.071	0.082	0.074	1.00

在本例中，总的 KMO 值为 0.56>0.5，这支持了因子分析的实现。

2.6.4 数据包络分析（DEA）与 BOD 法

2.6.4.1 DEA 法

2.6.4.1.1 概述

数据包络分析（DEA）是一种投入产出相对效率计算方法，它无须设定输入与输出的具体函数，不必计算统计投入量和综合产出量，在处理多投入、多产出的问题上具有特别的优势。DEA 使用线性规划工具来估计绩效边界，在一个多维框架内建立一个以评价单元之间的“距离”为度量的衡量相对绩效的基准。对此基准有以下假设：

1）正向性，即指标的值越高，相应评价单元越好；

2）对评价单元的任何维度（指标）进行平等排名；

3）规模报酬不变假设，即是经营规模可以等比例地放大和缩小；

4）凸性假设，即所有评价单元的任意加权平均也都在技术集内，也可说函数的曲线弧位于基准的下方。

每个评价单元相对绩效是由其相对于基准的位置决定。图 2.9 显示了 a 等多个评价单元在两个指标轴（图 2.9a）或 3 个指标轴（图 2.9b）中的情形。

图 2.9b 中，A、B、C、D 点的连线构成了绩效评价的基准，又称为效率前缘。支持基准的评价单元被列为表现最好，而 E、F、G、H 点（评价单元）表现差。

绩效评价基准是两个距离的比值：如图 2.9a 中原点与实际观测点之间的距离与基准中的原点与投影点之间的距离比值：Od/Od′。

表现最好的评价单元将得到 1 分，而表现差的评价单元得分<1。

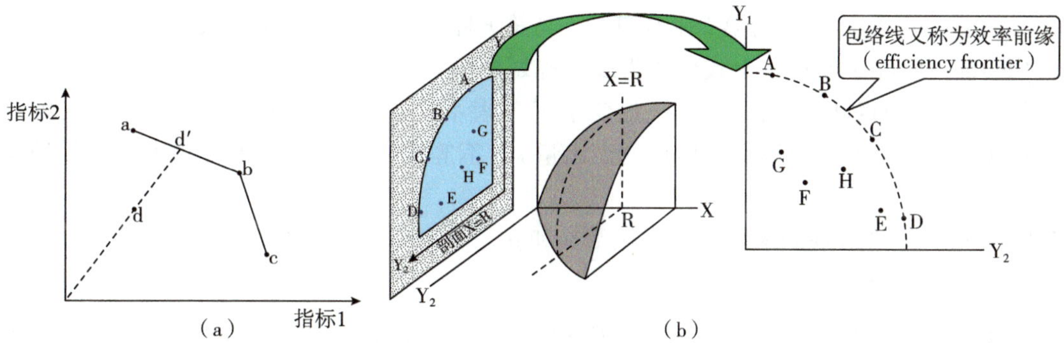

图 2.9 数据包络分析（DEA）的评价基准示意图

图 2.9a 中该比值的计算公式是：

$$(w_{1d}I_{1d}+w_{2d}I_{2d})/(w_{1d}I_{1d}^{*}+w_{2d}I_{2d}^{*}) \tag{2.51}$$

式中：I_{id}^{*} 为指标 $i=1$，2 的基准值（边界值，或效率前缘）；I_{id} 为其实际值。

因此，每个评价单元的权重集取决于其相对于基准的位置，而基准对应于具有类似指标组合的理想点（图 2.9a 中的 d′）。基准也可由假设的决策者来确定，通过所选的指标组合将目标定位在绩效边界，这类似于 BAP 法（见下文），它要求专家为指标分配权重（即优先级）。

上图中的各点即评价单元，也称为决策单元（Decision Making Unit，DMU）。DEA 是用数学规划模型比较各 DMU 间的相对效率，以此给对象做出评价。每个 DMU 都有投入指标（比如投入资源量），也有产出指标（比如利用效益等），投入多少均会有对应的产出，具体哪个 DMU 更加优秀可使用 DEA 模型进行分析。最常见的 DEA 模型为 CCR 和 BCC（两个模型名称中的 3 个字母均为提出该方法 3 个作者名字首字母），此两种模型的区别在于是否假定“规模报酬可变”。

2.6.4.1.2 CCR 模型

CCR 模型是指对 DMU 通过“投入一定数量的生产要素，并产出一定数量的产品”的经济系统来判断各个单元的相对合理性和有效性。从投入资源的角度来看，在当前产出的水准下，比较投入资源的使用情况，以此作为效益评价的依据，这种模式称为“投入导向模式”。

用 X 表示投入向量，Y 表示产出向量；$T=(X, Y)$ 代表投入为 X、产出为 Y 的所有可能的生产活动的集合。定义评价单元 j 的效率评价指数为：

$$h_j=(\mu^{T}Y_j)/(\nu^{T}X_j) \tag{2.52}$$

对上式取适当的权系数 ν 和 μ，使得 $h_j\leqslant 1$，求得 h_j 的最大值，即可评价 DMU 是否最优。

以第 j_0 个决策单元的效率指数为目标，所有决策单元的效率为约束，可推得 CCR 模型：

$$\max \frac{\sum_{r=1}^{n}(\mu_r y_{rj_0})}{\sum_{i=1}^{n}(\nu_i x_{ij_0})}$$

$$\begin{cases} s.t.\ \dfrac{\sum_{r=1}^{n}(\mu_r y_{rj})}{\sum_{i=1}^{n}(\nu_i x_{ij})}\leqslant 1,\ j=1,\ 2,\ \cdots,\ n \\ \mu\geqslant 0,\ \nu\geqslant 0 \end{cases} \tag{2.53}$$

式中：x_{ij} 表示第 j 个决策单元对第 i 种投入要素的投放总量；y_{rj} 表示第 j 个决策单元中第 r 种产品的产出总量；ν_i 和 μ_r 分别指第 i 种类型投入与第 r 种类型产出的权重系数。

经 Charnes-Cooper 变换，上式可变为线性规划模型。

再在线性规划的对偶规划中引入松弛变量 s^{+}（表示达到最优配置需要减少的投入量）和剩余变量 s^{-}（表示达到最优配置需要增加的产出量），不等式约束会变为等式约束，可得简化模型（模型从略）。

对目标函数 h_j 进行规划求解即可得权重 ν 和 μ。

2.6.4.1.3 BCC 模型

鉴于现实中的不平等竞争等因素导致不能以最佳规模运行，于是有 BCC 模型。BCC 模型考虑到在可变规模收益（VRS）情况，即当有的决策单元不是以最佳的规模运行时，技术效益（TE）的测度会受到规模效率（SE）的影响。在图 2.9a 中，点 a、b 与点 c 都是技术有效，点 d 则不是技术有效。由于点 b 还位于生产函数曲线的拐点，故其还是规模有效点。然而点 d 位于规模收益递减区域，因此它不是规模有效。BCC 模型正是要讨论这种状况的决策单元。

BCC 模型是从产出的角度探讨效率，即在相同的资源投入水准下，比较产出的达成情况，这种模式称为“投入导向模式”。所得到的是“技术效益”，DEA=1 称为“技术有效”，最优解 TE_j 是决策单元 j 的“技术效益”。

因此，假设规模报酬可变，对 CCR 模型的约束条件进行简单改进，增加凸性假设条件：$\sum\lambda_j=1$，$j=1, 2, \cdots, n$，即可得：

$$\min TE_j$$

$$\text{s.t.}\begin{cases}\sum_{i=1}^{n}(\lambda_i x_{ij}) \leqslant TE_j \cdot x_{ij} \\ \sum_{i=1}^{n}(\lambda_i y_{ij}) \geqslant y_{ij} \\ \sum_{i=1}^{n}(\lambda_i) = 1 \\ \lambda_i \geqslant 0,\ i=1, 2, \cdots, n\end{cases} \tag{2.54}$$

对目标函数 TE_j 进行规划求解即可得权重 λ。

可同时做 CCR 和 BCC 模型的 DEA 分析来评判决策单元的规模效率（SE）。如果决策单元 CCR 和 BCC 的技术效益存在差异，则表明此决策单元规模无效，并且规模无效效率可以由 BCC 模型的技术效益和 CCR 模型的技术效益之间的差异计算出来。

2.6.4.2 BOD 法

DEA 在综合指标领域的应用被称为 BOD 方法（Benefit of the Doubt），在 BOD 法中，综合指标被定义为一个评价单元的实际绩效与其基准绩效的比率：

$$CI_c = \frac{\sum_{c=1}^{M} w_{qc} I_{qc}}{\sum_{c=1}^{M} w_{qc} I_{qc}^*} \tag{2.55}$$

式中：I_{qc} 是评价单元 c（$c=1, \cdots M$）的指标（$q=1, \cdots, Q$）归一化（用最大-最小法）得分；w_{qc} 是相应权重。

可以获得以最大值作为基准的解决方案：

$$I^* = I^*(w) = \underset{I_k,\ k\in\{1, \cdots, M\}}{\operatorname{argmax}} \left(\sum_{q=1}^{Q} w_q I_{qk}\right) \tag{2.56}$$

式中：argmax 是一种对函数求参数（集合）的函数。

当有函数 $y=f(x)$ 时，若 $x_0=\operatorname{argmax}(f(x))$，则表示函数 $f(x)$ 取 $x=x_0$ 的时候，得到 $f(x)$ 取值最大值的范围；若有多个点使得到 $f(x)$ 取相同的最大值，那么 $\operatorname{argmax}(f(x))$ 的结果就是一个点集。

I^* 是在给定（未知的）权值集 w，使评价单元的得分（定义为加权平均）整体表现最大化的分值。注意：①权重是针对评价单元的，只要没有一个评价单元在所有指标中得分最高，不同的评价单元就可能选择不同的权重集；②基准一般依赖于评价单元，因此没有唯一的基准（除非如前所述，某一个评价单元在所有指标中都是得分最好）；③指标必须具有可比性，即具有相同的计量单位。

第二步是指定每个评价单元的权重集。如果存在这种情况的话，最优的权重集保证了关联评价单元相对于样本中所有其他评价单元的最佳位置。对于任何其他权重分布，该评价单元的相对地位将会更糟。

最优权值是通过解决以下约束优化得到的，并受到权重的非负性约束：

$$CI_c^* = \underset{w_{qc},\ q=1,\ \cdots,\ Q}{\operatorname{argmax}} \frac{(\sum_{q=1}^{Q} w_q I_{qk})}{\max\limits_{I_k,\ k\in\{1,\ \cdots,\ M\}} (\sum_{q=1}^{Q} w_q I_{qk})} \text{当} c = 1,\ \cdots,\ M \tag{2.57}$$

所得到的综合指数将在 0（最差）和 1（基准）之间。

在操作上，式（2.57）可以简化为以下线性规划问题，通过将所有的权值乘以一个不改变指数值的公共因子，然后可以使用优化算法来求解：

$$CI_c^* = \underset{w_{qc}}{\operatorname{argmax}} \sum_{q=1}^{Q} w_q I_{qk}$$

$$s.t. \begin{cases} \sum_{q=1}^{Q} w_q I_{qk} \leqslant 1 \\ w_{qk} \geqslant 0 \\ \forall k = 1,\ \cdots,\ M;\ \forall q = 1,\ \cdots,\ Q \end{cases} \tag{2.58}$$

BOD 方法的权重并不是唯一确定的。解决多重性问题可能取决于对权重最大化施加的约束，即权重变化范围越广，获得唯一解的可能性越低。如将 BOD 方法应用于技术成就指数 TAI，该指数对得分份额值施加限制，而不是对权重进行限制。得分份额值为加权指标值与总体综合指标得分的比率。BOD 的这个应用直接揭示了各自的份额如何贡献于一个复合指标得分，而份额有一个统一的和。

2.6.5 UCM 法（未观测成分模型）

在未观测成分模型（Unobserved Components Model，UCM）中，假设单个指标取决于未观察变量加上误差项，例如“自然岸线保有率”取决于采用新技术的（未知）倾向加上抽样。因此，对未知分量的估计可以揭示复合指标与其分量之间的关系。所获得的权重将被设置为最小化复合指标中的误差。这种方法类似于众所周知的回归分析。主要的区别在于因变量在 UCM 下是未知的。

设 $ph(c)$ 为要测量的未知现象。观察数据包括一组 $q=1,\ \cdots,\ Q(c)$ 指标，每个指标测量 $ph(c)$ 的一个方面。设 $c=1,\ \cdots,\ M(q)$ 为指标 q 所涵盖的评价单元。评价单元 c 对指标 q、$I(c,\ q)$ 的观察得分可以写为未观察现象的线性函数和误差项 $\varepsilon(c,\ q)$：

$$I(c,\ q) = \alpha(q) + \beta(q)[ph(c) + \varepsilon(c,\ q)] \tag{2.59}$$

$\alpha(q)$ 和 $\beta(q)$ 是映射到 $ph(c)$ 和 $I(c,\ q)$ 上的未知参数。

误差项包含了两个不确定性的来源。首先，这种现象只能在每个评价单元被不完美地测量或观察到（例如测量误差）。第二，$ph(c)$ 和 $I(c,\ q)$ 之间的关系可能是不完善的（例如若评价单元之间在指标上存在差异，$I(c,\ q)$ 可能只是这种现象的一个噪声指标）。假设误差项 $\varepsilon(c,\ q)$ 的平均值为零，$E(\varepsilon(c,\ q)) = 0$，给定指标在评价单元之间的方差相同，但指标之间的方差不同，$E(\varepsilon(c,\ q)^2) = \sigma_q^2$；且 $E(\varepsilon(c,\ q)\ \varepsilon(i,\ h)) = 0$，当 $c \neq i$，或 $q \neq h$。

误差项被假定在各个指标之间是独立的，因为每个单独的指标应该理想地衡量现象的一个特定方面，独立于其他指标的特定方面。此外，通常假设 $ph(c)$ 是一个均值和单位方差为 0 的随机变量，并使用 Min-Max 对指标进行归一化，取 0 到 1 之间的值。$ph(c)$ 和 $\varepsilon(c,\ q)$ 都是正态分布假设，简化了 c 评价单元 $ph(c)$ 水平的估计。这是通过使用未观察到的组分的条件分布的平均值来完成的，一旦观察到的分数被适当地按以下比例重新标度：

$$E[ph(c)/I(c,\ I),\ \cdots,\ I(c,\ Q(c))] = \sum_{q=1}^{Q(c)} w(c,\ q) \frac{I(c,\ q) - \alpha(q)}{\beta(q)} \tag{2.60}$$

其权重应等于：

$$w(c,\ q) = \frac{\sigma_q^{-2}}{1 + \sum_{q=1}^{Q(c)} \sigma_q^{-2}} \tag{2.61}$$

式中：$w(c, q)$ 为指标 q 方差的递减函数，为其他指标方差的递增函数。权重 $w(c, q)$ 取决于指标 q（分子）的方差，并取决于所有其他指标的方差之和，包括 q（分母）。但是，由于不是所有评价单元都有关于所有指标的数据，$w(c, q)$ 的分母可以是具体评价单元的，这可能会导致评价单元综合值的非可比性，如 BOD 所述。显然，只要所有评价单元的指标相等，权重将不再是具体评价单元的，并将保证可比性。条件分布的方差表达式为：

$$var[ph(c)/I(c, I), \cdots, I(c, Q(c))] = [1 + \sum_{q=1}^{Q(c)} \sigma_q^{-2}]^{-1} \tag{2.62}$$

它还可以用来衡量复合指标的精度。评价单元的指标数的方差减少，指标的干扰项方差增加。通过 $ph(c)$ 和 $\varepsilon(c, q)$ 的正态性假设可以简化模型的估计。注意，未知要估计的参数是 $\alpha(q)$ s、$\beta(q)$ s 和 $\sigma_q^2 s$（因此作为一个精确识别的模型，每个评价单元至少需要 3 个指标），因此基于方程（2.61）的观测数据的似然函数将最大化于 $\alpha(q)$ s、$\beta(q)$ s 和 $\sigma_q^2 s$ 及其估计值替换回方程（2.60）和（2.61），以获得复合指标和权重。

2.6.6 BAP 法

在 BAP 法中，要求针对一组指标所描述的特定主题，专家根据其经验和对指标相对重要性的主观判断，分配 100 分制的“预算”权重。权重按各专家打分的平均值计算。BAP 的主要优点是透明、相对简单和持续时间短。

必须将代表广泛知识和经验的专家聚集在一起，以确保建立一个适当的加权制度。在确定专家群体进行分层或其他样本时，应特别注意。至关重要的是，所选专家不是个别指标的专家，而是给定领域的专家。例如，生物多样性指数应该由生物多样性专家来处理，而不是由鸟类学专家来处理。同样值得注意的是，在顶层，例如由经济、社会和环境领域组成的可持续发展指数，“专家”应该是那些决定经济、社会和环境问题的相对（政治）权重的人，即普通选民。

专家打分有四个不同的阶段：选择评估专家；将专家打分给各个指标；权重计算；迭代专家打分直至达到收敛（可选）。

在专家打分过程中，一组选定的决策者（例如专家小组）被给予“n”分，以分配给指标或指标组（例如维度），然后使用专家选择的平均值。

一般指标不超过 10 个，以便在认知上取最佳。否则，在指标比较过程中，可能会陷入“循环思维”模式，随着待评估指标的增加，专家的“麻木”程度概率增加。

例如文明城市评估，17 名专家被分为 3 组，BAP 权重可取每组给文化活力等 3 维的打分平均值的近似（取整）值，如下所示：

维度	文化活力	创造性经济	扶持性环境
第 1 组	40	35	25
第 2 组	50	30	20
第 3 组	40	40	20
平均	43.33	35	21.7
BAP 权重	40	40	20

循环思维在层次分析（AHP）中既有调节又可以验证，这将在下一小节中讨论。

2.6.7 层次分析（AHP）

2.6.7.1 概述

层次分析过程（AHP）是一种广泛应用于多属性决策的技术，比较适合于具有分层交错评价指标的目标系统，而且目标值又难于定量描述的决策问题，它将一个问题分解为一个层次结构和确保将问题的定性和定量方面纳入评价过程，在此过程中通过两两比较系统地提取意见。

AHP 是一种补偿性决策方法，因为相对于一个或多个目标有效的替代方案可以通过它们相对于其他目标的表现来进行补偿。AHP 允许在整个层次结构中以逻辑和彻底的方式应用数据、经验、洞察力和直觉。特别是 AHP 作为一种加权方法，使决策者能够获得权重，而不是任意分配它们。

权重代表了不同指标之间的权衡。它们衡量的是放弃一个给定变量以换取另一个变量的意愿。因此，它们并不是很重要的系数。如果将 AHP 的权重解释为重要性系数，这可能会引起误解。

AHP 的核心是属性的顺序成对比较。对于一个给定的目标，对个体指标进行比较，询问两个指标中哪一个更重要，以及比较多少。这种偏好在 1 到 9 的尺度上表示。偏好 1 表示两个指标相等，偏好 9 表示一个指标是另一个指标的 9 倍。结果用一个比较矩阵表示，其中 $A_{ii}=1$ 和 $A_{ij}=1/A_{ji}$。

每项判断都反映了两个单独指标对总体目标的相对贡献（权重）的看法。

使用特征向量计算各个指标的相对权重。该方法可以通过特征值的计算来检验比较矩阵的一致性。

然而，人们的信念并不总是一致的。例如，如果一个人声称 A 比 B 重要得多，B 比 C 重要一点，C 比 A 重要得多，那么他的判断就不一致，结果也不太可信。然而不一致是人性的一部分。因此，需要衡量不一致的程度，以便使结果被公众接受。对于大小为 $Q\times Q$ 的矩阵，只需要 $Q-1$ 比较就可以建立 Q 指标的权重。在 AHP 中执行的实际比较的数量是 $Q\,(Q-1)/2$。这在计算上成本很高，但会生成一组对判断错误不那么敏感的权重。此外，作为一个不一致性比率的冗余，允许一个判断错误的度量。小的不一致性比率，经验法则建议小于 0.1，尽管经常引用 0.2，不会显著影响权重。

2.6.7.2 基本原理

层次分析法是指将一个复杂的多目标决策问题作为一个系统，将目标分解为多个目标或准则，进而分解为多指标（或准则、约束）的若干层次，通过定性指标模糊量化方法算出层次单排序（权数）和总排序，以作为目标（多指标）、多方案优化决策的系统方法。

层次分析法是将决策问题按总目标、各层子目标、评价准则直至具体的方案的顺序分解为不同的层次结构，然后用求解判断矩阵特征向量的办法，求得每一层次的各元素对上一层次某元素的优先权重，最后再用加权和的方法递阶归并各备择方案对总目标的最终权重，此最终权重最大者即为最优方案。

层次分析法根据问题的性质和要达到的总目标，将问题分解为不同的组成因素，并按照因素间的相互关联影响以及隶属关系将因素按不同层次聚集组合，形成一个多层次的分析结构模型，从而最终使问题归结为最低层（供决策的方案、措施等）相对于最高层（总目标）的相对重要权值的确定或相对优劣次序的排定。

2.6.7.3 计算步骤

2.6.7.3.1 建立层次结构模型

将决策的目标、考虑的因素（决策准则）和决策对象按它们之间的相互关系分为最高层、中间层和最低层，绘出层次结构图。最高层是指决策的目的、要解决的问题。最低层是指决策时的备选方案。中间层是指考虑的因素、决策的准则。对于相邻的两层，称高层为目标层，低层为因素层。

2.6.7.3.2 构造判断（成对比较）矩阵

在确定各层次各因素之间的权重时，如果只是定性的结果，则常常不容易被别人接受，若不把所有因素放在一起比较，而是两两相互比较，对此时采用相对尺度，以尽可能减少性质不同的诸因素相互比较的困难，以提高准确度。如对某一准则，对其下的各方案进行两两对比，并按其重要性程度评定等级。u_{ij} 为要素 i 与要素 j 重要性比较结果，表 2.25 列出 9 个重要性等级及其赋值。

表 2.25 判断矩阵元素 a_{ij} 的标度方法

因素 i 与 j 比较	同等重要	稍微重要	较强重要	强烈重要	极端重要	两相邻判断的中间值
量化值	1	3	5	7	9	2，4，6，8

按两两比较结果构成的矩阵称作判断矩阵 A。判断矩阵 A 具有：$a_{ij}>0$，$a_{ij}=1$，$a_{ij}=\frac{1}{a_{ji}}$当 $i=j$，$a_{ij}=1$。

2.6.7.3.3 层次单排序及其一致性检验

从理论上分析得到：如果 A 是完全一致的成对比较矩阵，应该有：

$$a_{ij}a_{jk}=a_{ik},\ 1\leqslant i,\ j,\ k\leqslant n$$

但实际上在构造成对比较矩阵时要求满足上述众多等式是不可能的。因此退而要求成对比较矩阵有一定的一致性，即可以允许成对比较矩阵存在一定程度的不一致性。所谓一致性检验是指对 A 确定不一致的允许范围。

由分析可知，对完全一致的成对比较矩阵，其绝对值最大的特征值等于该矩阵的维数。对成对比较矩阵的一致性要求，转化为要求绝对值最大的特征值和该矩阵的维数相差不大。

检验成对比较矩阵 A 一致性的步骤如下：

计算衡量一个成对比较矩阵 A 不一致程度的指标 CI：$CI=\frac{\lambda_{\max}(A)-n}{n-1}$，$CI=0$，有完全的一致性；CI 接近于 0，有满意的一致性；CI 越大，不一致越严重。

为衡量 CI 的大小，引入随机一致性指标 RI：$RI=\frac{CI_1+CI_2+\cdots+CI_n}{n}$，RI 与判断矩阵的阶数有关，一般情况下，矩阵阶数越大，则出现一致性随机偏离的可能性也越大，其对应关系如表 2.26 所示。

表 2.26 平均随机一致性指标 RI 的标准值

矩阵阶数	1	2	3	4	5	6	7	8	9	10
RI	0	0	0.58	0.90	1.12	1.24	1.32	1.41	1.45	1.49

注：不同的标准，RI 的值也会有微小的差异。

按下面公式计算成对比较矩阵 A 的随机一致性比率 CR：

$$CR=\frac{CI}{RI}$$

判断方法如下：当 $CR<0.1$ 时，判定成对比较矩阵 A 具有满意的一致性，或其不一致程度是可以接受的；否则就调整成对比较矩阵 A，直到达到满意的一致性为止。

2.6.7.3.4 层次总排序及其一致性检验

计算某一层次所有因素对于最高层（总目标）相对重要性的权值，称为层次总排序。这一过程是从最高层次到最低层次依次进行的。

2.6.8 联合分析（CA）和公众意见法（民意调查）

2.6.8.1 联合分析（CA）

仅仅询问受访者他们对单个指标有多重视不太可能产生有效的“民意”估值，这些数据可以通过使用联合分析（CA）从受访者对备选情景的排名中推断出来。联合分析是一种分解的多元数据分析技术，常用于市场营销和消费者研究。与 AHP 总结单个指标的“价值”相反，CA 做的事情是它分解偏好。

此方法要求对一组备选方案进行评估（首选项）。一个场景可能是单个指标的一组给定值。然后，通过将单个成分（该情景的单个指标的已知值）与评估关联来分解偏好。虽然这种方法使用统计分析来处理数据，但它依赖于人们（例如专家、公民）的意见，他们被要求选择他们喜欢的一组个人指标，每个人都得到进行评估的不同选择。

个体指标的绝对值（或水平）可以在呈现给个体和跨个体集合的选择中发生变化。将利用从不同场景中出现的信息来估计偏好函数。因此偏好的概率可以作为定义可选情景的指标水平的函数来估计：

$$pref_c = P(I_{1c},\ I_{2c},\ \cdots,\ I_{Qc}) \tag{2.63}$$

其中 I_{Qc} 是指标 $q=1,\ \cdots,\ Q$ 的水平，单元 $c=1,\ \cdots,\ M$。

在估计这个概率（通常选择离散模型）后，偏好函数的指标的导数可以作为权重来汇总综合指数中的个别指标：

$$CI = \sum_{q=1}^{Q} \frac{\partial P}{\partial I_{qc}} I_{qc} \tag{2.64}$$

其思路是计算函数 P 在不同自然状态之间的无差异点上的总微分。通过求解单个指标 q，得到了 I_{qc} 的边际替代率。因此$\frac{\partial P}{\partial I_{qc}}$（权重）表明了一种权衡—偏好如何随着指标的变化而变化。这意味着指标之间的可补偿性，即抵消某一方面的缺陷和另一维度的突出表现的可能性。这种方法的一个重要特征是应该根据总体分析的目标进行仔细的评估，例如在处理环境问题时可补偿性可能并不可取。

2.6.8.2 公众意见（民意调查）

从方法论的角度来看，民意调查集中在“关注”的概念上。也就是说通过基本指标来衡量被论者对问题的关注程度（例如大或小）。与专家评估一样，专家打分方法也可适用于民意调查。然而，要求公众为几个个别指标分配 100 分，比对某一特定问题表示一定程度的关注要困难得多。

2.6.9 不同加权方法的比较

2.6.9.1 方法的优劣比较

现有的加权方法各有优、缺点。主成分分析（PCA）或因子分析（FA）等统计模型，可以根据指标的相关性程度对其进行分组，然而如果各指标之间不存在相关性，就不能用这些方法来估计权重。其他统计方法，如 BOD 方法，在加权假设方面极其简洁，因为它们允许数据决定权重，并对评价对象的优先事项很敏感，然而 BOD 的权重是特定于某些评价对象的，并且存在一些估计问题，如果涉及太多的指标，可能会给被要求分配预算的专家造成严重的认知压力。民意调查法被广泛使用，因为它们很易操作且经济。

一个涉及多个维度的大型综合指标，如自然资源综合评价指标宜/应使用多种加权方法进行组合，如等权重（EW）、因子分析（FA）、专家打分（BAP）和层次分析（AHP）等。值得注意的是由于应用不同的方法所产生的权重的差异，每种方法对不同指标的评价是不同的，例如，根据 FA 法，资源的生态保护权重可能为 5%，而以 AHP 法可能为 10%，这强烈地影响结果的排名。

也可采用多种方法测量同一份数据的权重，这样得到综合权重性能更高，更加能反映出数据的真实特征。比如同时使用熵值法和 AHP 法，AHP 法能够体现专家对不同指标的经验，熵值法可以反映出数据本身提供的信息量特征，两者结合使用不仅可以减少 AHP 法赋权的主观性，也会减少数据变化导致权重的波动。

第一种情况：两种权重计算方法原理相同，属于同一类方法。此时可计算平均值，所得结果即为综合权重。例如 AHP 层次分析法和优序图法，都属于主观赋值法，利用数字大小计算权重，此时可计算两者均值作为综合权重。比如 A1 指标的综合权重为 0.15，即（0.1+0.2）/2=0.15。

第二种情况：两种权重采用的计算原理不相同，利用的数据特征也不一致。例如用熵值法和 AHP 法计算权重，一个是主观赋值权重，一个是客观赋值权重。将两种方法结合公式为 $\omega_i=\frac{\alpha_i\beta_i}{\sum_{i=1}^{n}\alpha_i\beta_i}$，或 $W=tW_{\mathrm{AHP}}+(1-t)W_{\mathrm{PCA}}$。其中 W_{AHP} 为 AHP 权重，W_{PCA} 为主成分法所的权重。t 的取值在 0~1 之间，其取决于 AHP 法各指标权重的差异程度：如果 AHP 法各指标权重差距不大时，t 应该取小些；如果 AHP 法各指标权重差距较大时，t 应该取大些；如果两种方法计算结果差别不大，t 值默认取 0.5。

表 2.27 为部分加权方法的性能优劣性比较。

表 2.27 部分加权方法的优缺点

方法	优点	缺点
PCA/FA	过程的客观性和透明度高，经常用于大型的综合指标，方法客观； 能够更好地理解维度和指标结构； 可消除指标间的相关影响，因为主成分/因子相互独立； 可减少指标选择、组合的工作量	使用涉及连续指标和线性关系的假设； 依赖于数据的统计属性，如果指标间没有相关性或变量的变化非常小，技术可能不起作用； 权重并不一定与指标间的实际联系相对应； 对数据的构造很敏感
BOD	权重是由观察现象内生决定的（当无法获得最佳、全部信息时，这是一种有用的第二种最佳方法）； 基准不是基于理论边界，而是基于观察到的最佳性能 b 的线性组合； 在政策领域很有用，不会抱怨不公平的加权，任何其他加权方案都会产生较低的综合分数； 综合指数可能是激励先进而不是惩罚落后； 权重通过揭示有关政策优先事项的信息，可能有助于确定权衡，克服线性聚合的困难	如果不对权重施加限制（非负性除外），很可能会有许多评价单元的得分等于 1； 可能会存在多种解，使得最优权重集不确定（这很可能发生在 CI=1 时）； 该指数可能会奖励现状，因为对每个评价单元，最大化问题给更高的分数赋予更高的权重； 表现最好的人（复合指标等于 1）不会反映在复合指标中（将保持堆叠为 1）。这可以通过实施外部基准来解决
UCM	权重并不依赖于特殊的限制	结果的可靠性和稳健性取决于是否有足够的数据； 对于高度相关的单个指标，可能存在识别问题； 奖励没有异常值，因为权重是单个指标方差的递减函数。 如果每个单元都有不同数量的指标，权重因地而异

续表

方法	优点	缺点
BAP	加权是基于专家的意见，而不是基于技术操作； 专家意见可能会增加综合指标的合法性，并创建一个讨论平台，以形成政策行动的共识	加权可靠性。权重可能反映特定的当地条件（例如环境问题），因此专家的权重可能不能从一个地区转移到另一个地区； 为过多的指标分配一定的预算可能会给专家带来严重的认知压力，因为这意味着循环思维，很可能会对多于 10 指标产生不一致； 加权可能不是衡量每个指标的重要性，而是衡量指标的政治干预的紧迫性或必要性（例如如果专家认为在某方面做得不够，则对其给予更大的权重）
公众意见	处理公共议程上的问题； 允许所有利益相关者表达他们的偏好，并为政策行动达成共识	这意味着对“关注点”的衡量（见前面 BAP 的讨论）； 在处理大量指标时可能会产生不一致
AHP	可同时用于定性和定量的数据； 综合指标的透明度较高； 加权是基于专家的意见，而不是基于技术操作； 专家意见可能会增加综合方案的合法性，并创建一个讨论平台，在其中形成政策行动的共识； 提供了答复受访者不一致的措施	需要大量的两两比较，因此计算成本可能很高； 结果取决于所选择的评估者集和实验的设置
CA	权重代表了不同指标之间的权衡； 考虑到了受访者的社会、政治背景及其价值观	需要一个预先指定的效用函数，并意味着可补偿性； 取决于所选择的受访者样本以及问题的框架方式； 需要大量的受访者样本，每个受访者可能被要求表达大量的偏好； 估算过程相当复杂

2.6.9.2 与指标合成方法间的兼容性

加权方法随指标聚合方法的不同也各不相同。当所有指标具有相同的测量单位时，线性聚合方法是有用的，只要遵循一些数学规则。如果建模者想要某种程度上的不可补偿性，几何聚合更适合。线性聚合根据权重的比例奖励基本指标，而几何聚合奖励得分较高的评价单元。

在线性和几何聚合中，权重表示指标之间的权衡。因此，一个维度上的赤字可以用另一个维度上的盈余来抵消（补偿）。这意味着在使用几何或线性聚合时，权重（通常测量相关变量的重要性）的构思方式与实际含义之间存在不一致。在线性聚合中，可补偿性为恒定，而几何聚合值较低的复合指标的可补偿性较低。在政策方面，如果承认可补偿性（如纯经济指标），一个指标上得分较低的评价单元需要在其他指标上得分较高，才能改善其情况。因此得分较低的评价单元更喜欢线性聚合，而不是几何聚合。另一方面，在几何聚合条件下，低绝对分数的增加所产生的边际效用将远远高于高绝对分数。因此，如果一个评价指标的聚集是几何上的而不是线性的，那么它将有更大的动力去处理那些得分较低的部门/活动/替代方案，因为这将使它有更好的机会改善其在排名中的地位。为了确保权重仍然是重要性的度量标准，应该使用其他聚合方法，特别是不允许可补偿性的方法。此外，如果不同的目标同样合法和重要，那么可能需要一种非补偿性逻辑。当在复合数据中聚集高度不同的维度时，如包括自然与社会经济数据的自然资源利用指数的情况，如果认为经济表现的提高不能弥补社会凝聚力的损失或环境可持续性的恶化，那么线性聚合和几何聚合都不合适。一种非补偿性多标准方法（MCA）可以通过在两个或多个合法目标之间找到一个折中方案来确保不可补偿性。在其基本形式上，这种方法并不奖励异常值，因为它只保留了顺序信息，即那些在个别指标上具有更大优势（劣势）的评价单元。然而，当评价单元的数量很大时，这种方法可能会导致计算成本很高，因为要计算的排列的数量呈指数级增加。

关于时间因素，如果研究人员愿意分析一定数量的变量演变，如2010年至2020年利用效率中单位面积森林蓄积量及草原产草量的演变，保持权重不随时间变化是合理的。权重不随MCA而变化，这与用于解释这一现象的指标的内在值有关。相反，如果分析的目标是定义最佳实践或设置优先级，那么权重必然会随着时间的推移而改变。

如果缺乏一种“客观”的方法来确定权重和聚合方法，只要整个过程都是透明的，并不一定会导致综合指标的有效性被拒绝。建模者的目标必须在一开始就明确说明，并且必须对所选择的模型进行测试，以确定它在多大程度上实现了建模者的目标。

在综合指标合成时存在许多加权技术，有些加权方法来源于统计模型，如因子分析、数据包络分析和未观测成分模型（UCM）；或者来自参与式方法，如专家打分（BAP）、层次分析（AHP）和联合分析（CA）。无论使用哪种方法，权重本质上都是价值判断，虽然一些分析者可能只根据统计方法来选择权重，但另一些分析者可能会奖励（或惩罚）那些被认为具有更大（或更小）影响力的成分，以更好地反映政策优先级或理论因素。

大多数复合指标依赖于同等的权重（EW），即所有的变量都被给予相同的权重。这本质上意味着所有变量在综合指标中都是“值得”相同的，但它也可以掩盖统计或经验基础的缺失，例如当对因果关系的了解不足或对替代方案缺乏共识时。在任何情况下，相等的权重并不意味着“没有权重”，而是隐含地暗示了权重是相等的。此外，如果变量被分组到维度中，并且这些维度被进一步聚合到复合数据中，那么对变量应用相等的权重可能意味着维度的不相等的权重（分组为较多变量的维度将具有更高的权重）。这可能会导致复合指数的结构不平衡。

表2.28为部分加权方法与指标合成方法间的兼容性。

表2.28　指标加权与合成方法之间的兼容性

加权方法	合成方法		
	加法④	几何④	多标准
AHP（层次分析）	是	是	是③
BAP（专家打分）	是	是	是
BOD法	是①	不②	不②
CA（联合分析）	是	是	不③
EW（等权）	是	是	是
PCA/FA法	是	是	是
UCM法	是②	不②	不②

注：①用Min-Max方法进行归一化处理；②BOD要求加法合成，类似的理由也适用于UCM；③至少多标准方法要求将权重作为重要系数；④对于加法和几何聚合，权值都是权衡，而不是“重要性”系数。

也可以选择权重来反映数据的统计质量。可以对覆盖范围广泛的统计可靠数据分配更高的权重。然而，这种方法可能会偏向于现成的指标，从而惩罚那些在统计上更难以识别和衡量的信息。

当使用等权组合具有高度相关性的变量，可以引入一个重复计数的元素：如果包含在复合指数的两个共线性指标的权重是 w_1 和 w_2，则其复合的权重为（w_1+w_2），通常是测试统计相关指标，例如使用皮尔逊相关系数，只选择显示出低相关程度的指标；或相应调整权重，例如给予相关指标较少的权重。

应该注意到，在同一聚合的不同度量之间几乎总是存在一些正相关关系。因此，应该引入一个经验法则来定义一个阈值：超过这个阈值，这种相关性就是重复计数的征兆。另一方面，当存在明显的冗余时，将相关分析与加权相关联可能是危险的。例如，在“集约利用”评价中，若指标“人口增长消耗新增建设用地量”与“单位 GDP 建设用地降低率”相关系数显示为 0.8，鉴于相关性高，是允许减少这一对指标的权重，还是应该考虑这两个指标来衡量不同的方面，从而在复合指标的构建中承担同等的权重？如果权重应理想地反映每个指标对综合指标的贡献，那么重复计数不仅应通过统计分析来确定，还应通过对指标本身相对于其他指标以及它们都旨在捕捉的现象的分析来确定。

2.7 成果应用与表达

综合评价的最后是结果的呈现与应用分析。

作为管理的指导，综合指标为应用分析提供了一个起点，不仅可以利用其指导政策制订和数据分析工作，也可以扩展分析评价主题，将评价对象的子要素和单个指标进一步分解，分析阐明评价对象总体与各组成部分（指标）之间的关系，确定各组成部分和单个指标对评价对象总体的贡献，分析总体状况优劣的原因。这一过程可运用一些方法并借助一些分析工具，如自然资源综合评价指数的多个维度（子组成部分）及若干指标组成，对评价单元的综合指标排名的贡献各不相同，为了描述每个子部分对自然资源禀赋与利用总体综合状况作用，可以借助一些分析工具来帮助阐明综合指标与其组成部分之间的关系，借助一些表达方法（工具）来帮助显示评价区与比较区相比的综合指标与单个指标的优势和劣势。

2.7.1 应用分析

2.7.1.1 概述

经过以上步骤，综合指标已经被构建出来，但当我们使用综合指标来进行具体分析时，仍要回归到对单一维度的深入分析和研究，以说明和印证当初设定的多维概念。

自然资源综合评价是以自然资源调查监测数据为基础，面向评价区域的自然资源管理需求，系统分析区域自然资源禀赋、分布格局、演化过程、发展趋势与相互关系，综合研判区域自然资源保护利用驱动、压力、影响等，诊断识别自然资源管理中存在的问题，并提出有针对性的政策建议。综合评价的最后阶段，应在区域自然资源禀赋与保护利用各种基础与综合指标评价基础上，进一步进行如下分析：

1）区域总体、各维度及其下各个主题的综合状况分析与发展水平评定。可对照评价工作目标任务开展。

2）区域重要指标的时空变化分析。可通过指标在不同评价单元的横向静态比较分析及不同时期指标间的动态变化分析，总结区域自然资源禀赋与保护利用的时空分布规律与变化，对可能的发展态势进行预警。

3）区域自然资源保护利用驱动、影响等多因素分析。通过指标评价结果数据之间及其与区域经济社会发展、其他资源环境数据之间的对比分析、相关性分析等，分析评判社会经济发展状况、管理政策与技术等层面的影响和驱动力，形成有针对性的政策支持和管理工作建议。

4）自然资源管理中存在的问题诊断分析。可主要根据基础指标、次要参考综合指标的评价结果，诊断发现问题，确定区域发展中的自然资源禀赋与利用短板，并提出针对性对策建议。

上述自然资源保护利用驱动分析、影响因素分析、问题诊断分析涉及相关性问题。我们知道，综合指标与其他备受关注并且易于测度的变量或措施密切相关，它们之间的联系可用于检测综合指标的解释力，但是因果关系的建立是非常困难的。相关性分析不应与因果关系分析相混淆，被广泛接受的相关性并不意味着一定有因果关系；相关因素的变化并不一定会导致综合指标的变化，反之亦然。相关性只是表明两个数据集的变化是相似的。然而实际上在缺乏机理的理论支撑情况下，尽管在相关性分析中的因果关系仍不清楚，且变量不一定是理论结构间的因果关系表现形式，但数据的相关性分析至少在排除变量之间的因果关系方面会有所帮助。

更详细的计量经济学分析可用于确定因果关系，如通径分析和贝叶斯网络（通径分析的概率版本）等工具可能有助于研究因果结构并消除与观察到的相关性非常不相容的结构。

2.7.1.2 通径分析

2.7.1.2.1 原理

通径分析是多个相关的自变量与一个因变量之间的关系，它是回归分析的扩展，如图 2.10 所示。

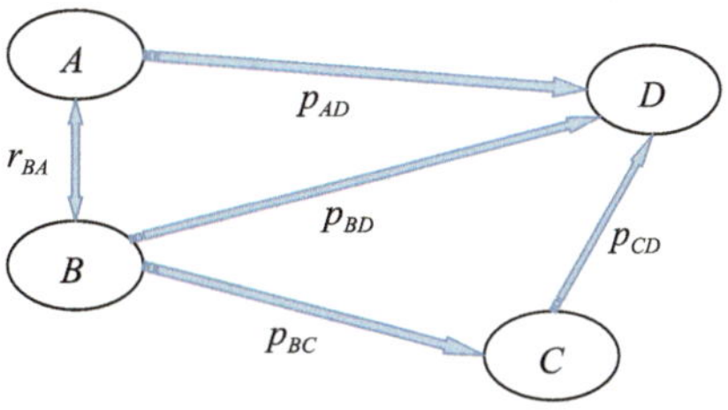

图 2.10 通径分析示意图

图中箭头表示变量之间存在因果关系，变量 A 和 B 对变量 D 有直接影响，变量 B 对变量 C 也有直接影响，而变量 C 又对变量 D 有直接影响。直接影响者，如 A 直接指向 D，为 A 对 D 的直接通径，p_{AD} 是 A 到 D 的路径系数，若 A 的值增加一个标准差单位时，D 将要改变的标准差单位为 p_{AD}。这里 A 与 B 相关，所以 A 在影响 D 时，同时也在通过 B 影响着 D。A 通过 B 影响 D 的通径称为间接通径。B 对 D 的影响既是由 B 直接引起的，也是由 B 对 C 的影响引起的。而 r_{BA} 是变量 A、B 对的相关系数。

在这种情况下，通径分析由一组多元回归组成，要估计的方程是：

$$\begin{cases} D = p_{AD}A + p_{BD}B + p_{CD}C + \varepsilon_1 \\ C = p_{BC}B + \varepsilon_2 \end{cases} \tag{2.65}$$

此估计中的回归系数即路径系数。A 对 D 的总效应将是 A 与 D 相关的路径系数所表示的直接影响与通过与 B 的相关性表示的间接效应的总和：

$$r_{AD} = p_{AD} + (r_{BA}p_{BD}) \tag{2.66}$$

该式表示直接通径加上其他变量的间接通径等于相关系数。

r_{AD} 值高，证明 A 和 D 之间有关系；而低值则表示不存在线性关系（至少就所分析的数据而言）。

注意，生成的路径系数或相关性仅反映数据中发现的相关性模式。通径分析不能用于推断因果关系，因为因果关系必须提前建模，换句话说，通径分析不能告诉我们两个不同的路径中的哪一个是首选的，A 和 B 之间的相关性是否代表 A 对 B 的因果效应，B 对 A 的因果效应，或者对另一个变量 C 的相互依赖，或者这些的某种混合。

通径分析技术基于许多假设，也是回归分析通常的假设，包括：①变量之间的线性关系；

②变量之间没有相互作用效应（称为可加性，多标准方法的优先独立性）；③递归性（所有箭头单向流动，无反馈循环）；④足够的样本量。

2.7.1.2.2 方法示例

在通径分析中，一般认为最难计算的就是通径系数 P，但其实对数据做线性回归得到的标准化系数就是通径系数。用 SPSS 计算标准化系数很方便，表 2.29 和表 2.30 为长沙数据自然资源综合评价指数 CEWI 与 8 个复合指标（6 维及禀赋中的 2 个扩展指标）的多元线性回归结果。回归系数结果表（表 2.30）中“标准化系数 Beta”那一列中，就是我们要求的直接通径 P 值。若某一系数不显著，不具有统计学意义，可以删除再重做多元线性回归。

相关系数（表 2.29）第一列就是所有复合变量（此处为维度）对综合评价指数 CEWI 的影响。如自然资源禀赋度 A，也就是第一个变量的直接通径为 $P=0.957$；间接通径为 x_2 和 x_1 的相关系数乘以 x_2 的直接通径，加上 x_2 和 x_1 的相关系数乘以 x_3 的直接通径，…，加上 x_n 和 x_1 的相关系数乘以 x_n 的直接通径，等于−0.0419，直接与间接通径之和为 0.915，正好等于 x_1 和 y 的相关系数。

表 2.29 长沙市自然资源综合评价指数 CEWI 与 8 个复合指标的相关矩阵

	CEWI	A	T	Es	B	E	L	I	R
综合评价加权指数 CEWI	1.000	0.915	0.468	0.940	−0.581	0.245	0.304	−0.065	−0.202
自然资源禀赋度 A	0.915	1.000	0.171	0.994	−0.551	0.061	0.056	0.046	0.006
底线安全度 T	0.468	0.171	1.000	0.269	−0.259	0.602	0.163	−0.033	−0.389
禀赋安全 Es	0.940	0.994	0.269	1.000	−0.599	0.147	0.087	0.068	−0.053
区域利用总效率 B	−0.581	−0.551	−0.259	−0.599	1.000	−0.562	−0.424	−0.337	0.335
生态功能保护指数 E	0.245	0.061	0.602	0.147	−0.562	1.000	0.263	0.666	−0.182
生活品质度 L	0.304	0.056	0.163	0.087	−0.424	0.263	1.000	−0.074	−0.544
环境影响度 I	−0.065	0.046	−0.033	0.068	−0.337	0.666	−0.074	1.000	0.305
治理水平指数 R	−0.202	0.006	−0.389	−0.053	0.335	−0.182	−0.544	0.305	1.000

表 2.30 回归系数

模型		未标准化系数		标准化系数	t	显著性
		B	标准误差	Beta		
1	（常量）	−0.542	0.053		−10.191	0.062
	自然资源禀赋度 A	0.073	0.001	0.957	78.357	0.008
	底线安全度 T	0.430	0.072	0.107	5.979	0.106
	区域利用总效率 B	0.191	0.020	0.146	9.450	0.067
	生态功能保护指数 E	0.138	0.011	0.352	12.799	0.050
	生活品质度 L	0.148	0.007	0.210	20.568	0.031
	环境影响度 I	−0.088	0.006	−0.290	−15.249	0.042
	治理水平指数 R	0.035	0.008	0.052	4.617	0.136

注：因变量为自然资源综合评价加权指数 CEWI；排除的变量为禀赋安全 Es。

从相关系数并不能看出这个变量对 CEWI 的影响大小，因为变量间也会相关，并且变量间相关度越高，本身自变量对 CEWI 的单独影响可能就会越低。示例的标准化回归系数（Beta 值）显示，自然资源禀赋度 A 对综合评价指数 CEWI 分数方差的影响最大（Beta=0.957），其次是生态功能保护指数 E、环境影响度 I、生活品质度 L、区域利用总效率 B 等。

由于禀赋安全 Es 的容差小于 0.1（=0.0000577），说明共线性（因其由 A 和 T 组成）严重，被程序自动删除该指标。

可以从数据集中排除影响最小的指标。因为它们对 CEWI 分数的差异或 CEWI 排名都没有影响。

基于标准化回归系数和指标间二元相关性的通径分析结果如表 2.31 所示。

表 2.31　CEWI 的通径分析结果：维度对 CEWI 分数的总效应影响

自然资源禀赋度 A	底线安全度 T	区域利用总效率 B	生态功能保护指数 E	生活品质度 L	环境影响度 I	治理水平指数 R
32.91%	16.83%	20.90%	8.81%	10.94%	2.34%	7.27%

注：将表 2.29 第一列数据先按 sgn 规则改变符号，再求和归一化。

在 CEWI 例中似乎有支配问题，因为 7 个指标中有 3 个对整体得分的贡献率低于 10%，最小的环境影响度 I（注：仅针对本示例而言）仅 2.34%，但该指标对 CEWI 分数的方差有影响，显著性 $p=0.042<0.05$。

针对通径分析的步骤，SPSSAU 建议分为以下 3 个步骤，分别为：

第一步：建立模型。并初步查看模型拟合结构，回归系数显著性等；

第二步：调整模型。如果拟合指标不达标（比如 RMSEA 值过大），此时共有两种模型调整办法，第一种办法是结合“回归影响关系-MI 指标表格”结果及专业知识情况，重新调整模型；第二种办法是设置“模型协方差调整”MI 指标参数。多次重复调整模型，直至拟合指标在标准范围内即可。

第三步：分析模型。待模型拟合指标达到标准后，对模型进行详细分析和说明。

2.7.1.3　结构方程模型（SEM）

结构方程模型（SEM）是根据由基础概念或理论模型定义的少量“结构”参数来表示观测数据的均值、方差和协方差假设的方法，其思路是使用变量的方差和协方差来检查一组线性关系中的相互关系，优点是其普遍性（包括通径分析和多变量回归的特殊情况）以及将潜变量或因子作为包含的节点，可同时估计多个独立变量、潜变量和因变量之间的关系。这在处理综合指标时特别有用，因为在大多数情况下，现有指标只是不完美的衡量理论概念。例如，在自然资源综合评价指数 CEWI 中，利用效益等指标应该被认为是潜在的变量，因为它们只能通过一系列指标来不完美地衡量。SEM 可以被视为一种验证程序，据以确定数据的协方差模式与指定的模型是否一致；具体说明和测试替代模型，并确定哪种模型最合适；使用 SEM 结果来改变模型的结构。

2.7.1.3.1　SEM 的主要优势

第一，它可以立体、多层次的展现驱动力分析。这种多层次的因果关系更加符合真实的人类思维形式，而这是传统回归分析无法做到的。SEM 根据不同属性的抽象程度将属性分成多层进行分析。

第二，SEM 分析可以将无法直接测量的属性纳入分析，这样就可以将数据分析的范围加大，尤其适合一些比较抽象的归纳性的属性。

第三，SEM 分析可以将各属性之间的因果关系量化，使它们能在同一个层面进行对比，同时也可以使用同一个模型对各细分市场或各竞争对手进行比较。

SEM 融合了因子分析、方差分析、多重回归等强大的功能，可以分析有多个因变量的模型、复杂的中介模型、估算潜变量以解释测量误差、可以估算二分变量（binary）/序级变量（ordinal）的潜在因子、可以测试跨组的模型不变性、可以建模重复测量的数据的发展轨迹。不胜枚举的优点有：可以一次性完成对一个复杂模型的分析，而不用将模型拆分；适用于各种数据（不同分布的数据——非正态分布，不同类型的数据——非连续数据）；对长期数据，可以测试个体的稳定性。

SEM 是一种多元数据分析方法，其可用于研究多个潜变量之间的影响关系情况。结构方程模型共包括两部分结构，分别是测量关系和影响关系。比如这个包括：1 质量、2 价值、3 满意和 4 忠诚 4 个潜变量的结构方程模型，从测量关系来看每个潜变量有数个变量，从影响关系来看 1 和 2 对于 3 产生影响关系；3 对 4 产生影响关系。如果研究中包括测量关系和影响关系时，此类研究均可称作结构方程模型（如果仅包括影响关系则为通径分析）。当然研究者的重心在于研究影响关系，并且进行假设验证等；测量关系并不在重点关注范围，但是测量关系的质量会对模型拟合情况产生很大的影响，因此研究者需要首先保证测量关系的质量情况。

结构方程模型 SEM 对于测量关系和影响关系均有很高的要求；尤其是对于测量关系，因此研究前一定需要先保障测量关系有着高质量，通常需要进行探索性因子分析和验证性因子分析，均保证测量关系无误之后，再进行结构方程模型构建。

由于结构方程模型 SEM 对于样本量要求较高（有一种说法："通常 200 以上"），以及测量关系和影响关系均有着很高的要求。因此有时会出现无论如何，结构方程模型 SEM 拟合效果均不理想，此时建议可将模型简化拆分，或者使用路径分析进行研究，如果路径分析也不理想，最终可考虑使用线性回归分析进行研究。因此，SPSSAU 提出以下结构方程模型分析流程，以保障高质量的结构方程模型拟合效果：首先，在正式分析之前，通过探索性因子分析和验证性因子分析，以保证测量关系的高质量；接着正式进行结构方程模型构建，在 SPSSAU 平台上设置好测量关系和影响关系，如果对模型进行检验时有发现拟合效果不佳时，有两种调整模型的办法，分别是影响关系调整和协方差关系自动调整（前者需要结合专业知识和 MI 指标进行调整，即重新在模型中加入影响关系，此种调整的目的是在于调整影响关系结构；后者是指设置参数，让 SPSSAU 结合参数设置调整协方差关系，此种调整的目的是在于调整测量关系结构）；最后进行模型分析。

如果模型无论如何拟合效果均不好，可有三种解决办法，第一种处理是将结构方程模型拆分成多个小模型分别进行分析；越复杂拟合越难，因此将模型的复杂度减低可有效提高拟合效果；第二种处理是改为路径分析（即直接放弃掉测量关系进行多元模型构建，尤其是测量关系质量不佳时）；第三种处理是使用线性回归这种复杂度最低的模型进行研究。

2.7.1.3.2 SEM 方法

结构方程模型探索事物间的因果关系，可用因果模型、路径图等形式加以表述。在模型中包括两类变量：一类为观测变量，是可以通过调查得到的；一类为结构变量，是无法直接观察的变量，又称为潜变量，如自然资源综合评价中的 6 维复合指标。各变量之间均存在一定的关系，这种关系是可以计算的。计算出来的值就叫参数，参数值的大小，意味着该指标对总值的影响的大小。如果能科学地测算出参数值，就可以找出影响总值的关键因素，引导进行完善或者改进。

结构方程模型是基于变量的协方差矩阵来分析变量之间关系的一种统计方法。通过潜变量（不能够直接进行量测的量）设定测量变量，用测量变量之间的关系来间接研究潜变量之间的关系。它允许测量变量和潜变量之间存在误差，并且可以同时处理多个变量。其计算原理是通过联立方程组的方式来求解。结构方程的联立方程组包括两类方程：测量方程和结构方程。测量方程描述测量变量与指标之间的关系，结构方程描述潜变量之间的关系。

$$测量方程表达式：x = \Lambda x\xi + \delta；y = \Lambda y\eta + \varepsilon \tag{2.67}$$

$$结构方程表达式：\eta = B\eta + \Gamma\xi + \zeta \tag{2.68}$$

式中：x 为外生指标组成的变量；y 为内生指标组成的变量；Λx 为外生指标与外生潜变量之间的关系；Λy 为内生指标在内生潜变量上的因子负荷矩阵；δ 为外生指标 x 的误差项；ε 为内生指标 y 的误差项；η 为内生潜变量；ξ 为外生潜变量；B 为内生潜变量之间的关系；Γ 为外生潜变量对内生潜变量的效应系数；ζ 为结构方程的残差项。Λ是离散数学里的逻辑运算合取符号，假如有两个命题 P 和 Q，当且仅当 P、Q 同时为 F 时，$P \vee Q$ 的真值为 F，否则为 T；当且仅当 P、Q 同时为 T 时，$P \wedge Q$ 为 T，在其他情况下，$P \wedge Q$ 的真值为 F。然后，析取$\vee$可以理解为"可兼或"，合取$\wedge$可以理解为"且"。

2.7.1.3.3 SEM 示例

薛景丽等（2011）以人口密度作为综合评价人居环境等级的指标，根据探索性因子分析和验证性因子分析得出的因子结构，将标准化后的指标值导入结构方程模型建模软件 LISREL，运用 LISREL 创建通径图，利用通径图来构建结构方程模型（图 2.11）。

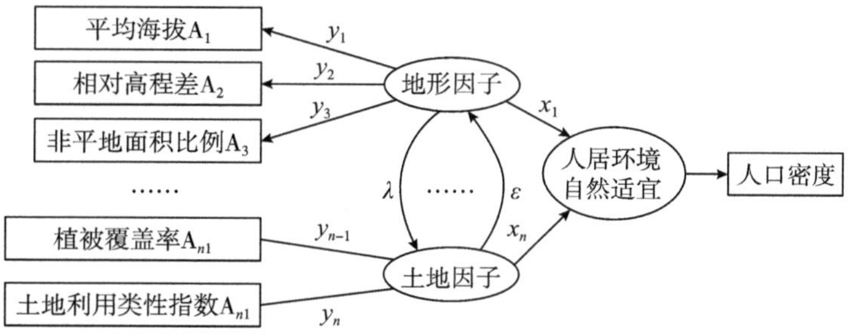

图 2.11 人居环境自然适宜性评价结构方程建模（SEM）示意图
（据薛景丽等，2011）

在该模型中，左边椭圆表示内生潜变量，矩形表示内生潜变量的度量指标，右边椭圆表示外生潜变量，也就是最终研究对象。内生潜变量和内生度量指标之间的系数 y_1，y_2，…，y_n表示内生度量指标的因子荷载，外生潜变量和内生潜变量之间的系数 x_1，…，x_n表示影响因子的因子荷载。则度量指标对人居环境的影响权重为相应两层因子荷载与权重的乘积。而内生潜变量之间的 λ、ε 则表示内生潜变量相互之间的影响、制约关系。

各影响因子、评价指标及作用权重确定后，进而对各因子的评价指标进行极值标准化，得到每个评指标的得分，通过加权求和测算研究区域的综合得分。评价模型为：

$$S_i = \sum (W_i \times C_i)$$

式中：S_i 为评价单元的综合分数；W_i为第 i 个评价指标的权重，结合结构方程模型，$W_i = x_i\, y_j$；C_i为第 i 个指标的评价得分；n 为参评指标数。

选取以县为单位的市级行政区划矢量地图，将市区范围按县级作为评价单元，根据各因子空间作用分值测算公式，计算出研究区域的综合得分 S_i。据其将研究区域分为程度不同的四级区域，分别是临界、一般、比较和高度适宜区，并在矢量地图中通过颜色将影响指标之间的相互影响、制约关系进行可视化表达。

2.7.1.4 贝叶斯网络

贝叶斯网络可以帮助进一步阐明综合指标与其组成部分之间的关系。贝叶斯网络是编码变量之间概率关系的图形模型，表明哪个路径图更有可能被数据支持。在上面的示例中

（§2.7.1.2.1）A、B、C 和 D 节点不限于随机变量，可以表示任何类型的变量，如测量参数或潜变量。

如果 SEM 源于基于抽样分布的经典（或频率主义）方法，则贝叶斯网络依赖于主观的概率概念。图形的先验密度函数反映了分析师对节点和箭头结构的赔率。当通过贝叶斯定理与数据结合时，先验分布产生后验分布。这个后验，简而言之，是先验密度和条件密度（以数据为条件）的加权平均值，是贝叶斯分析的输出（经典分析的输出是点估计）。贝叶斯网络可用于多种目的：①探索给定节点集的所有可能组合，以找到最可能的结构；②了解不同的证据（可用的数据）如何修改每个给定节点的概率；③为了精简模型参数的概率分布，鉴于图结构，贝叶斯网络在生物信息学、人工智能和决策支持系统中的使用正变得越来越普遍；然而，它们的理论复杂性和执行相对简单的图形搜索所需的计算机功率使它们难以以方便的方式实现。

2.7.2 展示与传播

评价成果通常选择图表形式进行呈现，以为决策者和使用者提供快捷和准确的信息，统计表虽能展示具体数据，但有时一副精心设计的图形比文字更有说服力。表格提供的数据不便直观观察趋势，而图形就一目了然。在所有情况下，我们都需要文字、数字和图形一起工作。在实际操作中，可用图表反映这些联系。简单的交叉图通常是说明此类联系的最佳方式。例如资源利用效益较高的区域有望拥有较高的人均 GDP，将利用效益指标与人均 GDP 相关联的二维象限图显示这种联系。

2.7.2.1 成果内容

自然资源综合评价成果由综合分析评价报告及其附件组成。附件包括评价技术报告、评价成果图件和评价成果数据集等。

综合分析评价报告以自然资源综合评价结果为基础，面向评价区域的管理需求，系统分析区域自然资源禀赋、分布格局、演化过程、发展趋势与相互关系，综合研判区域自然资源保护利用驱动、压力、影响等，诊断识别自然资源管理中存在的问题，并提出有针对性的政策建议。综合分析评价报告应观点正确、主题鲜明、简明扼要，所提意见建议有针对性。

评价技术报告主要从区域自然资源综合评价指标体系构建与完善、数据收集整理与预处理、6 个维度指标评价等方面，详细描述区域自然资源综合评价的技术过程和技术成果。

2.7.2.2 表格

表格格式是最简单的表示形式，综合指标以值表的形式呈现。通常可按被评价对象的得分排名降序显示。排名可用于跟踪评价单元绩效随时间的变化。

虽然表格是显示结果的综合方法，但它们可能过于详细且在视觉上没有吸引力，可以对它们进行调整，如按地理位置、GDP 等分组等信息以显示。

2.7.2.3 可视化图

2.7.2.3.1 对比类图

综合指标可以通过条形图等对比类图件来表示。如评价单元或地区位于垂直轴上，综合值位于水平轴上，顶部栏指示所有区的平均表现，并使读者能够确定一个评价单元相对于平均水平的表现。基础指标也可以显示在条形图上。颜色的使用可以使图表更具视觉吸引力，并突出显示表现良好或不太好，增长或不增长等评价单元。可以将顶栏视为各评价单元要达到的目标。

对比类图件还有柱形图、折线图、雷达图、气泡图、南丁格尔玫瑰图等。其中：

普通柱形图，使用垂直柱子显示类别之间的数值比较，其中柱状图的一个轴显示正在比较的类别，而另一个轴代表对应的刻度值。适合于不超过 10 个类别的数据比较。

对比柱形图，使用正向和反向的柱子显示类别之间的数值比较。其中图表的一个轴显示正在比较的类别，而另一轴代表对应的刻度值。用于展示包含相反含义的数据的对比。

分组柱形图，相同分组不同类数据的比较。用柱子高度显示数值比较，用颜色来区分不同类的数据。

堆积柱形图，对分组总量进行对比，可以查看每个分组包含的每个小分类的大小及占比，适合于处理部分与整体的关系。

分区折线图，将多个指标分隔开，反映事物随时间或有序类别而变化的趋势。适合对比趋势，避免多个折线图交叉在一起。

雷达图，又称蛛网图，它的每个变量都有一个从中心向外发射的轴线，所有的轴之间的夹角相等，同时每个轴有相同的刻度。适合展示性能数据。

词云，用于将大量文本中的高频语句和词汇高亮展示，快速感知最突出的文字。常用于网站高频搜索字段的统计。不适合数据量多的文本数据，也不适合数据区分度不大的数据处理。

聚合气泡图，维度定义各个气泡，度量定义气泡的大小、颜色。

南丁格尔玫瑰图，作用与柱形图类似，主要用于比较，数值大小映射到玫瑰图的半径。适合于数据相近时比较。

漏斗图，又称倒三角图，漏斗图从上到下，有逻辑上的顺序关系，用于流程分析。上下之间必须是有逻辑顺序关系的。

2.7.2.3.2 占比类图

占比类图件采用饼图、矩形块图、堆积柱形图、多层饼图、仪表盘等表示。

饼图，一般通过颜色区分类别，幅度的大小对比数据，并且可以展示各类别与整体之间的占比关系。

矩形块图，适合展现具有层级关系的数据，能够直观体现同级之间的比较。父级节点嵌套子节点，每个节点分成不同面积大小的矩形，使用面积的大小来展示节点对应的属性。适合于带权的树形数据，对比各分类的大小关系以及相对于整体的占比关系。

百分比堆积柱形图，对比同一个分组数据内不同分类的占比。

多层饼图，指的是具有多个层级，且层级之间具有包含关系的饼状图表。多层饼图适合展示具有父子关系的复杂树形结构数据，如地理区域数据、时间层级等。

仪表盘，设定目标值，然后用于展示速度、温度、进度、完成率、满意度等，很多情况下也用来表示占比。适合单个指标的数据展示。

2.7.2.3.3 趋势类图

综合指标显示的趋势可以通过趋势图来表示。当至少有两个不同时间点的综合指标时，可以描述变化或增长率。趋势在 X 轴上报告，水平在 Y 轴上给出（尽管横坐标中的水平和纵坐标的百分比变化构成了通常的做法）。在此图片中，水平轴还可给出平均值，垂直轴显示趋势。两个轴将该区域划分为四个象限。右上象限为正在“向前发展”，因为它们的价值和趋势都高于平均水平。左下象限中的“进一步落后”，因为它们在这两个变量上都低于平均水平。

趋势类图件还可采用折线图、面积图、散点图、瀑布图等表示：

折线图，展现事物随时间或其他有序类别而变化的趋势：①可分析多组数据随时间变化的相互作用和相互影响，从而可以总结获得一些结论和经验；②可对比多组数据在同一个时间的大小。折线图可用于说明综合指标（或其维度/组件）随时间的变化。不同评价单元（或不同指标）的值由不同的颜色和/或符号表示。例如，可以使用绝对水平、绝对增长率（例如相对于前一年或过去几年的百分点）、指数水平、指数增长率来显示指标。作图时，指标的值将进行线性转换，以便它们在给定年份的值为100（或另一个整数）。

范围面积图，用来展示持续性数据，可很好地表示趋势、累积、减少以及变化。展示两个连续变量的差值的变化趋势。

普通面积图，在折线图的基础上进化而来，体现事物随时间或其他有序类别而变化的趋势。由于有面积填充，所以比折线图更能体现趋势变化。

散点图，可以显示数据集群的形状，分析数据的分布。通过观察散点的分布，可以推断变量的相关性，在FineBI中可以通过数据拟合完成。

瀑布图，显示加上或减去值时的累计汇总，通常用于分析一系列正值和负值对初始值（例如，净增加）的影响。通过悬空的柱形图，可以更直观地展现数据的增减变化。

2.7.2.3.4 分布类图

分布类图件采用散点图、热力区域图等表示。

散点图，可以显示数据集群的形状，分析数据的分布。通过观察散点的分布，可以推断变量的相关性。

热力区域图，以特殊高亮的方式展示坐标范围内各个点的权重情况。效果柔化，不适合精确的数据表达，主要用于看分布。

地图，将数据反映在地理位置上，直观观察不同区域的数据关系。包括热力地图、区域地图、流向地图、点地图等。

3　自然资源综合评价实践

3.1　自然资源禀赋综合评价

3.1.1　自然资源数量综合评价

按本书开篇定义的自然资源的数量综合评价可以是各类资源的汇总。以耕地和建设用地作为生产生活的土地资源的代表，林地、草地、湿地面积分别作为森林、草原、湿地资源的代表，以水域面积代表水资源量，以便于空间上各类资源的对接。可以以各类资源的区域面积占比与全国（或参比区）的比较表示其相对丰度，将耕地、林地、草地、湿地、建设用地、水域6类资源相对丰度相加表示区域总的资源数量。因此，有区域自然资源总量 N 的计算公式：

$$N = \sum_{i} \frac{(S_i/s)}{(S_{i0}/S_0)} \tag{3.1}$$

式中：N 为资源总量（数量综合）；S_i 为评价区第 i 类资源面积数，$i=1$，2，3，…，6，分别为耕地、林地、草地、湿地、建设用地、水域；S 为评价区面积；S_{i0} 为全国（或参比区）第 i 类资源的面积数量；S_0 为全国（或参比区）面积。

式（3.1）其实与以区位商计算自然资源优势度的思想一致：

$$YSD_i = \frac{\left(\dfrac{QNR_i}{QTNR}\right)}{\left(\dfrac{NR_i}{TNR}\right)} \tag{3.2}$$

式中：YSD_i 是第 i 类自然资源的数量优势度；QNR_i 是区域第 i 类自然资源的面积；$QTNR$ 是区域土地总面积；NR_i 是参比区域第 i 类自然资源的面积；TNR 是参比区域土地总面积。YSD_i 值越大，表明该区域该类自然资源的优势度越高。该值大于1，表明该区域的该类自然资源占比超过参比区水平，反之亦然。

3.1.2　自然资源质量综合评价

在单项自然资源质量等级评价结果基础上，将评价区各类各质量等级的自然资源以面积占比为权重，进行加权汇总，可以表示区域自然资源综合质量。

各类资源的质量可按相关专业标准分别进行质量等级评价，如耕地资源的质量可为据《耕地质量等级》（GB/T 33469—2016）或《农用地质量分等规程》（GB/T 28407—2012）的分等定级结果；建设用地资源可按国土资源部办公厅关于印发《国有建设用地使用权出让地价评估技术规范》的通知（国土资厅发〔2018〕4号），据经济价值估算；水域质量可据《地表水环境质量标准》（GB 3838—2002）评价的水环境质量；森林、草原资源质量可分别以蓄积量和产草量与全国平均值的比较进行评价。计算公式：

$$Q = \sum a_i \times S_i/S \tag{3.3}$$

式中：Q 为自然资源综合质量指数；a_i 为第 i 类资源的质量换算系数（详见后小节 §3.1.3），i 为耕地、林地、草地、湿地、建设用地、水域；S_i 为 i 类资源面积，S 为评价区面积。

3.1.3 自然资源禀赋综合评价

3.1.3.1 区域自然资源禀赋评价思路及其禀赋度计算公式

以地类的空间分布为底版（基础），以质量（含资源量）为厚度，按“底版×厚度”乘积的立体形式，可对区域自然资源禀赋进行评价（图 3.1）。

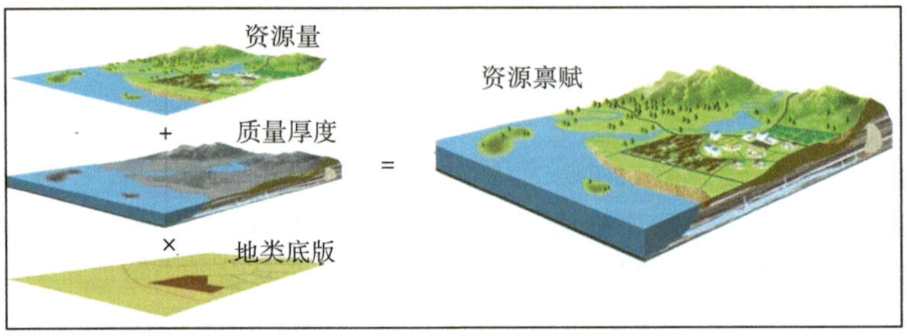

图 3.1 区域自然资源禀赋“立体”评价示意图

图中“底版”指面积，为耕地、建设用地、林地、草地、湿地、水域的相对面积数（含潜力），可以是以全国为参照的资源分布面积占比，计算可与前述区域自然资源总量 N 相同。

“厚度”，为深度或厚重，指资源的质量和（或）资源量。其中资源量是针对林地、草地、湿地而言，其生物量（蓄积量、产草量等）是质量的表现形式。

区域自然资源禀赋度（Abundance，A）按下式进行计算：

$$A = \sum_i \frac{a_i(b_i + (S_i/S))}{(S_{i0}/S_0)} \tag{3.4}$$

式中：A 为自然资源禀赋度；S_i 为第 i 类资源面积，$i=1, 2, 3, \cdots, 6$，分别为耕地、林地、草地、湿地、建设用地、水域；S 为评价区面积；S_{i0} 为全国（或参比区）第 i 类资源的面积数量；S_0 为全国（或参比区）面积；a_i 为第 i 类资源量、质量换算系数，反映资源质量指数；b_i 为潜力修正值。

3.1.3.2 禀赋评价中的质量及资源量修正

（1）耕地质量修正

A. 方法一：据 GB/T 33469—2016

以评价区据《耕地质量等级》（GB/T 33469—2016）得到的各质量等别的耕地质量综合指数界限值计算。如某县耕地质量等级评价（表 3.1）的 1 等至 10 等地的综合指数（IFI）中，劣 1 等与上（优）1 等的界限值比值（IFI_{i+1}/IFI_i）的平均值为 0.95，该 0.95 即可视为评价耕地质量等别的折算系数 $a_{耕地}$。

表 3.1 某县耕地质量等级标准

质量等级（i）	1 等地	2 等地	3 等地	4 等地	5 等地	6 等地	7 等地	8 等地	9 等地	10 等地
质量指数 $IFI \geqslant$	0.904	0.866	0.828	0.79	0.752	0.714	0.676	0.638	0.6	<0.6
IFI_{i+1}/IFI_i	0.958	0.956	0.954	0.952	0.949	0.947	0.944	0.940		
平均值	0.950									

如某评价单元耕地质量平均为 3 等，则折算至 1 等地的系数为 $0.95^3=0.857$；若质量为 10 等，则折算至 1 等地的系数 $a_{耕地}$ 为 $0.95^{10}=0.599$。

相当于该区 100 亩[1] 3 等地可折算 85. 7 亩 1 等地；100 亩 10 等地可折算 59. 9 亩 1 等地。

当缺乏质量综合指数界限值（IFI）数据、仅有质量等级数据时，以评价单元各等别的面积加权平均与评价区的面积加权平均等别的比值代表 $a_{耕地}$。

B. 方法二：据 GB/T 33469—2016

当缺乏据《耕地质量等级》（GB/T 33469—2016）评价的耕地质量资料时，作为替补的方法，可以据《农用地质量分等规程》（GB/T 28407—2012）的国家级分等成果，按“全国统一的耕地占补平衡按等级折算系数表”之 15 个耕地质量等级与数量的折算系数进行查表（表 3. 2 ）折算。

表 3. 2　全国统一的耕地占补平衡按等级折算系数表

		补充等别														
		1	2	3	4	5	6	7	8	9	10	11	12	13	14	15
占用等别	1	1	1. 07	1. 15	1. 25	1. 36	1. 5	1. 67	1. 88	2. 14	2. 5	3	3. 75	5	7. 5	15
	2	1	1	1. 08	1. 17	1. 27	1. 4	1. 56	1. 75	2	2. 33	2. 8	3. 5	4. 67	7	14
	3	1	1	1	1. 08	1. 18	1. 3	1. 44	1. 63	1. 86	2. 17	2. 6	3. 25	4. 33	6. 5	13
	4	1	1	1	1	1. 09	1. 2	1. 33	1. 5	1. 71	2	2. 4	3	4	6	12
	5	1	1	1	1	1	1. 1	1. 22	1. 38	1. 57	1. 83	2. 2	2. 75	3. 67	5. 5	11
	6	1	1	1	1	1	1	1. 11	1. 25	1. 43	1. 67	2	2. 5	3. 33	5	10
	7	1	1	1	1	1	1	1	1. 13	1. 29	1. 5	1. 8	2. 25	3	4. 5	9
	8	1	1	1	1	1	1	1	1	1. 14	1. 33	1. 6	2	2. 67	4	8
	9	1	1	1	1	1	1	1	1	1	1. 17	1. 4	1. 75	2. 33	3. 5	7
	10	1	1	1	1	1	1	1	1	1	1	1. 2	1. 5	2	3	6
	11	1	1	1	1	1	1	1	1	1	1	1	1. 25	1. 67	2. 5	5
	12	1	1	1	1	1	1	1	1	1	1	1	1	1. 33	2	4
	13	1	1	1	1	1	1	1	1	1	1	1	1	1	1. 5	3
	14	1	1	1	1	1	1	1	1	1	1	1	1	1	1	2
	15	1	1	1	1	1	1	1	1	1	1	1	1	1	1	1

（据路婕等，2012）

如某评价单元耕地面积为 100 亩，等别为 13 等，查表得知，5 亩 13 等地相当于 1 亩 1 等地，2. 67 亩 13 等地相当于 1 亩 8 等地，因此，该 100 亩 13 等地可折算为 20 亩 1 等地：

100 亩 13 等地≈20 亩 1 等地（100/5=20），或

100 亩 13 等地≈37. 45 亩 8 等地（100/2. 67=37. 45）。

一般而言，以评价区（或全省）平均等别最优等的评价单元等别值（向上取整）为标准。例如，长沙地区地平均等别最优的评价单元等别值是 3. 9995，最劣评价单元的平均等别值为 7. 9471。以 3（“3. n”取整）为标准，8、7、6、5、4 等折算至 3 等的质量换算系数，查表（表 3. 2 ）可知分别为 1. 63、1. 44、1. 3、1. 18、1. 08。

或将“查表”法改为计算法：

以 3、4、5、6、7、8 为自变量 x，1、1. 08、1. 18、1. 3、1. 44、1. 63 为因变量 y，曲线拟

[1] 1 亩≈666. 67 平方米。

合，可得回归方程：

$y = 0.1243x + 0.5881$，$R^2 = 0.9777$。

或 $y = 0.0127x^2 - 0.0152x + 0.9346$，$R^2 = 0.9994$。

但以线性回归相对简单，且能满足要求，宜优先采用。

由于耕地质量换算系数与上述“查表”或回归计算值为倒数关系，故：$a_{耕地} = 1/y$。

注意：各评价区宜以对平均等别为最优与最劣之间的数据进行曲线拟合。

（2）林地质量修正

以全国单位林地面积森林蓄积量（61.6 m^3/hm^2）的近似值及世界平均水平（约 110 m^3/hm^2）为参照，据评价区单位面积森林蓄积量 x，可按下式计算区域林地质量换算系数 $a_{林}$：

$$a_{林} = \begin{cases} 1 & x \geqslant 110 \\ 0.6 + 0.4(x - 60)/(110 - 60) & 0 < x < 110 \\ 0 & x = 0 \end{cases} \tag{3.5}$$

缺省森林蓄积量 x 数据，可赋值“90”。

（3）草地质量修正

以全国单位面积天然牧草地鲜草产量 2021 年估算值（5.675 t/hm^2），及我国与世界平均水平（15 t/hm^2）的比较（约为后者的 30%），据评价区单位面积草原产草量 x，可按下式计算区域草地质量换算系数 $a_{草}$：

$$a_{草} = \begin{cases} 1 & x \geqslant 15 \\ 0.6 + 0.4(x - 5)/(15 - 5) & 0 < x < 15 \\ 0 & x = 0 \end{cases} \tag{3.6}$$

缺省 x 数据，可赋“12”。

（4）水资源量及质量修正

以区域平均单位水域水资源量与全国平均单位水域水资源量比率并据水质折扣。计算公式：

$$a_{水} = \frac{k\left(\dfrac{T_w}{A_w}\right)_c}{\left(\dfrac{T_w}{A_w}\right)_0} \tag{3.7}$$

式中：$a_{水}$ 为水资源量及质量修正系数；T_w 为水资源总量；A_w 为水域面积；下标 c 和 0 分别为评价区域和全国；k 为水质折扣值。

其中水质折扣值“k”，据“地表水水质优良（达到或好于Ⅲ类）比例”指标，按前文所述分段赋值法，以区间［0.9，1］，［0.8，0.9），［0.7，0.8），…，［0，0.1），分别赋值 $k = 1$，0.9，0.8，…，0.1。评价单元有多处水域或多个“k”值，宜据各水质级别面积加权平均。缺省数据可赋“1”。

（5）建设用地质量修正

建设用地的质量指建设用地满足社会经济对居住生活、非农生产及相关活动的功能需求的能力。其质量等级折算可用两种方法：

A. 方法一

据《城镇土地分等定级规程》（GB/T 18507—2014）之式（5）的分等综合分值“S_i”，以评价区全部评价单元 S_i 的平均值 $\overline{S}$ 为标准，计算建设用地质量等级修正系数：

$$a_{建} = k \times S_i / \overline{S} \tag{3.8}$$

式中：k 为系统转换指数，性质类似于权重，实质是不使修正幅度过大；注意 S_i 是《城镇土地分等定级规程》（GB/T 18507—2014）使用的符号，并非式（3.4）之第 i 类资源面积数。

B. 方法二

按各地基准地价或按据《国有建设用地使用权出让地价评估技术规范》之方法计算出的地价换算。计算建设用地质量等级修正系数公式可以是：

$$a_{建} = k \times (评价单元地价 / 评价区最高地价) \tag{3.9}$$

式中：k 为系统转换指数；地价指按评价单元或评价区地类（商服、住宅、工业）面积的加权平均地价；或如长沙地区示范计算中以“Ⅰ级区”综合地价为代表。

评价中具体选用了哪种方法，需在评价报告中明确说明，为使用者参考。

（6）湿地质量修正

湿地一般可以不考虑“厚度”（质量修正）。

但也可参照上述林、草地之办法，对湿地按生物量折算。

3.1.3.3 潜力修正

（1）潜力计算思路

如前所述，自然资源潜力是在当前各种自然资源组合状态下通过恰当利用可以发挥出来的最大能力，它包括自然资源目前已开发利用的、未被利用的以及处于各种保护状态下的那部分潜在自然财富的总和。在自然资源评价中，可以从目前未被利用的那部分资源中进行估算。由于资源的潜力与数质综合量具有数量上、空间上和功能上的重叠，既不能相加，也不能相乘，以一个系数进行修正比较合适。公式 $k_{\mathrm{Pot}} = \frac{\mathrm{Pot}}{\bar{A}_{\mathrm{Pot}}} / k$ 中的潜力修正系数（k_{Pot}）以上级区域（最好是全国）的潜力平均值（$\bar{A}_{\mathrm{Pot}}$）为参照标准，主要据工作区潜力（Pot）与上级区平均水平的比值计算潜力修正系数。“k”为“区域控制参数”，将相对潜力比值再除以 k 是考虑研究区的自然资源实际，以限制修正幅度的过大。k 的取值需要在对全国数据研究后确定。

从潜力内涵可知，潜力评价主要考虑耕地和建设用地潜力即可，其他地类可不考虑。

（2）耕地潜力

对耕地面积数据需据耕地潜力面积进行潜力修正值，计算公式：

$$b_1 = k_1 \times (耕地潜力面积 / 评价单元面积) \tag{3.10}$$

式中：耕地潜力面积采用耕地后备资源面积；k_1 取值区间（0，0.2]，一般据区域情况调整，如长沙取 0.01。

缺省潜力数据可赋“0”。

（3）建设用地潜力

对建设用地数据进行潜力修正值，计算公式：

$$b_2 = k_2 \times 评价单元城镇建设适宜区面积 / 评价单元面积 \tag{3.11}$$

式中：评价单元城镇建设适宜区面积可据《资源环境承载能力和国土空间开发适宜性评价指南（试行）》；k_2 取值区间（0，1]，一般视区域情况选择，如长沙地区，取 0.01。

3.1.3.4 单项和多项资源禀赋

（1）耕地等 6 类资源的禀赋

据式（3.4），当 i 取 1，2，3，…，6 时，可分别计算耕地、林地、草地、湿地、建设用地、水域 6 类资源的禀赋度。

（2）生态资源禀赋度

据式（3.4），当评价对象仅为林、草、湿地和水域时，或将评价对象限于生态用地时，得到的计算值可视为生态资源禀赋。

生态用地包含如下地类（地类代码带*者为二调二级地类，否则为三调二级地类）：

有林地（31*）、红树林地（303）、森林沼泽（304，125*）、灌丛沼泽（306）、沼泽草地（402）、沿海滩涂（1105，115*）、内陆滩涂（1106，116*）、沼泽地（1108，125*）、乔木林地（301）、竹林地（302）、灌木林地（305，32*）、其他林地（307，33*）、天然牧草地（401，41*）、人工牧草地（403，42*）、其他草地（404，43*）、公园与绿地（810，87*）、河流水面（1101，111*）、湖泊水面（1102，112*）、水库水面（1103，113*）、坑塘水面（1104，114*）、沟渠（1107，117*）、冰川及永久积雪（1110，119*）等。

3.1.4 自然资源底线安全评价

3.1.4.1 底线安全评价

（1）底线安全综合评价指标

"站在人与自然和谐共生的高度谋划发展"，守住资源安全底线目标，需要考虑自然资源禀赋对利用的约束，评价自然资源利用对资源安全保障的压力或影响。从自然资源管理上，资源安全底线主要包括生态保护红线、永久基本农田、城镇开发边界这"三条控制线"等。

因此，比较分析耕地面积与耕地保护目标、永久基本农田面积与永久基本农田保护目标、生态保护红线范围内生态用地面积占比、城镇开发边界外新增建设用地类型（即不允许超出城镇开发边界范围的新增建设用地类型）面积占比，可评价资源底线安全的耕地保护压力、生态保护压力和城镇开发建设压力及其对自然资源底线安全的综合压力。

可定义自然资源底线安全（Threshold security，Ts）综合评价指标以下式计算：

$$Ts = \sqrt{(Ts_{耕地}{}^2 + Ts_{生态}{}^2 + Ts_{建设}{}^2)/3} \tag{3.12}$$

式中：Ts 为底线安全综合评价指标；$Ts_{耕地}$为"三区三线"中的耕地保护底线安全量；$Ts_{生态}$为"三区三线"中的生态保护底线安全量；$Ts_{建设}$为"三区三线"中的城镇开发建设底线安全量。

即，自然资源底线安全综合评价指标（Ts）是"三区三线"中耕地、生态用地、城镇开发建设用地与其控制线相对量的平方平均值。

（2）底线安全中的分量指标

A. 耕地底线安全量 $Ts_{耕地}$

以耕地保护底线和永久基本农田底线中的较小值度量耕地底线安全量：

$$Ts_{耕地} = \mathrm{Min}(BCLP,\ BPBF) \tag{3.13}$$

式中：

BCLP（Bottom line of Cultivated Land Protection）是耕地保护底线，计算式为：

$$BCLP = \begin{cases} 1，当 s_{现状耕地} \geq s_{目标耕地} \\ \dfrac{s_{现状耕地}}{s_{目标耕地}}，当 s_{现状耕地} < s_{目标耕地} \end{cases} \tag{3.14}$$

BPBF（Bottom line of Permanent Basic Farmland）是永久基本农田底线，计算式为：

$$BPBF = \begin{cases} 1，当 s_{现状永久基本农田} \geq s_{目标永久基本农田} \\ \dfrac{s_{现状永久基本农田}}{s_{目标永久基本农田}}，当 s_{现状永久基本农田} < s_{目标永久基本农田} \end{cases} \tag{3.15}$$

式中：S 表示面积。

B. 生态用地底线安全量 $Ts_{生态}$

$$Ts_{生态} = \begin{cases} 1，当 s_{圈内生态用地} \geqslant s_{生态红线目标} \\ \dfrac{s_{圈内生态用地}}{s_{生态红线目标}}，当 s_{圈内生态用地} < s_{生态红线目标} \end{cases} \tag{3.16}$$

式中：生态用地面积可据 § 3.1.3.4（2）计算。

C. 城镇开发建设用地底线安全量

$$Ts_{建设} = 1 - \frac{s_{圈外新增建设用地}}{s_{城镇开发边界}} \tag{3.17}$$

式（3.17）的前提是城镇开发边界圈外新增建设用地面积小于（或等于）城镇开发边界面积：$s_{圈外新增建设用地} \leqslant s_{城镇开发边界}$。

一些特殊的评价单元缺失某类保护目标，如个别城市缺失耕地或永久基本农田保护目标，可以赋 $Ts_{耕地}$ 值为“1”，其他亦然。

（3）底线压力指标

与底线安全（Ts 或 Ts_i）相对的是底线压力（P），两者的关系为：

$$P = 1 - Ts_i \tag{3.18}$$

当 $Ts_i>1$，则有 $P<0$，即负压力，意味着无压力。

Ts 或 Ts_i 为正向指标，值越大，底线越安全。

值得说明的是，上述底线安全或底线压力，如耕地安全或压力，仅仅是从数量上考虑的，理论上还需考虑其质量风险，如从现状耕地数量中，对河道耕地、湖区耕地、林区耕地、牧区耕地、石漠化耕地，按风险指数（可对应上述类型分别取 0.15、0.25、0.05、0.05、0.5）进行部分扣除（相乘）。即使对于数量，也可进一步考虑多种修正，如进行耕地的粮食压力修正。耕地的粮食压力指数 FLPI 可以下式计算：

$$FLPI = (f \cdot d) / (y \cdot r \cdot \mathrm{mci} \cdot s)$$

式中：$FLPI$ 为耕地的粮食压力指数；f 为粮食自给率；d 为人均食物消费需求；y 为播面单产；r 为粮作比；mci 为复种指数；s 为人均耕地面积。

（4）底线安全变化率

鉴于耕地、生态、城镇建设资源量或用地量是不断变化的，仅仅以某一时间点的状态来衡量它们与“控制线”比较的安全性，尚有局限，需考虑变化率。

若 Ts 或 Ts_i 有两个时期数据，可进行变化率计算：

以 Δ 代表变化率算子，变化率 $\Delta = \dfrac{本期量-上期量}{\Delta t}$，$\Delta t$ 表示时间增量，将 Δ 代入式（3.17）中的变量是“新增”，已经是变化率，得到 ΔTs 和 ΔTs_i：

$$\Delta Ts = \sqrt{(\Delta Ts_{耕地}^{\ 2} + \Delta Ts_{生态}^{\ 2} + Ts_{建设}^{\ 2}) / 3} \tag{3.19}$$

$$\Delta Ts_{耕地} = \sqrt{\left\{\left(\frac{\Delta S_{耕地}}{S_{目标耕地}} / \Delta t\right)^2 + \left(\frac{\Delta S_{永久基本农田}}{S_{永久基本农田目标}} / \Delta t\right)^2\right\} / 2} \tag{3.20}$$

$$\Delta Ts_{生态} = \frac{\Delta S_{圈内生态用地}}{S_{生态红线目标}} / \Delta t \tag{3.21}$$

Δ 变化率计算中用以比较的基准年可以是上一评价期、5 年前或二调（指第二次全国土地调查）数据年份。

底线安全变化率 ΔTs 和 ΔTs_i 为正向指标。

（5）底线安全指数

综合考虑底线安全量（Ts）和底线安全变化率 ΔTs，可按下式进行计算底线安全指数：

$$T = \sqrt{(Ts^2 + \Delta Ts^2)/2)} \tag{3.22}$$

式中：T 为底线安全指数。

3.1.4.2 禀赋安全评价

综合考虑自然资源禀赋（更多反映本底）和自然资源安全底线（偏向反映利用的结果），可设计一个“自然资源禀赋安全度”指标：禀赋安全（Endowment securiy，Es），按下式计算：

$$Es = \sqrt{AT} \tag{3.23}$$

式中：Es 为自然资源禀赋安全度；A 为自然资源禀赋（度）；T 为自然资源安全底线指数。

3.1.5 自然资源禀赋与底线安全评价标准与等级划分

3.1.5.1 禀赋基础指标评价标准与等级划分

（1）指标等级分值计算

指标等级分值即前文提及的“功效函数”。在概率论和数理统计学中，功效函数又称之为势函数，是为了在假设检验中分析两类错误的概率而引入的概念。在多目标规划中，功效函数法是根据对每一项评价指标确定一个满意值和不允许值，以满意值为上限，以不允许值为下限。计算的各指标对满意程度的度量即功效函数，并以此确定各指标的分数，再经过加权平均进行综合，从而评价被研究对象的综合状况。

对于自然资源禀赋类指标，指标等级分值可以以指标变量的实测值在评价单元中的相对占比与标准值比值表示，计算指标等级分值的公式是：

$$f_i = \left(\frac{x_i}{S_i}\right)/x_{i0} \tag{3.24}$$

式中：f_i 为第 i 类资源指标等级分值；x_i 为第 i 类资源指标值（即变量值）；S_i 为第 i 类资源所处评价单元的面积数（或总量数）；x_{i0} 为第 i 类资源标准值。

实际上对于空间分布类资源，如耕地，其标准值 $x_{i0}=\frac{S_{i0}}{S_0}$，等于 13.32 hm^2/km^2，是全国耕地面积除以 960×10^4 km^2。

（2）标准值

按自然资源禀赋类指标属性及其指标取（赋）值或计算方法，根据全国平均水平确定 20 个基础指标的评价标准值如表 3.3 所示。

表 3.3 禀赋类基础指标评价标准参考值

序号	指标	单位	参考值	说 明
1	耕地面积	hm^2/km^2	13.32	全国耕地面积/960×10^4 km^2
2	耕地净增减面积	$hm^2/(km^2\cdot a)$	0.04	（本年全国耕地面积-上年全国耕地面积）/（960×10^4 $km^2\times\Delta t$）
3	农业结构调整耕地面积占比	%/a	0.21	[（全国其他农用地转为耕地面积-耕地转为其他农用地面积）/上年度全国耕地面积]/（间隔年数×100）
4	林地面积	hm^2/km^2	29.60	全国林地面积/960×10^4 km^2
5	草地面积	hm^2/km^2	27.56	全国草地面积/960×10^4 km^2
6	湿地面积	hm^2/km^2	2.44	全国湿地面积/960×10^4 km^2
7	建设用地面积	hm^2/km^2	4.67	全国建设用地面积/960×10^4 km^2

续表

序号	指标	单位	参考值	说 明
8	城镇建设用地面积	hm^2/km^2	0.53	全国城镇建设用地面积/960×10^4 km^2
9	村庄建设用地面积	hm^2/km^2	2.28	全国村庄用地面积/960×10^4 km^2
10	水域面积	hm^2/km^2	3.78	全国水域及水利设施用地面积/960×10^4 km^2
11	水资源量	$10^4m^3/km^2$	30.25	2019 年度《中国水资源公报》数据/960×10^4 km^2
12	地表水资源量	$10^4m^3/km^2$	29.16	2019 年度《中国水资源公报》数据/960×10^4 km^2
13	地下水资源量	$10^4m^3/km^2$	8.53	2019 年度《中国水资源公报》数据/960×10^4 km^2
14	森林覆盖率	%	23.04	生态环境部《2019 年全国生态环境质量简况》
15	草原综合植被盖度	%	53.10	全国平均
16	耕地质量		4.58/9.96	《2019 年全国耕地质量等级情况公报》据 GB/T 33469—2016；2019 年全国耕地质量等别更新成果据 GB/T 28407—2012
17	森林蓄积量	m^3/hm^2	80	2019 年全国生态环境质量简况（蓄积量/森林面积）
18	草地产草量	t/km^2	280	2020 年全国草原鲜草产量达到 11×10^8 t/草原面积 3.928×10^8 hm^2
19	地表水水质优良	%	74.90	生态环境部《2019 年全国生态环境质量简况》
20	耕地后备资源面积	hm^2/km^2	0.56	全国耕地后备资源总面积 8029.15×10^4 亩/960×10^4 km^2

注：①表中序号同表 2.10（下同）；②土地利用类数据来源于“三调”公布数据；③表 2.10 中的指标 25（单位面积森林蓄积量）和指标 26（单位面积草原产草量）其标准值及其来源分别同本表指标 17、18。

（3）等级划分方法

前文（§2.4.7.3）指标值的等级划分方法曾提及将指标值分为 5 个等级：以Ⅲ等为中等，表示与标准值水平大体相当，I 等为最好，V 等为最差。涉及 4 个阈值，以表 3.3 值为标准，据式（3.24）计算所得的指标等级函数 f_i 的分值，可以有两种指标阈值确定方法：

A. 方法一：全国数据（或其抽样数据）的累积频率法确定阈值

统计学中将数据集按大小顺序排列分组，各组内的数据个数称为频数，各组频数与全部频数之和的比值称为频率或比重，某一数值以下或以上的频率之和即累积频率。从值小的方向向值大的方向累加，称为向上累积；反之为向下累积。

对自然资源禀赋类指标的全国数据（或其抽样数据），据式（3.24）计算所得的指标等级分值函数 f_i 值的向上累积频率曲线，分别求出累积频率等于 0.2、0.4、0.6、0.8 时对应的指标等级分值函数 f_i 的 4 个值。该 4 个值即将指标分为 5 个等级的全国阈值。该 5 个等级（I 等为最好，Ⅲ等为中等，V 等为最差）是全国可比的评价标准。

B. 方法二：据样地数据分布特征确定阈值

如以长沙市为样地，以表 3.3 标准，按式（3.24）计算，得 f_i 分值；据 f_i 的分布区间，可以确定指标阈值：如当耕地面积之 f_i 值分别为 $5 \leq f_i \leq 1.6$、$1.6 \leq f_i \leq 1.2$、$1.2 \leq f_i \leq 0.8$、$0.8 \leq f_i \leq 0.4$、$0.4 \leq f_i \leq 0.2$ 时，等级分别为Ⅰ、Ⅱ、Ⅲ、Ⅳ、Ⅴ等。

按此思路，确定禀赋类指标分等阈值如表 3.4 所示。

表 3.4 禀赋类指标值等级划分方法及其阈值

序号	指标	单位	指标性状	评价标准可选方法	等级阈值（<）					
						Ⅴ	Ⅳ	Ⅲ	Ⅱ	Ⅰ
1	耕地面积	hm^2/km^2	+	②③④⑤⑥⑦	0.2	0.4	0.8	1.2	1.6	5
2	耕地净增减面积	10^4 $hm^2/(km^2 \cdot a)$	+	②③④⑤⑥⑦	−100	−50	−10	1	5	10

续表

序号	指标	单位	指标性状	评价标准可选方法	等级阈值（<）					
						Ⅴ	Ⅳ	Ⅲ	Ⅱ	Ⅰ
3	农业结构调整耕地面积占比	%/a	+	②③④⑤⑥⑦	-50	-10	-1	1	5	10
4	林地面积	hm^2/km^2	+	②③④⑤⑥⑦	0.0	0.4	0.8	1.2	1.6	5
5	草地面积	hm^2/km^2	+	②③④⑤⑥⑦	0.0	0.4	0.8	1.2	1.6	5
6	湿地面积	hm^2/km^2	+	②③④⑤⑥⑦	0.0	0.4	0.8	1.2	1.6	5
7	建设用地面积	hm^2/km^2	+	②③④⑤⑥⑦	0.1	0.5	0.8	1.2	5	20
8	城镇建设用地面积	hm^2/km^2	+	②③④⑤⑥⑦	0.1	0.5	0.8	1.2	5	200
9	村庄建设用地面积	hm^2/km^2	+	②③④⑤⑥⑦	0.1	0.5	0.8	1.2	5	20
10	水域面积	hm^2/km^2	+	②③④⑤⑥⑦	0.1	0.5	0.8	1.2	2	5
11	水资源量	$10^4m^3/km^2$	+	②③④⑤⑥⑦	0.1	0.5	0.8	1.2	2	5
12	地表水资源量	$10^4m^3/km^2$	+	②③④⑤⑥⑦	0.1	0.5	0.8	1.2	2	5
13	地下水资源量	$10^4m^3/km^2$	+	②③④⑤⑥⑦	0.1	0.5	0.8	1.2	2	5
14	森林覆盖率	%	+	②③④⑤⑥⑦	0.1	0.5	0.8	1.2	2	5
15	草原综合植被盖度	%	+	②③④⑤⑥⑦	0.1	0.5	0.8	1.2	2	5
16	耕地质量	目标等级	+	①⑧⑦	0.1	0.5	0.8	1.2	2	5
17	森林蓄积量	$10^4m^3/km^2$	+	②③④⑤⑥⑦	0.0	0.5	0.8	1.2	2	5
18	草地产草量	吨/km^2	+	②③④⑤⑥⑦	0.0	0.5	0.8	1.2	2	10
19	地表水水质优良	%	+	①⑦	0.0	0.4	0.8	1.0	1.1	2
20	耕地后备资源面积	hm^2/km^2	+	②③④⑤⑥⑦	0.1	0.5	1	10	40	100
66	自然资源禀赋度 A		+	②③④⑤⑥	0.001	0.5	0.9	1.1	2	5
67	底线安全度 T		+	②③④⑤⑥	0.001	0.5	0.9	1.1	2	5
68	禀赋安全 Es		+	②③④⑤⑥	0.001	0.5	0.9	1.1	2	5

注：（1）评价标准可选方法：①国标、行标和地方标准值；②目标值和③上期值；④区域对比值；⑤区域统计值；⑥推荐值；⑦全国平均水平；⑧其他。（2）指标性状："+"为正向指标；"-"为负向指标；"s"为状态指标。（3）等级阈值系据§2.3.4.4.1中的"分类量表"法暂定之参考值，有待以全国评价结果数据完善，划分5个等别一般以4个阈值截取即可，此处用6个值是Excel函数计算的需要。（4）后3个综合指标的序号系全部指标体系排序号。

3.1.5.2 禀赋类综合指标等级划分

同样以长沙市为样地，按禀赋类基础指标分等阈值确定方法，即据样地数据分布特征确定阈值，据样地数据计算所得的f_i分值；据f_i的分布区间，可以确定禀赋类综合指标分等阈值（亦列入表3.4中）。

禀赋类综合指标的评价标准可按§2.4.7.2.6的标准值代入计算法确定。即将禀赋类基础指标的标准值（表3.3中的参考值）作为变量值代入到综合指标计算公式中，计算得到的值即为综合指标的标准值。

3.1.6 自然资源禀赋实证分析：以长沙为例

3.1.6.1 区域概况及数据收集整理

（1）区域概况

以长沙市进行评价示例。长沙市是湖南省省会，长江中游地区重要的中心城市，全国"两型社会"综合配套改革试验区，位于湖南省东部偏北，东邻江西省，西连娄底、益阳，南接株洲、湘潭，北靠岳阳，东西长约230 km，南北宽约88 km，总面积11819 km^2，辖6区、1县、2县级市共9个评价单元。

2019年年末长沙全市常住总人口839.45万人，城镇化率80%，GDP为11574.22亿元，一、二、三产业比为3.1：38.4：58.5。

长沙地处湘江下游，地貌多样，水系发达，东北和西北山地环绕，中部和南部丘岗起伏，北部平坦开阔，林、水、湿、草、田、矿等自然资源要素齐全，有国家级湿地公园5个，省级湿地公园1个。

（2）数据来源

收集到的长沙市自然资源调查监测数据见表3.5。

表3.5　长沙市自然资源调查监测数据基础指标数据来源表

序号	指标	数据来源
1	耕地面积	长沙市2020年度变更调查
2	耕地净增减面积	长沙市国土三调及2020年变更调查
3	农业结构调整耕地面积占比	长沙市国土三调及2020年变更调查
4	林地面积	长沙市2020年度变更调查
5	草地面积	长沙市2020年度变更调查
6	湿地面积	长沙市2020年度变更调查
7	建设用地面积	长沙市2020年度变更调查
8	城镇建设用地面积	长沙市2020年度变更调查
9	村庄建设用地面积	长沙市2020年度变更调查
10	水域面积	长沙市2020年度变更调查
11	水资源总量	长沙市2020年度水资源公报
12	地表水资源量	长沙市2020年度水资源公报
13	地下水资源量	长沙市2020年度水资源公报
14	森林覆盖率	长沙市2020年度变更调查数据、长沙市林业局提供数据
15	草原综合植被盖度	年度草地资源清算
16	耕地质量	据GB/T 28407—2012的农用地分等定级成果
17	森林蓄积量	长沙市林业局
18	草原产草量	长沙市年度草地资源清算、2020年度变更调查
19	地表水水质优良（达或好于Ⅲ类）比例	长沙市2020年度生态环境状况公报
20	耕地后备资源面积	长沙市2020年度变更调查统计计算
21	垦殖指数	长沙市2020年度变更调查
22	国土开发强度	长沙市2020年度变更调查
23	水资源开发利用率	长沙市2020年度水资源公报统计
24	单位面积建设用地GDP	长沙市国土三调及2020年度变更调查、2021年统计公报
25	单位面积森林蓄积量	长沙市2020年度变更调查、长沙市林业局
26	单位面积草原产草量	长沙市年度草地资源清算、2020年度变更调查
27	单位人口增长消耗新增建设用地量	长沙市国土三调及2020年度变更调查、2021年统计公报

续表

序号	指标	数据来源
28	单位 GDP 建设用地面积降低率	长沙市国土三调及 2020 年度变更调查、2021 年统计公报
29	单位 GDP 用水量降低率	长沙市国土三调及 2020 年度变更调查、2021 年水资源公报
30	耕地灌溉亩均用水量降低率	长沙市国土三调及 2020 年度变更调查、2021 年水资源公报
31	生态用地面积占比	长沙市 2020 年度变更调查
32	湿地保护率	长沙市林业局、生态保护红线数据统计
33	自然岸线保有率	结合城区范围划定的实验数据
34	水源涵养极重要区占比	长沙市双评价数据
35	土壤保持极重要区占比	长沙市双评价数据
36	防风固沙极重要区占比	长沙市双评价数据
37	人均城镇公共管理与公共服务用地	长沙市 2020 年度变更调查、2021 年统计公报计算
38	人均城镇住宅用地面积	长沙市 2020 年度变更调查、2021 年统计公报计算
39	城镇人均生活用水量	水资源公报
40	乡村人均生活用水量	水资源公报
41	交通运输用地占建设用地面积比	长沙市 2020 年度变更调查
42	道路网密度	地理国情普查与城区范围划定成果数据统计
43	公园与绿地面积占比	国土三调及变更调查
44	科教文卫用地面积占比	国土三调及变更调查
45	水土流失程度	长沙市双评价数据
46	土地沙化程度	长沙市双评价数据
47	石漠化程度	长沙市双评价数据
48	未批先建占地比例	自然资源专项督察数据
49	耕地转为建设用地比例	长沙市国土三调及 2020 年度变更调查
50	耕地种植非粮食作物比例	长沙市 2020 年度变更调查
51	新增生态修复面积	自然资源综合统计

（3）数据处理

1）长沙市 102 单元已无乡村人口，指标“乡村人均生活用水量”采用区域最大值（103 单元乡村人均生活用水量）134 升/(人·日）代替。

2）长沙市水资源公报中水资源总量，市内五区只有总量。通过水域面积占比推导市内五区各区水资源总量。

3.1.6.2 禀赋综合评价

（1）数量底版类指标计算

A. 地类的数量底版基础

数量底版即地类的面积占比，按 S_i/S，分别以 $i=1$，2，3，…，6 计算得到的耕地等资源相对数量。计算结果见图 3.2（图之橘色部分）。

	评价单元	面积占比/%						潜力修正 b	
		耕地	林地	草地	湿地	建设用地	水域	耕地	建地
数量“底版”	102	5.61	2.03	2.54	0.17	82.87	4.73	0.01	0.10
	103	11.23	15.27	1.05	1.01	53.84	14.25	0.00	0.09
	104	14.68	39.84	0.54	0.44	31.00	9.81	0.00	0.09
	105	11.78	23.41	1.27	0.30	46.74	13.15	0.00	0.09
	111	5.77	44.31	1.89	0.17	39.30	5.42	0.00	0.09
	112	24.65	29.46	0.57	1.03	21.49	17.61	0.00	0.08
	121	19.95	48.21	0.40	0.16	17.74	8.18	0.00	0.09
	181	11.85	68.85	0.31	0.10	9.17	3.48	0.00	0.05
	182	26.28	48.14	0.26	0.12	11.94	7.61	0.00	0.08
质量“厚度”		质量折算 a							
		耕地	森林	草原	湿地	建设用地	水质+资源量		
	102	0.79	0.19	0.93	1	0.10	2.64		
	103	0.89	0.44	0.93	1	0.10	2.64		
	104	0.81	0.52	0.95	1	0.10	2.64		
	105	0.92	0.49	0.95	1	0.10	2.64		
	111	0.83	0.41	0.94	1	0.10	2.64		
	112	0.82	0.47	0.95	1	0.07	1.46		
	121	0.86	0.51	0.95	1	0.07	3.40		
	181	0.63	0.50	1.00	1	0.07	8.70		
	182	0.78	0.55	0.96	1	0.07	3.20		
禀赋“立体”		单项资源禀赋 A_i						总的禀赋度 A	
		耕地	森林	草原	湿地	建设用地	水		
	102	0.34	0.01	0.09	0.07	1.78	1.52	3.81	
	103	0.76	0.23	0.04	0.41	1.16	4.58	7.17	
	104	0.89	0.70	0.02	0.18	0.67	3.15	5.61	
	105	0.82	0.39	0.04	0.12	1.01	4.23	6.61	
	111	0.36	0.62	0.06	0.07	0.85	1.74	3.71	
	112	1.52	0.47	0.02	0.42	0.34	3.14	5.91	
	121	1.29	0.84	0.01	0.06	0.28	3.39	5.87	
	181	0.57	1.16	0.01	0.04	0.14	3.69	5.60	
	182	1.54	0.90	0.01	0.05	0.17	2.97	5.63	

图 3.2 长沙市自然资源禀赋评价

评价单元代码为行政区代码（省略了省代码“430”，下同）

B. 数量底版的潜力修正

仅仅考虑对耕地和建设用地进行潜力修正计算：耕地潜力修正据式（3.10）计算，k 值取 0.2；建设用地潜力修正据式（3.11）计算，k 值取 0.01。

计算结果见图 3.2（图之右上灰色部分）。

（2）质量“厚度”类指标计算

包括质量修正和资源量修正计算两部分。耕、林、草、建设用地和水的质量修正，计算过程参见§3.1.3.2。其中耕地为质量修正；林、草为资源量修正。

林、草资源量修正 Excel 计算公式分别为：

森林资源量修正系数 a = IF（单位面积森林蓄积量<=0，0，IF（单位面积森林蓄积量<=110，0.6+0.4＊（单位面积森林蓄积量-60）/（110-60），1））

草原资源量修正系数 a = IF（单位面积草原产草量/100<=0，0，IF（单位面积草原产草量/100<=15，0.6+0.4＊（单位面积草原产草量/100-5）/（15-5），1））

建设用地是用“地价”表征的质量修正，以长沙“Ⅰ级区”的综合地价为代表；水的修正同时考虑了质量和资源量修正；湿地不修正（修正系数取1）。计算结果见图3.2（图之中部蓝色区域）。

（3）禀赋评价

A. 禀赋度计算

据式（3.4），分别取 i=1，2，3，…，6，计算耕地、林地、草地、湿地、建设用地、水的禀赋度；对此6类禀赋求和，即据下式，可得自然资源禀赋度：

自然资源禀赋 $A=A_{耕}+A_{林}+A_{草}+A_{水}+A_{建}+A_{湿}$

计算结果见图3.2（图之下部绿色区域）。

B. 禀赋等级评价

以长沙市内各单元禀赋指标A的平均值（$\overline{A}$=5.54）为标准，按照等级分值 f_i=指标值/标准值，以等级分值与平均水平相同作为3等（中等），向两侧推导，分别得1、2和4、5等阈值。将长沙各区县自然资源禀赋分为5个等别。从单项资源的禀赋评价结果可知，禀赋较差的主要原因是草地、湿地禀赋较差。102单元、111单元评价为禀赋较差主要体现在：111单元在耕地、林地、草地、湿地、水资源禀赋上均位于各区县末端；102单元由于区域内土地建设开发已达到82.87%，在耕地、林地、草地、湿地、水资源禀赋上均位于各区县末端。104单元除草地、湿地外，自然资源禀赋较差主要还体现在建设用地资源禀赋较差；112单元除耕地、水资源外，其他方面自然资源禀赋均较差；121单元、182单元在耕地、水资源禀赋上有一定优势；181单元在林地和水资源禀赋上有一定优势。103单元、105单元自然资源禀赋评价较好，主要体现在除草地、湿地外，其他类别自然资源禀赋均较好，尤其是在建设用地禀赋和水资源禀赋方面。

3.1.6.3 底线安全综合评价

（1）“三线”安全综合评价计算过程

长沙市自然资源底线安全综合评价 Excel 计算过程如图3.3所示，通过如下6步计算可进行各区县禀赋底线安全综合评价：

第1步，数据输入

输入各区县评价期和对比期两期的4类（永久基本农田、耕地、生态红线圈内生态用地、城镇开发边界圈外建设用地）面积调查监测数据（分别为图3.3中“1.1区”和“1.2区”及其目标数据“1.3区”）。

第2步，底线安全量Ts计算

先算各分量：

耕地底线安全量从耕地保护底线（BCLP）和永久基本农田底线（BPBF）两者中取最小值，计算式（以第一个评价单元格为例，下同）为：

耕地底线安全量Ts==MIN（（IF（（C4/C13）>=1，1，（C4/C13））），（IF（（D4/D13）>=1，1，（D4/D13））））；

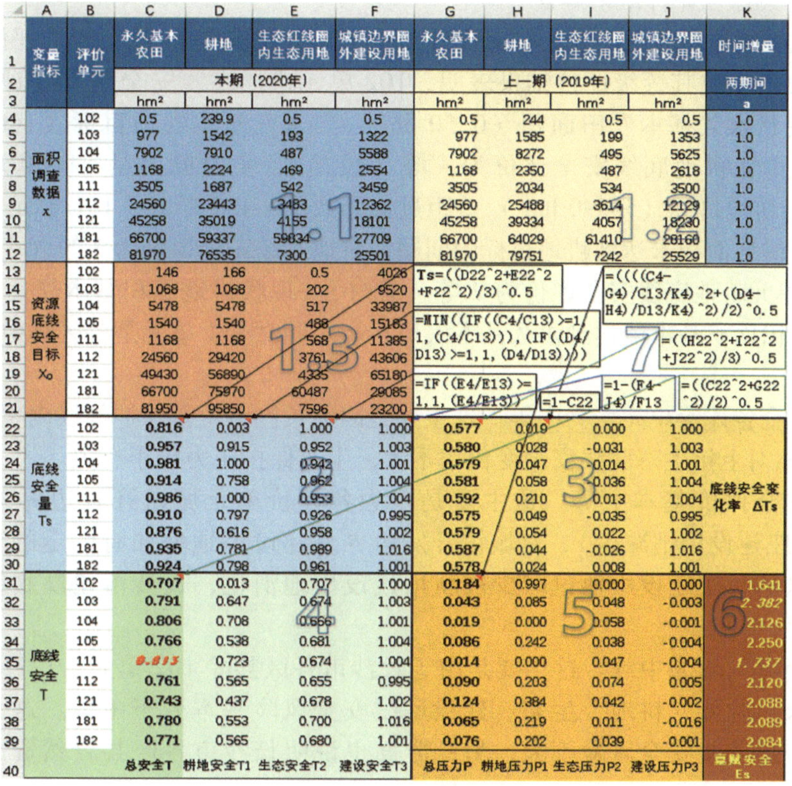

	A	B	C	D	E	F	G	H	I	J	K
1	变量指标	评价单元	永久基本农田	耕地	生态红线圈内生态用地	城镇边界圈外建设用地	永久基本农田	耕地	生态红线圈内生态用地	城镇边界圈外建设用地	时间增量
2			本期（2020年）				上一期（2019年）				两期间
3			hm²	hm²	hm²	hm²	hm²	hm²	hm²	hm²	a
4	面积调查数据 x	102	0.5	239.9	0.5	0.5	0.5	244	0.5	0.5	1.0
5		103	977	1542	193	1322	977	1585	199	1353	1.0
6		104	7902	7910	487	5588	7902	8272	495	5625	1.0
7		105	1168	2224	469	2554	1168	2350	487	2618	1.0
8		111	3505	1687	542	3459	3505	2034	534	3500	1.0
9		112	24560	23443	3483	12362	24560	25488	3614	12129	1.0
10		121	45258	35019	4155	18101	45258	39334	4057	18230	1.0
11		181	66700	59337	59834	27709	66700	64029	61410	28160	1.0
12		182	81970	76535	7300	25501	81970	79751	7242	25529	1.0
13	资源底线安全目标 X_0	102	146	166	0.5	4026					
14		103	1068	1068	202	9520					
15		104	5478	5478	517	33987					
16		105	1540	1540	488	15183					
17		111	1168	1168	568	11385					
18		112	24560	29420	3761	43606					
19		121	49430	56890	4335	65180					
20		181	66700	75970	60487	29085					
21		182	81950	95850	7596	23200					
22	底线安全量 Ts	102	**0.816**	0.003	1.000	1.000	**0.577**	0.019	0.000	1.000	底线安全变化率 ΔTs
23		103	**0.957**	0.915	0.952	1.003	**0.580**	0.028	-0.031	1.003	
24		104	**0.981**	1.000	0.942	1.001	**0.579**	0.047	-0.014	1.001	
25		105	**0.914**	0.758	0.962	1.004	**0.581**	0.058	-0.036	1.004	
26		111	**0.986**	1.000	0.953	1.004	**0.592**	0.210	0.013	1.004	
27		112	**0.910**	0.797	0.926	0.995	**0.575**	0.049	-0.035	0.995	
28		121	**0.876**	0.616	0.958	1.002	**0.579**	0.054	0.022	1.002	
29		181	**0.935**	0.781	0.989	1.016	**0.587**	0.044	-0.026	1.016	
30		182	**0.924**	0.798	0.961	1.001	**0.578**	0.024	0.008	1.001	
31	底线安全 T	102	**0.707**	0.013	0.707	1.000	**0.184**	0.997	0.000	0.000	1.641
32		103	**0.791**	0.647	0.674	1.003	**0.043**	0.085	0.048	-0.003	2.382
33		104	**0.806**	0.708	0.666	1.001	**0.019**	0.000	0.058	-0.001	2.126
34		105	**0.766**	0.538	0.681	1.004	**0.086**	0.242	0.038	-0.004	2.250
35		111	**0.813**	0.723	0.674	1.004	**0.014**	0.000	0.047	-0.004	1.737
36		112	**0.761**	0.565	0.655	0.995	**0.090**	0.203	0.074	0.005	2.120
37		121	**0.743**	0.437	0.678	1.002	**0.124**	0.384	0.042	-0.002	2.088
38		181	**0.780**	0.553	0.700	1.016	**0.065**	0.219	0.011	-0.016	2.089
39		182	**0.771**	0.565	0.680	1.001	**0.076**	0.202	0.039	-0.001	2.084
40			总安全T	耕地安全T1	生态安全T2	建设安全T3	总压力P	耕地压力P1	生态压力P2	建设压力P3	禀赋安全 Es

图 3.3　长沙市底线安全计算

（图中空心数字从 1.1 至 6 为计算步骤，7 为 Excel 中各类计算第一单元格公式注释，评价单元代码与图 3.2 同）

生态底线安全量 Ts=IF （（E4/E13）>=1，1，（E4/E13））；

城镇开发建设用地底线安全量 Ts=IF （（E4/E13）>=1，1，（E4/E13））。

然后计算“三线”总的底线安全量 Ts=（（D22^2+E22^2+F22^2）/3）^0.5。

第 3 步，底线安全变化率 ΔTs 计算

先算各分量：

耕地底线安全变化率 ΔTs=（（（（C4-G4）/C13/K4）^2+（（D4-H4）/D13/K4）^2）/2）^0.5；

生态底线安全变化率 ΔTs 可由耕地底线安全变化率 ΔTs 计算式类推；

城镇开发建设安全变化率 ΔTs 与城镇开发建设用地底线安全量 Ts 相同，因为“城镇开发建设用地底线安全量 Ts”计算式考虑的即是“新增”。

然后计算“三线”总的底线安全变化率 ΔTs=（（H22^2+I22^2+J22^2）/3）^0.5。

第 4 步，底线安全 T 计算

先算各分量：

耕地底线安全 T=（（D22^2+H22^2）/2）^0.5；生态底线安全 T 和城镇开发建设安全 T 可由耕地底线安全 T 计算式类推。

然后计算总的底线安全 T=（（C22^2+G22^2）/2）^0.5。

第 5 步，底线压力 P 计算

各分量和总压力均可从 P=1-T 中计算：P=1-C22。

第 6 步，禀赋安全 Es 计算

将第 4 步计算得到的 T 与前文计算得到的禀赋 A 进行几何平均，即得禀赋安全 Es。

（2）禀赋安全综合评价结果解读

与上述禀赋等级评价方法类似，可对底线安全 T 和禀赋安全 Es 进行等级评价。

耕地底线安全 T 或其等级评价结果表明，102 单元耕地底线安全最差（评价为 5 等），主要是由于该区现状永久基本农田面积（0.50 hm^2）与永久基本农田目标（146.00 hm^2）差距太大有关；121 单元耕地底线安全评价为 4 等（较差），主要原因是 121 单元现状耕地面积（35019 hm^2）与耕地目标（56890 hm^2）差距过大导致的。182 单元、181 单元、112 单元、105 单元也存在现状耕地面积未达到耕地目标的问题，耕地底线安全评价为 3 等（中等）。103 单元、104 单元、111 单元耕地底线安全评价为 2 等（较好）。现状耕地面积基本能达到耕地目标，且现状永久基本农田面积基本能达到永久基本农田目标。同时 111 单元是各区县中耕地减少面积最少的区县。

生态底线安全各评价单元均为中等。这主要是因为长沙市生态保护红线内生态用地的比重较大，且 2020 年相对上年生态底线安全变化率不大，生态保护压力较小有关。

建设底线安全评价基本中等。这主要是因为各评价单元城镇开发边界外建设用地减少（主要表现在村庄建设用地减少），对城镇开发边界外建设用地增加有一定的对冲效果。而随着调查细化带来的村庄建设用地量减少被新增建设用地消化，长沙市建设底线安全风险将逐步显现。

总底线安全度 T 均为中等。这主要是由于长沙市各区县除 102 单元、121 单元在耕地底线安全上存在较大风险外，耕地、生态、建设底线安全风险基本处于中等。这一方面说明长沙市各区县自然资源底线安全风险不大，另一方面也说明长沙市各区县自然资源底线安全韧性已经不大。

长沙市禀赋安全度最好区县为 103 单元，主要是 103 单元在自然资源禀赋和自然资源底线安全上都居于各评价单元前列。102 单元、111 单元禀赋安全度评价为较差。主要体现在 102 单元在自然资源禀赋和自然资源底线安全上都较差，而 111 单元虽然其自然资源底线安全相对较高，但其自然资源禀赋居全市最末。其他区县评价为中等。其在自然资源禀赋和自然资源底线安全度上均没有短板。

3.2 自然资源保护利用综合评价

自然资源保护利用是指自然资源的开发、利用、保护、治理全过程，因此对其综合评价就是对自然资源利用效益、生态功能及其保护状态、生活功能及其品质生活状态、利用产生的环境影响、治理措施响应，以及其总体状态与水平的评价。

3.2.1 自然资源利用效益综合评价

3.2.1.1 自然资源利用效益综合评价指标体系

评价自然资源利用的社会经济效益角度，可从区域自然资源的利用程度、利用效益、集约利用水平 3 个次级维度及其组合上进行评价。

在表 2.9 自然资源综合评价指标基础上，增加“粮食单产”指标，可得自然资源利用效益综合评价指标体系表 3.6。其中变量符号 B 代表效益（Benefits）。

表 3.6 自然资源利用效益综合评价指标体系

子目标	三级指标	四级指标	基础指标	变量
提高利用效益	利用总效率 B	利用强度指数 B21	垦殖指数	B1
			国土开发强度	B2
			水资源开发利用率	B3
		利用效益指数 B22	单位建设用地 GDP	B4
			单位面积森林蓄积量	B5
			单位面积草原产草量	B6
			粮食单产	B7
		集节度指数 B23	单位人口增长消耗新增建设用地量	B8
			单位 GDP 建设用地面积降低率	B9
			单位 GDP 用水量降低率	B10
			耕地灌溉亩均用水量降低率	B11

3.2.1.2 利用效益维度及其次级综合指标的构建

可以自然资源利用程度、利用效益、集约利用水平 3 个综合值的几何平均评价区域自然资源利用总效益 B：

$$B = (B21 \times B22 \times B23)\hat{}(1/3) \quad (3.25)$$

式中："^" 表示乘方（下同）；$B21$ 为利用强度，$B22$ 为利用效益，$B23$ 为集节度，其计算公式分别为：

$$B21 = ((B1 + B2) \div 2) \times B3)\hat{}0.5 \quad (3.26)$$

$$B22 = (B4 \times (B5 + B6 + B7) \div 3)\hat{}0.5 \quad (3.27)$$

$$B23 = (B9 \times B10 \times B11/B8)\hat{}(1/4) \quad (3.28)$$

计算中，由"基础指标"向上合成为四级综合指标计算前，需进行［0.1，1］的区间化处理（下同）；若部分评价单元缺失数据，可赋值"1"，但注意不能对评价区的所有评价单元统一填补"1"或"0"（下同）。

式（3.26）表示以垦殖指数、国土开发强度、水资源开发利用率，评价区域自然资源的利用程度。

式（3.27）表示以单位建设用地 GDP、单位面积森林蓄积量、单位面积草原产草量等评价资源利用效益。

式（3.28）表示以单位人口增长消耗的建设用地量、单位 GDP 消耗的建设用地及水资源量、农业耕地灌溉消耗的水量等指标两期数据的比较，评价自然资源集约节约利用水平及其动态变化情况。

3.2.2 自然资源生态功能与保护综合评价

3.2.2.1 自然资源生态功能与保护综合评价指标体系

从自然资源生态保护状况、生态系统功能两个次级维度及其组合上进行自然资源的生态功能及其保护状况的综合评价，以 E 表示，其综合评价指标体系见表 3.7。

表 3.7　自然资源生态功能与保护综合评价指标体系

子目标	三级指标	四级指标	基础指标	变量
生态功能与保护	生态功能保护指数 E	生态保护状况 E21	生态用地面积占比	E1
			湿地保护率	E2
			自然岸线保有率	E3
		生态系统功能 E22	水源涵养量	E4
			土壤保持量	E5
			防风固沙量	E6

可以据生态保护度和自然资源生态功能指数两个综合值的几何平均评价区域自然资源的生态功能与保护 E：

$$E = \sqrt{(E21 \times E22)} \tag{3.29}$$

式中：$E21$ 为生态保护度，$E22$ 为自然资源生态功能指数，其计算公式分别为：

$$E21 = E1^{0.5} \times E2^{0.25} \times E3^{0.25} \tag{3.30}$$

$$E22 = (E4 \times E5 \times E6)^{(1/3)} \tag{3.31}$$

式（3.29）表示以生态用地面积占比、湿地保护率、自然岸线保有率等指标评价区域生态保护状况。其中生态用地面积占比作为区域有限土地总面积上生产性自然资源（如建设用地和耕地等）禀赋及其开发利用制衡的评价因素，可加大其权重。

式（3.30）表示以森林、草原、湿地等生态系统蓄积补充土壤水分、减少土壤流失、增加土壤抗风蚀能力等的自然资源生态功能综合评价。

3.2.2.2　自然资源生态功能评价

通常的“生态系统功能”指生态系统为人类提供的支持服务、调节服务、供给服务和文化服务。

本文定义的“自然资源生态功能评价”指以自然资源调查监测（评价）数据为基础的、可进行常态化（如可每年进行）监测、具有明确结论、可为工作考核提供依据的评估。可从自然资源禀赋与利用结果的水源涵养、土壤保持、防风固沙三方面属性进行评价，评价方法有两种。

（1）基于“双评价”的自然资源生态功能评价

《资源环境承载能力和国土空间开发适宜性评价技术指南（试行)》(自然资办函〔2020〕127 号，即“双评价”）关于水源涵养、土壤保持、防风固沙 3 指标的解释是 3 个类型的“极重要区面积占比”。

其评价方法如下：

A. 水源涵养量评价

水源涵养是生态系统（如森林、草地等）通过其特有的结构与水相互作用，对降水进行截留、渗透、蓄积，并通过蒸散发，实现对水流、水循环的调控，主要表现在缓和地表径流、补充地下水、减缓河流流量的季节波动、滞洪补枯、保证水质等方面。以水源涵养能力或水源涵养量作为衡量指标，主要考虑河流源区、气候、地表覆盖、地形等因子，具体计算公式如下：

$$TQ = \sum_{i}^{j} (P_i - R_i - ET_i) \times A_i \times 10^3 \tag{3.32}$$

式中：TQ 为水源涵养量（m^3/a），P_i 为降雨量（mm/a），R_i 为地表径流量（mm/a），ET_i 为蒸散发量（mm/a），A_i 为 i 类生态系统面积（km^2），i 为研究区第 i 类生态系统类型，j 为研究区生态系统类型数。

其中降雨量（P_i）和蒸散发量（ET_i）根据实测数据通过空间插值求得，地表径流量（R_i）通过公式计算求得：地表径流量（R_i）$= P_i \times \alpha$。式中，α 为平均地表径流系数，按地表生态系统类型计算，各生态系统类型平均地表径流系数如表 3.8：

表 3.8 各类型生态系统地表径流系数均值

生态系统类型 1	生态系统类型 2	平均地表径流系数/%	
		α 值	α 平均值
耕地	水田	34.7	42.195
	旱地	49.69	
园地	乔木园地	9.57	8.735
	灌木园地	7.9	
森林	常绿阔叶林	2.67	2.038
	常绿针叶林	3.02	
	针阔混交林	2.29	
	落叶阔叶林	1.33	
	落叶针叶林	0.88	
灌丛	常绿阔叶灌丛	4.26	4.2
	落叶阔叶灌丛	4.17	
	针叶灌丛	4.17	
草地	草甸	8.2	7.45
	草原	4.78	
	草丛	9.37	
稀疏林草地	稀疏林	19.2	18.89
	稀疏灌丛	19.2	
	稀疏草地	18.27	
湿地	湿地	0	
其他	建设用地	100	100
	裸地	100	

B. 土壤保持量评价

土壤保持即水土保持，它是生态系统（如森林、草地等）通过其结构与过程减少由于水蚀所导致的土壤侵蚀的作用。水土保持功能主要与气候、土壤、地形和植被有关。以潜在土壤侵蚀量与实际土壤侵蚀量的差值作为水土保持量评价指标，采用修正的水土流失方程（RUSLE）进行计算，具体公式如下：

$$A = R.K.L.S(1 - C) \tag{3.33}$$

式中：A 为水土保持量（$t \cdot hm^{-2} \cdot a^{-1}$）；$R$ 为降雨侵蚀力因子（$MJ \cdot mm \cdot hm^{-2} \cdot h^{-1} \cdot a^{-1}$）；$K$ 为土壤可蚀性因子（$t \cdot hm^2 \cdot h \cdot hm^{-2} \cdot MJ^{-1} \cdot mm^{-1}$）；$L$、$S$ 为地形因子，其中，L 表示坡长因子，S 表示坡度因子；C 为植被因子。

降雨侵蚀力因子 R 是指降雨引发土壤侵蚀的潜在能力，通过多年平均年降雨侵蚀力因子反映，计算公式如下：

$$R = \sum_{k=1}^{24} \overline{R}_{半月k} = \frac{1}{n} \sum_{i=1}^{n} \sum_{i=0}^{m} \alpha P_{i,j,k}^{1.7265}$$

式中：R 为多年平均降雨侵蚀力（$MJ \cdot mm \cdot hm^{-2} \cdot h^{-1} \cdot a^{-1}$）；$\overline{R}_{半月k}$ 为第 k 个半月的降雨侵蚀力（$MJ \cdot mm \cdot hm^{-2} \cdot h^{-1} \cdot a^{-1}$），$k$ 为一年的 24 个半月，$k=1, 2, \cdots, 24$；i 为所用降雨资料的年份，$i=1, 2, \cdots, n$；j 为第 i 年第 k 个半月侵蚀性降雨日的天数，$j=1, 2, \cdots, m$；$P_{i,j,k}$ 为第 i 年第 k 个半月第 j 个侵蚀性日降雨量（mm），α 为参数，暖季时 $\alpha=0.3937$，冷季时 $\alpha=0.3101$。

土壤可蚀性因子 K 指土壤颗粒被水力分离和搬运的难易程度，主要与土壤质地、有机质含量、土体结构、渗透性等土壤理化性质有关，计算公式如下：

$$K = [-0.01383 + 0.51575K_{epic}] \times 0.1317$$

$$K_{epic} = \{0.2 + 0.3\exp[-0.0256m_s(1 - m_{silt}/100)]\} \times [m_{silt}/(m_c + m_{silt})]^{0.3}$$
$$\times \{1 - 0.25orgC/[orgC + \exp(3.72 - 2.95orgC)]\} \times$$
$$\{1 - 0.7(1 - m_s/100)/\{(1 - m_s/100) + \exp[-5.51 + 22.9(1 - m_s/100)]\}\}$$

式中：m_c、m_{silt}、m_s、orgC 分别为粘粒、粉粒、砂粒和有机碳的百分比含量。

地形因子 $L \times S$：反映地形对土壤侵蚀影响的两个因子。在评价中，可以应用地形起伏度，即地面一定距离范围内最大高差，作为区域土壤侵蚀评价的地形指标。

植被因子 C：反映生态系统对土壤侵蚀的影响，土壤侵蚀的控制因素。水田、湿地、建设用地和荒漠参照 N-SPECT 分别赋值为 0、0、0.01 和 0.7，旱地按以下公式换算：

$$C_{旱} = 0.221 - 0.595\log c_1$$

式中：$C_{旱}$ 为旱地的植被因子；c_1 为小数形式的植被覆盖度。

其他生态系统类型按表 3.9 赋值：

表 3.9　林、草、灌生态系统植被覆盖因子 C 赋值

生态系统类型	植被覆盖度/%					
	<10	10~30	30~50	50~70	70~90	>90
森林	0.1	0.08	0.06	0.02	0.004	0.001
灌丛	0.4	0.22	0.14	0.085	0.04	0.011
草地	0.45	0.24	0.15	0.09	0.043	0.011
乔木园地	0.42	0.23	0.14	0.089	0.042	0.011
灌木园地	0.4	0.22	0.14	0.087	0.042	0.011

C. 防风固沙量评价

防风固沙是生态系统（如森林、草地等）通过其结构与过程减少由于风蚀所导致的土壤侵蚀的作用。以防风固沙量（潜在风蚀量与实际风蚀量的差值）作为主要评价指标，采用修正的风蚀方程来进行计算，主要考虑因素有风速、湿度、土壤、地形和植被等，具体公式如下：

$$防风固沙量(SR) = 潜在风蚀量(S_l) - 实际风蚀量(S_p) \quad (3.34)$$

$$S_l = \frac{2z}{Q_l^2} Q_{lmax} e^{-(\frac{z}{Q_l})^2}$$

$$Q_l = 150.71(WF \times EF \times SCF \times RS)^{-0.3711}$$

$$Q_{lmax} = 109.8(WF \times EF \times SCF \times RS)$$

$$S_p = \frac{2z}{Q_p^2} Q_{pmax} e^{-(\frac{z}{Q_p})^2}$$

$$Q_p = 150.71(WF \times EF \times SCF \times RS \times Vc)^{-0.3711}$$

$$Q_{pmax} = 109.8(WF \times EF \times SCF \times RS \times Vc)$$

式中：SR、S_l、S_p 的量纲单位为 $t \cdot km^{-2} \cdot a^{-1}$。$Q_l$、$Q_{lmax}$ 分别为潜在风沙转移量和最大转移量，Q_p、Q_{pmax} 分别为实际风沙转移量和最大转移量，量纲单位为 kg/m；z 为最大风蚀出现距离，单位 m；WF、EF、SCF、RS、Vc 分别为气候因子、土壤可蚀因子、土壤结皮因子、地表糙度因子和植被覆盖因子，计算方法如下：

$$WF = Wf \times \frac{\rho}{g} \times SW \times SD$$

式中：Wf 为各月多年平均风力因子，ρ 为空气密度，g 为重力加速度，SW 为各月多年平均土壤湿度因子，无量纲；SD 为雪盖因子，无量纲。

$$EF = [29.09 + 0.31sa + 0.17si + 0.33(sa/cl) - 2.59OM - 0.95CaCO_3]/100$$

$$SCF = 1/(1 + 0.0066cl^2 + 0.021OM^2)$$

式中：sa 为土壤粗砂含量（0.2~2 mm），单位%；si 为土壤粉砂含量，单位%；cl 为土壤粘粒含量，单位%；OM 为土壤有机质含量，单位%；$CaCO_3$ 为碳酸钙含量，单位%，可不予考虑。

$$RS = e^{1.86k_r - 2.41k_r^{0.934} - 0.127C_{rr}}$$

$$k_r = 0.2(\Delta H)^2/L$$

式中：k_r 为土垄糙度，以 Smith-Carson 方程计算，单位 cm；C_{rr} 为随机糙度因子，单位 cm，可取 0；L 为地势起伏参数；ΔH 为距离 L 范围内的海拔高程差。

$$Vc = e^{a_i c}$$

式中：ai 为不同植被类型的系数，按以下植被类型取值：林地 0.1535，草地 0.1151，灌丛 0.0921，裸地 0.0768，沙地 0.0658，农田 0.0438；c 为植被覆盖度。

（2）基于关键要素的自然资源生态功能评价

鉴于“双评价”方法仅限于“省级本底评价”，对“市县评价”只是称“在省级评价结果基础上，根据更高精度数据和实地调查进行边界校核”；且如防风固沙评价中运用修正风力侵蚀模型（REWQ）等计算方法的复杂性，本文试提出如下方法。

A. 方法

a. 区域水源涵养指数

据下式估算区域土地补充地下水、减缓河流季节波动、滞洪补枯等水源涵养能力：

$$E4 = \alpha' \times N \times W \tag{3.35}$$

式中：$\alpha' = \left(1 - \frac{\alpha}{100}\right)$，$\alpha$ 为土地利用类型的地表径流系数；N 是归一化植被指数 NDVI 的区域最大值标准化值，$N = NDVI/NDVI_{最大值}$；W 为气候区修正值，可取：湿热区 = 0.95，半湿热区 = 0.975，其他区 = 1。

b. 区域土壤保持指数

据下式估算区域土地利用减少土壤损失、减轻河流湖库淤积等能力：

$$E5 = Eq^q \times N^n \times U'^u \times P \times W \tag{3.36}$$

式中：Eq 是地类的生境质量面积加权值，可据《生态环境状况评价技术规范》（HJ 192—2015）中的“生境质量指数各生境类型分权重表”计算；N 是区域 NDVI 最大值标准化值；$U' = \left(1 - \frac{U/K}{100}\right)$，表征区域地形平整度，其中 U 是区域地形起伏度平均值，由于全国县域平均 U 的极差等于 6.77，故以其的百分之一，即 $K = 0.0677$ 为模数，可将区域地形平均起伏分值转换为平整度；上标 q、n、u 为各参数的经验指数，分别取 0.4、0.2 和 0.4；P 为保护措施分值，$P =$

（1-坡耕地面积/耕地面积），当评价单元无耕地，赋值 1；W 为气候区修正值，可取：湿热区=0.9，半湿热区=0.95，其他区=1。

c. 区域防风固沙指数

据下式估算区域土地利用固定表土、阻截风蚀等能力：

$$E6 = 林地草地占比 \times 林草标量 \times N \times W \tag{3.37}$$

式中：林地草地占比=（林地面积+草地面积）/评价单元面积。

$$林草标量 =(x'_1 + x'_2)/2$$

式中：$x'_i = \begin{cases} 1，当\ x_i/x_{i,0} \geq 3 \\ x_i/x_0/3，当\ x_i/x_{i,0}<3 \end{cases}$；$i=1$，2 分别为单位面积森林蓄积量和单位面积草原产草量；$x_{i,0}$ 为参比值，可以是全国平均值或评价对象上一级区域的平均值；N 为 NDVI 最大值标准化；W 为气候区修正值，可取：干-半干区=0.9，半湿热区=0.95，其他区=1。

B. 实证

按式（3.35）至式（3.37）计算湖南省长沙和常德两市各 9 个评价单元的水源涵养、土壤保持、防风固沙 3 指数如图 3.4 所示。

从图 3.4 可见：3 指数的值阈为［0，1］；城区相对较低；地形起伏度大的区域，如石门、浏阳，水源涵养和防风固沙指数较高；土壤保持与防风固沙指数有反相关趋势。

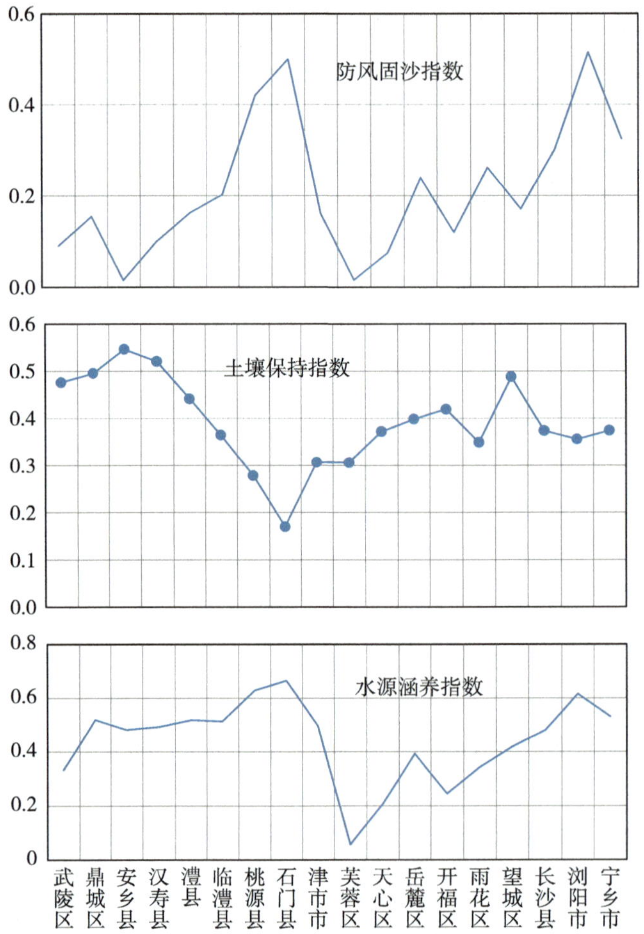

图 3.4　湖南两市自然资源生态功能 3 指数分布

3.2.3 自然资源改善生活品质综合评价

3.2.3.1 自然资源改善生活品质综合评价指标体系

依据交通网络、公共用地、住宅用地和水资源供给等，评价自然资源满足居住等生活需要情况，从生活便利、交通覆盖、景观文化三方面着重反映自然资源服务生活功能状态。其中变量符号 B 代表从自然资源生活便利程度、交通覆盖程度、景观文化水平三个次级维度及其组合上进行自然资源的生活功能及其品质生活状态综合评价。以 L 代表生活（Life），其综合评价指标体系见表 3.10。

表 3.10 自然资源改善生活品质综合评价指标体系

子目标	三级指标	四级指标	基础指标	变量
改善生活品质	生活品质度 L	生活便利 L21	人均公共管理与公共服务用地	L1
			人均城镇住宅用地面积	L2
			城镇人均生活用水量	L3
			乡村人均生活用水量	L4
		交通网络覆盖 L22	交通运输用地面积占建设用地面积比重	L5
			道路网密度	L6
		景观文化 L23	公园与绿地面积占比	L7
			科教文卫用地面积占比	L8

3.2.3.2 改善生活品质维度及其次级综合指标的构建

可以生活便利程度、交通覆盖程度、景观文化水平 3 个综合值的加权几何平均评价区域自然资源生活品质度 L：

$$L = \sqrt[3]{L21^{1.2} \times L22^{0.9} \times L23^{0.9}} = L21{}^\wedge 0.4 \times L22{}^\wedge 0.3 \times L23{}^\wedge 0.3 \tag{3.38}$$

式中：$L21$、$L22$、$L23$ 分别为生活便利度、交通覆盖度、景观文化指数。

其计算公式分别为：

$$L21 = L1{}^\wedge 0.3 \times L2{}^\wedge 0.3 \times L3{}^\wedge 0.2 \times L4{}^\wedge 0.2 \tag{3.39}$$

$$L22 = \sqrt{(L5 \times L6)} \tag{3.40}$$

$$L23 = \sqrt{(L7 \times L8)} \tag{3.41}$$

式（3.39）表示以人均公共管理与公共服务用地、人均城镇住宅用地面积、城镇和乡村人均生活用水量，综合评价自然资源服务生活的便利程度。

式（3.40）表示以交通运输用地面积占比、道路网密度，评价自然资源服务功能的交通便利程度。

式（3.41）表示以公园与绿地面积占比、科教文卫用地面积占比，综合评价区域景观文化发展水平。

3.2.4 自然资源环境影响综合评价

3.2.4.1 自然资源环境影响综合评价指标体系

自然资源利用的环境影响程度可以从土地退化度上评价。分析自然演变及人类利用自然资源导致的土地退化，评价自然资源利用的环境效应，其综合评价指标体系见表 3.11，其中变量符号 I 代表影响（Impact）。

表 3.11　自然资源环境影响综合评价指标体系

子目标	三级指标	四级指标	基础指标	变量
降低环境影响	环境影响度 I	土地退化 I21	水土流失程度	I1
			土地沙化程度	I2
			石漠化程度	I3

3.2.4.2　环境影响维度及其次级综合指标的构建

（1）综合指标的评价模型

可以水土流失、土地沙化、石漠化等综合值的算术平均评价区域自然资源利用的土地退化程度（I21），并以土地退化程度评价区域自然资源利用的环境影响（I）：

$$I = I21 = (I1 + I2 + I3)/3 \tag{3.42}$$

式中：$I1$、$I2$、$I3$ 分别为水土流失、土地沙化、石漠化程度指数。即从区域水土流失、土地沙化、石漠化面积占比，评价土地退化程度。

（2）基础指标的获取或计算

基础指标的获取有三种方法：

A. 方法一，引用专题评价结果

前文表 2.10 关于水土流失、土地沙化、石漠化等指标的解释是按照相关技术规范计算，可直接引用水土流失监测等数据。

B. 方法二，引用双评价结果

当缺乏可直接引用的数据时，可据《资源环境承载力评价理论与实践》阐述的方法进行计算：

a. 水土流失程度评价

水土流失程度 I1 可按下式计算：

$$I1 = \sqrt[4]{R \times K \times LS \times C} \tag{3.43}$$

式中：R、K、LS 和 C 分别为降雨侵蚀力因子、土壤可蚀性因子、地形起伏度因子和植被覆盖因子的程度分级值，各因子的赋值方法见下表（表 3.12）。

表 3.12　水土流失程度评价因子分级赋值

评价因子	高敏感	较高敏感	中等敏感	较低敏感	低敏感
降雨侵蚀力（R）	>600	400~600	100~400	25~100	<25
土壤可蚀性（K）	砂粉土/粉土	砂壤/粉粘土/壤粘土	面砂土/壤土	粗砂土/细砂土/粘土	石砾/沙
地形起伏度（LS）	>300	100~300	50~100	20~50	0~20
植被覆盖（C）	≤0.2	0.2~0.4	0.4~0.6	0.6~0.8	≥0.8
分级赋值	9	7	5	3	1

将最终的程度分值划为 5 级，高（>7.0），较高（6.1~7.0），中等（5.1~6.0），较低（3.1~5.0）和低（1.0~3.0）。

b. 沙化程度评价

沙化程度 I2 可按下式计算：

$$I2 = \sqrt[4]{I \times W \times K \times C} \tag{3.44}$$

式中：I、W、K、C 分别为干燥度指数、冬春季节大于 6m/s 的起风沙天数、土壤质地和植被盖度因子的程度分级值，各因子的赋值见下表（表 3.13）。

表 3.13 沙化程度评价因子分级赋值

评价因子	高敏感	较高敏感	中等敏感	较低敏感	低敏感
干燥度指数	≥16.0	4.0~16.0	1.5~4.0	1.0~1.5	<1.0
起风沙天数/天	≥30	20~30	10~20	5~10	<5
土壤质地	砂质	壤质	砾质	粘质	基岩
植被覆盖/%	<0.2	0.2~0.4	0.4~0.6	0.6~0.8	≥0.8
分级赋值	9	7	5	3	1

将最终的程度值分为 5 级，高（>7.0），较高（6.1~7.0），中等（5.1~6.0），较低（3.1~5.0）和低（1.0~3.0）。

c. 石漠化程度评价

石漠化程度 I3 可按下式计算：

$$I3 = \sqrt[3]{D \times P \times C} \tag{3.45}$$

式中：D、P 和 C 分别为生态系统类型、地形坡度和植被覆盖的程度分级值，各因子的赋值见下表（表 3.14）。

表 3.14 石漠化程度评价因子分级赋值

评价因子	高敏感	较高敏感	中等敏感	较低敏感	低敏感
生态系统类型	裸地、旱地、园地	草地	灌丛	森林	湿地、建设用地、水田
地形坡度	≥25°	15°~25°	8°~15°	5°~8°	≤5°
植被覆盖度	≤0.2	0.2~0.4	0.4~0.6	0.6~0.8	>0.8
分级赋值	9	7	5	3	1

将最终的程度分值划为 5 级，高（>8.0），较高（7.1~8.0），中等（5.1~7.0），较低（3.1~5.0）和低（1.0~3.0）。

C. 方法三，地类现状与潜在风险综合法

a. 方法模型

地类现状与潜在风险综合法是以土地利用现状反映的各种土地退化情况与生境状况表征的可能的潜在风险进行加权的综合方法。

$$CI_i = wL_{发生} + (1 - w)Risk_{潜在} \tag{3.46}$$

式中：CI_i 为第 i 类指数，下标 i=1，2，3，4 分别代表水土流失、沙化、石漠化、盐碱化；$L_{发生}$ 是以土地利用现状反映的土地退化情况；$Risk_{SL潜在}$ 为以生境状况表征的可能的潜在风险；w 为权重，可取 w=0.6。

区域土地退化指数可以以区域水土流失、沙化、石漠化、盐碱化指数之和计算：

$$CI_{LD} = CI_{SL} + CI_{de} + CI_{SD} + CI_{sal} \tag{3.47}$$

式中：CI_{LD} 为区域土地退化指数；CI_{SL}、CI_{de}、CI_{SD}、CI_{sal} 代表区域水土流失、沙化、石漠化、盐碱化指数。

该类方法主要用于缺乏其他专项调查数据时。

b. 以土地利用现状反映土地退化情况

式（3.47）中 $L_{发生}$ 表示以土地利用现状反映的土地退化情况，具体有：

对于水土流失情况，$L_{发生}$ =（沙地+裸土地+裸岩石砾地）面积/评价单元面积；

对于沙化：$L_{发生}$ =沙地面积/评价单元面积；

对于石漠化：$L_{发生}$ =裸岩石砾地面积/评价单元面积；

对于盐碱化：$L_{发生}$ =盐碱地面积/评价单元面积。

c. 以生境状况估算的潜在风险

从各类土地退化的影响要素可见，土地利用类型、植被和气候等重要影响因素，可设按影响因素间的乘法关系，定义相应潜在风险指数：

$$Risk_i = \prod (x_{ij}^{\alpha_{ij}}),\ i = 1,\ 2,\ \cdots,\ 7,\ j = 1,\ 2,\ \cdots,\ m$$

式中：$Risk_i$ 为第 i 潜在风险指数；χ_{ij} 为第 i 个评价目标第 j 个评价指标的参数值；α_{ij} 为 χ_{ij} 待定指数。

上式写成解析式的通式是：

$$Risk_i = Q^q \cdot N^n \cdot U^u \cdot W^w \cdot P^p \tag{3.48}$$

式中：Q 是地类的生境质量面积加权值，同式（3.36）中的 Eq，可据《生态环境状况评价技术规范》（HJ 192—2015）中的“生境质量指数各生境类型分权重表”计算；N 为 NDVI 最大值标准化值；U 为区域地形起伏度平均值；W 为气候区修正值；P 为保护措施分值，或地质土壤分值。

小写字母（上标）为待定系数或权重，可据实测调查数据通过回归分析获取。

3.2.5 自然资源治理水平评价

3.2.5.1 自然资源治理水平综合评价指标体系

自然资源利用管理中的创新治理水平可用一个“综合监管”或“创新治理”指标来度量，其实质是自然资源响应，这里的响应指自然资源利用管理对政策及重大工程响应及社会经济发展的反响程度；或指自然资源利用管理中对自然资源利用的社会、经济、生态风险的监管程度。可以反映度和响应度等来标识。如反映度，可由建设用地中的未批先建、批而未用、土地违法占地比，及耕地非粮化率、耕地撂荒率、耕地年变化量、废弃闲置宅基地占比等指标来计算。响应度可包含土地整治、退耕还林还草、历史遗留损毁土地复垦、土地退化治理等。

经调查咨询和比较研究认为，从管理角度，分析自然资源利用监管及生态保护修复实施情况，可评价综合监管与创新治理水平。构建的综合评价指标体系见表 3.15（其中符号 R 代表响应 Response）。该指标体系从行政管理与工程实施的“软硬" 结合上综合评价自然资源治理水平。

表 3.15　自然资源治理水平综合评价指标体系

子目标	三级指标	四级指标	基础指标	变量
提升治理水平	治理水平指数 R	资源监管度 R21	未批先建占地比例	R1
			耕地转为建设用地比例	R2
			耕地种植非粮食作物比例	R3
		生态保护修复度 R22	新增生态修复面积	R4

3.2.5.2 治理水平维度及其次级综合指标的构建

可以自然资源利用监管和生态保护修复两个综合指标值的几何平均评价区域自然资源治理水平 R：

$$R = \sqrt{(R22 \times (1 - R21))} \tag{3.49}$$

式中：$R21$ 为资源监管度，其计算公式为建设用地未批先建、耕地转为建设用地、耕地种植非粮食作物 3 个比例指标的加权平均：

$$R21 = 0.5 \times R1 + 0.25 \times R2 + 0.25 \times R3 \tag{3.50}$$

由于资源监管度 R21 为反向指标，故式（3.50）中对其进行了正向化、归一化。

R22 为生态保护修复度。它以新增水土流失治理、沙化治理、国土综合整治、矿山修复、石漠化治理等国土空间生态修复累计面积（R4）与生态修复目标面积（$R4_{目标}$）的比率，评价区域自然资源生态保护修复程度 R22：

$$R22 = R4_{实测} / R4_{目标} \tag{3.51}$$

3.2.6 自然资源保护利用总体综合评价

在上述自然资源利用效益、生态功能保护、生活品质、环境影响和治理水平 5 个维度评价基础上，可构建反映区域自然资源开发利用保护及其管理总体状况的综合评价指标-自然资源保护利用综合指数 U（符号 U 代表利用 Using），指标体系是上述 5 维指标体系的集合。

按式（2.32），可构建自然资源保护利用综合指标指数 U：

$$U = \sqrt[5]{B \times E \times L \times R / I} \tag{3.52}$$

式中：B、E、L、R 和 I 分别为区域利用总效率、生态功能保护指数、生活品质度、治理水平指数和环境影响度。

其中环境影响度 I 为反向指标，故放置于除数（分母）位置，这相当于将环境影响度正向化。

环境影响度的正向化指标，不妨称为“环境优度”或环境优秀程度（Environmental Excellence），以 EE 表示，其为 I 的倒数：$EE = 1/I$。

U 值为鼓励各个维度均衡发展指标，各维之间差异越小，U 值越大。

可据 U 讨论自然资源开发利用保护管理总体水平，并对其开发利用保护综合状态进行排序等。

3.2.7 自然资源保护利用综合评价标准与等级划分

3.2.7.1 评价标准

自然资源开发利用类基础指标据指标取（赋）值或计算方法，以全国平均水平、目标值、理想值、或区域对比值确定，结果如表 3.16 中的“参考值”所示。其中：

32#湿地保护率为理想值，取“100%”，45#水土流失程度、46#土地沙化程度、47#石漠化程度、48#未批先建占地比例、49#耕地转为建设用地比例、50#耕地种植非粮食作物比例为理想值，取“0”；

33#自然岸线保有率是全国目标值，为 35%；

21#~44#（除 32#和 33#外），为全国平均水平；

51#~74#为长沙平均值。

39#城镇人均生活用水量标准值取全国 2019 年“城镇居民人均用水量”值：每人天 139 升（L/pd）。

3.2.7.2 等级分值计算

1）对于利用效益类等正向指标（21#~44#，52#~62#），以其调查数据与标准值的相对量计算指标等级分值：

$$f_i = x_i / x_0 \tag{3.53}$$

式中：f_i 为指标等级分值；x_i 为指标值；x_0 为标准值。

2）对于生态退化类、违法违规状况类等负向基础指标（45#~50#），指标等级分值的计算公式为：

$$f_i = (100 - x_i)/(100 - x_0) \tag{3.54}$$

3）对于负向综合指标（63#土地退化度），指标等级分值的计算公式为：

$$f_i = (1 - x_i)/(1 - x_0) \tag{3.55}$$

4）对于状态类指标"51#新增生态修复完成率"等，等级分值 f 直接为指标值 x_i。因为 x_i 的表达式是生态修复累计面积（R4）与生态修复目标面积（$R4_{目标}$）的比率（参见式 3.54），所以：

$$f_i = x_i = R4_{实测} / R4_{目标} \tag{3.56}$$

5）对于"单位人口增长消耗新增建设用地量"的评价：

以表 3.6 中的变量代码 B8 表示 27#指标"单位人口增长消耗新增建设用地量"，其定义式是：

$$B8 = \Delta L_c / \Delta p$$

式中：ΔL_c 为建设用地增量；Δp 为人口增长量。显然，当：

a）$\Delta p>0$，$\Delta L_c>0$ 时，$B8>0$，$B8$ 为反向函数，即越小越好；

b）$\Delta p=0$，即人口无增减，无实际意义，可不考虑；

c）$\Delta p<0$，$\Delta L_c<0$，即建设用地减少，罕见，亦无实际意义，可不考虑；

d）$\Delta p<0$，$\Delta L_c>0$ 时，$B8<0$，$B8$ 为正向函数，即越大（越接近"0"）越好。例如，当 $\Delta p=-10$，对于① $\Delta L_c=20$、② $\Delta L_c=40$，分别有① $B8=-2$ 和② $B8=-4$，显然①优于②。

归纳 a）和 d）两情形，可知 $B8$ 为极限函数，即越接近极限"0"越好。

因此，该指标宜按表 2.5 的公式进行适度化，适度系数 K 值选取可以是该指标的区域平均值与全国平均值的比值。故等级分值 f_i 可按下式计算：

$$f' = -\left| \frac{B8}{标准值} - \frac{\overline{B8}_c}{标准值} \right| \tag{3.57}$$

式中：$\overline{B8}_c$ 为区域平均值。

3.2.7.3 等级划分阈值

以指标等级分值计算所得的 f_i 值，据 f_i 的分布区间，以评价区等级分值与参比区平均水平相同作为中等（Ⅲ等），往好与差两端各划出比较和最高两等原则，分别提出Ⅰ、Ⅱ和Ⅳ、Ⅴ等阈值。结果见表 3.16。

表 3.16 指标值等级划分方法及其阈值

序号	指标	标准值		性状	等级阈值（<）					
		参考值	单位			Ⅴ	Ⅳ	Ⅲ	Ⅱ	Ⅰ
21	垦殖指数	13.32	%	+	0.2	0.40	0.80	1.2	1.6	5

续表

序号	指标	标准值		性状	等级阈值（<）					
		参考值	单位			Ⅴ	Ⅳ	Ⅲ	Ⅱ	Ⅰ
22	国土开发强度	4.62	%	+	0.1	0.5	1	2	5	20
23	水资源开发利用率	20.73	%	+	0.1	0.5	1	2	5	30
24	单位建设用地 GDP	219.91	万元/hm^2	+	0.1	0.5	1	2	5	20
25	单位面积森林蓄积量	79.82	m^3/hm^2	+	0.0	0.5	0.8	1.2	2	5
26	单位面积草原产草量	280.04	t/km^2	+	0.0	0.5	0.8	1.2	2	10
27	单位人口增耗新增建设用地量	390	m^2/人	−	−10	−1	−0.1	−0.01	−0.001	0
28	单位 GDP 建设用地面积降低率	1.60	%/a	+	−20	−5	−1	1	5	20
29	单位 GDP 用水量降低率	6.57	%/a	+	−20	−5	−1	1	5	20
30	耕地灌溉亩均用水量降低率	1.46	%/a	+	−20	−5	−1	1	5	20
31	生态用地面积占比	70.00	%	+	0.0	0.4	0.8	1.2	1.6	2
32	湿地保护率	100.00	%	+	0.5	0.6	0.7	0.8	0.9	1.0
33	自然岸线保有率	35.00	%	+	0.0	0.5	0.9	1.1	2.0	3.0
34	水源涵养极重要区占比	10.20	%	+	0	0.5	1	10	20	100
35	土壤保持极重要区占比	2.80	%	+	0	0.5	1	10	20	100
36	防风固沙极重要区占比	9.90	%	+	0	0.5	1	10	20	100
37	人均公共管理与公共服务用地	15.00	m^2/人	+	0.0	0.5	0.8	1.2	1.4	5.0
38	人均城镇住宅用地面积	38.00	m^2/人	+	0.0	0.5	0.8	1.2	1.4	5.0
39	城镇人均生活用水量	139	L/(人·d)	+	0.0	0.5	0.8	1.2	1.4	5.0
40	乡村人均生活用水量	89	L/(人·d)	+	0.0	0.5	0.8	1.2	1.4	5.0
41	交通运输用地占建设用地比重	21.30	%	+	0.0	0.5	0.8	1.2	1.4	5.0
42	道路网密度	24.00	m/hm^2	+	0.0	0.5	0.8	1.2	1.4	5.0
43	公园与绿地面积占比	22.00	%	+	0.0	0.5	0.8	1.2	1.4	5.0
44	科教文卫用地面积占比	50.00	%	+	0.0	0.5	0.8	1.2	1.4	5.0
45	水土流失程度	0.00	%	−	0.0	0.2	0.4	0.6	0.8	1.0
46	土地沙化程度	0.00	%	−	0.0	0.2	0.4	0.6	0.8	1.0
47	石漠化程度	0.00	%	−	0.0	0.2	0.4	0.6	0.8	1.0
48	未批先建占地比例	0.00	%	−	0.5	0.6	0.7	0.8	0.9	1.0
49	耕地非农化比例	0.00	%	−	0.5	0.6	0.7	0.8	0.9	1.0
50	耕地非粮化比例	0.00	%	−	0.01	0.3	0.5	0.7	0.9	1.0
51	新增生态修复面积	17.00	%	−	0.0	0.5	0.9	1.1	2	5
52	耕地底线安全　Ti	0.53	无	+	0.001	0.5	0.9	1.1	2	5
53	生态底线安全　Ti	0.68	无	+	0.001	0.5	0.9	1.1	2	5
54	建设底线安全　Ti	1.00	无	+	0.001	0.5	0.9	1.1	2	5
55	资源利用强度	0.32	无	+	0.1	0.5	0.9	1.8	5	20
56	资源利用效益	0.41	无	+	0.0	0.5	0.9	1.5	4	12
57	集约节约度	0.61	无	+	−5.0	−2.0	−1.0	1.0	2	5
58	生态保护度	0.61	无	+	0.0	0.5	0.8	1.1	1.5	2
59	生态功能指数	0.52	无	+	0.0	0.5	1.0	10.0	20	100

续表

序号	指标	标准值		性状	等级阈值（<）					
		参考值	单位			Ⅴ	Ⅳ	Ⅲ	Ⅱ	Ⅰ
60	生活便利度	0.46	无	+	0.0	0.5	0.8	1.2	1.4	5.0
61	交通覆盖度	0.54	无	+	0.0	0.5	0.8	1.2	2	5
62	景观文化度	0.50	无	+	0.0	0.5	0.8	1.2	1.4	5.0
63	土地退化度	0.31	无	−	0.0	0.2	0.4	0.6	0.8	0.0
64	资源监管度	0.34	无	+	0.1	0.5	0.7	0.8	0.9	0.0
65	修复度	0.88	无	s	0.0	0.5	0.9	1.1	2	5
69	区域利用总效率 B	0.41	无	+	0.1	0.5	0.9	1.4	3.4	11
70	生态功能保护指数 E	0.56	无	+	0.0	0.5	0.9	3.3	5.4	15
71	生活品质度 L	0.47	无	+	0.0	0.5	0.8	1.2	1.6	5
72	环境影响度 I	0.31	无	−	0.0	0.2	0.4	0.6	0.8	0
73	治理水平指数 R	0.75	无	+	0.1	0.5	0.8	1.0	1.2	2
74	自然资源保护利用综合指数 U	0.80	无	+	0	0.8	1.1	1.6	2.1	4

注：21#~50#指标的标准参考值为全国平均水平或目标值，其他为长沙平均值。

3.2.8 自然资源保护利用综合评价实证分析

3.2.8.1 基础指标的评价

（1）计算过程与结果

基础指标是自然资源综合评价的基础，也是综合评价结果分析、问题诊断、提出针对性对策建议的根据。因此有必要先对基础指标的评价结果进行分析。

上节“实证分析”中表 3.5 所列收集到的长沙市自然资源调查监测数据，除 20 个禀赋基础指标之外，涉及自然资源保护利用综合评价的基础指标共计 31 个，其指标值列于表 3.17。

表 3.17 长沙市自然资源保护利用综合评价基础指标值

	评价单元	垦殖指数	国土开发强度	水资源开发利用率	单位建设用地 GDP	单位面积森林蓄积量	单位面积草原产草量	单位人口增耗新增建设用地量	单位 GDP 建设用地面积降低率
利用效率	102	5.61	82.87	490.89	3236	8.27	1318	1.08	3.00
	103	11.23	53.84	50.08	1478	39.64	1318	3.92	2.69
	104	14.68	31.00	46.86	798	49.85	1365	10.49	1.76
	105	11.78	46.74	41.24	1146	45.92	1365	17.37	0.80
	111	5.77	39.30	113.35	1883	36.43	1349	2.71	4.64
	112	24.65	21.49	72.20	271	43.82	1365	73.95	−0.45
	121	19.95	17.74	27.31	848	49.18	1365	22.31	3.60
	181	11.85	9.17	10.83	324	47.24	1551	20.67	5.39
	182	26.28	11.94	23.67	314	54.15	1396	−50.31	2.29

续表

	评价单元	生态用地面积占比	湿地保护率	自然岸线保有率	水源涵养极重要区占比	土壤保持极重要区占比	防风固沙极重要区占比	单位 GDP 用水量降低率	耕地灌溉亩均用水量降低率
生态功能与保护	102	12.85	100	58.38	0.09	8.47	4.58	24.31	0.00
	103	33.82	100	87.32	9.66	18.79	16.32	24.34	0.33
	104	52.61	100	83.43	39.36	43.04	40.38	13.16	-0.37
	105	39.72	100	89.46	16.69	26.52	24.68	14.69	-0.04
	111	53.05	100	81.94	46.60	47.82	46.20	32.17	-0.28
	112	49.02	65	98.19	29.44	31.35	30.03	22.63	3.30
	121	57.22	75	96.79	44.59	50.65	48.61	9.78	3.72
	181	72.90	75	99.23	75.03	73.11	69.16	14.53	4.40
	182	56.18	75	99.52	44.08	49.99	48.40	8.59	3.26
	评价单元	人均公共管理与公共服务用地	人均城镇住宅用地面积	城镇人均生活用水量	乡村人均生活用水量	交通运输用地占建设用地比重	道路网密度	公园与绿地面积占比	科教文卫用地面积占比
品质生活	102	12.32	17.36	151.5	134.0	21.27	69	18.20	54.93
	103	13.96	29.58	151.6	134.1	19.22	59	24.56	53.25
	104	18.66	28.68	151.6	133.6	24.29	69	39.12	52.06
	105	13.21	31.00	151.8	134.0	23.21	79	27.91	40.87
	111	11.28	28.20	152.4	134.0	26.54	71	25.05	54.63
	112	21.77	46.26	152.2	132.4	32.06	69	20.21	49.37
	121	23.04	29.02	152.4	133.4	29.69	59	20.30	53.84
	181	17.58	39.51	151.8	132.8	24.27	40	9.74	61.33
	182	16.10	36.81	153.3	130.9	27.58	50	7.81	62.58
	评价单元	水土流失程度	土地沙化程度	石漠化程度		未批先建占地比例	耕地转化为建设用地比例	耕地种植非粮食作物比例	新增生态修复面积
环境影响	102	0.00	0	0.00	治理水平	0.00	0.00	50.16	0.03
	103	0.07	0	0.00		0.00	0.00	50.61	1.03
	104	1.19	0	0.00		0.02	0.06	16.93	7.58
	105	0.28	0	0.00		0.00	0.00	36.60	1.27
	111	2.24	0	0.00		0.00	0.00	59.70	3.87
	112	0.44	0	0.00		0.01	0.00	12.99	11.16
	121	8.53	1	0.06		0.01	0.00	8.61	18.08
	181	3.05	2	0.49		0.00	0.00	9.27	62.82
	182	4.65	1.5	0.77		0.00	0.00	10.04	48.30

据上小节“§3.2.7 自然资源保护利用综合评价标准与等级划分”5 个维度基础指标的评价标准（表 3.16 之“标准值参考值”），按各类指标的等级分值计算公式（式 3.53 至式 3.56），计算得到 31 个基础指标的等级分值，结果列于表 3.18。

表 3.18　长沙市自然资源保护利用综合评价基础指标等级分值

	评价单元	垦殖指数	国土开发强度	水资源开发利用率	单位建设用地 GDP	单位面积森林蓄积量	单位面积草原产草量	单位人口增耗新增建设用地量	单位 GDP 建设用地面积降低率
利用效率	102	0. 42	17. 94	23. 68	14. 71	0. 10	4. 71	0. 00	1. 88
	103	0. 84	11. 65	2. 42	6. 72	0. 50	4. 71	0. 01	1. 68
	104	1. 10	6. 71	2. 26	3. 63	0. 62	4. 87	0. 03	1. 10
	105	0. 88	10. 12	1. 99	5. 21	0. 58	4. 87	0. 04	0. 50
	111	0. 43	8. 51	5. 47	8. 56	0. 46	4. 82	0. 01	2. 90
	112	1. 85	4. 65	3. 48	1. 23	0. 55	4. 87	0. 19	-0. 28
	121	1. 50	3. 84	1. 32	3. 86	0. 62	4. 87	0. 06	2. 25
	181	0. 89	1. 98	0. 52	1. 47	0. 59	5. 54	0. 05	3. 37
	182	1. 97	2. 58	1. 14	1. 43	0. 68	4. 98	-0. 13	1. 43
	评价单元	生态用地面积占比	湿地保护率	自然岸线保有率	水源涵养极重要区占比	土壤保持极重要区占比	防风固沙极重要区占比	单位 GDP 用水量降低率	耕地灌溉亩均用水量降低率
生态功能与保护	102	0. 18	1. 00	1. 67	0. 01	3. 02	0. 46	3. 70	0. 00
	103	0. 48	1. 00	2. 49	0. 95	6. 71	1. 65	3. 71	0. 22
	104	0. 75	1. 00	2. 38	3. 86	15. 37	4. 08	2. 00	-0. 25
	105	0. 57	1. 00	2. 56	1. 64	9. 47	2. 49	2. 24	-0. 03
	111	0. 76	1. 00	2. 34	4. 57	17. 08	4. 67	4. 90	-0. 19
	112	0. 70	0. 65	2. 81	2. 89	11. 20	3. 03	3. 45	2. 26
	121	0. 82	0. 75	2. 77	4. 37	18. 09	4. 91	1. 49	2. 55
	181	1. 04	0. 75	2. 84	7. 36	26. 11	6. 99	2. 21	3. 01
	182	0. 80	0. 75	2. 84	4. 32	17. 85	4. 89	1. 31	2. 23
	评价单元	人均公共管理与公共服务用地	人均城镇住宅用地面积	城镇人均生活用水量	乡村人均生活用水量	交通运输用地占建设用地比重	道路网密度	公园与绿地面积占比	科教文卫用地面积占比
品质生活	102	0. 82	0. 46	1. 09	1. 51	1. 00	2. 9	0. 83	1. 10
	103	0. 93	0. 78	1. 09	1. 51	0. 90	2. 5	1. 12	1. 06
	104	1. 24	0. 75	1. 09	1. 50	1. 14	2. 9	1. 78	1. 04
	105	0. 88	0. 82	1. 09	1. 51	1. 09	3. 3	1. 27	0. 82
	111	0. 75	0. 74	1. 10	1. 51	1. 25	3. 0	1. 14	1. 09
	112	1. 45	1. 22	1. 09	1. 49	1. 51	2. 9	0. 92	0. 99
	121	1. 54	0. 76	1. 10	1. 50	1. 39	2. 5	0. 92	1. 08
	181	1. 17	1. 04	1. 09	1. 49	1. 14	1. 7	0. 44	1. 23
	182	1. 07	0. 97	1. 10	1. 47	1. 29	2. 1	0. 36	1. 25

续表

	评价单元	水土流失程度	土地沙化程度	石漠化程度		未批先建占地比例	耕地转化为建设用地比例	耕地种植非粮食作物比例	新增生态修复面积
环境影响	102	1.00	1	1.00		1.00	1.00	0.50	0.95
	103	1.00	1	1.00		1.00	1.00	0.49	0.95
	104	0.99	1	1.00		1.00	1.00	0.83	0.95
	105	1.00	1	1.00		1.00	1.00	0.63	0.90
	111	0.98	1	1.00		1.00	1.00	0.40	0.90
	112	1.00	1	1.00		1.00	1.00	0.87	0.90
	121	0.91	0.99	1.00		1.00	1.00	0.91	0.80
	181	0.97	0.98	1.00		1.00	1.00	0.91	0.80
	182	0.95	0.985	0.99		1.00	1.00	0.90	0.80

按表3.16之Ⅰ等～Ⅴ等的等级阈值标准，对表3.18的等级分值进行等级划分。结果见表3.19。

表3.19 长沙市自然资源保护利用综合评价基础指标等级划分结果

	评价单元	垦殖指数	国土开发强度	水资源开发利用率	单位建设用地GDP	单位面积森林蓄积量	单位面积草原产草量	单位人口增耗新增建设用地量	单位GDP建设用地面积降低率
利用效率	102	4	1	1	1	5	1	1	2
	103	3	1	2	1	5	1	1	2
	104	3	1	2	2	4	1	1	2
	105	3	1	3	1	4	1	1	3
	111	4	1	1	1	5	1	1	2
	112	1	2	2	3	4	1	1	3
	121	2	2	3	2	4	1	1	2
	181	3	3	4	3	4	1	1	2
	182	1	2	3	3	4	1	1	2
	评价单元	生态用地面积占比	湿地保护率	自然岸线保有率	水源涵养极重要区占比	土壤保持极重要区占比	防风固沙极重要区占比	单位GDP用水量降低率	耕地灌溉亩均用水量降低率
生态功能与保护	102	5	1	2	5	3	5	2	3
	103	4	1	1	4	3	3	2	3
	104	4	1	1	3	2	3	2	3
	105	4	1	1	3	3	3	2	3
	111	4	1	1	3	2	3	2	3
	112	4	4	1	3	2	3	2	2
	121	3	3	1	3	2	3	2	2
	181	3	3	1	3	1	3	2	2
	182	3	3	1	3	2	3	2	2

续表

	评价单元	人均公共管理与公共服务用地	人均城镇住宅用地面积	城镇人均生活用水量	乡村人均生活用水量	交通运输用地占建设用地比重	道路网密度	公园与绿地面积占比	科教文卫用地面积占比
	102	3	5	3	1	3	1	3	3
	103	3	4	3	1	3	1	3	3
	104	2	4	3	1	3	1	1	3
	105	3	3	3	1	3	1	2	3
品质生活	111	4	4	3	1	2	1	3	3
	112	1	2	3	1	1	1	3	3
	121	1	4	3	1	2	1	3	3
	181	3	3	3	1	3	1	5	2
	182	3	3	3	1	2	1	5	2

	评价单元	水土流失程度	土地沙化程度	石漠化程度		未批先建占地比例	耕地转化为建设用地比例	耕地种植非粮食作物比例	新增生态修复面积
	102	1	1	1		1	1	4	3
	103	1	1	1		1	1	4	3
	104	1	1	1		1	1	2	3
	105	1	1	1		1	1	3	4
环境影响	111	1	1	1	治理水平	1	1	4	4
	112	1	1	1		1	1	2	4
	121	1	1	1		1	1	1	4
	181	1	1	1		1	1	1	4
	182	1	1	1		1	1	2	4

注：等别数的底色着色原则系据表 2.12 以不同颜色表示指标等级的规定，下同。

（2）初步认识

从表 3.19 可见：从自然资源利用效益评价来看，该维度下的单元单位面积草地产草量、单位人口增长消耗新增建设用地面积普遍评价较好，较优于全国平均水平。前者与长沙雨水资源丰富，草地长势普遍较好，草原综合植被盖度普遍较高吻合；后者与长沙市城镇化良性增长有关，人口城镇化率增量高于土地城镇化增量。国土开发强度、单位建设用地 GDP 相对较好，尤其市内五区评价基本为 1 等（好），其他区域也均能达到国内平均水平。普遍较差且劣于全国平均水平的指标有单位面积森林蓄积量，这与长沙市郁闭度较小的灌木林地、竹林地、其他林地占林地比重较大，且与乔木林地分布交叉较多有关；市内五区垦殖指数相对较差，其他相对较好。其他指标，整体与全国平均水平相当。

从生态功能与保护评价来看，生态用地面积占比、水源涵养极重要区占比和防风固沙极重要区占比相对较差，且城区普遍差于周边区县。相反，湿地保护率和自然岸线保有率相对较好，且城区多优于周边区县。

品质生活下的生活用水、路网密度、公园绿地相对丰富或好，住宅用地相对趋紧。基本无土地退化等。

3.2.8.2 保护利用目标下的综合评价

（1）评价过程

由长沙市 31 个基础指标进行的自然资源保护利用综合评价过程见表 3.20。

表 3.20 长沙市自然资源保护利用综合评价过程表

评价单元	第1栏：指标					第2栏：分值					第3栏：等级				
	自然资源保护利用综合指数 U	区域利用总效率 B	资源利用强度	资源利用效益	集约节约度	自然资源保护利用综合指数 U	区域利用总效率 B	资源利用强度	资源利用效益	集约节约度	自然资源保护利用综合指数 U	区域利用总效率 B	资源利用强度	资源利用效益	集约节约度
102	0.74	0.61	0.74	0.48	0.63	0.92	1.48	2.31	1.22	1.03	4	2	3	4	2
103	0.88	0.47	0.29	0.53	0.66	1.10	1.15	0.91	1.37	1.08	3	3	3	3	2
104	0.83	0.35	0.27	0.40	0.39	1.03	0.84	0.84	1.02	0.63	4	4	3	3	3
105	0.87	0.36	0.27	0.43	0.40	1.08	0.88	0.84	1.12	0.66	3	4	3	3	3
111	0.94	0.48	0.29	0.55	0.68	1.17	1.17	0.90	1.42	1.11	3	3	3	3	2
112	0.91	0.33	0.36	0.22	0.47	1.14	0.81	1.11	0.56	0.77	3	4	4	4	3
121	0.73	0.37	0.25	0.34	0.62	0.91	0.91	0.77	0.88	1.01	4	3	4	3	2
181	0.67	0.34	0.15	0.30	0.85	0.84	0.83	0.48	0.77	1.39	4	4	4	4	2
182	0.64	0.37	0.27	0.25	0.80	0.80	0.92	0.83	0.64	1.31	4	3	4	4	2
		生态功能保护指数 E	生态保护度	生态功能指数			生态功能保护指数 E	生态保护度	生态功能指数			生态功能保护指数 E	生态保护度	生态功能指数	
102		0.13	0.18	0.10			0.24	0.29	0.19			5	5	5	
103		0.38	0.60	0.24			0.68	0.98	0.46			4	3	5	
104		0.66	0.75	0.58			1.18	1.23	1.11			3	2	3	
105		0.48	0.67	0.34			0.86	1.09	0.65			4	2	4	
111		0.70	0.74	0.66			1.26	1.22	1.26			3	2	3	
112		0.44	0.45	0.44			0.80	0.73	0.84			4	4	4	
121		0.67	0.67	0.68			1.21	1.10	1.29			3	2	3	
181		0.88	0.78	1.00			1.58	1.27	1.91			3	2	3	
182		0.67	0.67	0.67			1.20	1.10	1.28			3	2	3	

续表

评价单元	第1栏：指标					第2栏：分值					第3栏：等级				
		生活品质度L	生活便利度	交通覆盖度	景观文化度		生活品质度L	生活便利度	交通覆盖度	景观文化度		生活品质度L	生活便利度	交通覆盖度	景观文化度
102		0.33	0.19	0.43	0.52		0.69	0.41	0.81	1.05		4	5	3	3
103		0.38	0.38	0.23	0.60		0.79	0.82	0.43	1.21		4	3	5	2
104		0.57	0.46	0.59	0.75		1.21	0.99	1.11	1.52		2	3	3	1
105		0.40	0.41	0.62	0.26		0.85	0.88	1.15	0.53		3	3	3	4
111		0.51	0.34	0.71	0.63		1.08	0.74	1.32	1.28		3	4	2	2
112		0.66	0.71	0.88	0.45		1.40	1.54	1.64	0.92		2	1	2	3
121		0.63	0.68	0.67	0.54		1.33	1.46	1.25	1.09		2	1	2	3
181		0.37	0.55	0.21	0.38		0.78	1.19	0.40	0.77		4	3	5	4
182		0.41	0.45	0.48	0.32		0.87	0.98	0.89	0.64		3	3	3	4
		环境影响度I（退化）	治理水平指数R	资源监管度	修复度		环境影响度I（退化）	治理水平指数R	资源监管度	修复度		环境影响度I（退化）	治理水平指数R	资源监管度	修复度
102		0.10	0.83	0.28	0.95		1.31	1.10	0.84	1.08		1	2	2	3
103		0.10	0.82	0.28	0.95		1.31	1.10	0.85	1.08		1	2	2	3
104		0.14	0.42	0.81	0.95		1.25	0.56	2.42	1.08		1	4	1	3
105		0.11	0.78	0.32	0.90		1.29	1.04	0.97	1.02		1	2	1	3
111		0.18	0.75	0.37	0.90		1.19	1.00	1.12	1.02		1	3	1	3
112		0.12	0.75	0.38	0.90		1.29	0.99	1.14	1.02		1	3	1	3
121		0.57	0.74	0.31	0.80		0.62	0.99	0.94	0.91		2	3	1	3
181		0.70	0.85	0.10	0.80		0.44	1.13	0.31	0.91		3	2	5	3
182		0.79	0.83	0.14	0.80		0.31	1.10	0.42	0.91		4	2	5	3

表中第1栏“指标”系据表3.17的基础指标值，按式（3.25）至式（3.52）计算所得的三及二级综合指标值；第2栏“分值”系以第1栏“指标”代入式（3.53）至式（3.56）计算得到的等级分值；第3栏“等级”系按表3.16之等级阈值标准，对第2栏“分值”进行等级划分的结果。

（2）评价结果

A. 据全国标准的指标值

由于第1栏“指标”是据实测的基础指标值按定义式计算所得，具有比较意义，全国可比。

为直观起见，在Excel表的“条件格式”工具栏，选“色阶”下“其他规则”的“三色刻度”，以最小值、中间值和最大值分别等于0、0.5和1，对应红、黄、绿三色，得到指标值在[0，1]区间由红至黄再至绿的连续渐变色（注意：环境影响I色阶相反）。

从表3.20的第1栏“指标”可见：

长沙市自然资源利用效益（B）总体中等偏低。其中集约节约度相对较好；资源利用效益中等偏低；利用强度普遍不高。由基础指标数据（表3.17）分析原因，如以利用强度为例，除102单元和112单元为中等外，其他均偏差，主要受到水资源开发率影响。而区域整体资源利用强度不高主要是由于受垦殖系数不高所致。

生态功能与保护维（B）和品质生活维（L）整体中等偏好；环境影响维（I）和治理水平维（R）整体较好。

自然资源保护利用综合指数U整体较好，以111单元最好（指标值0.94），其次为112单元（指标值0.92），分数最低的182单元亦有0.65。

B. 以区域比较的相对等级

由于表3.20第3栏的“等级”是以长沙市的平均值为标准计算所得，其结果的意义主要有二：一是对该区的相对好坏进行比较；二是可得到其他地区以长沙为参比的相对概念。当然，理想的结果是以全国数据的平均值为标准，则可得到全国统一尺度的“绝对”概念。

从表3.20第3栏“等级”可见：长沙市各区县比较，保护利用综合指数U有103单元、105单元、111单元和112单元为中等，其他5个区县相对低一等别，为4等。

3.3 自然资源总体综合评价

本节的自然资源总体综合评价即本书开篇定义的“自然资源综合评价”，也可称为自然资源保护利用与禀赋的总体综合评价，是对一定自然资源禀赋下自然资源开发利用保护管理各个方面及总体的优劣状况评价。由于自然资源禀赋是自然资源功能利用的本底和基础，可在对区域自然资源禀赋利用复合系统内部“禀赋”与“保护利用（含状态-影响-响应）”两大子系统之间关系研究的基础上，系统构建简明科学可操作的自然资源综合评价指标。

3.3.1 自然资源保护利用与禀赋的耦合协调性

3.3.1.1 方法

（1）公式

如前“§1.1.3.2 自然资源综合评价系统的基本特征”所述，自然资源综合评价系统具有耦合性和协同性，耦合性表现在自然资源利用对禀赋的响应和动态，协同性表现在两者的相互依存和相互促进的关系。从实践的简明易操作出发，可将自然资源保护利用综合指数U与资源禀赋A进行耦合协调度D计算，以分析两者间的耦合协调发展水平。

耦合协调度 D 是自然资源禀赋利用复合系统内部两大子系统之间在发展过程中彼此和谐一致程度的度量，据其可以评价自然资源科学可持续利用水平，若用协同学术语，可以表述为系统从无序走向有序的“有序度”。

耦合协调度 D 值的计算公式：

$$D = \sqrt{C \times T_h} \tag{3.58}$$

式中：D 为耦合协调度；C 为耦合度；T_h 为协调指数。

耦合度指两者间的相互依赖相互制约关系程度，C 值越大，两者之间耦合度越高，反之越低；协调度指耦合相互作用关系中良性耦合程度的大小，它可体现出协调状况的好坏。其中，耦合度计算公式为：

$$C = \frac{2\sqrt{A \times U}}{A + U} \tag{3.59}$$

式中：A 为自然资源禀赋（归一化的）；U 为保护利用综合指数。

协调指数 T_h 计算公式为：

$$T_h = \alpha_1 A + \alpha_2 U \tag{3.60}$$

式中：α_1 和 α_2 分别为资源禀赋 A 与自然资源保护利用综合指数 U 的权重。

如：$\alpha_1 = 0.3$，$\alpha_2 = 0.7$。

注意，若取 $\alpha_1 = \alpha_2 = 0.5$，则协调指数 T_h 为两者的算术平均值。这时，有：

$$D = \sqrt{\frac{2\sqrt{A \times U}}{A + U} \times \frac{A + U}{2}} = \sqrt{\sqrt{A \times U}} = \sqrt{G_{A,U}} \tag{3.61}$$

式中：$G_{A,U}$ 为 A 与 U 的几何平均值。

显然，式（3.61）失去了耦合协调度 D 的内涵，故不能取 α_1 和 α_2 等权。

由式（3.61）可见，几何平均值具有耦合协调度的含义。由此理解几何平均值，内涵深刻，远不止于“平均值”上。

在式（3.59）和式（3.60）中，若用 Es 代替 A，可计算 U 与禀赋安全 Es 间的耦合协调度，以 D_{Es-U} 表示。

（2）评价分级

耦合协调度 D 值可按表 3.21 划分 10 个等级。

表 3.21　耦合协调度 D 等级划分标准

耦合协调度 D 值区间	协调等级	含义
[0，0.1)	1	极度失调
[0.1，0.2)	2	严重失调
[0.2，0.3)	3	中度失调
[0.3，0.4)	4	轻度失调
[0.4，0.5)	5	濒临失调
[0.5，0.6)	6	勉强协调
[0.6，0.7)	7	初级协调
[0.7，0.8)	8	中级协调
[0.8，0.9)	9	良好协调
[0.9，1]	10	优质协调

亦可将表 3.21 的 10 个等级归并为 3 等：1～4 级为失调；5～7 级为基本协调；8～10 级为协调。

3.3.1.2 实证

以图 3.2 的长沙市自然资源禀赋 A 分别与表 3.20 第 1 栏中的自然资源保护利用综合指数 U 及图 3.3 中的 Es，按式（3.58）~式（3.60）计算耦合协调度 D_{A-U} 和 D_{Es-U}，其中 A 和 U 权重：$\alpha_1=0.3$，$\alpha_2=0.7$，结果见表 3.22。

表 3.22 长沙市自然资源保护利用综指与禀赋及禀赋安全的耦合协调度

评价单元	禀赋度 A	保护利用综合指数 U	耦合协调度D_{A-U}	耦合协调度D_{Es-U}
102	3.81	0.74	0.63	0.60
103	7.17	0.88	0.96	0.96
104	5.61	0.83	0.87	0.89
105	6.61	0.88	0.93	0.93
111	3.71	0.94	0.64	0.75
112	5.91	0.92	0.91	0.92
121	5.87	0.74	0.85	0.84
181	5.59	0.67	0.80	0.82
182	5.63	0.65	0.80	0.80

注：色阶同表 3.21。

从表 3.22 可见，长沙市各区县自然资源保护利用（综合指数 U）与其自然资源禀赋（A）多良好或优质协调（耦合协调度 D≥0.80），仅仅 102 和 111 两评价单元为初级协调（D 分别等于 0.63 和 0.64），究其原因，与其禀赋度（A）相对较低有关（A 分别等于 3.81 和 3.71）。

禀赋安全 Es 与 U 间的 D_{Es-U} 亦有类似关系，但不如与 A 的关系显著。

相关性研究（表 3.23）表明，自然资源保护利用（综合指数 U）与其自然资源禀赋（禀赋 A）不相关，其皮尔逊、肯德尔和斯皮尔曼 3 种相关系数分别等于 0.101、0.167、和 0.200（从表 3.23 中省略）；保护利用综合指数 U 与禀赋及禀赋安全的两个耦合协调度 D 均不相关（3 种相关系数介于 0.253~0.440 之间）；保护利用综合指数 U 而与禀赋及禀赋安全的耦合协调度显著相关（3 种相关系数介于 0.778~0.966 之间）。

表 3.23 长沙市自然资源保护利用综合指数与禀赋及禀赋安全的相关分析结果

相关系数	指标	耦合协调度D_{A-U}	耦合协调度 D_{Es-U}
皮尔逊	禀赋度 A	0.966 * *	0.885 * *
	保护利用综合指数 U	0.253	0.440
肯德尔	禀赋度 A	0.778 * *	0.778 * *
	保护利用综合指数 U	0.389	0.389
斯皮尔曼	禀赋度 A	0.900 * *	0.900 * *
	保护利用综合指数 U	0.400	0.400

注：* * 在 0.01 级别（双尾）相关性显著。

从表 3.23 可见，保护利用与禀赋的相关性度量以皮尔逊相关系数最好，斯皮尔曼相关系数次之，肯德尔相关系数最差。皮尔逊（Pearson）相关系数即通常所说的“相关系数”，是用来衡量两个数据集合是否在一条线上面，它用来衡量定距变量间的线性关系。斯皮尔曼相关系数被定义成等级变量之间的皮尔逊相关系数。肯德尔（Kendall）相关系数是一个用来测量两个变量排序的相关性。

从耦合协调度 D_{A-U} 与耦合协调度 D_{Es-U} 两值的大小比较可知，考察保护利用与禀赋的关系，据 A 与 U 间的研究即可。禀赋安全 Es（或底线安全 T）研究的意义主要在于评价自然资源利用对“三条控制线”的压力或影响，甚至可以不将其放在禀赋维度，而移至“影响（I）”维度。

3.3.2 相对于禀赋的自然资源保护利用

3.3.2.1 思路与方法

如前所述，DEA 法是用一种实际值与基准值比值计算投入产出相对效率方法；CRITIC 法利用数据的波动性（对比强度）与相关性（冲突性）进行计算权重；式（2.34）和式（2.35）均显示综合指标可以是评价指标与目标比较的汇总（如加和、乘积、平均）；耦合协调度的核心参数（耦合度C）计算式的本质是要素的协同一致性（“乘法”的内涵）与要素的补偿性（数量的“相加”）的对比，等等。所有这些，一致表明评价对象（产出、强度）与评价目标（投入、冲突）的对比（比值）是一种衡量系统优劣的有效度量方法。

比率分析也是常用的财务分析方法之一。它以同一期财务报表上若干重要项目的相关数据相互比较，求出比率，用以分析和评价公司的经营活动以及公司目前和历史状况的一种方法。如通过计算两个性质完全不相同而又相关的指标的比率的相关比率分析法。

因此，按照自然资源利用的产出（强度和效益）是基于自然资源禀赋的投入或冲突的思想，可构建一个基于自然资源禀赋的利用与禀赋两指标比率（ratio）的“综合比率指数” CI_{ratio}（Comprehensive Index Based on Ratio）：

$$CI_{ratio} = U/A \tag{3.62}$$

注：计算前，需对 A 先进行归一化。

自然资源比率指数 CI_{ratio} 反映了自然资源保护利用综合指数 U 相对于自然资源禀赋 A 的相对数量关系，是综合评价区域自然资源开发利用保护状况的基本参数之一。其含义可理解为：比率指数 CI_{ratio} 是在区域自然资源禀赋基础上，通过自然资源保护利用所产生的综合效益，它反映了每份禀赋（或单位禀赋）所获得的综合收益。

3.3.2.2 实证分析

以长沙市自然资源禀赋 A 与保护利用综合指数 U 数据（分别为图 3.2 和表 3.20 的），按下述步骤做如下计算比率指数：

1）据式（3.62）计算得 CI_{ratio}；

2）按 $Cir_F = CI_{ratio}/\overline{CI_{ratio}}$ 计算等级分值 Cir_F，其中 $\overline{CI_{ratio}}$ 为平均值（2.59）；

3）以分别≤0.5、0.9、1.1、10 为阈值，将 Cir_F 划分为从Ⅴ至Ⅰ的 5 个等级，以 Cir_C 表示等别值；

4）对 CI_{ratio} 升序排列的数字排位，用 Excel 的 RANK.EQ 函数计算得 Cir_R。

将上述与比率指数有关的 4 参数计算结果及其与耦合协调度 D_{A-U} 及 CEWI 的对比列于表 3.24（CEWI 为自然资源综合评价加权指数，见后文 § 3.3.5）。

表 3.24 长沙市自然资源综合指数 CI_{ratio} 等参数及其与耦合协调度 D、CEWI 的对比

评价单元	CI_{ratio}	Cir_F	Cir_C	Cir_R	D_{A-U}	CEWI
102	5.84	2.27	2	8	0.63	0.29
103	0.88	0.34	5	1	0.96	0.56
104	1.40	0.54	4	7	0.87	0.46

续表

评价单元	CI_{ratio}	Cir_F	Cir_C	Cir_R	D_{A-U}	CEWI
105	1.03	0.40	5	2	0.93	0.51
111	9.42	3.64	2	9	0.64	0.35
112	1.37	0.53	4	6	0.91	0.48
121	1.12	0.43	5	4	0.85	0.48
181	1.14	0.44	5	5	0.80	0.43
182	1.08	0.42	5	3	0.80	0.40
平均值	2.59	1.00	4.11	5	0.82	0.44

注：带下标 F、C、R 的 Cir 分别为 CI_{ratio} 的等级分值、等级和排位；CEWI 为自然资源综合评价加权指数（见后文）。

从表 3.24 比率指数 CI_{ratio} 与耦合协调度 D_{A-U} 及自然资源综合评价加权指数 CEWI 的比较可见，CI_{ratio} 最小者（103 单元的 0.88）的 D_{A-U} 和 CEWI 均最大；CI_{ratio} 最大者（111 单元的 9.42）的 D_{A-U} 和 CEWI 均较小；“等级分值” Cir_F 亦类似；另从 CI_{ratio} 与 D_{A-U} 及 CEWI 的负相关性（表 3.25）来看，亦表现如此。

表 3.25 长沙市自然资源综合指数 D_{ratio} 与其他参数的相关性

	D_{ratio}	D	CEWI	Cir_F	Cir_C	Cir_R
CI_{ratio}	1	-.841 * *	-.723 *	1.000 * *	-.910 * *	.751 *
D_{A-U}	-.841 * *	1	.959 * *	-.841 * *	.815 * *	-.756 *
CEWI	-.723 *	.959 * *	1	-.723 *	.788 *	-.749 *
Cir_F	1.000 * *	-.841 * *	-.723 *	1	-.910 * *	.751 *
Cir_C	-.910 * *	.815 * *	.788 *	-.910 * *	1	-.863 * *
Cir_R	.751 *	-.756 *	-.749 *	.751 *	-.863 * *	1

注：* * 在 0.01 级别（双尾）相关性显著；* 在 0.05 级别（双尾）相关性显著。

此外，以常德市（亦为 9 个评价单元）的数据计算的自然资源保护利用综合指数 U 及禀赋 A，其相关系数为 0.4，表明两者亦不相关；比率指数 CI_{ratio} 与耦合协调度 D_{A-U} 及自然资源综合评价加权指数 CEWI 的相关系数分别为-0.73 和-0.65，分别系在 0.05 级别上的较显著的负相关和不显著的负相关。

上述结果似乎表明 CI_{ratio} 为反向指标，即越小越好，似乎意味着分摊到每份禀赋（A）上的综合效益（U）越低越好，显然这与期望的单位禀赋收获的综合收益越大越好相悖。

进一步分析上述参数的计算过程，发现 4 个步骤的计算均需再仔细斟酌：即第一步的指标定义式；第二、三步的等级划分方法；第四步对 CI_{ratio} 的数字排位。后者宜用降序排列；等级划分，需再思考评价基准，区域的平均值可否代表？最关键的是 CI_{ratio} 的定义式。CI_{ratio} 的初衷是反映禀赋投入所产生的收益，然而，计算式中的 A 是全部的禀赋，包含了利用了的和未利用的，按照投入产出比的原理，计算式中用以比较的“投入到利用中的禀赋”应是仅仅包含已利用部分的，即 A_U。这也是相关比率分析法的前提，参与计算两个对象应是性质不同但又相关的。因此，式（3.61）宜写为：

$$CI'_{ratio} = U/A_U \tag{3.63}$$

此时（式 3.63），CI'_{ratio} 为正向指标，即被利用的单位禀赋（A_U）收获的综合效益（U）越大越好。

对式（3.62）也可以反过来应用：若某一评价区（项目），发现 CI_{ratio} 与 D_{A-U} 及 CEWI 等为显著相关，可能说明 $A_U \approx A$，即区域自然资源禀赋 A 利用的比较充分。

3.3.3　基于基础指标给定标准的自然资源综合评价

3.3.3.1　方法

长沙市 51 个基础指标（表 3.5）数据，以全国值（表 3.4 和表 3.16）为标准，按“相对给定基准的指标数计算法”公式（2.21），将阈值 P 设为 0.1，在 Excel 中用 SIGN 函数计算基于高于或低于给定基准值的指标个数：

$$CI_{nominal} = CI_n = \sum_{i=1}^{51} \text{sign}\left[\frac{x_i}{\text{全国平均}} - (1 + P)\right]$$

式中：CI_n 或 $CI_{nominal}$ 为由 51 个指标得到的名义（nominal）分数；sign 为符号函数：$F = \frac{x_i}{\text{全国平均}} - (1+P)$，sign（$F>0$）= 1；sign（$F=0$）= 0；sign（$F<0$）= −1；$x_i$ 为第 i 个基础指标值；P 为阈值，表示为高于或低于全国平均值的比例。

3.3.3.2　示例

以 P 分别等于 0、0.05、0.10、0.15、0.20 的阈值，表示以全国平均水平及全国平均水平分别提高 5%、10%、15%和 20%为基准，长沙市各区县 51 个基础指标中各有多少个指标高于基准值，其统计结果（即名义分数 CI_n）及其排名见表 3.26。

从表 3.26 可见，以全国平均水平为基准，104 单元最好，高与低于全国平均值的指标个数相抵净余 16 个指标高于全国平均水平；102 单元最差，净余−1 个，即低于全国平均值的指标个数比高者尚多 1 个。若将标准提高 10%，则净高于基准最多的单元是 182 单元，有 11 个指标；最差者仍为 102 单元，净余−13 个，即低者比高者多出 13 个。由此可见，以全国平均水平为评价基准是合适的。

表 3.26　长沙市各区县 51 个基础指标与不同给定标准比较的名义分数与排名

阈值 P	0		0.05		0.10		0.15		0.20	
单元	CI_n	排名	CI_n	排名	CI_n	排名	CI_n	排名	CI_n	排名
102	−1	9	−9	9	−13	9	−13	9	−13	9
103	6	8	1	8	−5	8	−7	8	−7	8
104	16	1	11	3	7	3	1	4	1	4
105	7	7	3	7	−3	7	−5	7	−5	7
111	13	4	7	5	3	5	1	4	−1	5
112	11	5	9	4	7	3	7	2	7	2
121	15	2	13	1	9	2	9	1	9	1
181	10	6	5	6	3	5	1	4	−1	5
182	14	3	13	1	11	1	7	2	7	2

这种方法的好处是简单明了，关注参评指标优劣的个数，且不受异常值的影响；但是指标超（劣）标的幅度，无论指标是高出 5%还是 50%，都一视同仁。故其结果可作为问题分析重要参考，但不能作为综合评价结果的关键依据。

3.3.4 基于6维排名的自然资源综合评价

3.3.4.1 方法

根据前文（2.5.2.2）对指标值的名次汇总进行综合评价的公式（2.20），以自然资源禀赋、利用等6维综合指标名次之和 CI_R 进行自然资源综合评价（注意：下标R表示排名Rank）：

$$CI_R = \sum_{q=1}^{6} Rank_{qc} \tag{3.64}$$

式中：CI_R 为评价单元 c（$c=1$，…，M）的某复合指标；$Rank_{qc}$ 表示评价单元 c 的第 q 个指标（$q=1$，…，6）的排位（即排序）。

3.3.4.2 长沙自然资源综合名次指数评价示例

以长沙市自然资源禀赋A及利用等6维综合指数评价结果数据，按式（3.64）计算的自然资源综合名次指数 CI_R 列于表3.27。

从表3.27结果来看，长沙各区县的自然资源综合名次指数 CI_R 以104单元最大，排名第一；103单元最小，排名最末。从其与 D_{A-U}、CI_r、CEWI等其他排序的对比来看，综合名次指数 CI_R 与比率指数 CI_r（即 CI_{ratio}）排序相似，而与耦合协调度 D_{A-U} 及综合评价加权指数CEWI相差较大，可能表明，一是不同方法的综合评价结果相差很大，二是上述4种指标可能分为两类：一类是综合名次指数 CI_R 与比率指数 CI_{ratio}，更多地表征的是细节，即各维的特征；另一类为耦合协调度 D_{A-U} 与综合评价加权指数CEWI类，可能更多地表征总体的特征。

表3.27 长沙市自然资源综合名次指数 CI_R 及其与参数排序的对比

评价单元	6维指数						6维指数排序及其汇总								其他排序对比		
	禀赋A	效益B	生态E	生活L	影响I	治理R	A	B	E	L	I	R	CI_R	总序	D_{A-U}	CI_r	CEWI
102	3.81	0.61	0.13	0.33	0.10	0.83	8	1	9	9	1	3	31	3	9	2	9
103	7.17	0.47	0.38	0.38	0.10	0.82	1	3	8	7	2	4	25	9	1	9	1
104	5.61	0.35	0.66	0.57	0.14	0.42	6	7	5	3	5	9	35	1	4	3	5
105	6.61	0.36	0.48	0.40	0.11	0.78	2	6	6	6	3	5	28	8	2	8	2
111	3.71	0.48	0.70	0.51	0.18	0.75	9	2	2	4	6	6	29	5	8	1	8
112	5.91	0.33	0.44	0.66	0.12	0.75	3	9	7	1	4	7	31	3	3	4	3
121	5.87	0.37	0.67	0.63	0.57	0.74	4	5	3	2	7	8	29	5	5	6	4
181	5.60	0.34	0.88	0.37	0.70	0.85	7	8	1	8	8	1	33	2	6	5	6
182	5.63	0.37	0.67	0.41	0.79	0.83	5	4	4	5	9	2	29	5	7	7	7

注：各维指数排序在Excel中用RANK.EQ（number，ref，[order]）计算，因为I为反向指标，Order取1，按照升序排列的，其他Order省略按降序排列。

3.3.5 自然资源综合评价加权指数CEWI

3.3.5.1 权重确定

（1）客观法

以长沙市9个评价单元数据计算得到的自然资源禀赋A及保护利用范畴下的5个次级指数共

6 维综合指标为变量，进行多元分析。

从以第一主成分构建综合指标 CI 的公式（2.41）：$CI=PC_1=\sum\left(\frac{a_i^2}{\sum a_i^2}\right)x_i$ 可知，变量 x_i 的权重 w_i 可由 i 变量的因子负荷平方与全部变量因子负荷的平方和的比例表征。“§2.6.2”进一步阐述了指标权重的两种计算方法与步骤，本小节据此用长沙数据进行 6 维综合指标的权重“客观法”计算。

由于长沙数据的样本量过小（$N=9$），KMO 检验（KMO=0.48<0.5）和巴特利特（Bartlett）球形检验（P 值=0.333>0.05），显示数据不太适合用于做因子分析，但考虑到此处目标并非通过因子分析对指标进行浓缩，而是对全部指标以主成分分析法确定指标的权重并进行方法示例，似对统计数学检验的要求可适当放宽，故仍进行。在运用 SPSS 的因子分析模块做主成分分析的具体操作中，在进行“提取因子”选项步骤时，选择“基于特征值=0.05”即可，然后做最大方差法旋转。得到的因子负荷（A_{ij}）、方差百分比（D）、特征根（λ）及按表 2.21 示例的方法一“归一化的因子负荷平方($C_{i,j}$)”和按表 2.22 示例的方法二“累积综合得分系数（P）”的权重（w）如表 3.28 所示。

表 3.28　长沙 6 维综合指标的主成分分析及权重

	因子负荷(A_{ij})						权重方法一		权重方法二		
变量（X_i）	F_1	F_2	F_3	F_4	F_5	F_6	A_{ij} 平方和	w_i	累 P	标累 P	w_i
资源禀赋 A	0.999	0.027	0.013	0.018	0.003	−0.038	0.783	0.130	19.654	0.886	0.165
利用效益 B	−0.533	−0.524	−0.366	0.182	−0.217	0.476	1.579	0.263	−23.092	1.000	0.186
生态与保护 E	0.036	0.905	0.131	−0.116	0.382	−0.058	0.830	0.138	24.007	0.976	0.182
生活品质 L	0.042	0.127	0.950	−0.272	−0.034	−0.061	0.898	0.150	14.348	0.776	0.145
环境影响 I	0.030	0.383	−0.044	0.201	0.898	−0.051	0.953	0.159	25.172	1.000	0.186
治理水平 R	−0.003	−0.107	−0.280	0.939	0.165	0.042	0.957	0.160	12.051	0.728	0.136
方差百分比 D	21.426	21.144	18.918	17.369	17.145	3.998					
特征根 λ	1.286	1.269	1.135	1.042	1.029	0.240					
合计							6	1		5.365	1

注：①因子负荷 A_{ij} 为最大方差法旋转后的；②权重方法一为负荷平方和法，方法二为累积综合得分系数法。

从上一章通径分析的结果（表 2.31）可知 6 个维度对 CEWI 影响由大至小的顺序是：自然资源禀赋度（A）32.91%、区域利用总效率（B）20.90%、生活品质度（L）10.94%、生态功能保护指数（E）8.81%、治理水平指数（R）7.27%、环境影响度（I）2.34%。

（2）主观法

采用加权综合法构建自然资源综合评价指数 CEWI，各维的权重确定采用德尔菲法，结果见表 3.29。

表 3.29　自然资源综合评价 6 维综合指标的权重

变量	A（Es）	B	E	L	I	R
名称	禀赋（禀赋安全）	区域利用总效率	生态功能保护指数	生活品质度	环境影响度	治理水平指数
权重	0.3	0.25	0.15	0.15	0.10	0.05

注：①权重为暂定，可据实际情况综合各方专家意见再进行调整；②计算前 A 或 Es 需先进行归一化。

从表3.28可见基于主成分或因子分析（PCA/FA）方法得到的权重与表3.29的主观权重相距甚远。由此亦得到启示，当样本数太小，或数据的广泛代表性不够时，PCA/FA等“用数据说话”的客观权重法有效性大打折扣。

综合比较来看，主观权重与通径分析结果相近，较为可取。

3.3.5.2 加权综合指数CEWI确定

根据表3.29的权重，采用线性加权综合法，即将上述6维评价结果值与相应权重的乘积之和作为综合指数来进行评价。自然资源线性加权综合指数CEWI（或$CEWI_1$）计算公式为：

$$CEWI_1 = 0.3A + 0.25B + 0.15E + 0.15L - 0.10I + 0.05R \tag{3.65}$$

式（3.65）中因环境影响I为反向指标，且此处并未进行正向化，故I取负号（-），这与前文保护利用指数U的计算式（3.52）中环境影响度I放置于除数（分母）位置同理。

或采用几何加权综合法，计算自然资源加权综合指数$CEWI_G$，公式为：

$$CEWI_G = A^{0.3} \times B^{0.25} \times E^{0.15} \times L^{0.15} \times I^{-0.1} \times R^{0.05} \tag{3.66}$$

上两式中禀赋A也可用“禀赋安全Es”取代。

加权综合指数CEWI，计算公式亦可为：

$$CEWI_2 = 0.3A + 0.7U \tag{3.67}$$

$$CEWI_{G2} = A^{0.3} \times U^{0.7} \tag{3.68}$$

线性加权的自然资源综合指数$CEWI_1$的示例参见本章§3.2~§3.4。

3.3.5.3 多种综合指标的对比及总体综合指标的构建

据前文对长沙数据构建的各种自然资源综合评价指数的分析，基本认为除比率指数CI_{ratio}和基础指标的名义分数CI_n两指标外，其他6个指标（表3.30）均有意义。

表3.30 长沙多种综合指标排序的对比

单元	CI_R排序	U排序	D_{A-U}排序	CEWI排序	$CEWI_G$排序	$CEWI_{G2}$排序	CI总序
102	3	6	9	9	9	9	9
103	9	3	1	1	4	1	1
104	1	5	4	5	6	4	3
105	8	4	2	2	8	3	4
111	5	1	8	8	5	5	6
112	3	2	3	3	7	2	2
121	5	7	5	4	1	6	5
181	2	8	6	6	3	7	6
182	5	9	7	7	2	8	8

表3.30中总序CI系CEWI等6个指标排序按式（3.64）计算的总排位，若以其代表体系的总体状况，将6个指标对它进行相关性分析（表3.31），结果为$CEWI_{G2}$、CEWI及D_{A-U}3指标的排序与总序的两类相关系数均呈显著相关，尤其是表征等级相关性的斯皮尔曼相关系数最大。因此，CI、$CEWI_{G2}$、CEWI（或书写为$CEWI_1$）及D_{A-U}均可作为自然资源总体综合评价的指标。

表 3.31　长沙 6 种综合指标排序与其汇总的总序 *CI* 的相关性

相关性	CI_R 排序	U 排序	D_{A-U} 排序	CEWI 排序	$CEWI_G$ 排序	$CEWI_{G2}$ 排序
皮尔逊	-0.291	0.565	0.907 * *	0.873 * *	-0.034	0.959 * *
斯皮尔曼	-0.214	0.544	0.921 * *	0.887 * *	-0.050	0.954 * *

注：* * 在 0.01 级别（双尾），相关性显著。

以长沙 CEWI 的平均值为标准值 x_0，据式（3.53）计算 f_i，按表 3.32 的等级划分阈值对 CEWI 划分 5 个等级，结果（表 3.33）表明：

表 3.32　长沙市自然资源综合评价加权指数 CEWI 等级划分阈值

等级与色阶	1 等	2 等	3 等	4 等	5 等
含义	好	较好	中等	较差	差
阈值	2~5	1.1~2	0.9~1.1	0.5~0.9	0.001~0.5

长沙市各区县自然资源总体综合状况较为集中，围绕在平均值周边 0.62~1.28 倍范围内分布，表现为等级评价分为三等。天心区（103 单元）、开福区（105 单元）较好，芙蓉区（102 单元）、雨花区（111 单元）较差，其他区县中等。天心区较好主要体现在其自然资源禀赋度、治理水平指数较好上；开福区主要体现在其自然资源禀赋较好上。芙蓉区较差体现在其自然资源禀赋、区域利用总效率、生活品质度较差上；雨花区体现在自然资源禀赋、环境影响度较差上。其他区县在自然资源各维度上无明显短板或优势。

表 3.33　长沙市自然资源综合评价加权指数 CEWI 等级划分结果

单元	6 维						6 维综合		
	禀赋（归一化）A	利用效率 B	生态与保护 E	品质生活 L	环境影响 I	治理水平 R	指数 CEWI	等级分值 f_i	等级
102	0.13	0.53	0.13	0.33	0.1	0.83	0.27	0.62	4
103	1	0.47	0.38	0.38	0.1	0.82	0.56	1.28	2
104	0.59	0.36	0.66	0.57	0.14	0.42	0.46	1.05	3
105	0.85	0.38	0.48	0.4	0.11	0.78	0.51	1.17	2
111	0.1	0.49	0.7	0.51	0.18	0.75	0.35	0.81	4
112	0.67	0.35	0.44	0.66	0.12	0.75	0.48	1.1	3
121	0.66	0.4	0.67	0.63	0.57	0.74	0.48	1.09	3
181	0.59	0.35	0.88	0.37	0.7	0.85	0.42	0.97	3
182	0.6	0.4	0.67	0.41	0.79	0.83	0.4	0.91	3

3.3.6　自然资源综合评价结果分析

3.3.6.1　区域总体及 6 维综合状况分析与发展水平评定

前文的自然资源总体综合评价指标 CI（或 CEWI，或 $CEWI_{G2}$）结果，为我们扩展分析、问题探究提供了一个目标（见表 3.30）。以长沙市自然资源综合评价结果为例，表 3.27 及表 3.30 列出了反映总体状况的综合加权指数 CEWI 及禀赋与保护利用的耦合协调度 D_{A-U} 在评价区各区县的排名，列举了 6 维综合评价结果及其排序，提供了表征 6 维细节特征的综合名次指数 CI_R

（系由6维指数名次汇总计算）及相对于禀赋的保护利用比率指数（CI_{ratio}）的排序，等等，系统反映了区域自然资源总体与各维的综合状况与发展水平。

从各个维度的综合状况与发展水平来看：

1）从自然资源禀赋分布及资源安全底线目标来看，自然资源禀赋最丰富、对利用的约束（表3.33）最小的单元是天心区（103单元）；自然资源利用对资源安全保障的压力（图3.3中的T或P）最小的单元是雨花区（111单元）。后者（111单元）虽然其自然资源底线安全相对较高，但因其自然资源禀赋A排名全市最末，两者综合的禀赋安全度（Es）却亦排名全市最末（从这一点上可认为：禀赋安全度Es提供的参考意义不如底线安全度T或底线压力度P直接）。

2）围绕提高资源利用效率目标，评价各区县自然资源利用效率、节约集约及其保障高质量发展状况，以芙蓉区（102单元）最好、望城区（112单元）较差。

3）围绕保护生态功能目标，评价自然资源生态功能、绿色发展状况，以浏阳（181单元）最好。

4）围绕改善生活品质目标，评价自然资源生活功能利用、品质生活，协调共享、生活质量状况，以望城区（112单元）最好。

5）围绕降低环境影响目标，评价自然资源利用的环境影响状况，促进可持续发展，以宁乡（182单元）最好。

6）围绕提升治理水平目标，从自然资源利用监管及生态保护修复实施情况评价综合监管与创新治理水平，以浏阳（181单元）最好。

7）围绕综合监管总体目标，评价自然资源总体综合状况，以天心区（103单元）最好（表3.30的总序），从保护利用与禀赋的协调发展水平（D_{A-U}）亦为以天心区（103单元）最好。

从表3.30的总序表征的自然资源总体综合状况可知其总体发展水平，为区域发展战略提供指导。长沙各区县的总体综合状况由前至后排名依次为103单元、112单元、104单元、105单元、121单元、111单元、181单元、182单元、102单元，其中102单元排名最后，从表3.27的可知其原因是生态（E）和生活（L）排名最后、禀赋（A）排名较后所致，即使效益（B）和影响（I）排名第一也于事无补。

3.3.6.2 区域自然资源保护利用影响因素及问题诊断分析

（1）各个维度指标对总体综合状况影响的定量评价

前文显示自然资源综合评价指标CEWI与自然资源禀赋度A（及禀赋安全Es）显著相关（见表2.29）。通径分析给出了6个维度指标对总体综合状况影响的定量评价，证明影响总体状况最重要的因素是自然资源禀赋度，其次依次是区域利用总效率、底线安全度、生活品质度、生态功能保护指数、治理水平指数和环境影响度（见表2.31）。

当然，上述结论得出与长沙数据本身代表性有关，如长沙地区的环境影响度中的土地退化几乎为0，反映治理水平中的几个资源监管指标，如未批先建占地比例、耕地转为建设用地比例、耕地种植非粮食作物比例几乎为0，导致“用数据说话”（据数据的方差和协方差）的客观法给出的重要性度量当然则低。

（2）各维指标间的相互影响

进一步的6维指标的相关分析（表3.34）显示，长沙市自然资源综合评价中的生态功能与保护（E）与利用总效率（B）负相关，表明两者有相关制约关系；生态功能与保护（E）与环境影响度（I）、治理水平（R）与生活品质度（L）亦具相关性，与理论吻合，亦证明6维指标设置的正确性、代表性。

表 3.34 长沙市自然资源综合评价 6 维间的相关性

相关性	综合指标	资源禀赋度 A	利用总效率 B	生态功能与保护 E	生活品质度 L	环境影响度 I	治理水平 R
皮尔逊	A	1	-0.566	0.063	0.055	0.047	0.007
	B		1	-0.673 *	-0.508	-0.383	0.315
	E			1	0.263	0.666	-0.182
	L				1	-0.074	-0.544
	I					1	0.305
	R						1
肯德尔	A	1	-0.167	-0.333	0.167	-0.278	0.000
	B		1	-0.167	-0.333	-0.222	0.167
	E			1	0.167	0.722 * *	0.000
	L				1	0.222	-0.611 *
	I					1	-0.056
	R						1
斯皮尔曼	A	1	-0.317	-0.417	0.200	-0.267	-0.150
	B		1	-0.250	-0.450	-0.300	0.233
	E			1	0.200	0.867 * *	0.050
	L				1	0.300	-0.800 * *
	I					1	0.133
	R						1

注：* * 在 0.01 级别（双尾），相关性显著；* 在 0.05 级别（双尾），相关性显著。

（3）基本要素（基础指标）对总体综合状况的影响

视基础指标为基本要素，长沙市 51 个基础指标与 4 个综合性指数间的相关性分析见表 3.35。

表 3.35 长沙市 51 个基础指标与综合指数间的相关性

相关性	皮尔逊				斯皮尔曼			
	U	D_{A-U}	CI_{ratio}	CEWI	U	D_{A-U}	CI_{ratio}	CEWI
耕地面积	-0.777 *	0.026	-0.419	-0.075	-0.617	-0.033	-0.233	0.000
耕地净增减面积	0.678 *	-0.062	0.406	-0.014	0.517	0.083	0.067	0.033
农业结构调整耕地面积占比	-0.517	0.279	-0.587	0.163	-0.350	0.067	-0.183	0.017
林地面积	-0.690 *	-0.043	-0.302	-0.088	-0.550	-0.117	-0.083	-0.083
草地面积	-0.546	-0.085	-0.182	-0.104	-0.467	-0.267	0.000	-0.217
湿地面积	0.002	0.374	-0.419	0.242	-0.317	0.267	-0.250	0.283
建设用地面积	-0.681 *	0.081	-0.424	0.018	-0.550	-0.117	-0.083	-0.083
城镇建设用地面积	0.157	0.230	-0.145	0.297	0.133	0.117	0.250	0.133
村庄建设用地面积	-0.744 *	0.027	-0.403	-0.048	-0.550	-0.117	-0.083	-0.083
水域面积	-0.585	0.192	-0.505	0.068	-0.567	0.117	-0.333	0.133
水资源量	-0.703 *	0.014	-0.367	-0.043	-0.633	0.100	-0.333	0.133
地表水资源量	-0.703 *	0.014	-0.367	-0.043	-0.633	0.100	-0.333	0.133
地下水资源量	-0.621	0.012	-0.325	-0.034	-0.633	0.100	-0.333	0.133

续表

相关性	皮尔逊				斯皮尔曼			
	U	D_{A-U}	CI_{ratio}	CEWI	U	D_{A-U}	CI_{ratio}	CEWI
森林覆盖率	−0.423	−0.023	−0.167	−0.007	−0.483	−0.250	0.033	−0.200
草原综合植被盖度	−0.534	0.026	−0.296	−0.030	−0.603	−0.017	−0.192	−0.017
耕地质量	0.607	0.299	0.050	0.375	0.600	0.633	−0.400	0.683 *
森林蓄积量	−0.714 *	−0.042	−0.315	−0.092	−0.550	−0.117	−0.083	−0.083
草地产草量	−0.550	−0.080	−0.191	−0.101	−0.467	−0.267	0.000	−0.217
地表水水质优良	*c*	*c*	*c*	*c*				
耕地后备资源面积	−0.540	−0.076	−0.187	−0.095	−0.467	−0.267	0.000	−0.217
垦殖指数	−0.284	0.469	−0.629	0.329	−0.400	0.217	−0.300	0.233
国土开发强度	0.320	−0.306	0.448	−0.267	0.550	0.117	0.083	0.083
水资源开发利用率	−0.048	−0.657	0.553	−0.699 *	0.717 *	−0.167	0.550	−0.200
单位建设用地 GDP	0.180	−0.612	0.681 *	−0.535	0.317	−0.250	0.217	−0.233
单位面积森林蓄积量	−0.109	0.610	−0.609	0.597	−0.633	0.150	−0.350	0.133
单位面积草原产草量	−0.534	0.026	−0.296	−0.030	−0.603	−0.017	−0.192	−0.017
单位人口增耗新增建设用地量	0.503	0.347	−0.132	0.321	0.167	0.517	−0.117	0.567
单位 GDP 建设用地面积降低率	−0.390	−0.559	0.402	−0.405	−0.267	−0.567	0.267	−0.500
单位 GDP 用水量降低率	0.688 *	−0.393	0.752 *	−0.259	0.800 **	0.017	0.300	0.000
耕地灌溉亩均用水量降低率	−0.583	0.168	−0.472	0.087	−0.483	0.017	−0.333	0.133
生态用地面积占比	−0.258	0.177	−0.275	0.192	−0.483	−0.250	0.033	−0.200
湿地保护率	0.394	−0.203	0.431	−0.089	0.335	0.000	0.112	−0.075
自然岸线保有率	−0.162	0.586	−0.614	0.567	−0.517	0.200	−0.517	0.250
水源涵养极重要区占比	−0.376	−0.087	−0.088	−0.070	−0.250	−0.317	0.217	−0.283
土壤保持极重要区占比	−0.423	−0.052	−0.138	−0.032	−0.483	−0.250	0.033	−0.200
防风固沙极重要区占比	−0.399	−0.036	−0.140	−0.015	−0.483	−0.250	0.033	−0.200
人均公共管理与公共服务用地	−0.216	0.445	−0.595	0.355	−0.317	0.350	−0.200	0.383
人均城镇住宅用地面积	0.014	0.502	−0.485	0.413	−0.167	0.450	−0.500	0.467
城镇人均生活用水量	−0.350	−0.147	−0.001	−0.166	−0.218	−0.192	−0.100	−0.100
乡村人均生活用水量	0.548	−0.080	0.380	0.074	0.483	0.083	0.067	0.067
交通运输用地占建设用地比重	−0.011	0.029	−0.069	−0.040	−0.033	−0.133	0.233	−0.083
道路网密度	0.734 *	0.003	0.348	0.012	0.715 *	0.102	0.332	0.060
公园与绿地面积占比	0.673 *	0.257	0.081	0.315	0.617	0.467	0.067	0.400
科教文卫用地面积占比	−0.687 *	−0.445	0.090	−0.443	−0.633	−0.767 *	0.183	−0.733 *
水土流失程度	−0.547	−0.086	−0.166	−0.043	−0.483	−0.250	−0.017	−0.183
土地沙化程度	−0.833 * *	−0.058	−0.350	−0.104	−0.822 * *	−0.287	−0.248	−0.218
石漠化程度	−0.775 *	−0.092	−0.288	−0.183	−0.842 * *	−0.307	−0.287	−0.238
未批先建占地比例	0.250	0.348	−0.280	0.268	0.209	0.285	0.192	0.251
耕地转化为建设用地比例	0.097	0.148	−0.149	0.092	0.129	0.287	0.238	0.248
耕地种植非粮食作物比例	0.556	−0.380	0.702 *	−0.221	0.717 *	0.000	0.233	−0.067
新增生态修复面积	−0.759 *	−0.034	−0.348	−0.112	−0.550	−0.117	−0.083	−0.083

注：* * 在 0.01 级别上相关性显著；* 在 0.05 级别上相关性显著；变量 *c* 为常数无法进行。

表 3.35 显示，与总体综合指数 CEWI 较显著相关的有森林蓄积量、水资源开发利用率、科教文卫用地面积占比 3 个基础指标；与基于自然资源禀赋的利用与禀赋比率的比率指数 CI_{ratio} 较

显著相关的单位建设用地 GDP、单位 GDP 用水量降低率、耕地种植非粮食作物比例 3 个基础指标；与耦合协调度 D_{A-U} 较显著相关的仅有科教文卫用地面积占比 1 个指标。忽略禀赋，纯看保护利用指标 U，则有 16 种基础指标与其显著相关评价（表 3.35 中皮尔逊与斯皮尔曼两者之和）。

以长沙市 51 个基础指标为自变量，综合指数 CEWI 为因变量，以输入法进行回归分析，得到回归方程如表 3.36 显示，总体综合状况（CEWI）与 8 个基本要素密切相关，可用如下公式表达：

CEWI = 6.37+0.051×［农业结构调整］…−1.495×［耕转建］−0.002×［新增修复］

式中：［农业结构调整］指农业结构调整耕地面积占比；［耕转建］指耕地转化为建设用地比例；［新增修复］指新增生态修复面积。

表 3.36　长沙市 51 个基础指标与综合指数 CEWI 的回归分析

参数	未标准化系数 B	标准误	标准化系数 Beta
（常量）	6.370	0.000	
农业结构调整耕地面积占比	0.051	0.000	0.448
湿地面积	3.329×10^{-5}	0.000	0.122
城镇建设用地面积	-4.011×10^{-6}	0.000	−0.129
水资源开发利用率	−0.001	0.000	−1.174
单位 GDP 用水量降低率	−0.001	0.000	−0.094
城镇人均生活用水量	−0.038	0.000	−0.264
耕地转化为建设用地比例	−1.495	0.000	−0.337
新增生态修复面积	−0.002	0.000	−0.689

与 8 个基本要素对总体综合状况（CEWI）贡献的大小，可用标准化系数 Beta 表示，从标准化系数得知，以水资源开发利用率的影响最大，单位 GDP 用水量降低率影响最小。注意，两个标准化系数均为负值，表明为反作用力，可能显示水资源开发利用的科学性为该区域发展中自然资源保护利用的短板，节约用水，降低水资源开发利用率对提高评价区域自然资源总体综合状况与发展水平有利，据以可提出相应管理对策与建议。

3.4 自然资源综合评价分区

3.4.1 自然资源综合评价分区的思路与原则

分区是管理的工具，其作用是把大尺度国土空间转化为小尺度的空间管理单元和社会经济统计单元，以体现评价的科学性，并协调效率、公平、和谐关系。分区作为差异化政策阐述载体，关键性指标调控的直接对象，它是均衡与非均衡发展战略的平衡点，自然资源一体化管理的切入点，是对自然资源环境科学认识评价和合理优化管理的关键。自然资源综合评价分区本质上是空间区划和类型划分，是自然资源空间异质性的直接反映，其区划需要遵循自然空间区划的一般原则：①发生统一性原则；②相对一致性原则；③空间连续性原则（区域共轭性原则），区域单位必须保持空间连续性和不可重复性，任何一个区域永远是个体的，不能存在彼此分离的部分；④综合性原则：任何区域都是地域分异作用的产物，在具体进行地域划分时，必须考虑地域分异的作用及其在各个区域中的表现，强调区划时全面考虑地带性分异和非地带性分异的作用；⑤主导因素原则，强调在区划时首先考虑决定地域分异的主要因素。

鉴于目前自然资源综合评价分区尚未形成一套科学准确的评价范式，自然资源综合评价分区宜以服务于不同区域差异化自然资源有效保护、合理利用和综合管理为目标，按照《自然资源调查监测体系构建总体方案》的要求，在自然资源综合评价统一的方法技术基础上，基于自然资源禀赋与利用的时空属性，按照主体性、整体性、多尺度、等级性和发展性原则，实证提出的不同区域的自然资源综合评价指标体系与方法的技术方案。

这种综合分区是自然资源学、地学、生态环境科学和经济学等多科学交叉应用，宜以自然资源禀赋的地域分异的格局为主要依据，辅以地质地貌、气候、水文、植被、土壤、景观等自然环境要素，充分考虑自然资源要素分布特征、开发利用保护状况及环境要素的地域分异性和相似一致性，将全国划分为不同空间层级、相对独立完整、并具有有机联系的自然资源地理单元。区划过程不仅要遵循自然区划的相关原则，而且要参照自然资源学的基本原理，充分考虑自然资源系统复杂性，明确区域的优势主导资源；同时将各类自然资源看作一个整体，从区域整体出发，通过区域间自然资源对比分析，揭示其时空分布的整体性规律；充分考虑评价对象和数据的时空尺度，大尺度者可选择大尺度数据自上而下演绎，小尺度者选择可小尺度数据自下而上进行聚合；按区域内部差异划分层级，遵循具有先后顺序、主次分明等逻辑关系，逐级揭示自然资源的区域差异；充分考虑资源利用的可持续性，对不同区域的自然资源进行合理划分，促进国家整体自然资源利用优化和区域协调发展。不同类型区域的综合评价指标体系可根据有关地区的不同特点，选取各地区特征性指标进行构建，体现各地区差异化的特性。

在自然资源禀赋、生态环境容量及经济社会联系的分区三要素中，经济社会联系是首先要考虑的因素，尽管自然资源禀赋、生态环境容量得出的结果不可能与行政界线完全重合，但考虑到自然资源综合评价发挥作用最终还是要落实到管理单元上，因此最后还要依据各级行政单元的行政边界调整。

3.4.2　自然资源综合评价分区方法

自然资源综合评价分区可依如下步骤进行：

（1）先要完成综合评价，并建立数据库

在完成自然资源综合评价基础上，建立如指标体系表所示的各级综合评价指标空间分布数据库。对于如人口、GDP 等以行政单元为载体的数据，及有的要素，如水资源，对应的是一个流域单元，先做栅格化空间处理分配到评价单元；再将评价结果的等级与面积的乘积之和，除以县域总面积，得到县域的评价结果。

（2）建立分区标准

根据区域对象的尺度，选取建立不同分区的指标体系：

一级分区，大尺度，如全国自然资源综合评价分区，可直接以自然资源禀赋（A）与以地貌、气候、水文等构成的环境辅助指标 AEI（Auxiliary Environmental Indicators）为标识。

二级分区，如省一级的自然资源综合评价分区，可以禀赋（A）、保护利用（U）与环境辅助指标（AEI）的组合状况进行分“类”。

三级分区，如市级的自然资源综合评价分区、或亚区，可据表 2.11 综合评价指标框架之“三级指标”的 6 维指标与环境辅助指标（AEI）的组合状况进行分“型”。

四级分区，小尺度，如县级的自然资源综合评价分区，可以表 2.11 中的“四级指标”为指标体系。

（3）选择合适的方法

采取演绎与归纳、定量与定性相结合的方法，如大尺度选择叠置法或层次分析法，小尺度可选择空间聚类分析法。

（4） 区划与命名

不同等级的自然资源综合评价分区可采用以地理位置、优势资源、利用状况等复合的方式命名，次级区域类型可据自然资源禀赋与利用的评价结果细分；亦可考虑进一步细分为生态宜居、生态修复、资源协调、资源转型、多维耦合等多种类型区。

不同类型的评价区，可在全国统一方法的指标计算和等级评价结果基础上，以不同的权重或修正系数对不同评价区的指标值或等级分值进行修正。

3.4.3 我国自然资源综合评价初步分区

我国关于自然资源分区有多种版本，如《自然资源分等定级通则》将“自然资源分区图”划分为8个区；《中国农业生态区划》分为12个区，张海燕等（2020）对全国自然资源综合区划的一级分区划为东北林耕、华北草耕、华东林耕、西南林耕、华南森林、西北荒漠和青藏草地7个自然资源大区。

本书参考我国主体功能分区及现行的自然资源相关分区图，结合自然资源禀赋及其利用保护现状与发展要求的类似性和差异性，兼顾综合评价工作开展的便利性和区划的完整性，在全国主体功能分区图上，进一步按综合考虑自然资源禀赋与利用保护的分区指标，将全国划分为9个不同类型区。

分区指标有：主要反映农业区的耕地面积占比，反映城市发展的建设用地面积占比，反映南北方水资源差异的人均水资源量、地下水资源开发利用率、湿地面积占比，反映生态区的林地面积占比、生态保护红线面积占比、自然保护地面积占比及反映农牧分区的草地面积占比等9个指标。

在我国主体功能分区基础上，以地级市为单位，将全国“自然资源综合评价分区”划分为生态保护重要区、生态保护敏感区、农产品主产区、城市化区及该4种类型的复合区共9类分区，详见图3.5。

选择以主体功能分区为基础是基于如下理由：

1）主体功能分区充分考虑了自然与社会经济状况；

2）方法成熟，广为应用；

3）与自然资源保护利用衔接紧密。

3.4.4 不同区的自然资源综合评价

以全国普适的评价标准与方法为基础，对上述不同自然资源综合评价区，根据其禀赋特征和保护利用目标的差异，结合各区实际，可进行如下因地制宜评价：

1）增补完善区域评价指标体系。可在全国统一指标体系（见表2.9）基础上，按照§2.3.4.1筛选区域指标体系原则，构建与区域自然地理条件及自然资源保护利用现状特点相适应的、对满足区域社会经济发展及自然资源管理需求具有重要意义的、指标值在区域具有空间和时间上的可比性的区域特色指标。

2）以不同修正系数对不同区的自然资源综合评价标准或等级阈值进行修正。如在全国统一的指标标准值（表3.3和表3.16的参考值）基础上，基于图3.5的自然资源综合评价分区，对生态区（表3.16中的生态保护重要区和生态敏感区）、农业区（图中农产品主产区）和建设区（图中城市化区），分别对相应的生态类、农业类和建设类指标的标准值提高20%。除此4类相对单纯的区域外其他5类两两交叉的复合区不做修正。

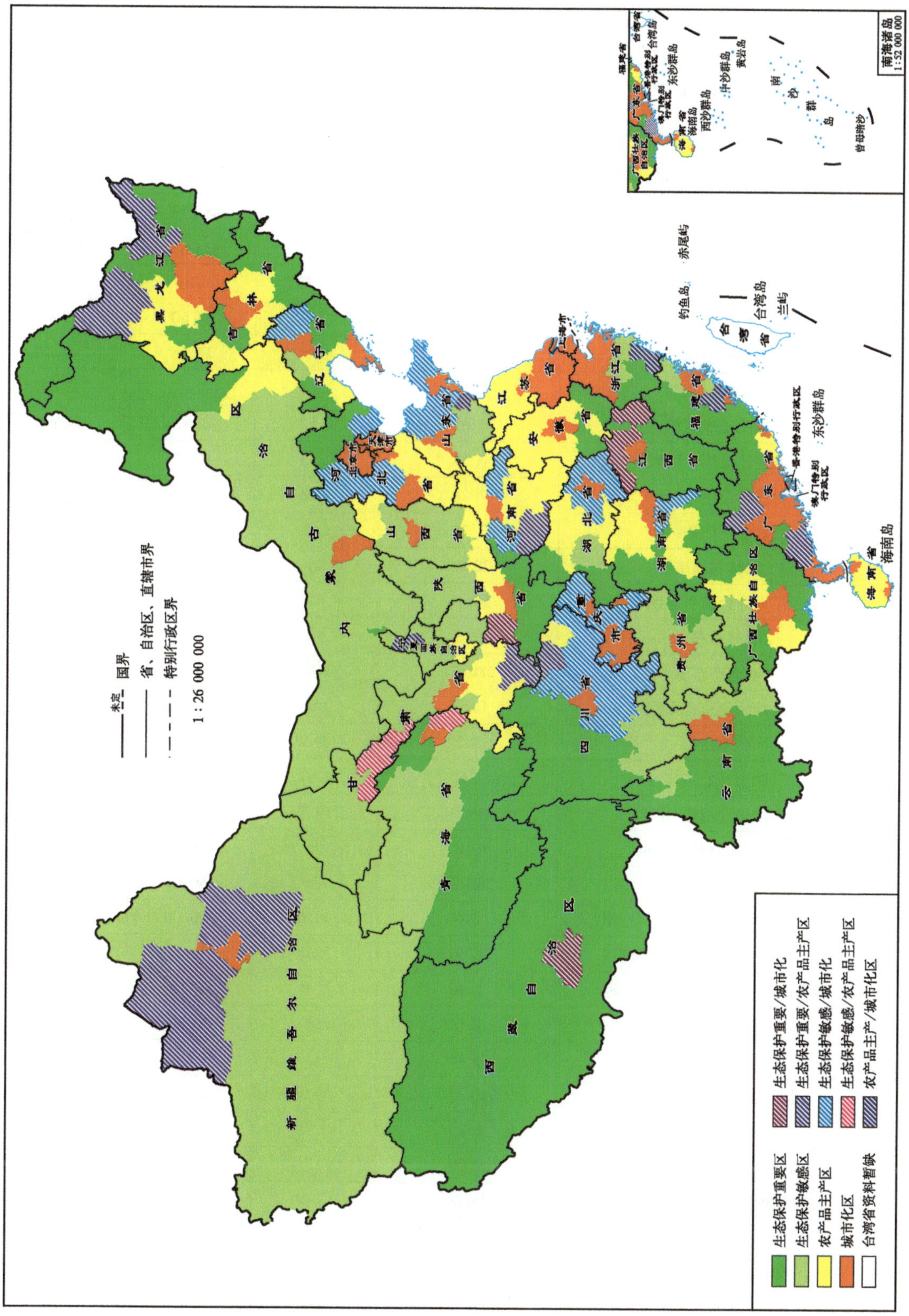

图3.5 自然资源综合评价分区

具体的修正计算公式：

$$x'_0 = x_0(1 + k_i) \tag{3.69}$$

式中：x'_0 为修正后的指标标准值；x_0 为指标原标准值；k_i 为修正系数。

不同自然资源综合评价区的标准值的修正结果见表 3.37，其中，全国统一的参考值即式（3.69）中的“指标原标准值”，分区的参考值即以 $k_i=0.2$ 据式（3.69）计算所得。未列入该表的其他指标不做修正。

表 3.37　不同自然资源综合评价区的标准值

序号	指标	全国统一的参考值	分区的参考值		
			生态区	农业区	建设区
1	耕地面积	13.32	13.32	16	13.32
4	林地面积	29.60	36	29.60	29.60
5	草地面积	27.56	33	27.56	27.56
6	湿地面积	2.44	2.44	2.44	2.93
7	建设用地面积	4.67	4.67	4.67	5.61
8	城镇建设用地面积	0.53	0.53	0.53	0.64
9	村庄建设用地面积	2.28	2.28	2.28	2.74
10	水域面积	3.78	4.5	3.78	3.78
14	森林覆盖率	22.96	28	22.96	22.96
15	草原综合植被盖度	56.10	67	56.10	56.10
17	森林蓄积量	79.82	96	79.82	79.82
18	草地产草量	280.04	336	280.04	280.04
20	耕地后备资源面积	0.56	0.56	0.67	0.56
21	垦殖指数	13.32	13.32	16	13.32
22	国土开发强度	4.62	4.62	4.62	5.54
24	单位建设用地 GDP	219.91	219.91	219.91	264
25	单位面积森林蓄积量	79.82	96	79.82	79.82
26	单位面积草原产草量	280.04	336	280.04	280.04
27	单位人口增耗新增建设用地量	390	390.00	390.00	312
28	单位 GDP 建设用地面积降低率	1.60	1.60	1.60	1.92
30	耕地灌溉亩均用水量降低率	1.46	1.46	1.75	1.46
31	生态用地面积占比	70.00	84	70.00	70.00
33	自然岸线保有率	35.00	42	35.00	35.00
34	水源涵养极重要区占比	10.20	12	10.20	10.20
35	土壤保持极重要区占比	2.80	3.4	2.80	2.80
36	防风固沙极重要区占比	9.90	12	9.90	9.90
37	人均公共管理与公共服务用地	15.00	15.00	15.00	18
38	人均城镇住宅用地面积	38.00	38	38	46
39	城镇人均生活用水量	139	139	139	167
40	乡村人均生活用水量	89	89	89	107
41	交通运输用地占建设用地比重	21.30	21.30	21.30	25.55

续表

序号	指标	全国统一的参考值	分区的参考值		
			生态区	农业区	建设区
42	道路网密度	24.00	24.00	24.00	28.80
43	公园与绿地面积占比	22.00	26	22.00	22.00
44	科教文卫用地面积占比	50.00	50.00	50.00	60
51	新增生态修复面积	17.00	20	17.00	17.00
58	生态保护度	0.611	0.7	0.61	0.61
59	生态功能指数	0.524	0.6	0.52	0.52
60	生活便利度	0.463	0.46	0.46	0.56
61	交通覆盖度	0.535	0.54	0.54	0.64
65	修复度	0.883	1.1	0.88	0.88
70	生态功能保护指数 E	0.558	0.7	0.56	0.56
71	生活品质度 L	0.474	0.47	0.47	0.57
72	环境影响度 I	0.312	0.4	0.31	0.31

结　语

自2020年伊始，迄今四载有余，从自然资源综合评价之内涵界定、技术探讨、实证研究诸方面思考探索，虽未涵盖对象之全部，亦不能说深思熟虑，但也已经比较完整地呈现出了自然资源综合评价思想的基本结构及其方法论特点。鉴于“禀赋”的基础性地位和“利用”的主导性作用，整个讨论过程力图在该两者各自的综合上和之间的联系上来更好地阐述“综合”的思想与方法，自认为颇有特色，是为创新。

总结起来，本书主要有以下主要成果或认识：

1）基于“绿水青山就是金山银山”新理念，站在山水林田湖草沙生命共同体、人与自然和谐共生的角度，以为自然资源管理提供科学依据为目标，针对土地、森林、草地、水、湿地5类自然资源及其组合的整体，在自然资源禀赋与利用全过程状态评价研究的基础上，建立了自然资源综合评价概念框架。

2）从方法论上，主要以自然资源为对象，系统构建了综合评价的理论方法与技术体系。

3）通过方法实证和技术示例，为自然资源及类似的综合评价研究与实践操作，提供了思路与方法借鉴。其中，区域自然资源禀赋评价的综合指数、含义科学、计算方法简单明了，可操作性强；其他与保护利用管理相关方面及其各个层次，均构建有综合评价指数，对区域多种自然资源组合及其开发利用保护状况，可以进行多维的和总体的定量评价，具有一定的理论与实践意义。

由于自然资源类型多样，形式复杂，涉及面广，其综合性评价一直面临理论与实践的种种挑战。目前我们进行的上述探索仍有待进一步深入研究和实证分析，需要重点结合不同区域自然资源禀赋条件、区域发展程度与要求、自然资源调查监测工作的实际情况，深度思考该项工作对自然资源管理工作的支撑内容。因此，本书除了上述初步认识之外，还有一些值得深切关心与思考的领域，就是：

一是继续深入研究禀赋综合评价的科学性、合理性，探讨其对国土空间规划、社会经济发展（规划）的支撑作用。

二是探讨将保护利用综合评价（指数）与区域自然资源管理履行“两统一”职责水平评价及其他方面的可行性。

三是进一步分析各次级维度综合评价与自然资源管理的关系，探讨其对相关业务板块有指导意义的指标组合与方法。

四是加强全国数据的收集处理与典型区的实证分析，夯实全国统一尺度评价的标准基础。

五是基于自然资源调查监测数据，完善自然资源空间认知与表达，凸显自然资源综合评价分区的时空动态性，进一步增强综合评价的科学性和实用性。

主要参考文献及资料

国家林业和草原局. 2021. 国家林草生态综合监测评价技术规程.

国土资源部. 2014. 节约集约利用土地规定（修正）. 第61号.

辞海编辑委员会. 1980. 辞海：1979年版：缩印本. 上海：上海辞书出版社.

全国环境管理标准化技术委员会2020. 生态系统评估生态系统生产总值（GEP）核算技术规范（征求意见稿）.

中国科学院可持续发展战略研究组. 2006. 中国可持续发展战略报告：建设资源节约型和环境友好型社会. 北京：科学出版社.

中国社会科学院语言研究所词典编辑室. 2016. 现代汉语词典（第7版）. 北京：商务印书馆.

自然资源部，2020. 国土空间调查、规划、用途管制用地用海分类（试行）.

自然资源部. 2021. 地理国情普查基本统计技术规程（报批稿）.

H. Ц巴尔谢干，M. Г杰尔奥格良，张春宏. 1987. 区域自然资源潜力评价的若干问题. 资源开发与市场，（1）：3.

包浩生. 1993. 自然资源简明词典. 北京：中国科学技术出版社，24.

鲍荣华，王淑玲，刘树臣，等. 2006. 矿产资源国际竞争力指数的研究和测算. 中国国土资源经济，19（11）：5.

柴莹莹，孟晓杰，申璐，等. 2021. 基于污染源布局规划调整的大气环境承载力研究. 环境工程技术学报，11（04）：657-662.

常亮，陈芳霖，陈新军，等. 2022. 基于BP神经网络的西北太平洋柔鱼资源丰度预测. 上海海洋大学学报，1-13.

陈斌飞，张桃林. 1995. 南方红壤丘陵区自然资源与潜力优势开发. 土壤，27（3）：7.

陈丹，付责，张鹏，等. 2022. 基于水-能源-粮食纽带关系的灌区水土资源多目标优化配置模型研究. 中国农村水利水电，1-22.

陈国阶. 1993. 四川省自然资源开发潜力分析. 长江流域资源与环境.

陈丽，周宏. 2021. 基于模糊综合评价和主成分分析法的岩溶流域水资源承载力评价. 安全与环境工程，28（06）：159-173.

程鸿. 1998. 资源丰度和资源有效空间. 自然资源学报，13（1）：63-68.

仇方道，伍光和. 2003. 甘肃省自然资源地域组合类型与开发模式研究. 干旱区地理，（4）：329-333.

楚智，徐长春，罗映雪，等. 2021. 基于生态保护红线管理的塔里木河流域土地利用模拟及生态效益评价. 生态学报，41（18）：7380-7392.

崔冠楠，白鑫宇，王鹏飞，等. 2022. 基于粮食生命周期碳核算的粮食安全影响研究进展. 北京师范大学学报（自然科学版），1-9.

戴蓉，吴翼. 2017. “爱知生物多样性目标”国家评估指标的对比研究及对策建议. 生物多样性，（25）：1161-1168.

邓红蒂，袁弘，祁帆. 2020. 基于自然生态空间用途管制实践的国土空间用途管制思考. 城市规划学刊，（1）：23-30.

丁菊红，邓可斌. 2007. 政府干预，自然资源与经济增长：基于中国地区层面的研究. 中国工业经济，（7）：9.

杜栋，庞庆华. 2021. 现代综合评价方法与案例精选（第4版）. 北京：清华大学出版社.

杜凯，周勤，蔡银寅. 2009. 自然资源丰裕，环境管制失效与生态“诅咒”. 经济地理，29（2）：290-297.

樊杰. 2019. 地域功能-结构的空间组织途径：对国土空间规划实施主体功能区战略的讨论. 地理研究，38（10）：2373-2387.

郭迪，刘金金，马瑛，等．2019．伊犁州资源禀赋与农牧业经济耦合关系及时空分敛研究．中国农业资源与区划，40（5）：10.
郭彦君，郭文炯．2022．“三生空间”视角下山西中部盆地城市群景观生态风险分析．生态学杂志，1-12.
郝小宇，张鑫，雍志勤．2019．榆林市水资源承载力空间分异．排灌机械工程学报，37（12）：1037-1043.
何雄浪，姜泽林．2017．自然资源禀赋、制度质量与经济增长：一个理论分析框架和计量实证检验．西南民族大学学报：人文社会科学版，38（1）：11.
胡闽，傅春，邓俊鹏，等．2021．基于模糊综合评价法的长江岸线资源利用分析．人民长江，52（06）：42-48.
胡彦勇，张瑞，郄晓彤，等．2022．全生命周期下中国煤炭资源能源碳排放效率评价．中国环境科学，1-18.
黄晖，胡求光，马劲韬．2021．基于DPSIR模型的浙江省海域承载力的评价分析．经济地理，41（11）：48-55.
黄静，董锁成．1994．自然资源综合评价研究．地理科学，（04）：30-37+96.
黄山．2020．面向SDGs的自然资源可持续利用评价研究．浙江大学.
贾仁甫，陈守伦，袁明．2008．区域水资源可持续利用状态预警的ANN模型．扬州大学学报（自然科学版），（02）：61-64.
江波，欧阳志云，苗鸿，等．2011．海河流域湿地生态系统服务功能价值评价．生态学报，31（08）：2236-2244.
金贵，王占岐，姚小薇，等．2013．国土空间分区的概念与方法探讨．中国土地科学，27（5）：48-53.
金菊良，刘东平，周戎星，等．2021．基于投影寻踪权重优化的水资源承载力评价模型．水资源保护，37（03）：1-6.
金菊良，沈时兴，张浩宇，等．2019．基于全偏确定度的区域水资源承载力动态评价．水利水运工程学报，（06）：38-49.
李海奎，雷渊才，2010．中国森林植被生物量和碳储量评估．北京：中国林业出版社
李慷，王科，王亚漩．2014．中国区域能源贫困综合评价．北京理工大学学报：社会科学版，16（2）：1-12.
李鹏辉，张茹倩，徐丽萍．2022．基于生态足迹的土地资源资产负债核算．自然资源学报，37（01）：149-165.
李强，高楠．2017．资源禀赋，制度质量与经济增长质量．广东商学院学报，032（001）：4-12，23.
李强，徐康宁．2013．资源禀赋、资源消费与经济增长．产业经济研究，（4）：10.
李树枝，葛振华，李蕾．2013．关于建立国土资源环境统计评价指标体系的初步构想．国土资源情报，（2）：5.
李思楠，赵筱青，普军伟，等．2021．西南喀斯特典型区国土空间功能质量评价及耦合协调分析：以广南县为例．自然资源学报，6（9）：18.
李天籽．2007．自然资源丰裕度对中国地区经济增长的影响及其传导机制研究．经济科学，6：66-76.
李同升，李献波，李青阳．2008．西伯利亚自然资源及其开发潜力．干旱区地理，31（6）：6.
李岩，王珂，才琪，等．2019．浙江省县域森林生态承载力评价及时空演变分析．长江流域资源与环境，28（03）：554-564.
李焱，靳甜甜，高秉丽，等．2021．1901—2017年藏西南高原气候及其生产潜力时空变化．自然资源学报，1-17.
李远远，云俊．2009．多属性综合评价指标体系理论综述．武汉理工大学学报（信息与管理工程版）.
李志赟，邓晓雅，龙爱华，等．2022．三维生态足迹视角下塔里木河流域水土资源与生态承载状况评价究．环境工程，1-12.
李周．2022. 生态价值核算与实现机制研究．山西师大学报：社会科学版，49（1）：1-10.
林坚．2022．国土空间规划与用途管制—谈自然资源监管、国土空间用途管制与国土空间规划．广州：国地云讲堂.
林坚，吴宇翔，吴佳雨，等．2018．论空间规划体系的构建：兼析空间规划，国土空间用途管制与自然资源监管的关系．城市规划，（5）：9.
刘昌明．2021．加强水在自然资源要素耦合作用中的观测研究探究山水林田湖草生命共同体统一管理．中国地质调查，8（2）：1-3.
刘长生，简玉峰，陈华．2009．中国不同省份自然资源禀赋差异对经济增长的影响．资源科学，31（6）：1051-1060.

刘国山，王敏，张转霞．2021．基于时间窗延迟的资源约束项目调度双层优化研究．运筹与管理，30（12）：6-12．

刘海龙，王炜桥，王跃飞，等．2021．汾河流域生态敏感性综合评价及时空演变特征．生态学报，41（10）：3952-3964．

刘惠良，刘红峰．2022．基于净初级生产力的洞庭湖生态系统价值估算．中南林业科技大学学报，1-8．

刘锦怡，陈斯典，江天久．2017．海洋生态环境承载力研究：以深圳东部海域为例．海洋环境科学，36（04）：560-565．

刘增进，张敏，王振雨，等．2008．基于神经网络的郑州市水资源可持续利用综合评价．中国农村水利水电，（12）：55-58．

卢江林，李阳兵．2015．基于土地利用/覆被变化的贵阳市红枫湖水源保护区生态风险演变．水土保持研究，22（06）：229-233．

卢开东，王健健，马燮铫，等．2022．基于DPSIR模型的芜湖市水生态承载力研究与建议．环境工程技术学报，12（02）：538-545．

卢兴旺，于志民，田杰．2009．基于模糊BP神经网络的水资源合理配置综合评价研究．中国农村水利水电，（04）：4-6．

路婕，吴克宁，郧文聚，等．2012．全国统一的耕地占补平衡按等级折算系数研究．资源与产业，14（4）：7．

律严励，张敏，安红梅．2019．环境发展与资源利用．长春：吉林人民出版社．

罗明，应凌霄，周妍．2020．基于自然解决方案的全球标准之准则透析与启示．中国土地，（4）：9-13．

马兰天．2018．关于自然资源综合评价体系中可持续利用管理评价体系的几点思考．国土资源，（8）：2．

马莰，孙艳红．2021．基于DPSIR框架的黄河流域旅游生态安全动态评价研究．生态经济，37（12）：145-151．

毛碧琦，敖长林，焦扬，等．2017．基于选择实验的三江平原湿地生态系统服务功能价值评价及偏好异质性研究．生态学报，37（04）：1297-1308．

梅国平，毛小兵．2008．我国自然资源利用的绩效评价研究．江西社会科学，（11）：4．

孟玫，李秀霞．2017．吉林省综合承载力评价研究．数学的实践与认识，47（21）：304-313．

孟晓杰，柴莹莹，于华通．2021．多尺度大气环境容量核算方法研究进展．环境污染与防治，43（12）：1602-1607．

南箔，梅建波，陈永洮．2010．自然资源地域组合综合评价研究：以甘肃省兰州市为例．科教导刊．

念沛豪，蔡玉梅，张文新，等．2014．面向综合区划的国土空间地理实体分类与功能识别．经济地理，34C12：7-14．

潘鑫．2012．资源禀赋与城镇区域发展的关联耦合机制研究．西北大学．

浦路平，赵鹏大，胡光道，等．2011．基于网格单元的总合式和非总合式结合的区域矿产资源潜力评价方法．地球科学（中国地质大学学报），36（04）：740-746．

浦路平，朱国器，尹意求，等．2016．与找矿信息量法结合的含矿网格单元蒙特卡洛矿产资源潜力评价方法的原理及应用．矿产与地质，30（03）：491-496．

齐中英，邵帅．2008．西部地区的能源开发与经济增长：基于“资源诅咒”假说的实证分析．经济研究，（4）：147-160．

秦欢欢，黄碧贤，吴昊，等．2022．基于SD模型和情景分析法的华北平原需水量预测．节水灌溉，（02）：59-65．

邱东．1991．多指标综合评价中合成方法的系统分析．财经问题研究，（6）：39-42．

邱士可，杜军，马玉凤，等．2019．基于地理国情监测的农业自然资源综合评价方法研究．河南科学，37（9）：7．

任继愈．2015．老子绎读．北京：国家图书馆出版社．

任文晓，战德臣，徐晓飞．2009．基于CPM的资源平衡问题研究．微计算机信息，25（09）：142-144．

石丽忠，陈金良．2014．Logistic方程灰色建模预测辽宁省有效灌溉面积．节水灌溉，（11）：84-86．

石晓昕，袁重乐，钱会，等．2021．基于DPSIR-TOPSIS模型的河北省水资源承载力评价及障碍因素研究．水资源与水工程学报，32（05）：92-99．

司子辉. 2014. 基于地埋管换热器热响应测试的土壤热物性参数估算方法. 暖通空调，44（05）：114-118.
宋国君，金书秦. 2006. 中国环境统计指标体系研究及框架性建议.
苏腾，詹妮，王安平. 2015. 潜力理论探索与实践（二）：潜力禀赋初探. 市场论坛，（10）：4.
苏为华. 2000. 多指标综合评价理论与方法问题研究. 厦门大学.
孙大超，司明. 2012. 自然资源丰裕度与中国区域经济增长：对“资源诅咒”假说的质疑. 中南财经政法大学学报，1：84-89.
孙杰，任永建，高媛. 2022. 长江中游城市群大气环境容量演变特征分析. 长江流域资源与环境，31（01）：202-211.
孙丽蓉，马静，周冬梅，等. 2022. 石羊河流域景观生态风险时空分布特征. 生态科学，41（02）：194-203.
Л. И. 塔捷沃索娃，Н. В. 安托诺夫，李世玢. 1988. 自然资源潜力及其经济评价. 逻辑学研究，（02）：88-93.
唐爱筑，何守阳. 2021. 贵阳市水资源承载力演变的集对分析与诊断识别. 中国农村水利水电，（01）：76-83.
陶良虎. 2013. 中国古代生态文明思想及其当代价值. 管理观察，（36）：2.
陶庆，张劲东，陶庭宝，等. 2022. 基于 BP 神经网络的相控阵雷达多目标跟踪时间资源优化分配方法. 数据采集与处理，37（01）：217-227.
万东铖，宋纯利. 2002. 西部大开发中自然资源保护与潜力研究. 云南财贸学院学报，（02）：39-41.
王滨. 2012. 黑龙港地区水土资源综合质量评价与耦合协调关系研究. 中国地质科学院.
王福林. 2013. 基于灰色系统预测模型与定额法预测模型的辽宁省中长期需水预测研究. 沈阳农业大学学报，44（04）：491-494.
王亨力，倪深海. 2021. 基于 AHP-集对分析的矿井水资源利用风险评估. 水利水运工程学报，（03）：126-135.
王慧亮，李卓成. 2022. 基于能值水生态足迹模型的黄河流域水资源利用评价. 水资源保护，38（01）：147-152.
王佳，尹华丽，王晓莹，等. 2015. 基于资源三号影像的森林蓄积量估测遥感因子选择. 中南林业科技大学学报，35（12）：29-33.
王历，周忠发，侯玉婷，等. 2018. 基于投影寻踪聚类模型的喀斯特地区水环境质量评价分析：以荔波县樟江为例. 水利水电技术，49（03）：111-118.
王令超. 1990. 区域自然资源的 PCA 综合评价. 地域研究与开发，（S3）：3.
王书华，毛汉英. 2001. 土地综合承载力指标体系设计及评价：中国东部沿海地区案例研究. 自然资源学报，16（3）.
王小敏，赵军，王建华，等. 2014. 基于农业生态区域模型的黑河流域土地资源承载力. 干旱区研究，31（06）：991-997.
王新国，张建国，马召坤，等. 2014. 经济建设与生态文明建设的协同发展研究：从对自然资源的需求论述//全国环境规划院. 中国环境科学学会.
王奕淇，李国平，延步青. 2021. 基于 SD 与 AHP 模型的流域水资源承载力仿真研究. 系统工程，1-13.
王颖，喻阳华，王芊姿. 2019. 喀斯特地区生态修复的生态-经济-社会协调发展评价：以贵州省安顺市为例. 环境科学与技术，42（S2）：286-295.
王正选，邱金亮，王静，等. 2017. 基于改进模糊集对评价法的水资源承载力评价：以龙川江流域为例. 水资源与水工程学报，28（05）：70-75.
文想成，张泰，王学梅，等. 2021. 长江中下游地区气候生产潜力及粮食产量响应. 江苏农业科学，49（06）：196-203.
吴宝华，刘庆山，吕锡强. 2002. 自然资源经济学. 天津：天津人民出版社.
吴建新，邓志国. 2011. 基于多自主体系统的区域自然资源开发利用问题研究优先出版. 当代经济管理.
吴英迪，蒙吉军. 2022. 中国自然资源生态服务重要性评价与空间格局分析. 自然资源学报，37（01）：17-33.
肖宏青. 1989. 自然资源的定量综合评价及其方法探讨. 上海交通大学.
肖宜，区宇琦，曲晓阳，等. 2021. 城市圈区域承载力时空演变分析：以武汉城市圈为例. 武汉大学学报（工学版），54（08）：675-686.
谢继文. 2010. “资源诅咒”国外研究综述. 经济理论与经济管理，000（009）：35-40.
熊彬宇，李永浮，赵伯川. 2021. 乡村振兴背景下村镇土地变化与承载力多情景模拟：以江苏省溧阳市社渚镇为例. 上海城市规划（06）：8-14.
徐康宁，韩剑. 2005. 中国区域经济的“资源诅咒”效应：地区差距的另一种解释. 经济学家，（6）：96-102.
徐康宁，王剑. 2006. 自然资源丰裕程度与经济发展水平关系的研究. 经济，（2）：78-89.
徐晓斌，王琪，高彬，等. 2022. 异构网络中基于轨迹预测的资源预分配方案. 山东大学学报（工学版），1-8.
徐雨晴，於琍，周波涛，等. 2019. 气候变化背景下未来中国气候生产潜力时空动态格局. 干旱区资源与环境，33（09）：72-80.
徐政华，曹延明. 2021. 基于熵权 TOPSIS 模型的长春市水资源承载力评价. 安全与环境学报，1-10.
许旺旺，马倩倩，蔡立群. 2021. 基于《耕地质量等级》的靖远县耕地质量等级评价. 草原与草坪.
薛景丽，郑新奇，刘敬玉. 2011. 基于 SEM 和 GIS 的人居环境自然适宜性评价的一种方法. 安徽农业科学，40（10）.
闫军印，戴少洋，范旭. 2021. 新时代背景下自然资源与生态文明建设协同耦合关系研究. 河北地质大学学报，44（2）：5.
严金明，王晓莉，夏方舟. 2018. 重塑自然资源管理新格局：目标定位，价值导向与战略选择. 中国土地科学，32（4）：7.
燕华云，杨贵林，贾绍凤，等. 2005. 青海省黄河流域水资源变化趋势分析. 人民黄河，（12）：60-61.
杨定国，陈治谏. 1993. 三峡地区优势自然资源的潜力与开发. 长江流域资源与环境，2（4）：289-296.
杨庚，张振佳，曹银贵，等. 2021. 晋北大型露天矿区景观生态风险时空异质性. 生态学杂志，40（01）：187-198.
杨海宽，安沙舟. 2013. 应用 Miami 和 Montreal 模型评价昭苏马场草地资源生产潜力. 新疆农业科学，50（08）：1519-1527.
杨伶，邓敏，王金龙，等. 2021. 近 40 年来洞庭湖流域土地利用及生态风险时空演变分析. 生态学报，41（10）：3929-3939.
杨美玲，马鹏燕. 2011. 银川市水生态系统服务功能价值评价. 中国农学通报，27（26）：239-244.
杨亚锋，王红瑞，巩书鑫，等. 2021. 可变勾股模糊 VIKOR 水资源系统韧性评价调控模型及应用. 水利学报，52（06）：633-646.
杨莹，侯凯旋，岳卫峰，等. 20191. 基于复合系统相互作用关系的水资源承载力研究：以巩义市为例. 北京师范大学学报（自然科学版），55（05）：669-676.
杨蕴雪，张艳芳. 2021. 基于空间距离指数的延河流域生态敏感性时空演变特征. 自然资源遥感，33（03）：229-237.
杨壮壮，袁源，王亚华，等. 2020. 生态文明背景下的国土空间用途管制：内涵认知与体系构建. 中国土地科学，34（11）：1-9.
姚霖，等. 2017. 自然资源资产负债表基本概念释义. 国土资源情报，（2）：7.
姚毓春，范欣. 2014. 有条件资源诅咒在中国存在吗？吉林大学社会科学学报，54（5）：8.
叶辉，王金亮，赵娟娟. 2021. 基于 DPSIR-EES 模型的北回归线（云南段）生态安全评价. 水土保持研究，28（03）：291-298.
伊俊兰，祁栋林，许雪莲，等. 2021. 1961—2019 年青海省气候生产潜力时空演变特征. 江苏农业科学，49（20）：234-242.
易平涛，李伟伟，郭亚军. 2019. 综合评价理论与方法（第二版）. 北京：经济管理出版社.
应申，李程鹏，郭仁忠，等. 2019. 自然资源全要素概念模型构建. 中国土地科学.
余鹏明，管孝艳，陈俊英，等. 2019. 基于 Spearman 秩相关的再生水利用量影响因素研究. 节水灌溉，（10）：78-82.
余万军，吴次芳. 2007. 基于生态足迹和农业生态区域法的土地人口承载力比较研究：以贵阳市为例. 浙江大学学报（农业与生命科学版），（04）：466-472.
袁磊，闻珊珊，杨昆. 2019. 快速城市化区域资源环境承载力与建设适宜性分析：以昆明市呈贡区为例. 生态科学，38（01）：218-225.
臧聪敏，王双银. 2019. 基于聚类分析及综合权重的全国节水水平评价. 节水灌溉，(09)：100-104.
曾毅，蒋星祥，项广鑫，等. 2020. 资源环境承载力评价理论与实践. 武汉：中国地质大学出版社.
张勃，李吉均. 2001. 黑河绿洲农业自然资源空间组合与资源潜力研究. 兰州大学学报（自然科学版），37（4）：9.
张晨光，文章，龚健，等. 2022. 可持续发展视角下基于水量供需平衡的水资源承载力分析：以青海省大通县为例. 安全与环境工程，29（02）：237-247.
张菲菲，刘刚，沈镭. 2007. 中国区域经济与资源丰度相关性研究. 中国人口·资源与环境，17（4）：19-24.
张复明. 1998. 省（区）自然资源综合评价研究：以山西省为例. 资源开发与市场，14（5）：3.
张海燕，樊江文，黄麟，等. 2020. 中国自然资源综合区划理论研究与技术方案. 资源科学，42（10）：1870-1882.
张建龙，黄铎，吴艳霞. 2009. 基于偏离-份额法的区域水资源经济承载能力实证研究. 兰州大学学报（社会科学版），37（03）：113-117.
张建新，邢旭东，符金豪，等. 2015. 长株潭资源环境承载力综合评价与区划. 长沙：湖南地图出版社.
张宁亭. 自然资源丰裕度指标的讨论及实证检验. 中国地质大学（北京）.
张茹倩，李鹏辉，沈镭，等. 2022. 生态足迹视角下的陕西省土地资源资产核算研究. 干旱区资源与环境，36（04）：47-55.
张晓晶，刘磊. 2018. 新时代编制自然资源资产负债表的重点难点. 城市与环境研究，(1)：18.
张宗芳，易小燕，尚惠芳，等. 2022. 基于 DPSIR-TOPSIS 模型的耕地资源环境承载力分析：以安徽省颍上县为例. 中国农业资源与区划：1-11.
赵宏林，陈东辉. 2008. 城市化与生态环境之关联耦合性分析-以上海市青浦区为例. 中国人口·资源与环境，18.
赵凯. 2014. 区域完全自然资源丰裕度及其测算方法. 北京理工大学学报（社会科学版），16（5）：30-36.
赵正湘. 2000. 试论资源综合利用的哲学思想：五行至爱，综合俭用，和谐发展. 中国资源综合利用，(1)：37-39.
甄江红，王亚丰，田圆圆，等. 2019. 城市空间扩展的生态环境效应研究：以内蒙古呼和浩特市为例. 地理研究，38（05）：1080-1091.
郑长德. 2006. 自然资源的"诅咒"与西部地区的经济发展. 西南民族大学学报（自然科学版），(11)：1248-1255.
郑海霞，尤飞，罗其友，等. 2022. 面向 2050 年我国农业资源平衡与国际进口潜力研究. 中国工程科学，24（01）：20-28.
郑雅. 2019. 县域国土空间利用质量评价及提升策略研究. 合肥工业大学.
周成虎. 2020. 自然资源要素综合观测体系专辑序言. 资源科学，42（10）：2.
周侯伯，肖桂荣，肖爱芳. 2021. 基于加权信息量法的福州地区地热资源模型构建. 福州大学学报（自然科学版），49（06）：863-871.
周侃，樊杰，盛科荣. 2019. 国土空间管控的方法与途径. 地理研究，38（10）：2527-2540.
周璞，刘天科. 2020. 自然资源高质量发展综合绩效评价指标设置初探. 中国国土资源经济，33（03）：69-74.
周婷. 2018. 自然资源与环境质量定量评估体系的编制与应用. 北京：科学出版社.
周维思. 2017. 武汉城市圈空间发展质量评价及提升策略研究. 华中科技大学.
卓拉，尚科辉，杨西，等. 2022. 基于能值分析的黄河流域粮食生产系统蓝绿水资源利用评价. 农业工程学报，38（01）：132-140.
Alexeev M，Conrad R. 2009. The elusive cures of oil. Review of economics and statistics，91：586-598.
Auty Richard M. 1994. Industrial policy reform in six large newly industrializing countries：The resource course thesis. World Development.
Burger J，Gochfeld M，Greenberg M. 2008. Natural resource protection on bufferlands：integrating resource evaluation and economics. Environmental Monitoring & Assessment，142（1-3）：1-9.
Chakrabartty S N. 2017. Composite Index：Methods and Properties.
Charles Z. 2022. Validity of Correlation Matrix and Sample Size. https：//www.real-statistics.com/multivariate-statistics/factor-analysis/validity-of-correlation-matrix-and-sample-size/.

Collier P, Hoeffler A. 2004. Greed and grievance in civil war. Oxford Economic Papers, 56 (4).

Daniel L M, Ehrlich P R. 1990. For the common good: Redirecting the economy toward community, the environment, and a sustainable future : Herman E. Daly and John B. Cobb, Jr. Beacon Press, Boston, MA. Hardback, 482 pp. US $24. 95. ISBN 0-8070-4702-3. Ecological Economics, 2 (4): 346-347.

Ding N, Field B C. 2005. Natural Resource Abundance and Economic Growth. Land Economics, 81 (4).

Dragan R, Jelena S, Vesna J, et al. 2013. Weight coefficents determination based on parameters in factor analysis. Metalurgia International, 18 (3): 128-131.

European Commission. 2021, European Innovation Scoreboard 2021-Methodology Report. https: //ec. europa. eu/docsroom/documents/45971.

Fernando M, Samita S, Abeynayake R, 2012. Modified Factor Analysis to Construct Composite Indices: Illustration on Urbanization Index. Tropical Agricultural Research, 23 (4): 327-337. DOI: http://doi. org/10. 4038/tar. v23i4. 4868.

Greco S, Ishizaka A, Tasiou M, et al. 2019. On the Methodological Framework of Composite Indices: A Review of the Issues of Weighting, Aggregation, and Robustness. Social Indicators Research, 141 (3): 1-34.

Gu J F, Zhu Z C. 1995. The Wu-li Shi-li Ren-li Approach (WSR): an Oriental Systems Methodology//Midgley G L, Wiley J eds. Systems Methodology I: Possibilities for Cross-Cultural Learning and Integration. University of Hull, UK, 29-38.

Gylfason T. Resources, Agriculture, and Economic Growth in Economies in Transition. Kyklos, 2000.

Hubert M, Rousseeuw P J, Vanden Branden K. 2005. ROBPCA: A new approach to robust principal component analysis. Technometrics, 47 (1), 64-79.

Ignatyeva M, Yurak V, Dushin A, et al. 2022. Valuating Natural Resourcesand Ecosystem Services: Systematic Review of Methodsin Use.

Maggino F, Ruviglioni E. 2008. Obtaining weights : from objective to subjective approaches in view of more participative methods in the construction of composite indicators. https: //ec. europa. eu/eurostat/documents/1001617/4398464/POSTER-1A-OBTAINING-WEIGHTS-MAGGINO-RUVIGLIONI. pdf.

Mazziotta M, Pareto A. 2013. Methods for constructing composite indices: one for all or all for one? Rivista Italiana di Economia Demografia e Statistica-The Italitan Journal of Economic, Demographic and Statistical Studies, 67 (2): 67-80.

Mazziotta M, Pareto A. 2015. On the Construction of Composite Indices by Principal Components Analysis. RIEDS - Rivista Italiana di Economia, Demografia e Statistica - Italian Review of Economics, Demography and Statistics, 70 (1): 103-109.

Mishra S K. 2008. On Construction of Robust Composite Indices by Linear Aggregation. https: //ideas. repec. org/p/pra/mprapa/9232. html.

Mu R, Chi K, Chen K. 2019. National Innovation Capacity Index: A Cross-Country Comparative Analysis. Innovation and Development Policy, (2): 27.

Murshed S M. 2004. When Do Natural Resource Abundance Lead to a Resource Curse. Discussion Papers.

OECD. 2008. Handbook on Constructing Composite Indicators METHODOLOGY AND USER GUIDE. https: //www. researchgate. net/publication/343404133 _ Handbook _ on _ Constructing _ Composite _ Indicators _ METHODOLOGY _ AND _ USER _ GUIDE.

Organization of Economic Cooperation and Development. 1993. OECD Core set of Indicators for Environmental Performance Review. Paris: Organisation for E-conomic cooperatoon and Development..

Sachs J D, Warner A M. 1995. Natural resource abundance and economic growth. NBER Working Paper, 3: 54.

Suškevičs M, Hahn T, Rodela R, et al. 2017. Learning for social-ecological change: aqualitative review of outcomes across empirical literature in natural resource management. Journal of Environmental Planning & Management, 61.

The European Commission's science and knowledge service Joint Research Centre. 2019. Step 5: Weighting methods (I). https: //knowledge 4 policy. ec. europa. eu/sites/default/files/2. cotn_2019_step5_weighting_methods-part_a. pdf.

United Nations Development Programme. 2022. Human Development Report 2021/2022. https: //hdr. undp. org/system/files/documents/global-report-document/hdr2021-22pdf_1.

附录：缩略词表

（专业名词和术语缩写及中英文对照表）

缩写	中文名称	英文全称或转代过程
A	丰度（代表禀赋）	Abundance
AHP	层次分析法	Analytic Hierarchy Processes
B	效益	Benefits
BAP	BAP（专家打分）法	Budget Allocation Process
BOD	BOD 法（由 DEA 法衍生）	Benefit of the Doubt
CA	联合分析	Conjoint Analysis
CI	综合指标	Composite Indicator
CLA	聚类分析	Cluster Analysis
DEA	数据包络分析	Data Envelopment Analysis
E	生态（资源）	Ecological
Es	禀赋安全	Endowment security
EU	欧盟	European Union
EW	等权	Equal Weighting
FA	因子分析	Factor Analysis
GCI	增长竞争力指数	Growth Competitiveness Index
GDP	国内生产总值	Gross Domestic Product
GM（或 G）	几何聚合	Geometric Aggregation
HDI	人类发展指数	Human Development Index
I	影响	Impact
JRC	联合研究中心（欧盟）	Joint Research Centre
KMO	KMO 检验	Kaiser-Meyer-Olkin
L	生活（自然资源品质生活）	Life
LIN	线性聚合	Linear Aggregation
MAR	随机缺失	Missing At Random
MCA	多标准方法	Multi-Criteria Approach
MCAR	完全随机缺失	Missing Completely At Random
MCM	马尔可夫链蒙特卡罗	Markov Chain Monte Carlo
MC	蒙特卡罗法	Monte Carlo method
ML	最大似然	Maximum Likelihood
MSE	均方误差	Mean Square Error
NCMC	非补偿多标准分析	Non-Compensatory Multi-Criteria Analysis
NMAR	非随机缺失	Not Missing At Random
OECD	经济合作与发展组织	Organization for Economic Co-operation and Development

续表

缩写	中文名称	英文全称或转代过程
PC	主成分	Principal Component
PCA	主成分分析	Principal Components Analysis
PDF	概率分布函数	Probability Distribution Function
R	响应（引申为治理）	Response
R&D	研发	Research and Development
RMS	残差均方	Residual Mean Square
SEM	结构方程模型	Structural Equation Modelling
T	安全底线	Threshold
TAI	技术成就指数	Technology Achievement Index
U	利用（自然资源广义利用）	Using
UA	不确定性分析	Uncertainty Analysis
UCM	未观测成分模型	Unobserved Components Model
UNDP	联合国开发计划署	United Nations Development Programe
UNEP	联合国环境规划署	United Nations Environment Programme
VIF	方差膨胀因子	Variance-Inflation Factor
WSR	“物理-事理-人理”方法论	Wuli-Shili-Renli（Chinese Pinyin）